APPLIED TECHNOLOGY OF
HIGH PERFORMANCE
CEMENT-BASED MATERIALS

高性能
水泥基材料
应用技术

张 伟◎著

中国建材工业出版社

图书在版编目（CIP）数据

高性能水泥基材料应用技术/张伟著. —北京：中国
建材工业出版社，2017.8
ISBN 978-7-5160-1984-9

Ⅰ.①高… Ⅱ.①张… Ⅲ.①水泥基复合材料—研究
Ⅳ.①TB333

中国版本图书馆 CIP 数据核字（2017）第 193156 号

内 容 简 介

本书主要介绍了水泥助磨剂、预拌混凝土行业发展现状及趋势；水泥助磨剂应
用技术、湿拌砂浆技术、高性能混凝土应用技术及海洋高性能混凝土抗腐蚀外加剂
技术。本书既有行业发展宏观概论、混凝土理论研究，也有工程实践应用的章节。

本书可作为水泥（集团）企业、商品混凝土（砂浆）企业管理人员及工程技术
人员参考用书，也可供建筑工程、水利工程、港口工程、桥梁工程、市政工程等专
业的设计、施工人员借鉴，还可供从事相关专业的科研人员及大专院校师生阅读
参考。

高性能水泥基材料应用技术

张 伟 著

出版发行：**中国建材工业出版社**
地 　 址：北京市海淀区三里河路 1 号
邮 　 编：100044
经 　 销：全国各地新华书店
印 　 刷：北京中科印刷有限公司
开 　 本：787mm×1092mm　1/16
印 　 张：22
字 　 数：540 千字
版 　 次：2017 年 8 月第 1 版
印 　 次：2017 年 8 月第 1 次
定 　 价：**118.00 元**

本社网址：**www. jccbs. com**　　　微信公众号：**zgjcgycbs**
本书如出现印装质量问题，由我社市场营销部负责调换。联系电话：**（010）88386906**

前　言

岁月如梭，光阴似箭。自1995年8月参加工作以来一晃就是22年。作者大学时期所学专业为硅酸盐工程（水泥），毕业后到江苏省建材工业总公司与日本秩夫小野田公司合资成立的江苏小野田混凝土有限公司从事混凝土生产技术工作，从那时起就与混凝土结下了不解之缘。三年半的预拌混凝土工厂一线工作经历，让作者受益匪浅，特别是在日方混凝土专家内田文成、吉野裕及志田三夫等先生指导下作者获得了很多专业知识，他们认真严谨的工作态度令作者深感敬佩。自1999年4月到2007年8月，作者有幸在江苏省建筑科学研究院所属江苏博特新材料有限公司工作了八年多的时间，这期间主要是做混凝土外加剂配方的调整及高性能混凝土工程应用推广工作。这期间接触更多的是全国各地重大工程混凝土外加剂的配制与生产应用工作，积累了较丰富的实践经验。自2007年9月到2013年9月，作者主要从事水泥助磨剂技术开发工作，经历了水泥助磨剂产业从小到大，从低端产品到高端产品，从无序竞争到竞合发展的新阶段。2013年10月初，作者有幸来到著名革命老区山东省临沂市，成为了临沂大学土木工程与建筑学院的一名大学教师，主要讲授《土木工程材料》与《工程化学》两门课程，从此踏上了新的征途。

二十多年来，作者长期奋战在工程实践中的第一线，工作之余针对水泥及混凝土行业的发展状况也写下来一些心得体会，同时撰写了部分科技论文。基于对建材行业的热爱，作者拟把部分论文编辑成册，把作者的观点、理念及工作心得介绍给同行读者参考，也算对行业做一些力所能及的贡献，这就是作者编写本书的初衷。

本书共包括六部分内容：第一部分是水泥及混凝土产业发展漫谈，第二部分是水泥助磨剂技术，第三部分是湿拌砂浆技术，第四部分是高性能混凝土技术，第五部分是海工高性能混凝土抗腐蚀外加剂研究，第六部分为附录。本书主要介绍了水泥助磨剂、混凝土行业发展现状及趋势；水泥助磨剂应用技术、湿拌砂浆技术、高性能混凝土应用技术及海洋高性能混凝土抗腐蚀外加剂技术。本书既有行业发展概论、混凝土理论研究，也有工程实践应用。本书可作为水泥企业、预拌混凝土（砂浆）企业的管理人员及工程技术人员参考用书，也可供建筑工程、水利工程、港口工程、桥梁工程、市政工程等专业的设计、施工人员借鉴，还可供从事相关专业的科研人员及大专院校师生阅读参考。

　　本书在编写过程中，得到了中国建筑卫生陶瓷协会名誉会长丁卫东教授级高级工程师，南京工业大学材料科学与工程学院严生教授、姚晓教授及黄世伟高级工程师，济南大学材料科学与工程学院陈绍龙教授、刘福田教授，河南理工大学材料科学与工程学院张战营教授，山东宏艺科技股份有限公司董事长赵洪义教授、冯恩娟高级工程师、朱孔赞高级工程师，山东日照港湾建设集团有限公司丁兆宽研究员、来永刚高级工程师、章雪涛高级工程师，徐州巨龙新材料有限公司黄文朝总经理，山东国元新材料有限公司王广才总经理，日照市天衣新材料有限公司孙广利董事长，广州浪淘砂建材有限公司陈均侨总经理，南京神和新材料科技有限公司王国平经理，临沂大学土木工程与建筑学院朱文玉书记、院长付厚利教授、徐世君副教授、刘丹副教授等专家同仁的大力支持，在此一并表示诚挚的感谢。

　　由于作者专业技术水平有限，书中难免存在某些缺点或者错误等不当之处，恳请广大同仁及读者提出宝贵意见和批评指正，以便再版时更正。谢谢！

张伟

临沂大学土木工程与建筑学院　副教授
山东宏艺科技股份有限公司博士后科研工作站
河南理工大学矿业工程博士后流动站
2017.06.26

作者简介

张伟，男，1972 年 3 月生，籍贯江苏徐州，中共党员。
武汉理工大学（原武汉工业大学）材料工程系工学学士，南
京工业大学材料科学与工程学院工程硕士、工学博士，高级
工程师。南京市中青年行业学科技术带头人，江苏省委组织
部"省 333 人才培养工程"第三层次培养人才，江苏省人力
资源与社会保障厅第十批"省六大人才高峰项目资助人才"。
目前任临沂大学土木工程与建筑学院土木工程系副教授。本人主要研究方向：
水泥工艺及水泥化学、高性能混凝土、水泥助磨剂、混凝土外加剂、商品预拌
砂浆等，发表建材类期刊论文累计五十余篇，并获国家发明专利二十多项。

社会兼职：中国硅酸盐学会会员，中国水泥协会助磨剂分会专家委员会委
员，中国水泥质量标准化委员会委员，中国硅酸盐学会固废分会理事，中国混
凝土与水泥制品协会教育与人力资源委员会委员，全国高等学校建筑材料学科
研究会委员，中国建筑学会建筑材料分会防护与修复材料专业委员会委员，山
东省硅酸盐学会建筑化学品专家委员会副主任委员，山东省硅酸盐学会助磨剂
及外加剂专家委员会副主任委员，中国水泥网高级顾问等。

学习工作经历

1991 年 9 月—1995 年 7 月，武汉理工大学（原武汉工业大学）材料工程系
硅酸盐工程专业，学士；

1995 年 8 月—1999 年 3 月，江苏小野田混凝土有限公司试验室技术员；

1999 年 4 月—2007 年 8 月，江苏省建筑科学研究院下属江苏博特新材料有
限公司研发中心工程师，主要从事混凝土外加剂和高性能混凝土技术研究；

期间：2003 年 9 月—2005 年 7 月，南京工业大学材料科学与工程学院，材
料学，工程硕士；

2007 年 9 月—2010 年 1 月，南京永能建材技术有限公司工程师，水泥助磨剂研究；

2007 年 9 月—2012 年 12 月，南京工业大学材料科学与工程学院，材料学，工学博士；

2010 年 2 月—2013 年 9 月，南京神和新材料科技有限公司，高级工程师，总工程师；

2013 年 10 月至今，临沂大学土木工程与建筑学院副教授。

目　录

第五部分　海工高性能混凝土抗腐蚀外加剂研究

第六部分　附　录

第一部分
水泥及混凝土产业发展漫谈

从高性能混凝土的技术需求谈
中国水泥产品结构调整

我国经济发展经历了 20 多年的高速增长，开始步入增长缓速稳定的新常态。新常态下，经济增长下行，水泥产能过剩加剧，产品需求萎缩，竞争非常激烈，企业利润大幅降低。水泥行业也在从过往的以速度和增量为主导，转向以创新提升，提高资源能源利用率，提高品种质量和效益为发展主旋律的新阶段。针对水泥产品淘汰落后产能、标准创新问题，中国建材联合会乔龙德会长在西北地区水泥市场高层论坛会上强调[1]，对取消 32.5 水泥的工作分为调整税率、扩大范围和取消标准三步实施，即第一步把 PC32.5 的税收补贴调整到 42.5 水泥的税收补贴中；第二步要扩大到取消 32.5R 水泥，从政策上全面取消 32.5 的税收补贴；第三步在征得国家标委会、住房和城乡建设部同意的基础上，从标准上取消 32.5 等级水泥。目前，依据《通用硅酸盐水泥》（GB 175－2007），水泥产品有 32.5 级、42.5 级、52.5 级、62.5 级四个强度等级，按混合材料的品种和掺量分为硅酸盐水泥、普通硅酸盐水泥、矿渣硅酸盐水泥、火山灰质硅酸盐水泥、粉煤灰硅酸盐水泥和复合硅酸盐水泥六个品种。据笔者预计，32.5 等级水泥市场销售量（容量）目前约为全国水泥总产量 24 亿吨水泥的 40%，也就是在 10 亿吨/年左右。取消 32.5 等级水泥对混凝土产业特别是高性能混凝土产业有没有影响？当代混凝土结构的普遍裂缝现象与水泥质量到底是怎么样的关系？中国水泥混凝土工业的强国之路在哪里？这些问题都值得我们建材人去深入探讨。

1 明确 62.5 等级以上水泥没有必要规模化生产

我国东部、中部大中小城市商品预拌混凝土的普及率已经很高，使用的水泥品种主要为 P·O42.5 等级；高强度等级商品混凝土及预制构件混凝土 C50～C120 等级，主要使用 52.5 等级水泥。从混凝土科学的角度和混凝土减水剂的角度看，42.5 等级和 52.5 等级的水泥已经足够满足国家建设的需要，目前世界上在具体工程上已经实现应用的混凝土强度等级为 C10～C120。2014 年，上海建工材料公司成功将 C100 高强高性能混凝土泵送至上海中心大厦 620 米新高度，创造了混凝土超高泵送新的世界纪录。同时，中国建筑总公司广州东塔项目部也联合混凝土专家在东塔实验泵送了 C120 的超高强度绿色多功能混凝土，成功将这种混凝土从首层泵送至东塔塔顶 510 米的高度；2015 年 7 月，中建一局联合三一重工、清华大学建材研究所等单位依托深圳平安金融中心成功试验了 C100 高强高性能混凝土可泵送至 1000 米的高度，这些都标志着上海建工和中国建筑总公司乃至中国的混凝土技术已经达到国际一流水平。无论 C100 还是 C120 高性能混凝土，使用 52.5 等级水泥足够可以胜任，另外还有混凝土掺合料（粉煤灰、矿渣微粉及硅灰）和高效高性能的减水剂（萘系和脂肪族减水剂的减水率可达 15%～25%；氨基磺酸盐减水剂减水率可达 25%～30%；聚羧酸减水剂的减水率可以达到 30%～35%）起重要作用，水泥只是水泥基混凝土的一个重要原料。62.5 等级以上水泥有名无大的市场，是必然的客观事实。但为了水泥标准的先进性，建议保留 62.5 等级水泥品种。

2 32.5 等级水泥的去与留

2.1 32.5 等级水泥市场在哪里

32.5 等级水泥的市场：农村和中小规模乡镇房屋及道路的建设，生产 C10～C40 等级的现场搅拌混凝土和现场搅拌抹面砂浆和砌筑砂浆；城市用建筑砂浆，包括预拌砂浆或干混砂浆；城市或农村小规模的装饰装修用水泥。

大中小城市商品预拌混凝土搅拌站，当然可以使用 32.5 级水泥来生产 C10～C30 混凝土，但是在市场经济高度行业竞争的今天，企业家都是需要算经济账的。全国各地原材料包括水泥、砂（河砂及机制砂）、碎石、粉煤灰、矿粉及混凝土外加剂等原料价格差异较大，同一强度等级混凝土单方成本差异也较大，务必需要使用当地生产的 42.5 级和 32.5 级水泥同条件试验混凝土性能并比较单方混凝土生产成本，根据性价比和混凝土施工性能来确定最佳配合比。同一强度等级 C10～C30 混凝土，有的区域使用 32.5 等级水泥更经济，有的区域使用 42.5 等级水泥可能更经济，即使相差 2 元/m³ 的原材料成本也很可观。使用 32.5 级水泥生产 C10～C30 商品混凝土，由于该水泥混合材较多而成分复杂，其与混凝土外加剂的适应性问题更难调整，给商品混凝土生产企业带来生产质量控制难度的增大和成本上升。一般说来，根据单方混凝土中胶凝材料的多寡，针对 C30～C50 混凝土，使用 42.5 等级水泥生产的混凝土单方成本更具有优势；针对 C50～C100 混凝土，使用 52.5 等级水泥生产的混凝土单方成本更具有优势。经过多地调研，目前国内市场上商品混凝土生产企业很少使用 32.5 等级水泥来生产商品混凝土。为加快推广应用高性能混凝土，住房和城乡建设部和工业和信息化部联合发文（建标〔2014〕117 号）"住房城乡建设部工业和信息化部关于推广应用高性能混凝土的若干意见"，文件要求："十三五"末，C35 及以上强度等级的混凝土占预拌混凝土总量50％以上。这就意味着 32.5 等级的水泥今后更没有在商品混凝土行业存在大量利用的可能性。

2.2 取消 32.5 强度等级的水泥，市场如何应对

农村和中小规模乡镇的建设，生产 C10～C40 等级的现场搅拌混凝土和现场搅拌抹面砂浆和砌筑砂浆，42.5 等级水泥代替 32.5 等级水泥的结果是，要么适当减少水泥用量，要么提高了混凝土的强度等级，农村房屋寿命延长，更加坚固，特别是对地震多发地区更加有利。城市砂浆，包括预拌砂浆或干混砂浆的市场，使用 42.5 等级水泥代替 32.5 等级水泥，水泥用量可降低，但掺合料（粉煤灰或石粉）用量增加，技术上操作不存在问题。城市或农村小规模的装饰装修，42.5 等级水泥代替了 32.5 等级水泥，利弊均有。《混凝土用复合掺合料》（JG/T 486—2015）建筑工业行业产品标准自 2016 年 4 月 1 日起在全国实施，更是为大中小型水泥粉磨站企业提供了难得的发展机遇，混凝土用复合掺合料也可供应给农村城建市场。

2.3 建议 32.5 等级水泥可以转为普通砂浆（抹面砂浆和砌筑砂浆）专用水泥

如果国家层面一定要取消 32.5 等级水泥，笔者建议：可以把 32.5 等级水泥转变成普通

砂浆专用水泥在市场上存在，既然是普通砂浆专用水泥，就必须专用于生产普通砂浆。把普通砂浆专用水泥列为特种水泥品种。这样，普通砂浆专用水泥仍然可以大量消纳低品位工业废渣，让它继续为环保产业做贡献。

3　混凝土掺合料工业的兴起

高性能混凝土最主要的特点之一是混凝土掺合料成为必需组分。《用于水泥和混凝土中的粉煤灰》（GB/T 1596—2005）、《用于水泥和混凝土中的粒化高炉矿渣粉》（GB/T 18046—2008）、《石灰石粉在混凝土中应用技术规程》（JGJ/T 318—2014）、《用于水泥和混凝土中的粒化电炉磷渣粉》（GB/T 26751—2011）、《用于水泥和混凝土中的钢渣粉》（GB/T 20491—2006）、《用于水泥和混凝土中的锂渣粉》（YB/T 4230—2010）及《混凝土用复合掺合料》（JG/T 486—2015）等国家或行业标准为混凝土掺合料工业提供了机遇，混凝土掺合料的生产，仍然是建材工业中的大中小水泥粉磨站来生产，来供应市场。混凝土掺合料实际上已经是资源型产业，前途光明。

4　现代混凝土的普遍裂缝现象与水泥质量的关系

张大康高级工程师[2]认为：中国半个世纪以来，水泥熟料中C_3S含量在增加、水泥强度在增加、水泥细度变细、碱含量增加，同时混凝土的开裂也普遍的增加，混凝土耐久性下降。工程实践中，特别是当代混凝土产生裂缝的原因很多，有变形引起的裂缝，如温度变化、收缩、膨胀、不均匀沉陷等原因引起的裂缝；有外载作用引起的裂缝；有施工马虎、养护措施不当和化学作用引起的裂缝等等，本文不再赘述。近 20 多年来，中国土木工程建设需要的混凝土强度等级从 C20～C40 等级提高到了 C30～C100 等级，中国的摩天大楼数量将稳居世界第一。水泥强度等级提高是市场的需要，提高水泥强度等级意味着熟料C_3S含量相对增加、水泥早期强度增加、水泥磨得相对更细。水泥是水泥基混凝土的一个重要原材料，并对混凝土抗压强度起主要作用，水泥基浆体在硬化过程中的化学收缩是其本身特性，水泥细度变细会导致水泥基浆体在早期塑性阶段收缩加大、水化反应加速、早期水化热增大，因此，混凝土裂缝概率增加是必然。《高性能混凝土应用技术指南》指出[3]：硅酸盐水泥和普通硅酸盐水泥的比表面积不宜大于 $350m^2/kg$。尽管如此，人类依然可以发挥主观能动性，控制混凝土裂缝的关键还是要依靠人的因素[4]。全国有上百名混凝土科学家，有数万名混凝土专业工程师，全世界混凝土科研及应用论文已经发表数十万篇，但是混凝土裂缝问题依然十分普遍。笔者认为：关键的关键还是混凝土的施工管控和养护没有得到足够的重视，高素质高度责任心的混凝土工人变得越来越屈指可数。这里列举出新旧混凝土施工方法的对比。

旧建筑施工方法：混凝土现场搅拌，人工半机械化搬运，混凝土砂率相对低，混凝土坍落度较小，一般入模坍落度 30～90mm，施工仔细认真，混凝土很少有裂缝，结构耐久。

新建筑施工方法：商品预拌混凝土，机械化运输，混凝土泵送施工，混凝土砂率高，水泥基浆体丰富，混凝土坍落度大，一般入模坍落度 160～220mm，施工快，混凝土抹面工序操作马虎，养护差，裂缝多，混凝土裂缝现象已经司空见惯。

问题的症结：混凝土科研与应用技术进步很快，关键是混凝土的施工管控与养护作业跟不上，建筑工人素质跟不上，责任心缺乏。需要强调，普通型泵送混凝土入模板施工的黄金坍落度为 140～160mm，如钢筋特别密集，可减小碎石粒径，适当增加坍落度到 180～

200mm。入模坍落度从 140mm 到 220mm，特别是混凝土的现浇墙板，混凝土收缩裂缝出现的概率可从 30％提高到 90％。混凝土面层的裂缝，通过混凝土终凝前多次抹面、及时塑料布覆盖、终凝后的保湿养护充分，完全可以大幅度降低混凝土开裂的概率。混凝土墙板的裂缝，可以通过降低入模坍落度，混凝土中加入聚丙烯纤维，降低施工速度，加强振捣，及早浇水保湿养护等办法来降低开裂概率。

提高钢筋混凝土结构耐久性的关键是减少结构混凝土裂缝，减少混凝土裂缝的关键是在混凝土施工和养护上多下工夫，提高工人责任心比什么都重要。混凝土不可能是十全十美的材料，从原材料到配合比设计，从搅拌运输到泵送施工，从振捣抹面作业到保湿养护，每一步都要操心、用心、精心，才可以切实减少混凝土开裂，最后再通过混凝土的裂缝修补措施，从而提高钢筋混凝土结构的耐久性。

中央城市工作会议提出力争 10 年左右的时间"装配式建筑占新建建筑比例达到 30％"，装配式建筑是指把传统建造方式中的大量现场作业工作转移到工厂进行，在工厂加工制作好建筑用构件和配件（如楼板、墙板、楼梯、阳台等），运输到建筑施工现场，通过可靠的连接方式在现场装配安装而成的建筑。大力发展装配式建筑，为混凝土预制构件企业的发展提供良好的机遇，混凝土构件工厂化预制，更是要求混凝土要尽量早强高强快凝，加快模板周转周期，也要求我们水泥产品一定要在 42.5 等级以上，由于这种施工方式的混凝土坍落度相对较小，也有利于减少混凝土构件裂缝概率。

5　高性能混凝土需要什么样的水泥

20 多年来，随着预拌混凝土产业的兴起，高性能混凝土在我国的工业与民用建筑、水利大坝、铁路、高速公路桥梁、海洋工程、核电站工程等领域得到了广泛的应用。高性能混凝土需要的水泥所应具备的基本性能应如下：

（1）水泥的标准稠度用水量尽量小，一般控制在 25％～28％之间；

（2）水泥品质稳定，强度波动小，水泥早后期强度增长稳定；

（3）水泥助磨剂掺量参照国外同类产品，一般控制在 0.1％及以下，对混凝土外加剂的作用和影响小；

（4）水泥强度等级应在 42.5 等级、52.5 等级；

（5）不建议使用矿渣硅酸盐水泥，特别是高炉矿渣作为混合材和熟料一起粉磨生产的矿渣水泥，由于其中矿渣粒度粗，造成混凝土容易泌水，严重时混凝土容易离析，不利于混凝土的施工和质量。支持符合国家或行业标准的矿渣微粉做混凝土掺合料，在生产高性能混凝土时掺入，用以提高混凝土耐久性及降低混凝土成本；

（6）水泥细度不宜超过 $350m^2/kg$；

（7）混合材品种及用量要满足国家标准要求，水泥粉体颜色均匀稳定；

（8）部分高性能混凝土需要使用特种水泥，如：核电站用水泥、海工用水泥、大坝用水泥及早强快硬的硫铝酸盐水泥等。

6　中国水泥混凝土工业的强国之路

水泥产业是典型的传统制造业，目前国内还有 3000 家左右的水泥生产企业，面临转型和升级的重要任务。落后就要被淘汰，强者才可以生存于市场，这是市场竞争的规律。当前水泥年产 24 亿吨左右，行业大而不强，又面临资源、能源、环境的巨大压力。国家工信部作为行业主管部门，要鼓励、支持大水泥集团公司加快企业兼并重组的步伐，除西藏及少数偏远地区外，对于 2500t/d 以下的各类干法窑各地区要因地制宜制定淘汰时间表。国家质监和环境保护部门严格执法，坚决执行最新颁布的《水泥工业大气污染物排放标准》（GB 4915—2013）和《水泥单位产品能源消耗限额》（GB 16780—2012）标准，坚决关停淘汰一批落后产能。水泥工业首先治理好粉尘污染问题，然后考虑废气的脱硝、脱硫，最后考虑 CO_2 的扑捉、收集、净化、回收利用；加大力度研究建筑废弃物的回收利用、特种水泥研究及应用、特种混凝土研究及工程应用、水泥窑热能回收高效利用及混凝土修补材料等。水泥及混凝土工业，理应是环境友好型企业，不仅不应造成环境污染，通过处置消纳工业废渣、废弃危险品、城市生活垃圾、污泥等社会公益行为，成为环保产业中的重要成员。希望我国有社会作为和影响力的大水泥集团公司加强自己企业的科技创新，从装备一流、工艺先进、智能化控制、环保突出、高效节能到绿色发展等领域赶超世界先进水平。水泥工业通过科技创新、完善产业链发展（从矿山骨料—熟料基地—粉磨站—预拌商品混凝土—预制建筑混凝土构件—绿色建筑），完全可以为人类环保事业作出更大的贡献，我国的水泥及混凝土工业也完全可以实现强大之梦、绿色之梦。

参考文献

[1] http://www.concrete365.com/news/content/7970372098809.html. 中国水泥协会.2015，6.

[2] 张大康.对半个世纪水泥质量发展道路的反思 I [J]. 水泥，2015（5）.

[3] 建设部标准定额司，工信部原材料司编.高性能混凝土应用技术指南 [M]. 北京：中国建筑工业出版社，2015.

[4] 张伟，徐世君，崔玉理.混凝土裂缝控制的关键因素是人 [J]. 商品混凝土，2014（7）.

利用颜料外加剂技术为水泥增加靓丽色彩

近年来，彩色水泥在城镇建设中的应用领域不断扩大，品种在增多，用量也呈增势。因此，业内人士看好它的市场前景，预测后市会渐旺。彩色水泥瓦、彩色水泥广场砖、道路砖、地砖以及彩色水泥装饰外墙，已经在全国各大中城市相继得到应用。著名的昆明世博会工程，北京的"银街"、西单商业区、前门商业区、上海的外高桥保税区、环球乐园等地方的建筑中，彩色水泥都有较大量的应用，其使用效果和装饰效果都颇佳，社会效果也不错。城市建设规划及设计部门把彩色水泥作为能体现审美观念及城市色调、风格的建材之一，足以证明彩色水泥具有一定的市场潜力。

生产彩色水泥有两种方案，一种是直接烧成彩色水泥熟料然后加石膏粉磨而成，二是以白色硅酸盐水泥熟料和优质白色石膏，掺入颜料、外加剂共同磨细而成。目前大部分彩色水泥是用白水泥与"种子颜料"均匀混合制得，在白水泥中掺入耐碱色素外加剂可制成彩色水泥和彩色混凝土构件。白色水泥是一种价廉的建筑装饰材料，白水泥白度分为特级、一级、二级、三级。其理化性能和普通硅酸盐水泥相似，主要用于建筑装饰工程如：水磨石、地花砖、斩假石、水刷石、雕塑及各种建筑工程表面装饰等。常用的彩色掺加颜料有氧化铁（红、黄、褐、黑）、二氧化锰（褐、黑）、氧化铬（绿）、钴蓝（蓝）、群青蓝（靛蓝）、孔雀蓝（海蓝）、炭黑（黑）等。砂浆或者混凝土的颜色与化学颜料对照表见表1。

表 1　砂浆或者混凝土的颜色与化学颜料对照表

水泥品种	色调	化学颜料	备注
白色水泥	灰至黑	氧化铁黑 矿物黑 碳黑	化学颜料对砂浆或者混凝土的凝结及强度影响不大
	蓝	绀青蓝 钛化青蓝	
	浅红至深红	氧化铁红	
	棕	氧化铁棕 天然赫土	
	象牙色 奶油色 浅黄	氧化铁黄 铬酸铝 铅铬黄	
	绿	氧化铬 钛青绿	
	白	二氧化钛 硫酸钡	
	金色	硫化锡	

目前国内彩色水泥产品大部分可以做到具有早强、快硬、防潮、防水、不褪色、耐老化、颜色鲜艳均匀、可塑性好等特点。彩色水泥主要是用来配制彩色水泥浆，用于工业建筑和仿古建筑的饰面刷浆，另外还多用于室外墙面装饰，具有特殊的装饰效果，可以呈现各种色彩、线条和花样，并可掺配白色、浅色或彩色的天然砂、石屑（由大理石、花岗岩加工而成的）、陶瓷碎粒或特制的塑料色粒等形成装饰表面或加入云母片、玻璃碎片等产生一种闪光的效果。通过对装饰表面进行各种艺术处理，制成水磨石、水刷石、斧剁石、拉毛、喷

涂、干粘石等。

白色颜料 主要有钛白、锌钡白、氧化锌等品种。钛白是目前应用最广的白色颜料。其白度、遮盖力、着色力、耐候性、耐化学品性均优于其他白色颜料。

钛白，化学组成为二氧化钛，有两个主要晶型具有实用意义，即锐钛型和金红石型。二氧化钛的颗粒，经用铝、硅、钛、锆的盐类进行表面处理，即得各种型号的颜料钛白粉。作为颜料用的钛白主要用于生产涂料。锌钡白，又名立德粉，由重晶石化学加工而制成硫化钡的溶液与硫酸锌溶液反应得到硫酸钡-硫化锌共沉淀物，后者再经焙烧、水磨、烘干，即得锌钡白。表面处理后的锌钡白，有较好的研磨润湿性能，适于涂料、橡胶和油墨等工业使用。

黑色颜料 仅次于白色颜料的重要颜料，主要品种是炭黑。颜料用炭黑的性能与橡胶加工用的不同。颜料炭黑的主要质量指标是黑度与色相。

红色颜料 无机颜料中的红色颜料，主要是氧化铁红。氧化铁有各种不同的色泽，从黄色到红色、棕色直至黑色。氧化铁红是最常见的氧化铁系颜料，具有很好的遮盖力和着色力、耐化学性、保色性、分散性，价格比较低廉。

黄色颜料 主要有铅铬黄（铬酸铅）、锌铬黄（铬酸锌）、镉黄（硫化镉）和铁黄（水合氧化铁）等品种。其中以铅铬黄的用途最广泛，产量也最大。铅铬黄的遮盖力强，色泽鲜艳，易分散，但在日光照射下易变暗。锌铬黄的遮盖力和着色力均较铅铬黄差，但色浅，耐光性好。镉黄具有良好的耐热、耐光性，色泽鲜艳，但着色力和遮盖力不如铅铬黄，成本也较高，在应用上受到限制。铁黄色泽较暗，但耐久性、分散性、遮盖力、耐热性、耐化学性、耐碱性都很好，而且价格低廉，因此广泛用于建筑材料的着色。

绿色颜料 主要有氧化铬绿和铅铬绿两种。氧化铬绿的耐光、耐热、耐化学药品性优良，但色泽较暗，着色力、遮盖力均较差。铅铬绿的耐久性、耐热性均不及氧化铬绿，但色泽鲜艳，分散性好，易于加工，因含有毒的重金属，自从酞菁绿等有机颜料问世以后，用量已渐减少。

蓝色颜料 主要有铁蓝、钴蓝、群青等品种。其中群青产量较大，群青耐碱不耐酸，色泽鲜艳明亮，耐高温。铁蓝耐酸不耐碱，遮盖力、着色力高于群青，耐久性比群青差。自从酞菁蓝投入市场后，由于它的着色力比铁蓝高两倍，其他性能又好，因而铁蓝用量逐年下降。钴蓝耐高温，耐光性优良，但着色力和遮盖力稍差，价格高，用途受到限制。群青遇氢氧化钙变白，因此不能用于水泥着色。

水泥颜料发展趋势 新型水泥混凝土（砂浆）用无机颜料近年来的研究开发方向主要是：①发展复合颜料，例如亮蓝（$CoO \cdot Cr_2O_3 \cdot Al_2O_3$）、钛镍黄（$TiO_2 \cdot NiO \cdot Sb_2O_3$）等。在镍、锑的钛酸盐中，添加铬、钴、铁、锌等氧化物，可制成黄、绿、蓝、棕等耐高温、耐久、耐化学药品的低毒至无毒的颜料，色泽鲜亮，性能优良，可用于有高耐久性要求的建筑材料、涂料、工程塑料的着色及配制绘画颜料等。②开发颜料颗粒表面处理技术，以无机化合物或有机化合物在颜料颗粒表面形成一层色膜，可改变颜料颗粒表面性能，提高耐光、耐热、润湿等特性，扩大应用面，提高使用价值。③进一步提高遮盖力、着色力、耐候性、耐化学品性。

国外一些公司大多是直接出售颜料添加剂，在拌制混凝土或者砂浆或者灰泥的时候（当然是用白色水泥），把颜料和水先后加入其中，混合搅拌均匀，然后施工成型。国外的一些公司出售的颜料添加剂有液体和粉体 2 种，QUIKRETE®Cement Color 就是一种液体的水泥颜料添加剂，PAKMIX®Cement Color 主要色彩为：火炭、棕色、红色、黑色，其产品对水泥颜料的要求是：水润湿性好，要容易分散在混合物中；耐碱性好，即保持色素维持着良好的外观；固化稳定性好，即颜料能够抵御高温和湿度的变化；耐光性好，要能提供永久的效果。目前，国外出售水泥颜料添加剂的公司很多，也都有很成熟的施工经验。

彩色水泥瓦是国际上最为流行的建筑材料之一，在我国虽起步较晚，但目前属国家推广的新型建筑材料，它以强度高、寿命长、色彩丰富、装饰效果好、施工简便灵活、防火、防水、抗风力强等优点，随着人民对居住条件的要求向舒适化、美观化方向发展，彩色水泥瓦市场需求将越来越大。彩色混凝土艺术地坪是一种防水、防滑、防腐的绿色环保地面装饰材料，是在未干的水泥地面上加上一层彩色混凝土（装饰混凝土），然后用专用的模具在水泥地面上压制而成。它能使水泥地面永久地呈现各种色泽、图案、质感，逼真地模拟自然的材质和纹理，随心所欲地勾画各类图案，而且历久弥新，使人们轻松地实现建筑物与人文环境、自然环境和谐相处，融为一体的理想。彩色面层水泥自流平，是一种新型的地面材料，它主要特点是抗压强度高（35MP 以上）、整体性强、施工完地面无缝隙并且颜色多样（红、蓝、黄、白、黑、米等）。用途：适用于新建地面和旧地面翻新。可以在水泥地面、地板砖地面、大理石等地面上进行施工，结合效果好，不产生脱层。它是办公室装修、厂房地面、体育场馆、地下车库地面施工的首选材料，施工工期短，一般为 2d（4h 即可上人行走）。自流平产品也非常适用于家庭装修，是品味高雅、追求个性空间人士的首选。总之，彩色水泥瓦、彩色水泥地坪、彩色水泥路面砖、彩色水泥路面、建筑外墙面彩色砂浆、彩色混凝土与水泥制品在我国都有很好的应用前景。它给我们的城市和乡村带来了光亮的色彩，也给我们带来了美的环境和心情感受，发展前景很广阔。

浅谈高校无机非金属材料专业课程的设置与改革

无机非金属材料专业毕业生主要服务于建材行业。虽然无机非金属材料这个词组包含了"无机"和"非金属"这两个专业词组，但是当今世界科技高度发展，科技创新特别需要交叉学科，当今大学生尤其需要扩大知识面才可以更好地服务好国家满足社会对人才的要求。对于科研和技术创新来说，无机非金属材料专业尤其需要"有机化工材料"和"金属材料"的相关知识。专业课程的科学合理设置，事关行业人才培养，事关行业发展与社会地位，事关高校毕业生职业发展前途，必须得到行业和高教工作者的高度关注。

1 目前专业课程设置不完善

目前专业课程设置还不太合理，不能很好地适应这个快速发展的社会需求。无机非金属材料的创新，必须需要有机化学甚至金属材料的相关知识，只有交叉学科才可能实现真正的创新。对无机非金属材料进行改性的许多材料都是有机化学材料。水泥、混凝土、陶瓷、玻璃等传统建材产品经过上百年的发展，产品本身与技术水平都已经达到很高的档次，水泥工艺与技术装备水平已经位于世界前列；世界上前 10 名的钢筋混凝土建造的高层建筑，中国（含港澳台）就占据了 2/3 以上，海底隧道和跨海大桥所用的钢筋混凝土建造技术水平也达到世界级领先水平；玻璃与传统建筑陶瓷的科技发展也遇到技术瓶颈很难再有所创新。传统建材要发展要获得创新突破，必须要和有机化学材料、金属材料等相结合，专业课程设置必须要跟上时代的进步与发展才有旺盛的生命力。人才培养是行业发展的根基，而专业课程的科学设置是人才培养的根基。

2 课程改革

1. 基础课程的改革

1）增加课程：精细化工基础，高分子材料化学，聚合物化学（沥青，树脂），有机化学，金属材料与腐蚀概论，大学语文，计算机信息检索等。

2）删减课程：金工实习，大学物理，物理实验，力学实验，机械设计基础，仪表与自动化等。

近二十年来，笔者一直从事于建材行业。长期工作实践中感到部分基础课程与行业创新能力要求关联度不大。删减部分课程可以腾出更多时间学习其他必要课程。增加的基础课程，都是为了将来材料学专业（建材行业）创新或者说是工作需要的必要知识。

建材行业的发展，特别是水泥集团公司都在走完善产业链的道路。从矿山开采（骨料）—水泥熟料基地—各地粉磨站（水泥，掺合料）—商品混凝土搅拌站—水泥添加剂（水泥助磨剂系列）和混凝土外加剂—土木建筑施工（房地产）。这个产业链包含了无机非金属材料（水泥方向）、有机化学高分子材料（外加剂）、余热发电知识、环境保护知识（除尘、降低氮氧化物排放和脱硫问题），我们在校大学生，把这个产业链的知识学好了，高校就业率在99.9％都不成问题。

对于建材行业的科研来讲，无机非金属材料的创新，没有其他学科知识的沉淀，更是寸步难行。只有交叉学科才可能实现真正的创新。像我们隐形飞机所用的吸波纳米涂层材料就包含了无机非金属材料、金属材料、有机高分子材料的交叉是真正的高科技材料。

大学语文，课文涵盖面广，古今中外名人名篇俱备，其中著名文人的人格情操魅力是不朽的风范。特别是古代汉语中的优秀传统文化和道德思想可以陶冶情操、弘扬中华传统文化、富于感染力，千古传诵，历久弥新。理工科大学生在以抽象思维为主导思维方式的同时补进形象思维方式可以激发学生的想象力和创造力[1]。

2. 专业课程的改革

1）必修课程要增加

选修课程变成必修课程，越多越好。目前高校专业课程比上世纪90年代增加了很多，这些选修课程都是无机非金属材料专业需要了解和掌握的知识，老师肯定也是站在时代最前沿来讲解这些课程，希望我们的在校大学生都珍惜在大学的学习机会，选修课也需要尽量多上。

2）部分专业课程要再增加

混凝土外加剂原理与合成应用，水泥助磨剂原理与应用，道路工程材料（重点讲述沥青与沥青混凝土及沥青混凝土添加剂），环境科学概论（废气治理，工业废弃固体排放物的治理与应用），建筑石膏与制品，干混砂浆科学与技术，土木建筑工程与施工。

3）增加成功学与职业生涯规划课程

学习是认知过程，也是信息获得、存储、整合、加工和输出过程。它是客观作用主观并能产生一定的主观能动性的过程。学习和学习能力是两个概念，学习能力的大小、强弱直接影响着学习的效率，也决定着学习目标的完成，同时影响着一个人的各种潜能的发挥。大学生要有远大的目标，主动自主地去学习，珍惜四年宝贵年华努力学习，为将来事业成功打下基础。一个杰出的人未必有着高智商，却一定有着高情商。情商在中国，就是做人做事的能力，做人做事处理不好，人就不可能获得认可与成功。高情商者不但容易形成良好的人际关系，而且易于为自己营造良好的成才环境，从而更容易在职业生涯中取得成就。智商在一个人青春期过后就不会有太大变化，而情商主要靠学习，一辈子都能不断发展。美国心理学家指出[2]，情商包括以下几个方面的内容：一是认识自身的情绪。因为只有认识自己，才能成为自己生活的主宰；二是能妥善管理自己的情绪，即能调控自己；三是自我激励，它能够使人走出生命中的低潮，重新出发；四是认知他人的情绪，这是与他人正常交往，实现顺利沟通的基础；五是人际关系的管理，即领导和管理能力。一个人的成功，30％～40％靠智商，另外60％～70％是要靠情商，靠团队靠合作实现人生的价值。

大学毕业生走上工作岗位后的5～8年期间非常重要，往往奠定了一个人一生从事的职业。这期间，工科大学生往往要付出很多辛苦，摆正心态把辛苦当作财富，年轻时的辛苦工作是一个人成才的必经阶段，尽量不要频繁跳槽，干一行就要努力干好，审时度势，把握好职业生涯的规划。从事实行职业资格认证的行业，就要努力多考几本资格证书，为自己增加执业含金量和就业砝码。

3　高校要给自己的专业培养目标准确定位

目前国内很多高校都设置了材料科学与工程学院，学科方向有三大块：无机非金属材料，高分子材料和金属材料。重点高校的任务就是培养行业精英，招生人数（规模）不宜扩大，少而精，研究生教育占 50％以上，为社会提供高层次创新人才。重点高校无机非金属材料专业培养出来的本科生或研究生应该具有世界视野，学术研究和行业经济发展研究水平至少在国内是一流水平，将来毕业生的去向也是大型科研院所和中央企业的技术研究中心，薪水收入当然也应该是高水平的。普通高校和高职院校的建材专业就是培养大量的应用技能型人才，应用技能型人才只要不怕辛苦，努力学习，肯钻研善学习照样可以成为行业专家，照样可以成才。

4　高校之间同专业竞争将越来越激烈

目前，部分国外大学已经到中国来办学，例如英国的诺丁汉大学在宁波设立高校，上海纽约大学已经开始招生报名，以后会有越来越多的外国高校来中国办学，生源竞争和高校与高校的竞争，专业与专业的竞争，归根结底就是人才的竞争、办学质量的竞争以及学生情商的竞争。国内开设无机非金属材料专业有关知名高校有：华南理工大学（水泥、陶瓷），南京工业大学（水泥、陶瓷方向），同济大学（水泥、混凝土），东南大学（混凝土），武汉理工大学（水泥、玻璃、陶瓷、混凝土、其他高新材料），重庆大学（混凝土）。怎么样让学生知识能力水平达到世界的最高水平？首先，高校的老师自己要站在世界行业发展的前沿，要吸引国内外一流的专家学者来高校任教；其次，要邀请大型建材集团公司的老总、总工、行业技术领军人才到高校为学生做讲座，讲解企业技术水平现状、技术需求与行业趋势；再者，我们的学生要具有获取行业技术信息的能力，也就是学习能力要强，获得信息的能力要强，英语水平尽量高一些。高校老师多进企业去实践学习，企业技术老总也多走访高校，形成良性循环，创新互动的格局。一个卫生洁具，市场销售价格可以从 400～40000 元，之间的差距主要还是技术包括工艺设计含金量的不同，创新是永无止境的。

5　结语

大学四年，无机非金属材料专业需要学习的知识很多，高校可以利用晚上的时间上课，可以利用周末和假期的时间上课，时间只要挤总是有的，优秀的学生就要在年轻的时候多学习，多辛苦，积累知识和能量。本科四年是一个人成才的最重要的基础，是人生重要阶段，高校要加强本科阶段知识传授，重基础课程、宽专业课程，专业课程要有一流的专家教授授课。笔者建议，无机非金属材料专业应逐步过渡到复合材料专业方向上去，也只有这样，我们的毕业生才可以更好地适应国家和社会对人才的需要，科技创新也才有无尽的源泉。重点高校的无机非金属材料专业要立志在材料学领域，在世界上有自己的一席之地，在中国，要当材料学领域的排头兵。无论在水泥、混凝土、沥青混凝土、水泥和混凝土外加剂、环保催化材料领域、新能源材料、腐蚀与防护材料等领域，要走在中国科研与生产力转化的前列，为国家为社会创造更多价值；同时，毕业生在奉献社会的同时，也获得自己人生价值，建功立业，家庭幸福。

参考文献

[1] 冯常荣 . 文学素养在理工科大学生发展中的作用 [J]，白城师范学院学报，2008，22（2）：93-94.
[2] 田鹏 . 如何培养自己的情商 [M]，北京：地震出版社，2010.

浅议水泥混合材与混凝土掺合料

1 水泥混合材

1.1 定义

在水泥生产过程中，为改善水泥某些性能、调节水泥强度等级及增加产量而加到水泥中的矿物质材料，称之为水泥混合材料，简称水泥混合材。

1.2 分类

根据所用材料的性质可以分为活性混合材料和非活性混合材料两种。

（1）活性混合材料

具有火山灰性或潜在水硬性的矿物材料称为活性混合材料。火山灰性是指矿物材料磨成细粉后，与消石灰（或消石灰和石膏）加水拌合后，在常温下的湿空气或水中能凝结硬化生成具有胶凝性的水化产物；潜在水硬性是指矿物材料磨成细粉后，与石膏粉加水拌和后，在常温下的湿空气或水中能凝结硬化生成具有胶凝性的水化产物。活性混合材料一般含有活性氧化硅和活性氧化铝，主要作用是改善水泥的某些性能，还具有扩大水泥强度等级范围、降低水化热、增加产量和降低成本的作用。活性混合材料的种类有：粒化高炉矿渣、火山灰质混合材料（火山灰凝灰岩、浮石、沸石、硅藻土等）、粉煤灰及煅烧煤矸石等。

（2）非活性混合材料

非活性混合材料又被称为惰性混合材料或填充性混合材料，是指不与水泥成分起化学作用或起很小作用的混合材料，主要起到惰性填充作用而又不损害水泥性能的矿物质材料。掺入惰性混合材料的目的主要是为了提高水泥的产量，调整水泥的强度等级，减少水化热。非活性混合材料的常见品种有磨细石英砂、煤矸石、石灰石粉、慢冷矿渣、不符合质量要求的活性混合材料及其他与水泥无化学反应的工业废渣。

1.3 意义

（1）在水泥中掺加混合材料可以调节水泥强度等级与品种，增加水泥产量，降低生产成本；

（2）在一定程度上改善水泥的某些性能，满足建筑工程中对水泥的特殊技术要求；

（3）可以综合利用大量工业废渣，具有环保和节能的重要意义。

2 混凝土掺合料

混凝土掺合料一般是指在混凝土制备过程中掺入的，与硅酸盐水泥或普通硅酸盐水泥共同组成胶凝材料，以硅、铝、钙等一种或多种氧化物为主要成分，在混凝土中可以取代部分水泥，具有规定细度和凝结性能、能改善混凝土拌合物工作性能和混凝土强度的具有火山灰活性或潜在水硬性的粉体材料，其掺量一般不小于胶凝材料用量的 5%。其主要作用有：

（1）改善混凝土的工作性：流动性、黏聚性、坍落度损失（粉煤灰、矿渣粉等）；

（2）改善混凝土的稳定性：水化热、收缩变形、抗裂性能（粉煤灰、矿渣粉等）；

（3）改善混凝土的耐久性：抗渗性、抗冻性、抗氯离子渗透（粉煤灰、硅粉、矿渣粉等）；

（4）改善混凝土的抗蚀性：化学侵蚀、AAR 等（粉煤灰、矿渣粉、硅灰等）。

《高强高性能混凝土用矿物外加剂》（GB/T 18736—2002）明确规定：用于改善混凝土耐久性能而加入的磨细的各种矿物掺合料，又称矿物外加剂，其主要特征是磨细矿物材料，细度比水泥颗粒小，主要用于改善混凝土的耐久性和工作性能。常见的混凝土矿物掺合料包括粉煤灰、矿渣粉、钢渣粉、磷渣粉、硅灰、镍渣粉、沸石粉、石灰石粉及偏高岭土等。

混凝土矿物掺合料具有火山灰效应、形态效应、微集料效应及界面效应，因而在当代高性能混凝土中成为必需的第六组分，其具体作用表现如下：

（1）可代替部分水泥，成本相对水泥低廉，经济效益显著。

（2）增加混凝土的后期强度。矿物细掺料中含有活性的 SiO_2 和 Al_2O_3，与水泥中的石膏及水泥水化生成的 $Ca(OH)_2$ 反应，生成生成 C-S-H 和 C-A-H、水化硫铝酸钙，提了混凝土的后期强度。但是值得提出的是除硅灰外的矿物细掺料，混凝土的早期强度随着掺量的增加而降低。

（3）改善新拌混凝土的工作性。随着减水剂的加入，混凝土提高流动性后，容易使混凝土产生离析和泌水，掺入矿物掺合料后，混凝土具有很好的粘聚性。像粉煤灰等需水量小的掺合料还可以降低混凝土的水胶比，提高混凝土的耐久性。

（4）降低混凝土温升。水泥水化产生热量，而混凝土又是热的不良导体，在大体积混凝土施工中，混凝土内部温度可达到 $50\sim70℃$，比外部温度高，产生温度应力，混凝土内部体积膨胀，而外部混凝土随着气温降低而收缩。内部膨胀和外部收缩使得混凝土中产生较大的拉应力，从而导致混凝土产生温差应力裂缝。掺合料的加入，减少了混凝土中水泥的用量，就进一步降低了水泥的水化热，降低了混凝土温升。

（5）抑制碱-骨料反应。试验证明，矿物掺合料掺量较大时，可以有效地抑制碱—骨料反应。内掺 30% 的低钙粉煤灰能有效地抑制碱硅反应的有害膨胀，利用矿渣抑制碱骨料反应，其掺量宜超过 40%。

（6）提高混凝土的耐久性。混凝土的耐久性与水泥水化产生的 $Ca(OH)_2$ 密切相关，矿物掺合料和 $Ca(OH)_2$ 发生化学反应，降低了混凝土中的 $Ca(OH)_2$ 含量，降低了外部硫酸根离子和镁离子的侵蚀，提高了混凝土抗硫酸盐和抗海水侵蚀能力；同时减少混凝土中大的毛细孔，优化混凝土孔结构，降低混凝土最可几孔径，使混凝土结构更加致密，提高了混凝土的抗冻性、抗渗性、抗硫酸盐侵蚀等耐久性能。

（7）不同矿物掺合料复合使用的"超叠效应"。不同矿物掺合料在混凝土中的作用有各自的特点，例如矿渣火山灰活性较高，有利于提高混凝土强度，但自干燥收缩大；掺优质粉煤灰的混凝土需水量小，且自干燥收缩和干燥收缩都很小，在低水胶比下可保证较好的抗碳化性能。粉煤灰和矿渣微粉的复掺，可以更好地发挥各自优势，"超叠效应"使混凝土结构更耐久。

3 水泥混合材与混凝土掺合料之区别

尽管水泥混合材和混凝土掺合料有交集，混凝土掺合料理论上说都可以做水泥的混合材，但是，水泥混合材即使是活性混合材料还是不能代替混凝土掺合料，具体理由如下：

（1）从工程实践来看，混凝土掺合料一般具有一定的潜在活性，其发挥火山灰效应、形态效应、微集料效应和界面效应可以取代 10%～50% 的常规普通硅酸盐水泥，用量最大的掺合料主要有粉煤灰、矿渣微粉，其次是钢渣粉、硅灰等。

（2）工程实践中，混凝土掺合料也可以在混凝土中起充填效应，起调节混凝土或砂浆强度等级的作用。典型案例是：混凝土掺合料在硫铝酸盐水泥或铁铝酸盐水泥基砂浆或混凝土中就主要起充填效应。

（3）混凝土掺合料的细度比水泥混合材的细度要细。混凝土掺合料比表面积一般在 $400～450m^2/kg$ 及以上，甚至更高（比如硅灰）；水泥混合材由于通常与水泥熟料、石膏一起粉磨，其比表面积一般在 $330～380m^2/kg$ 左右，细度相对比较粗一些。

（4）各种成熟的混凝土掺合料目前都有自己的国家或行业标准，是可以市售的商品；而水泥混合材，其地位只能说是水泥粉磨时的原材料，二者地位相差很大。因为只有当掺合料或者混合材达到一定的细度时，才可以发挥火山灰效应、形态效应、微集料效应和界面效应，才有利于混凝土密实度的改善和耐久性的提高。从混凝土材料体系上来说，水泥混合材不能取代混凝土掺合料，反之，混凝土掺合料倒可以取代大部分的水泥混合材。

（5）混凝土的基本理论表明，混凝土掺合料在混凝土中可以发挥火山灰效应、形态效应、微集料效应和界面效应，是当代高性能混凝土的第六大必需组分，是一种"高大上"的产品。

《用于水泥和混凝土中的粉煤灰》（GB/T 1596—2005）、《用于水泥和混凝土中的粒化高炉矿渣粉》（GB/T 18046—2008）、《石灰石粉在混凝土中应用技术规程》（JGJ/T 318—2014）、《用于水泥和混凝土中的粒化电炉磷渣粉》（GB/T 26751—2011）、《用于水泥和混凝土中的钢渣粉》（GB/T 20491—2006）、《用于水泥和混凝土中的锂渣粉》（YB/T 4230—2010）及《混凝土用复合掺合料》（JG/T 486—2015）等国家或行业标准为混凝土掺合料工业提供了良好机遇，大量发展并推广混凝土各种掺合料应用到混凝土中是更明智的选择。

（6）关于均匀性问题。诚然水泥混合材与水泥熟料、石膏一起粉磨，硅酸盐粉体与混合材混合的比较均匀，作为水泥产品匀质性是相当好的，但是水泥针对混凝土（或砂浆）来说毕竟只是一种半成品；混凝土掺合料在生产水泥混凝土时掺入，并与其他骨料和减水剂一起搅拌，通过适当延长混凝土搅拌时间完全可以把混凝土各材料搅拌均匀，生产实践中，也完全可以做得到。

总之，水泥混合材，特别是具有潜在活性的混合材是在水泥粉磨时大量添加，还是单独粉磨加工的更细变成混凝土掺合料在高性能混凝土中使用，通过上述比较，结论就一目了然了。更由于水泥与混凝土工业的一体化，行业利益分配的均衡化，这些都为我国水泥工业产品结构的调整，提供了有利技术支撑条件。当然，针对那些非活性混合材料，特别是各类工业废渣、建筑垃圾等低品位材料，可以用到砌筑水泥中作为混合材，也可以复合掺配加工粉磨的更细做"混凝土用复合掺和料"，从而更具有环保和节约资源的意义。

世界著名水泥集团公司及其研发机构介绍

水泥混凝土是世界上用量最大的土木工程材料，近 20 年来随着中国经济高速发展，2014 年中国水泥年产量已经达到 24.8 亿吨，年混凝土使用量达到 60 亿～70 亿 m^3。然而中国水泥包括商品混凝土行业，仍然存在企业数量众多，产业集中度低，中小水泥企业及商品混凝土搅拌站环境污染严重的事实，行业大而不强，与发达国家水泥及混凝土工业相比，环境治理、新产品研发、行业规范、经营理念等方面差距仍然巨大。世界著名跨国水泥集团有：法国 Lafarge 集团公司，瑞士 Holcim 公司，墨西哥 Cemex 公司，德国 Heidelberg 集团公司，意大利 Italcementi 集团公司，日本 Taiheiyo 公司，欧洲水泥集团公司（Eurocement）等，这些公司都有很强的经济技术科研实力，市场分布多个国家，拥有众多的下属工厂（水泥和混凝土产业等）和强大的科研机构，很值得中国水泥企业学习。现介绍如下：

1 法国 Lafarge 集团公司

该集团公司成立于 1833 年，在世界上近 70 个国家和地区从事水泥、混凝土、骨料及石膏制品等生产经营业务。在我国有北京兴发、都江堰、重庆等水泥厂。世界水泥可持续发展促进会（Cement Sustainability Initiative，简称 CSI）成员。拉法基作为建材行业的领军企业，业务遍及 62 个国家，2013 年的销售额为 152 亿美元。

1887 年，拉法基建成了全球首个专门从事水泥研究的实验室。此后，该实验室成为建材领域世界领先的实验机构。拉法基研究中心位于法国里昂附近的 L'Isle d'Abeau。拉法基每年在科研、产品开发、提高产量和完善流程方面的投资超过 1.5 亿欧元，远远高于同行业其他公司和企业，具体表现如下：

（1）集团科研预算超过 1.5 亿欧元，占集团销售额的 1%。

（2）研发队伍由世界各地的 1000 多名科学家和工程师组成，他们都是各自领域里的专家。

（3）研究中心是培养技术的中心，来自 11 个国家的 240 名专家在此全心致力于基础研究工作。

（4）汇聚了各个前沿领域的技术，如：水泥化学，物理学，流变学，显微力学等。

（5）拥有各种最新的技术设备，包括核磁共振、电子显微镜、纳米压痕和原子力显微镜。

（6）拉法基在全球范围内申请了数百项专利。这些专利涉及 15 个重要领域，包括各种创新的配方、产品和工艺流程。

致力于科技创新是拉法基公司保持在建材行业领导地位的关键之所在。在集团范围内，拉法基开发出了 Sensium®，这种无尘技术水泥产品体现了研发工作在为客户生产日益创新的产品方面所起的作用。拉法基已经开发出便于建筑工地使用并省时省钱的各类混凝土。这些混凝土更耐蚀、耐用也更美观，如 Artevia™ 装饰混凝土，Agilia™ 自密实产品，透水混凝土、轻骨料混凝土、纤维混凝土等，这些产品能全面满足从公共工程到工程装饰的施工需要。

2 瑞士 Holcim 集团公司

该公司原名 Holderbank，成立于 1912 年，是世界领先的水泥和骨料（碎石，砂）的供应商之一，还提供预拌混凝土和沥青混凝土并提供相关技术服务，全球企业员工有 80000 人。2001 年初经重新整合以后才正式改名为 Holcim，也是 CSI 成员。Holcim 公司是 AASD 的成员，目前在我国华新水泥等水泥公司有一定股份。作为全球领先的骨料、水泥生产和销售商，公司控股或参股的企业遍及四大洲的 70 多个国家。2013 年豪瑞的净销售额达到 197 亿瑞士法郎。2014 年 4 月，两家水泥巨头拉法基集团和豪瑞集团确认将合并新建一家新的水泥巨擘—"拉法基豪瑞集团"。该企业十分重视可持续发展战略，其中环保和企业社会责任的重点是：员工的成长；可持续的解决方案和可持续建筑；能源和气候；生物多样性；水；社会承诺。

该公司科技创新的主要方向为：新的地坪材料，道路修补；使用新材料和功能表面材料来减少城市热岛效应；低碳混凝土和选择性的无机材料；废热回收利用和可再利用的能量；市政固体废弃物的回收利用；新窑型开发，清洁高效的生产方法。

3 墨西哥 Cemex 集团公司

该公司初建于 1906 年，到 1990 年前后发展成墨西哥最大的水泥企业，开始向国外扩张，几年之内就从一家内向型企业发展成为排名前列的外向型国际水泥生产商。Cemex 公司也是 CSI 成员。

Cemex 公司全球研发中心位于 Biel，Switzerland。主要研究领域是：建材产品和工艺开发，IT，能源，CO_2 减排和可持续发展。这里有最先进的中央研发实验室和技术创新团队，包括研究科学家（化学家，物理学家，地质学家，材料科学家），工程师，建筑师，企业研究人员与工业化专家，引领新技术和世界建材市场的解决方案。

研发中心总部有近 80 人，代表 23 个国家、顶尖科学家和专家的团队。以市场为导向的研究和开发，推动全球创新举措并为 Cemex 公司业务的所有领域和功能全面的专家支持，是全球研发中心活动的主要焦点。研发活动包括：机会、趋势和建材行业面临的挑战开展先进和创新的产品开发，商业化评估；建筑材料和建筑系统的开发；制造技术和工艺优化等领域。Cemex 公司全球研究实验室，一个世界级的工业实验室，带给下一代建筑解决方案推向市场的 Cemex 公司在全球所有业务部门。知识产权管理开发、管理和 Cemex 公司知识产权资产的战略性保护是研发中心的第二重点。在胶凝材料技术、混凝土、骨料和外加剂等领域采取跨学科的方法整合优势迎接挑战，并努力寻找创造性的解决方案，降低二氧化碳排放，提高建筑结构物的使用寿命，提高建筑物的能源效率，并促进提升安全性。

4 德国 Heidelberg 集团公司

该公司创建于 1873 年，目前在世界上拥有 2500 家工厂，拥有 52500 名员工，使它成为世界上最大的建筑材料生产商之一。海德堡的核心业务包括骨料、水泥，也生产预拌混凝土，混凝土制品及混凝土构件，沥青混凝土以及其他相关产品和服务。此外，Heidelberg 集团也是 CSI 成员。

海德堡全球水泥技术中心（HTC），成立于 1996 年，位于德国 Leimen。HTC 目标是建立和维护作为一个卓越强大的中心，以领先、产品组合和知识管理创造竞争优势的可持续发展的海德堡集团公司。口号是：全球研发、全球工程、全球基准与培训、全球地质矿产和原材料监控。高度专业的专家团队保证了强大的内部专业知识转化为竞争优势。海德堡把员工价值观作为重要的资产，并不断投资于他们的能力的发展。HTC 提供了工程师和技术人员在水泥和混凝土生产领域的一个全面的培训计划，还通过网络展开对员工的集体培训和提升计划。目前，在比利时、新加坡和美国有区域技术分中心。

5 意大利 Italcementi 集团公司

该公司是意大利最大的水泥生产商，1990 年以来一直是世界水泥 10 强之一。Italcementi 公司主要市场过去多集中于欧盟和美国，因为较早的看到了经济全球化的前景，抢得了向埃及、土耳其、摩洛哥、印度等国并购扩展的先机，使其在欧美市场不景气的情况下，在其他地区获得足够的补偿。该公司经营绩效持续上升，发展势头看好。Italcementi 也是 CSI 成员。2007 年 6 月收购了我国西安地区的陕西富平水泥有限公司。

意大利水泥集团研发中心位于意大利 Kilometro Rosso 科技园，包括化学家，地质学家和工程师，从事研究和创新活动的研究人员约 170 人，用于科研开发的实验室总面积有 23000 平方米，研究领域包括所有新型建筑材料的研究和开发，实现建筑物从功能到美观的解决方案。研究与发展活动的年度预算约 13 亿欧元；约 0.5% 的集团营业额投资于创新（0.3%，R&D）；创新率——即通过创新项目产生的本集团总销售收入的比例目前为 4%，但中期至长期目标是 5%。自 1992 年以来申请 92 项专利；目前主要研究方向：

（1）新型熟料，水泥或胶凝材料替代普通硅酸盐水泥。特别是，研究将集中在利用可再生和可重复使用的原料、特种外加剂和特殊混凝土增强材料。该项目的研究也将通过基于纳米材料和生物技术应用于建材行业的研究和实验推广；

（2）特种混凝土、修补砂浆和为新的和现有的建筑提供增值创新绩效的结构加固砂浆料；

（3）为水泥工厂提供技术解决方案，旨在减少建材行业内的二氧化碳的排放。

6 日本太平洋集团公司

该公司是 1998 年 10 月由"秩父"与另外两大水泥公司合并而成，意欲同舟共济，渡过日本经济连年低靡的难关。鉴于日本国内经济大环境的影响，对外扩展资金紧缺，水泥产品国际竞争力下降。由于日本曾连续享誉世界水泥强国有 20 年之久，也是 CSI 成员。在我国大连、秦皇岛和南京有水泥和混凝土工厂。

日本太平洋水泥公司中央研究所，位于千叶县佐仓市，研究所占地面积达 $60179m^2$，现有 120 名研究人员。研究的领域不仅有水泥、混凝土，还涉及环境、资源、无机有机材料等多个领域。该研究所下辖四个研究室。

第一研究室，主要研究水泥的技术及技术进展。在水泥质量设计和质量控制方面以支持海外的"太平洋公司的产品品质"。此外，从水泥生产过程开始，通过对材料性能的基础研究，获得最大的资源循环利用，减少对环境的影响，追求节能。

第二个研究室，主要是技术服务与技术支撑。产品用户的需求越来越多样化和复杂，为客户提供产品改进措施和具体的解决方案，无论在水泥和混凝土领域，技术实力足够促进太平洋水泥和混凝土的世界顶级品牌。

第三研究室，研究和开发环保、新能源技术。进一步深化环保技术，同时推动在新能源领域的研究开发，这是一个新的增长领域，为节能减排、环境恢复和水处理等新的业务领域提高附加值。

智囊研究室，有效利用知识产权来提高太平洋水泥集团的赢利能力。利用知识产权战略，整合研发战略和太平洋水泥集团的业务策略，然后执行。特别是，利用企业的战略规划知识产权管理和旨在集中申请专利，通过构建专利的组合和选择，以及研究和专利信息分析，技术合同和许可证管理，进行广泛的业务开展。

通过对上述几个世界级水泥集团公司研发中心的情况看，研发实力都非常强，主要研究领域也大致相同：水泥工艺及产品创新，节能，环保，CO_2减排，混凝土技术，外加剂，建筑功能化，可持续发展等，研究开发队伍包括了科学家、工程师、建筑师、企业研究人员与工业化专家，专业涉及无机非金属材料，有机化学材料、矿山、环保、建筑及企业管理等专业。国外这几个世界级的水泥集团公司，主要业务也基本相同：矿山开采，骨料，水泥熟料，水泥工厂（含粉磨站），预拌混凝土，建筑预制构件，化学添加剂，物流运输等等，几乎都是拥有完整的产业链，工厂分布在世界各地，全集团都是几十个水泥工厂，几百家预拌混凝土公司，还有若干骨料基地。

在中国，随着市场经济的深入发展，长期管理体制壁垒被打破，水泥与混凝土产业一体化的趋势不可阻挡，同样发展产业链是国内水泥集团公司做大做强的必由之路：矿山开采—骨料（机制砂石）—水泥熟料基地—水泥粉磨站—预拌混凝土（外加剂）—混凝土构件制品—房地产。同时，国内有实力的水泥集团公司，适时地进入国际市场，参与新兴市场国家的项目投资，实施"走出去战略"，水泥工厂、骨料、预拌混凝土业务的展开，对于提升集团公司国际化形象，争取更多企业利润都是大有裨益的。可喜的是，我国一些大型水泥集团公司如海螺水泥、冀东水泥、华新水泥及红狮水泥等，就已经开始实施产业链战略，并且已经开始走向国外在部分新兴市场国家投资办厂。"一带一路"战略，为我国水泥企业"走出去"提供了极好的历史机遇，国内水泥集团公司如果不走出去进军国外市场，就不可能称得上是世界级的一流水泥集团公司，世界级的跨国水泥集团公司，一要靠强大的经济实力，二要靠强大的公司技术研发中心，三要靠坚定可靠的高素质公司治理人才团队。公司产品各项经济技术指标不仅在国内是一流的，而且在国外要与国际先进同类企业看齐，强者与强者在一起会更强。

当前，我国仍然有3000多家水泥企业，整体上看水泥企业数量庞大，年产24亿吨左右的水泥，行业大而不强，又面临资源环境约束的巨大压力，雾霾天气的形成和众多中小水泥企业（粉磨站）的粉尘治理乏力有一定关系。国家工信部作为行业主管部门，要鼓励支持大水泥集团公司加快企业兼并重组的步伐，该重组的重组，该淘汰的小粉磨站和立窑水泥企业坚决关闭，对于2500t/d以下的各类干法窑也要制定淘汰时间表，力争3~5年内全国水泥行业在产业集中度上有较大提升。国家质监和环境保护部门严格执法，坚决执行最新颁布的《水泥工业大气污染物排放标准》（GB 4915—2013）、《水泥窑协同处置固体废弃物污染控制标准》（GB 30485—2013）和《水泥单位产品能源消耗限额》（GB 16780—2012）标准。国家层面要下决心，使中国水泥集团公司保持在 300～500 家左右，通过市场行为把混凝土产业拉到水泥行业中去，行业整体地位提升不言而喻。希望我国有社会作为和影响力的大水泥集团公司加强自己企业的科技创新，水泥工业首先治理好粉尘污染问题，然后考虑废气的脱硝、脱硫，最后考虑 CO_2 的扑捉收集净化回收利用；加大力度研究建筑废弃物的回收利用、研究特种水泥及应用、研究特种混凝土及工程应用、水泥窑热能回收高效利用及混凝土修补材料等。水泥工业，理应是环境友好型企业，不仅不应造成环境污染，通过处置消纳工业废渣、废弃危险品、城市生活垃圾、污泥等社会公益行为成为环保产业中的重要成员，水泥工业通过科技创新，完全可以为人类环保事业作出更大的贡献，我国的水泥工业也完全可以实现强大之梦。

商品预拌混凝土行业，目前国内约有 8000～10000 家企业，规模化大型化集团化的商品混凝土公司在 10%左右，80%以上为民营私营企业，技术研发实力很小，入行技术门槛很低，资金周转问题是最大障碍，我国东部沿海地区和中部部分地区已经市场饱和，企业利润微薄，面临行业转型升级的关键期。笔者认为要做大做强预拌商品混凝土企业，一是需要雄厚的资金支持；二是发展产业链战略，进军砂石骨料行业、发展钢筋混凝土预制构件产品、利用二手粉磨设备生产混凝土需要的特殊掺合料、商品混凝土企业生产湿拌砂浆直接供应建筑工地，企业自配混凝土外加剂也是一个趋势；三是加强企业环保意识，树立企业良好形象。把废弃的泥浆妥善处理，不污染企业不污染马路，做好重复利用争取零污染；把粉尘问题处理好，封闭管理原料仓、搅拌楼；四是加强信息化管理，原料状态，生产状态，物流情况，混凝土施工全程监控；五是做好企业产品的科技创新，混凝土产品多样化，高端化，特殊化会给企业带来更高的利润；六是商品混凝土行业兼并重组的步伐会加快。市场饱和产能过剩同样是商品混凝土行业面临的严峻问题，市场竞争日益加剧，相当部分商品混凝土企业会被关停并转，大鱼吃小鱼的行业规则很现实。

十八届三中全会把持续、大规模的城镇化，确定为中国经济增长最大的潜力，并且坚持走中国特色的新型城镇化道路。2014 年 3 月，国务院公布了国家新型城镇化规划，要实现 1 亿左右农业人口和其他常住人口在城镇落户。未来 20 年左右，中国社会还将有 3 亿多农村户籍人口向城市和城镇转移，中西部地区交通、水利、能源等基础设施还需要持续建设，建材行业特别是水泥混凝土行业仍然有 20～30 年的黄金机遇期；东南亚、印度、非洲等新兴市场地区，对水泥的需求也是持续增加的趋势。所以，我国从水泥大国走向水泥强国具备市场需求的强力支撑，彻底甩掉水泥工业"傻大笨粗"的传统形象，进一步端正商品混凝土企业的社会形象，我们水泥混凝土人肩上担子还很重，让我们一起努力，相信不久的将来，中国一定会有真正意义上的世界级的跨国水泥集团公司，中国也一定可以实现我们国家水泥强国之梦。

水泥助磨剂国内外发展现状与展望

1　国外产品综述

目前，我国水泥总产量已经突破 24 亿吨，约占世界水泥总产量的 55％。由于存在巨大的水泥助磨剂市场，国外大公司如美国 Grace 公司，瑞士 Sika 公司，德国 Basf 公司，英国 Fosroc 公司，意大利 Mapei 公司等企业都已经进入中国水泥助磨剂市场。这些跨国公司都具有很强的经济技术实力，他们在亚洲、非洲、南美等都设有分公司或者办事处。它们的产品都已形成系列化，大部分企业都涉及混凝土外加剂，水泥助磨剂仅仅是系列产品的一部分。据笔者查阅的有关文献，国外水泥助磨剂专利绝大部分为液体产品，因为液体产品使用方便，仅仅需要增加一个储料罐和一个液体计量泵，就可以顺利加入，不需要复杂笨重的设备。其中，2007 年前美国的水泥助磨剂专利最多，约有 20 余个，其中涉及了高分子合成技术。据日本有关专家说，日本本土很少生产水泥助磨剂，使用的产品大部分来自国外进口产品。国外水泥助磨剂产品，各厂家大部分也就几个型号，技术相对成熟，其配方也基本固定，不需要像混凝土外加剂产品那样为了适应水泥和季节的变化配方经常需要变动，配方组成主要是胺类、乙二醇、醋酸盐等单一或复合品。现在水泥助磨剂研究的重点，已经走向高分子合成技术，这也是核心技术，目前美国 2007 年最新的专利中已经有了三乙醇胺的部分或全部替代品。由于这些产品，具有掺量少，液体计量添加方便，提高磨机粉磨效率10％～20％，节省单位时间电耗，提高水泥粉体的流动性，有利于散装运输和贮存，故在国外水泥工厂使用很普遍。这些大公司由于其产品国际化，所以也都符合美国 ASTM C 465 标准。世界著名水泥助磨剂企业见表1。

表 1　世界著名水泥助磨剂企业一栏表

品牌 项目	Basf	Grace	Sika	Fosroc	Mapei	Chryso	Roan	Italcementi
产品状态	液体	液体	液体	液体	液体	液体	液体	液体
产品代号	Gamac 900，900S 909	CBA LGA MTDA DTA	Sika 200，400，600	Cemex 300，675	MA. G. A/C MA. G. A/M MA. P. E/A MA. P. E/S.	CGA5-2 CGA5A CGA6C CGA4D	RⅡ-77 RⅠ-85 RⅠ-77aa	Axim-155 Axim-5904 Axim-5905 Axim-2000
推荐掺量	0.2～0.3 kg /t	0.2～0.6 kg/t	0.3～0.6 kg/t	0.2～0.5 kg/t	0.1～0.5kg/t 0.8～1.2kg/t	0.2～0.6 kg/t	0.1～0.6 kg/t	0.2～0.6 kg/t
国家	德国	美国	瑞士	英国	意大利	法国	美国	意大利

2　国内产品研究现状

近 10 余年来，随着国外水泥助磨剂产品的进入，也随着业内人士对水泥助磨剂产品认识的不断提高，国内水泥企业使用水泥助磨剂的前景不断利好。可以预见，随着水泥立窑的逐步退出，水泥企业的逐步大型化和集团化，水泥助磨剂使用率很快将达到一个很高的层次，笔者预计，到 2020 年，我国大中型水泥企业使用水泥助磨剂的比例将达到 80% 左右。以年产 20 亿吨水泥计，掺量按 0.3kg/t 计算，市场需求就可达 60 万吨/年，产值达 70 多亿元。市场前景较好，所以全国各地很多助磨剂企业纷纷兴起，但是目前我国大多数水泥助磨剂企业都是采用购买化工原料复配的生产工艺，进入这一产业的门槛较低，绝大多数水泥助磨剂企业生产工艺落后、管理不规范。随着市场的逐步成熟，企业利润空间将被压缩，市场竞争越来越靠过硬的产品质量和性价比。而企业之间的竞争越来越依靠科技的进步和产品的售前（设计）、售中（调试）、售后（维护）服务。由于我国的国情，目前水泥助磨剂产品有粉体和液体两种形态。粉剂产品掺量将被限制在水泥质量的 0.5% 以下。我国水泥助磨剂专利大部分为粉剂产品，液体产品也大多数为化工原料复配产品，高分子合成的水泥助磨剂产品目前还较少，从笔者查阅的国内专利来看，特别是粉剂，里面几乎都加了不同种类的早强剂。随着国内预拌（商品）混凝土的逐步普及，混凝土外加剂已成为混凝土中必不可少组分，混凝土外加剂本身是一个系列，包括了减水剂（萘系、羧酸系、脂肪族、氨基系）、缓凝剂、早强剂、减缩剂、防冻剂、抗氯离子硫酸盐腐蚀剂，甚至复合品泵送剂等等，在生产混凝土的时候，根据工程需要添加不同的混凝土外加剂。而水泥与混凝土外加剂的适应性问题，是令混凝土质量控制工程师最关注的问题，直接影响到单方混凝土的成本、预拌混凝土的顺利施工和成型后的混凝土质量。故笔者认为，水泥助磨剂里面加入的部分早强激发剂是要有选择性的，最好是"后续激发"，也就是水化反应中后期激发混合材或者掺合料的强度，而水泥的早期强度靠水泥细度和颗粒级配的改善而提高；掺入助磨剂后的水泥最起码要与混凝土外加剂适应性良好，不危害水泥本身的性能，不影响钢筋混凝土的耐久性为前提。水泥工厂追求利润要求降低水泥熟料多掺混合材的愿望是可以被理解的，但是为了多降低熟料而掺入有害于混凝土质量的助磨激发早强剂，从长远看，是有害的，是不可取的。水泥是一半成品，大部分水泥被加工浇注成带筋混凝土。钢筋混凝土与其所处的环境是一完整体系，我们材料科学研究工作者包括水泥、混凝土、高分子材料、电化学防腐蚀等研究方向的工作者，在研究这一体系中的某些问题的时候，一定要考虑到全局，注意学科的交叉和各材料之间的相容性，进而才能得出正确的结论和成果。近几年，对于粉体水泥助磨剂，国内相关企业已将其重点放在了多配方、多性能、高效复合助磨剂的研究开发上。尽管国家新水泥标准规定其掺量不大于 0.5%，但有效助磨组分的数量是足够的。粉体助磨剂的最大优势是可以有效利用工业废渣作为激发助磨组分，同时该产品的性价比也具有一定优势，在国内仍然具有一定的市场空间。目前，国内的液体水泥助磨剂高端产品和国外产品相比，性价比基本一致，产品复配技术水平相差不大，但同样也面临着原材料价格太高，需要寻求新的效果好的化工产品来部分或全部代替的问题。国内产品液体助磨剂的掺量为水泥质量的 0.02%～0.15%，变化幅度比较大，当然价格变化幅度也比较大，水泥企业可以根据产品性价比来比较挑选适合本单位的助磨剂产品。

众所周知，粉煤灰、水淬矿渣、煤矸石、石灰石粉、炉渣是水泥混合材的主要原料。随着市场产品的细分,电厂通过粉煤灰分选系统生产出来的Ⅰ级和Ⅱ级粉煤灰被送往预拌混凝土搅拌站,大型钢铁厂产生的水淬矿渣资源也被本企业所属或与其他公司联合体用来生产高性能混凝土所用的磨细矿粉。水泥企业只能用Ⅲ级或以下等级的粉煤灰,矿渣资源短缺将是长期存在的问题,而水泥企业想通过掺加水泥助磨剂来达到大幅度降低水泥熟料的方案是不现实的,目前在水泥助磨剂掺量在0.5%以下时,保持相同的强度,通过优选混合材及其加入比例,水泥熟料可以降低约3%~8%。其实,国外水泥企业加入助磨剂的目的很简单就是为了提高粉磨效率、节约电耗、提高水泥粉体流动性进而提高了水泥产品质量。国内广大的水泥企业都想追求企业利润最大化,但市场和用户对水泥厂家、品种和质量是有选择性的,要经得起市场和用户的考验,适应市场才能做到利润最大化。

由于水泥助磨剂同混凝土外加剂一样都属于化工产品,性能也相近,都为建材企业服务,国外大公司往往把它们放在一起经营。国内有条件的多家水泥助磨剂企业,也在生产混凝土外加剂产品了,建议有市场有技术有经济实力的大企业把油井水泥外加剂也作为一个产品,这样形成三大系列产品,作为水泥基材料的"伴侣",逐步做大做强企业。

3 展望

我国已经成为世界水泥助磨剂应用的主要市场。新型水泥助磨剂产品研发的技术力量亟待加强,水泥助磨剂市场空间较大,但应避免一哄而上最后打价格战造成企业利润低下的局面,从而不利于整个行业的发展。对于水剂:水剂具有掺量小,使用方便,市场占有率会逐年上升,但技术研发的难度会加大,因为现在水泥助磨剂的主要原材料三乙醇胺价格居高不下,寻求其代替品,并质优价廉最终要依赖高分子合成技术的发展和突破。对于粉剂:可以预见,在短期的一段时间内,粉剂产品不会消失,粉剂还是有它的技术优势,毕竟对于难溶于水的部分激发助磨成分,粉剂是产品最好的存在形式。国内水泥助磨剂企业,随着市场的成熟,竞争必然加大,那种买个配方就来生产的企业,由于没有核心的技术人才优势,势必迟早会处于劣势,甚至被淘汰。所以加强企业持续的产品研发能力和水泥粉磨系统的研究,对于我国水泥助磨剂产业的可持续发展和水泥工业节能减排都具有重要意义。

水泥助磨剂与混凝土外加剂企业
实施"走出去"战略的思考

1 "走出去"战略正面临难得机遇

经济全球化，为民营企业"走出去"在全球拓展发展空间创造了条件。经济全球化进程加快，国际经济结构加速调整，综合国力竞争日趋激烈，世界各国纷纷主动参与国际竞争与合作。民营企业作为国民经济的重要组成部分，从无到有，从小到大蓬勃发展，已经成为我国市场经济中最富活力的新的经济增长点[1]。党的十六大报告强调："必须毫不动摇地鼓励、支持和引导非公有经济发展。"这将为民营企业提供更大的发展空间。国家鼓励和引导民营企业积极参加国际竞争，支持民营企业在研发、生产、营销等方面开展国际化的经营，建立国际销售网络，支持民营企业利用自有品牌、自主知识产权和自主营销，开拓国际市场，加快培育国际企业和跨国知名品牌，同时支持民营企业之间，民营企业与国有企业之间组成联合体，发挥各自优势，共同开展投资。

从 2009 年开始，冀东发展集团、同力水泥、华新水泥、海螺水泥等国内大型水泥企业开始走出国门，正式拉开了海外投资建厂试水的帷幕，目前已步入到"海外投资建厂"的阶段[2]。目前，水泥新兴市场主要指的是中东、南亚、拉美及东欧地区，还有非洲的部分地区。在这些新兴市场中，印尼、沙特、孟加拉等国家的水泥需求量比较突出，中东地区的海湾国家近几年水泥消费量以年均 13％ 的速度在增长。水泥助磨剂和混凝土外加剂企业，国内 99％ 以上是民营企业，据不完全统计，国内水泥助磨剂与混凝土外加剂企业累计至少有 2000 家，随着水泥助磨剂与混凝土外加剂企业的规模与数量不断扩大，国内水泥助磨剂与混凝土外加剂市场竞争日益白炽化，国内行业利润已经很微薄。我国助磨剂企业应不断提高自身的国际竞争力，助磨剂产品性能与国际接轨，积极走出去参与国际市场的合作与竞争的时代已经到来。我国水泥企业巨头中国建材，冀东发展，永发水泥，红狮水泥，海螺水泥，同力水泥，华新水泥纷纷在南亚，中东，非洲等地区建立水泥工厂，我们助磨剂与混凝土外加剂企业应该尽快跟上时代步伐，抢抓这一块新兴市场，参与国际竞争。（1）东南亚是当今世界经济发展最有活力和潜力的地区之一。东南亚各国的经济增长必须依靠基础设施，基础设施建设已成为东南亚各国的优先事务。随着住宅、公路、铁路、电站等基础设施建设项目的不断上马，将产生大量的水泥需求。（2）中东地区的水泥工业迅猛发展，其水泥产量占全球水泥总产量的 6％。每年的水泥产量超过 1.15 亿吨，其中埃及、伊朗和沙特阿拉伯的水泥产量占该水泥总产量的 77％。目前，沙特、阿联酋、伊朗等国，因其各项基础设施大规模建设之需，水泥年消费量快速增长，正在扩建或新建一批大型的现代化水泥厂。（3）非洲经济发展水平不高，基础设施相对落后，最近几年，在国际援助项目和地区石油出口等因素的支持下，该地区掀起了经济建设热潮，尤其是基础设施建设如火如荼地开展带来了旺盛的水泥需求。（4）2011 年，中国建筑企业分别承包了非洲和亚洲工程中的 39％ 和 23％[3]。其中，在非洲签订的新建筑合同达到252亿美元，涉及公路、铁路、桥梁、港口、医院、通讯和电力等领域。同时，中国企业在中东、东欧和拉美地区的建筑市场份额也有所增加，中国铁建、中国中铁等一些大型央企已经在白俄罗斯、格鲁吉亚、匈牙利等国家有所突破。今后几年，在铁路市场上，由于中国建筑企业在非洲、南美及东南亚国家的融资和建设优势，则留下了2500亿人民币的空间。以上这些，都为水泥助磨剂与混凝土外加剂的巨大市场需求展示了美好空间。中国助磨剂与混凝土外加剂企业"走出去"的重点工作有以下几项：

第一，地点的选择。"走出去"的市场布局，最好在澳洲，南亚，中亚，非洲，南美洲合适的地点建立分公司，这些地区的很多大型水泥企业都是中国设计与建造的，甚至是中国水泥企业投资的水泥工厂，我们助磨剂与混凝土外加剂企业跟上去具有先天人脉优势。澳洲的澳大利亚；南亚的印度尼西亚，泰国，柬埔寨，新加坡；中亚的沙特，阿联酋，迪拜，印度等；非洲的南非，赞比亚，埃及等；南美洲的巴西，智利，阿根廷等。要求当地政局稳定，对中国友好的国家为佳，具体合适的地点根据水泥企业的布局而定。一般说来，对一家国内有实力的外加剂企业来说，国外企业布局4～5处分公司为佳。

第二，企业走出去无非是这样几种方法：一是在当地建新企业，二是收购兼并当地企业，三是股权置换、股权参与。

第三，建立自主的海外营销渠道。通过建立海外营销渠道，直接面对客户，可以大幅度提高中国产品在海外销售的利润，另外可以更加清晰了解海外客户的需求，从而使中国企业能够更好地开发当地客户需要的产品。

第四，打造中国的知名品牌。中国企业在开拓海外市场碰到的问题，一要了解海外所在国的法律与行业技术产品规范，另一个就是了解当地的商业文化。法律可以通过向海外的专业律师服务机构去了解。行业技术产品规范可以通过寻求所在国的水泥协会或者混凝土行业协会提供帮助。商业文化，实际上就是一个行业的潜规则。只有在这个行业上经营了多年的人士，他们才了解这个商业文化。

第五，实施"走出去"战略，助磨剂产品和混凝土外加剂产品一定要符合当地国家的国家标准或行业标准，中国的产品，到国外不一定是合格品，一定要按照当地国家的有关标准和客户需求来生产产品。因地制宜，我们中国水泥助磨剂、混凝土外加剂技术与产品完全可以与国外大跨国同类公司展开合理公平竞争。一分钱一分货，是市场的规则。最近几年来，我们中国水泥助磨剂原料与技术发展很快，就水泥助磨剂来说，我们中国完全有高档产品可以在国际市场上展开公平竞争。国产的混凝土外加剂也参与了很多国内重点基础工程和城建高楼大厦的建设，完全可以和国外同类产品相媲美。

第六，中国民营企业在走向海外的时候，一方面着重借助中介服务机构专业支持外，另外也要大量聘用海外经营人才。只有本土的经营人才，才能够了解本土行业的一些潜规则。在走出国门之前，就需要详细了解海外市场的法律、产品技术标准规范、商业文化等等这方面的情况，制定正确的战略。最后，还要积极承担企业的社会责任，通过以上措施，积极融入当地社会，和谐发展。

2 "走出去"战略是必然选择

"走出去"也就是跨国经营和国际经营。"走出去"可以分为两个层次：一个是贸易层次，包括对货物贸易、技术贸易、服务贸易以及承包劳务；另一个是投资层次，主要指的是海外投资设厂，目前水泥助磨剂与混凝土外加剂行业主要还是以投资层次为主。

1) 实施"走出去"战略有利于我国民营企业在迅速发展的经济全球化的背景下，更为充分地利用国内外两种资源，两种市场，更好地参与国际竞争与合作。把所拥有的品牌、技术、管理、资本、信息等方面的优势同东道国市场上的各种资源有机地融合，形成整合优势，提升自己的竞争能力，求得在国际竞争中的生存和发展。

2) 实施"走出去"战略有利于培养和造就企业必备的素质，立足本地资源优势，培植一批具有国际竞争力的名、优、特、新产品，形成一批具有特色的民营企业群体，可以全面优化和重塑民营企业，实现经济可持续增长。

3) 实施"走出去"战略有利于增强国内市场经济活力，发挥资源配置作用，打破市场垄断，促进民营企业技术创新，优化产业结构，加快产品更新换代和产业升级，使民营企业进入一个高技术、高产值、高赢利的良性循环。

4) 实施"走出去"战略有利于我国民营企业建立信用评估体系和信用制度，形成完整的企业资信档案，为银行信贷选择提供依据和服务。这样不但可以为可扩大出口疏通渠道，增加外汇收入，拓宽利用外资的渠道，更重要的是有利于吸收和利用国际先进技术和管理经验，了解和掌握国际科学技术发展的最新动向与趋势，建立和发展自己的尖端部门和拳头产品，极大地提升核心竞争力。面对国外同类产品，国内民营建材企业应树立信心，加大研发科研力度，树立定能超越的意志，就算暂时失利但是终会赢得最后的胜利。

3　实施"走出去"战略，提高我国民营企业国际竞争力的对策与建议

面对瞬息万变和日益激烈的市场竞争，我国民营企业要"走出去"，实现可持续发展，必须提高产品的国际竞争力。只有国际竞争力提高了，才能更有效地开展对外贸易和海外投资，才能在加入 WTO 后的国际激烈竞争中求得生存和发展[4]。目前，国际著名的水泥与混凝土外加剂公司如德国的巴斯夫，瑞士西卡，美国科莱恩，意大利马贝，日本触媒，美国格雷斯，英国福斯乐等等，一直是全球布局，抢占市场。就提高我国外加剂行业民营企业的国际竞争力，笔者认为应该做到以下几点：

1) 重视自身信誉的塑造，并推进制度改革。诚信是市场经济的基本信条，只有注重声誉、诚实守信的企业，才能在市场交易的多次博弈中获得最大利益。在资本市场搞好资本运作，通过收购、出售、兼并、重组、转让、租赁，特别是参股、控股等方式不断增强民营企业的核心竞争力。

2) 加大科技投入和技术、产品、市场创新力度，培育品牌和名牌，实施名牌战略。一定要树立品牌是资产，品牌是优势，品牌是竞争力的意识。名牌在市场竞争中具有很强的竞争优势，这种优势不是某方面的领先，而是在产品和服务等方面的优势，如技术含量、产品质量、销售服务、销售网络、促销手段等多方面的领先组合，即系统领先性所形成的竞争优势。

3) 加快信息化建设。企业信息化有利于企业做出生产要素组合的最优决策，使企业资源合理配置，适应瞬息万变的市场竞争环境，获得最大的经济效益。

4) 实行虚拟化经营。一般来说，民营企业不可能在价值链的每个环节都具有比较优势。为此，企业可以在各自的核心环节上展开工作，共同完成价值链过程，以谋求"双赢"或"多赢"效应，这是虚拟化经营的精髓所在，即将有限的资源集中在附加值高的功能上，而

将附加值低的功能虚拟化。民营企业可以虚拟人员，借企业外部人力资源以弥补自己智力资源的不足；也可以虚拟功能，借企业外部力量来改善劣势部门；还可以虚拟工厂，企业集中资源，专攻附加值最高的设计和营销，其生产则委托工人成本较低的地区的企业代为生产，对助磨剂和混凝土外加剂企业来说，总部可以只生产核心母料，其他分公司只需要加工再复配即可。

4 "走出去"战略需要一批懂国际市场、懂技术、懂得国际市场运作方面的人才

"走出去"战略需要一大批懂国际市场、懂技术、懂得国际市场运作方面的人才，包括翻译、专业技术人才、国际贸易人才等等。一部分可以从国内招聘，一部分可以从当地国家招聘。选用具有跨国经营经验的管理人才，并做好后期人才的培养和储备工作。管理人才是中国企业海外投资的直接推动者，其素质的高低直接决定着企业在海外投资经营的成败。特别是当地国家的市场策划与销售，必然要招聘部分当地国家的市场人才。刚开始，先做当地或地区的市场调研，了解市场的产品技术需求、价格、年消耗量与利润空间。稳扎稳打，一步一个脚印，一个点带动一个地区的市场；然后再下一个点布局，以此类推，逐步在南亚、中亚、非洲，乃至南美洲地区布局设点，企业逐步做大做强。

5 结语

尽管中国水泥产量占世界水泥总产量的55％，中国是世界上水泥消耗与混凝土用量最大的国家，但国内的助磨剂与混凝土外加剂企业数量众多，产品与技术发展已经日趋成熟，行业利润已经很微薄，再加上国内的大型水泥集团公司也在上下延伸产业链，市场竞争也早已经非常激烈，有条件的国内助磨剂与混凝土外加剂企业应早日实施"走出去"战略，参与国际市场竞争，早日获得更高的市场份额与利润，不失是一个良好的选择。

参考文献

[1] 申论热点：民营企业走出去的战略思考（1）[EB/OL]. http：//www. studyez. com/news/201110/31/117493. htm. 2011-10-31/2013-10-11.

[2] 毛春苗. 中国水泥研究院. 中国水泥企业海外发展之路 [EB/OL]. http：//info. ccement. com/news/content/4284296929859. html. 2013-07-29/2013-10-11.

[3] 赵建. 对建筑企业走向海外市场的思考 [EB/OL]. http：//js. china. com. cn/gc/fc/279894. shtml. 2012-12-25/2013-10-11.

[4] 邓建勇 邓仕燕. 关于我国民营企业实施"走出去"战略的思考. [EB/OL]. http：//money. 163. com/06/0205/10/296JEVCH00251HA7. html. 2006-02-05/2013-10-11.

"住房城乡建设部工业和信息化部关于推广应用高性能混凝土的若干意见"政策解读与体会

为落实《国务院关于化解产能严重过剩矛盾的指导意见》（国发［2013］41号）、《国务院办公厅关于转发发展改革委住房城乡建设部绿色建筑行动方案的通知》（国办发［2013］1号）有关要求，加快推广应用高性能混凝土，中华人民共和国住房和城乡建设部和中华人民共和国工业和信息化部联合发文（建标［2014］117号）"住房城乡建设部工业和信息化部关于推广应用高性能混凝土的若干意见"，要求各级住房城乡建设部门、工业和信息化主管部门要加强对高性能混凝土推广应用的领导，并结合本地实际，制定和完善相关措施，建立健全组织保障和考核机制，确保各项任务落到实处。

文件第一部分介绍了高性能混凝土的宽泛定义与重要意义。"高性能混凝土是满足建设工程特定要求，采用优质常规原材料和优化配合比，通过绿色生产方式以及严格的施工措施制成的，具有优异的拌合物性能、力学性能、耐久性能和长期性能的混凝土"，这个定义有几处亮点需要我们混凝土业内人士关注：

1）满足建设工程特定要求；

2）采用优质常规原材料；

3）绿色生产方式；

4）严格的施工措施；

5）优异的性能。

建设工程包括：一般工业与民用建筑工程、铁路工程、核电站工程、水利大坝、海洋建筑工程、石油化工建筑、军事工程建筑、煤炭矿山建筑工程等等，这些工程所需要的高性能混凝土都有特定的技术要求，不可能要求所有的高性能混凝土具体指标都一样。所以，高性能混凝土只能是一个宽泛的概念，不可能也不应该把具体指标量化或统一化。也没有必要取消高性能混凝土这个说法，高性能混凝土只是一个宽泛的概念。采用优质常规原材料，目前优质常规原材料越来越少，问题的关键是怎么样使常规的原材料优质化，比如：42.5级和52.5级的水泥除满足国家标准外，还要求水泥标准稠度用水量小、水泥与常规混凝土外加剂适应性良好；原材料砂石采用水洗办法降低含泥量，采用机械再加工的方法增加砂石颗粒的球型度，大幅度降低针片状碎石含量。砂石的球型度越高，混凝土的和易性就会极大的改善及坍落度损失的速率就会降低，单方混凝土的成本也会显著下降。目前最常用的优质掺合料是粉煤灰、矿渣微粉和硅灰。石灰石粉，作为混凝土掺合料，是一个新课题，要深入研究，形成规范后推广使用。绿色生产方式应该是指：无粉尘污染、低噪声生产、废弃物零排放、运输车辆清洁化、工厂植被绿色化，建设资源节约型、环境友好型混凝土企业。粉尘、噪声、污水排放应分别满足《水泥工业大气污染物排放标准》（GB 4915—2004）、《工业企业厂界环境噪声排放标准》（GB 12348—2008）、《污水综合排放标准》（GB 8978—1996）的要求。严格的施工措施，意思是严格混凝土施工过程控制，从浇注（含泵送施工）到振捣，多次抹面收光直至混凝土养护工作都要严格按照规范或工法要求进行施工。目前的预拌混凝土施工，很大程度上对"严格的施工措施"没有执行到位，导致混凝土产生裂缝的现象普遍化。优异的混凝土性能，是指"混凝土具有优异的拌合物性能、力学性能、耐久性能和长期性能"，其中长期性能是指较长时间内的混凝土力学稳定性和化学稳定性。文件中的高性能混凝土的定义，为我们从业者怎么样生产出满足特定工程建设所需要的高性能混凝土指明了方向。

文件中提到"由于对高性能混凝土认识不足、基础研究滞后，基本概念不统一，以及评价体系尚未建立等原因，致使高性能混凝土应用还不广泛"，众所周知，预拌混凝土（含商品混凝土）在我国已经高速发展了20余年，高速公路、高速铁路、水利大坝、核电站工程、大中城市中最大量的工业与民用建筑都广泛使用了预拌混凝土（含商品混凝土），混凝土中除常规材料外普遍使用了矿物掺合料和混凝土外加剂，具备了生产高性能混凝土的物质基础条件，可以说，在当前国内所有的各类重点工程中都在使用高性能混凝土。东部沿海地区大中小城市商品混凝土普及率已经达到90%以上，中西部地区除大中城市外预拌混凝土（含商品混凝土）的普及率预计在40%～50%，高性能混凝土的应用还不十分广泛，还有待进一步提高。"混凝土生产普遍存在强度等级偏低、绿色生产水平不高、质量控制不严及施工粗放等问题，制约了高性能混凝土的推广应用"。目前，我国一般工业与民用建筑中混凝土强度等级为C25～C40，其中C25～C40占据了整个混凝土数量的85%以上，大部分混凝土生产企业为民营企业，技术门槛低，确实存在绿色生产水平不高、质量控制不严及施工粗放等问题。文件指出到"十三五"末，高性能混凝土要得到普遍应用。

文件要求："十三五"末，C35及以上强度等级的混凝土占预拌混凝土总量50%以上。在超高层建筑和大跨度结构以及预制混凝土构件、预应力混凝土、钢管混凝土中推广应用C60及以上强度等级的混凝土。在基础底板等采用大体积混凝土的部位中，推广大掺量掺料混凝土，提高资源综合利用水平。混凝土强度等级的普遍提高，建筑（构筑）物耐久性普遍可以提高，还可以消除建筑（构筑）物的肥梁胖柱现象，节约建筑空间。目前的铁路、公路预制混凝土构件、预应力混凝土、钢管混凝土中普遍使用的是C50级高强高性能混凝土。在基础底板等采用大体积混凝土的部位中，推广大掺量掺合料混凝土，最重要的是混凝土强度与耐久性评价指标的养护期改28d为60d或90d，特殊工程甚至180d为好，因为这些掺合料28d前几乎不参与水泥水化，可以最大限度降低水泥水化热，降低水泥用量，充分利用工业废渣，降低工程造价，由于采用低水胶比，混凝土工程耐久性可以得到充分保证。文件要求：建立混凝土耐久性设计和评价指标体系，推广强度与耐久性并重的混凝土结构设计理念，强化耐久性设计。"强度与耐久性并重"意味着混凝土不仅仅有较低的水胶比还有最少水泥用量的限制，充分利用混凝土掺合料的火山灰效应、形态效应和微集料效应来提高混凝土密实性，因而提高混凝土耐久性和长期性。文件还要求：建立并实施预拌混凝土绿色生产评价和标识制度，推广绿色生产和管理技术，"十三五"末，80%搅拌站达到绿色生产一星级及以上水平，其中50%达到二星级及以上水平。这项举措对提升我国预拌混凝土行业生产管理水平，加快调整产业结构具有巨大的促进作用，部分商品混凝土搅拌站将被兼并重组，管理不善严重亏损的企业将被淘汰，通过优胜劣汰，使全国商品混凝土行业管理水平大幅度提高，行业面貌焕然一新。

文件提到的工作任务：（1）加强高性能混凝土应用基础研究。搭建研发平台，重点突破高性能混凝土原材料控制、配合比优化设计、质量控制、耐久性指标体系、工程设计以及抗震、耐火、抗裂等关键技术。国内有关高校和科研院所如东南大学，同济大学，武汉理工大学，哈尔滨工业大学，江苏建科院，河海大学，南京水利科学研究院，中国建材研究院，华南理工大学，西安建筑科技大学，中国建筑科学研究院，中国铁道科学研究院等等近20年来发表了数以十万计的水泥与混凝土科研论文，为我国发展推广应用高性能混凝土提供了强大的技术支撑。上海建工材料公司成功将C100高强高性能混凝土泵送至上海中心大厦620米新高度，创造了混凝土超高泵送新的世界纪录。中国建筑总公司广州东塔项目部在东塔实验泵送了强度等级为C120的超高强度绿色多功能混凝土，成功将这种混凝土从首层泵送至东塔塔顶510米的高度，这都标志着中国的混凝土研究与应用技术已经达到国际一流水平。可惜的是，水泥与混凝土属于传统原材料，国家科技部从部委到地方科技部门对这类传统材料的科技创新在资金上支持力度很小，特别是基层科技工作者更是没有经费支撑，严重影响基础原材料的科技进步与创新。（2）制（修）订高性能混凝土相关标准。编制高性能混凝土评价标准，适时修订混凝土结构设计、施工及验收等相关规范，完善水泥、砂石、掺合料等原材料标准，制定高性能混凝土生产和应用技术要求。高性能混凝土在不同的工程行业建设领域（如一般工业与民用建筑工程、铁路工程、核电站工程、水利大坝、海洋建筑工程、石油化工建筑、军事工程建筑等），具体技术要求指标肯定不一，高性能混凝土相关标准，只能是行业标准，高性能混凝土评价标准，也只能是行业标准。（3）推动混凝土产业转型升级。规范行业准入，推进清洁生产。制定预拌混凝土绿色生产评价和标识管理办法，组织开展评价和标识工作。强化与联合重组、两化融合、淘汰落后等工作的联动。引导并支持优势企业创新经营业态和商业模式，实施跨行业、跨所有制联合重组，提高生产集中度。通过政府监管和市场行为规范行业准入，推动混凝土产业转型升级，推动清洁生产，实现行业生产绿色化。（4）推广混凝土生产和应用先进技术。推广骨料分级、配合比优化、试验检测和原材料质量控制技术，提高水泥混合材、外加剂成分检测及质量控制能力，加大固废消纳力度，实现水泥减量化。推广砂石、混凝土等生产装备智能化技术，混凝土构件和部件预制装配化技术，提升工业化水平。"加大固废消纳力度，实现水泥减量化"就要求商品混凝土公司使用42.5级和52.5级的水泥，同时大量使用磨细矿渣，粉煤灰，石灰石粉或者复合掺合料。由于国家大力推广"混凝土构件和部件预制装配化"来建设房屋，也就是说，用工业化的生产方式来建造房屋，是将房屋的部分或全部构件在工厂预制完成然后运输到施工现场，将构件通过可靠的连接方式组装而建成的房屋，在欧美及日本被称作工业化房屋。大型商品混凝土公司自己生产混凝土构件或者轻质耐火墙板将是一个趋势。以大中城市新建建筑为重点，突出绿色建筑、保障性住房、市政基础设施、大型公共建筑等工程，全面推广应用高性能混凝土。笔者认为高性能混凝土推广的重点应该是中西部地区，尤其需要结合新农村城镇化建设，首先针对地震高发地区大力推广全面应用高性能混凝土，全面推广钢筋现浇高性能混凝土框架结构房屋建设，使汶川、玉树和鲁甸地震高发地区的悲剧不再重演。针对新农村建设、新型城镇化建设目前有混凝土搅拌泵送一体机已经推向了市场，并成功应用。（5）加强混凝土质量监督管理。利用信息技术，建立混凝土生产的质量保证体系，加强施工环节的质量监管，实现混凝土及其原材料生产、储运、施工等环节的无缝链接，完善质量监督机制，确保高性能混凝土质量。加强混凝土质量监督管理，关键是靠人，没有高素质的技术工人，一切都无从谈起。混凝土质量控制是过程控制，从原材料到搅拌到运输到现场泵送施工，到振捣到抹面，最后到养护等等环节，哪一个环节出了问题，都会影响到混凝土的最终耐久性和长期性能。只有全面加强整条流水线上的监督监管，才能最终保证高性能混凝土质量。

总之，高性能混凝土作为重要的绿色建材之一，其推广应用对提高建设工程质量，降低工程全寿命周期的综合成本，对于发展循环经济，促进行业技术进步，推进混凝土行业结构调整具有重大意义。但在推广使用高性能混凝土的过程中，要实事求是，因地制宜，结合当地的经济社会发展水平、资源环境条件和工程特点，确定本地区本行业高性能混凝土推广应用技术发展路线，为最终全面应用高性能混凝土打下良好基础。

第二部分

水泥助磨剂技术

多元醇类助磨剂在高炉矿渣粉磨中的比较试验研究

1 矿渣助磨剂研究现状

水淬高炉矿渣是冶炼生铁时的副产品，具有较高的潜在活性。目前，矿渣除少部分作混合材用来生产矿渣水泥外，特别是磨细矿渣微粉作为矿物掺合料已成为制备高性能混凝土必不可少的组分之一。但是矿渣在粉磨过程中存在易磨性差，早期强度偏低，而延长粉磨时间虽然可以提高粉磨效率，但增加了电耗，增加了粉磨成本，同时在矿渣的粉磨过程中，由于物料在粉磨过程中受各种力的影响导致颗粒内部的电价键断裂，产生电子密度的差异，在断面两侧形成一系列交错的活性点，它们彼此吸引，使断裂面趋向于复合并使物料发生团聚，从而影响粉磨产量的提高。为降低粉磨能耗、阻止矿渣断裂面的愈合和减少团聚现象，使用矿渣助磨剂是最简单易行的办法，常用的矿渣助磨剂有多元醇类、胺类等。

武汉理工大学马保国[1]认为含有羟基的多功能添加剂掺量在 3.5/万，有最佳助磨效果，聚羧酸盐减水剂对矿渣的助磨效果不佳。上海大学化学系[2]认为：A：20％的三乙醇胺＋20％丙三醇（甘油）＋15％的硫酸铝溶液＋30％的纸浆黑液＋5％脂肪酸盐＋10％的水，搅拌均匀，静置 2 小时后，过滤得到溶液，掺量 4～8/万。B：20％～25％的三乙醇胺＋30％～45％乙二醇＋15％～30％的十二烷基苯磺酸钠＋10％～25％的三聚磷酸钠。掺量 4～8/万。C：三乙醇胺＋六偏磷酸钠，三乙醇胺＋丙三醇（甘油）＋硫酸钠，以上方案具有较好的助磨效果。同济大学材料学院的研究表明[3]：三乙醇胺，多元醇，硫酸钠，铝酸盐，铵盐，萘系混凝土减水剂，含有羟基的高分子化合物，多元醇，掺量 2～3/万，效果最佳，木质素类的钠盐或钙盐和水玻璃对提高矿渣的助磨效果不佳。安徽建筑工业学院的思路[4]是：三乙醇胺＋无机盐具有较好助磨效果。沈阳建筑大学[5]认为：三乙醇胺对提高矿渣助磨效果作用不大；三乙醇胺＋有机醇类效果最佳；三乙醇胺＋有机醇＋磷酸盐效果也不错。道康宁公司的发明专利表明[6]，某些有机硅类的聚二硅氧烷类的有机物对矿渣有良好的助磨作用。

考虑到所开发的矿渣助磨剂为液体产品，设想多元醇类含有羟基的化合物仍然是矿渣助磨剂的最理想原料。为此，我们做了以下一系列的实验来验证。

2 试验原料和设备

风干后的矿渣，实验每次用量 5kg。甘油，分析纯，稀释为 50％浓度。三乙醇胺，分析纯，（三乙醇胺含量不少于 78.0％）。二甘醇，工业品（99％），市售品。上海某化工公司产矿渣助磨剂，液体，2～3/万掺（稀释为 50％浓度）。聚合甘油为三聚甘油（浓度 85％）。标准砂，试验小磨机（型号 SMØ500×500mm）；气动勃氏比表面积测定仪。

3 小磨实验

通过小磨实验，可以优化助磨剂的配方，减轻实验工作量。具体实验数据及分析见表 1

和表2。

表1 A-A配方助磨剂对矿渣粉磨的助磨效果（1）

序号	样品	掺量	粉磨时间（min）	$45\mu m$ 筛余（%）	比表面积（m^2/kg）
1	空白	—	60	18.0	290
2	A-A	0.08%	60	15.9	324
3	A-A	0.10%	60	17.6	307
4	A-A	0.12%	60	17.5	315
5	A-A	0.15%	60	16.9	345

表2 A-A配方助磨剂对矿渣粉磨的助磨效果（2）

序号	助磨剂及掺量	粉磨时间（min）	$45\mu m$ 筛余（%）	比表面积（m^2/kg）	比表面积增加（%）	7d抗折（MPa）	7d抗压（MPa）
1	空白	120	2.5	359，361	—	6.73	34.82
2	A-A，0.15%	120	1.6	383，391	7	7.12	37.97
3	A-A，0.08%	120	2.3	389，386	7	6.82	38.55

说明：A-A配方为：甘蔗糖蜜（市售，总糖分在50%）50%，辅料（盐类，碳酸钠与醋酸钠的混合物）15%，水35%，样品稳定性良好。强度试验为：水泥（同一种硅酸盐水泥P·I 55%＋磨细的矿粉45%）为450克，水225克，标准砂1350克。

从表1和表2可以看出：

（1）比表控制在350m^2/kg以上时，45μm 筛余明显变小；

（2）比表控制在350m^2/kg以上时，A-A助磨剂对矿渣的助磨效果较明显，0.08%掺量下具有较高的性价比，但是比表面积增加的幅度不高，说明甘蔗糖蜜对矿渣的助磨提升作用有限。

为了考察甘油、聚合甘油以及自配的矿渣助磨剂对矿渣的助磨效果，再次做实验进行比较，实验结果如表3、表4、表5、表6。

表3 各助磨剂的助磨效果比较

序号	品种	掺量	粉磨时间（min）	比表面积（m^2/kg）	比表面积增加（%）
1	空白	—	90	380，385	—
2	甘油	3/万，3g	90	389，395	2.6
3	上海某化工	2/万，2g	90	393，391	2.6
4	上海某化工	3/万，3g	90	408，407	6.4
5	自配配方1	3/万，3g（50%浓度）	90	396，397	3.5

说明：自配配方1：三乙醇胺15%，二甘醇30%，甘油废液（浓度70%）30%，市售甘蔗糖蜜10%，水15%。

表4　考察聚合甘油对矿渣的助磨效果

序号	助磨剂	掺量	粉磨时间（min）	比表面积（m²/kg）	比表面积增加（%）
1	空白	—	90	410，412	—
2	三乙醇胺	2/万，10%浓度，10g	90	425，423	3.1
3	聚合甘油	2/万，10%浓度，10g	90	434，440	5.9
4	聚合甘油	2.5/万，10%浓度，12.5g	90	425，426	3.3
5	聚合甘油	3/万，10%浓度，15g	90	447，444	7.8
6	聚合甘油	3.5/万，10%浓度，17.5g	90	445，448	8.1
7	聚合甘油	4/万，10%浓度，20g	90	456，458	10.0

表5　聚合甘油与市售产品的效果比较

序号	助磨剂	掺量	粉磨时间（min）	比表（m²/kg）	比表面积增加（%）
1	空白	—	90	408，413	—
2	聚合甘油	3/万，10%浓度，15g	90	470，464	12.2
3	上海某化工	3/万，10%浓度，15g	90	455，464	10.0

表6　考察自配的助磨剂产品对矿渣的助磨效果

序号	助磨剂	掺量	粉磨时间（min）	比表面积（m²/kg）	比表面积增加（%）
1	空白	—	90	319，319	—
2	三乙醇胺	2/万，10%浓度，10g	90	329，331	3.3
3	上海某化工	3/万，10%浓度，15g	90	360，354	10.6
4	自配配方2	4.3/万，10%浓度，21.5g	90	369，371	13.8

说明：自配配方2：聚合甘油60%，二甘醇20%，市售甘蔗糖蜜10%，水10%。

结论：

（1）甘油对矿渣的粉磨有促进作用，但效果不显著。胺类与多元醇类复配虽然对矿渣的粉磨有明显促进作用，但不是最理想的配方组合。

（2）从表4可看出：聚合甘油对矿渣具有较好的助磨作用，但也存在一个最佳掺量3/万，掺量增加，比表面积增加的幅度趋缓。

（3）通过表4、表5和表6，可以看出聚合甘油在掺量3/万时，对矿渣具有很好的助磨作用；复配后的以聚合甘油为主导的助磨剂产品也具有很好的助磨效果。而且聚合甘油和多元醇类的市场价格比三乙醇胺低得多，是理想的矿渣助磨剂原料。

4　多元醇对矿渣的助磨机理分析

助磨剂分子在粉磨过程中吸附于固体颗粒表面上，颗粒上原有的裂缝在吸附表面活性剂分子形成吸附层后更容易扩展，防止裂缝的愈合；同时助磨剂吸附在颗粒表面上能平衡因粉碎而产生的不饱和价键，防止颗粒再度聚结，从而加剧了粉碎过程的进行，使颗粒圆度降低，表面粗糙度增大。随着球磨时间的增加，尽管矿渣粒度不再减小，但是颗粒表面仍然可能会产生新的活化点，同时内部产生缺陷和裂纹，某些多元醇对这种缺陷和微裂纹有很强的浸润渗透作用，阻止裂纹的闭合，减少颗粒的团聚。部分多元醇的分子结构如图1～图3所示。

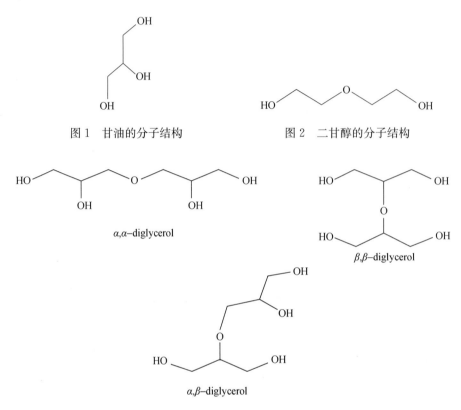

图1　甘油的分子结构　　　　　　图2　二甘醇的分子结构

α,α–diglycerol

β,β–diglycerol

α,β–diglycerol

图3　聚合甘油的分子结构

甘油在碱性催化剂作用下经高温加热（270℃左右）分子间进行脱水反应可生成聚合甘油。聚合甘油是混合物，有二聚、三聚、四聚、甚至十几聚。聚合程度的控制取决于工艺条件，作为助磨剂一般以平均三聚为主。由于甘油是一种三官能团的分子，它本身可以缩合得到聚合物。如果伯羟基的反应是唯一的，则产品是线性的，但是如果仲羟基基团也参与其中，则形成支链。因此，随反应条件的不同，聚合甘油的分子结构型式也是多种多样，有直链、支链（图3）甚至环链。多元醇经过聚合之后，分子结构多了"—O—"，增大了分子偶极距，使得分子极性增强，吸附、浸润矿渣表面微裂纹的能力增强，助磨效果增加显著。

5　结语

水淬高炉矿渣的粉磨和水泥的粉磨有很大的不同，入磨的高炉矿渣往往含有一定的水分，实践表明：矿渣含水量在0.5%～1.0%之间时矿渣的粉磨往往有最佳的粉磨工况，太干和太湿的矿渣都不利于粉磨作业也不利于提高产量。矿渣助磨剂的加入，往往会使矿渣微粉流速加快，这时需要调节风量适当降低电机的转速（调频电机）来防止出现"跑粗"现象。必要的话，需改进和调整磨机内部的双层隔仓板位置和减少出料蓖板孔径和调整研磨体的种类和级配，进而才能实现最佳匹配，达到提产高产的目的。全国各地高炉矿渣的品质不一（酸性与碱性），选择适合的矿渣助磨剂需要因地制宜。矿渣助磨剂也应该是一个系列产品，以适应不同的矿渣和磨机工况。矿渣助磨剂的发展方向：一是单纯提高产量；二是提高矿渣的活性指数；三是复合型既提高产量又提高矿渣的活性指数。研究复合型的矿渣助磨剂无疑是发展的方向，也符合当今节能减排和发展循环经济的政策。

参考文献

[1] 马保国，万雪峰，李相国．多功能高效矿渣添加剂的试验研究［J］，中国水泥，2007（1）：59-61.

[2] 杨瑞海，余淑华．矿渣复合助磨剂的实验研究［J］，水泥工程，2006（6）：9-12.

[3] 冯蕾，张雄，张永娟．矿渣复合助磨活化剂的研究［J］，水泥，2008（6）：9-12.

[4] 吴修胜．矿渣助磨剂的实验研究［J］，科技信息，2008（33）：450-451.

[5] 李晓，于红梅，闫新．矿渣助磨剂研究［J］，中国水泥，2008（12）：72-73.

[6] Dow Corning corporation，Silicon containing grinding aides for slag［P］，EP19990967667，2001-10-17.

磺酸盐聚合物水泥助磨剂的合成与性能研究

1 引言

在水泥工业生产中，为了提高粉磨效率、降低磨机功耗和改善水泥质量，可在粉磨过程中添加少量由一种或多种具有表面活性的物质和其他化学助剂构成的水泥助磨剂，它在水泥粉磨过程中可以降低水泥的表面能，克服物料之间的静电吸引力、减小粉碎阻力，防止糊球糊磨，提高粉磨的流动性，从而降低磨机能耗，提高粉磨效率。某些含有特殊功能组分的助磨剂还可以加快水泥水化的速度和完全度，改进水泥的质量。因此，采用水泥助磨剂是提高水泥粉磨效率、降低单位电耗以及改善水泥质量的有效措施。

以有机化工原料合成为主的液体助磨剂产品在国外研究和应用较早，国内研究起步较晚且多借鉴国外技术。张昀[1]通过马来酸酐（MA）和聚乙二醇（PEG）酯化，再与丙烯酸缩聚的技术路线，研究了水泥助磨剂的合成工艺及其助磨效果。方云辉等[2]从分子结构出发，设计了一种适用于水泥粉磨过程的聚羧酸高分子化合物。王振华等[3]以马来酸酐、马来酸酰胺和烯丙基醚等为原料合成一种高分散、高早强活化作用的高分子水泥助磨剂。朱化雨等[4]用马来酸二乙醇胺酯与丙烯酸、甲基烯丙基磺酸钠等制备了一种高分散、高早强活化作用的高分子聚合物，将其用于水泥粉磨。李国华[5]合成出了 DEIPA 水泥助磨剂。山东华冠建材技术开发有限公司[6]（CN101428984A）通过 97％～98％的硫酸与环氧丙烷反应，生产一种醇酯型水泥助磨剂，具有性能稳定，适应在磨机温度较高的状态下使用，提高粉磨效率。中国专利 CN 101798198A[7]，CN 101928113A[8]，CN 101955330A[9]，CN 102060459[10]也对合成型水泥助磨剂进行深入研究，取得了良好效果。福建科之杰新材料有限公司[11]利用不饱和聚醚、不饱和酸和不饱和磺酸为原料，合成一种功能化可调两性聚羧酸系水泥助磨剂，其分子结构为梳型结构，主链含有极性基团，侧链中含有聚氧化乙烯基链段。刘长福[12]利用磺化剂、接枝改性剂、接枝引发剂、水溶性聚合反应原料、接枝改性剂、交联剂、中和剂，制备出水溶性高分子助磨剂，对环境保护，能源节约，降低成本等方面意义显著。段冲等[13]通过乙二胺的羟乙基化合成多元醇胺类的助磨剂单体，该助磨剂能显著提高水泥细度和比表面积，明显改善颗粒级配，提高水泥的 3d 和 28d 强度；专利 CN102643047A[14]和 CN 102643047A[15]以马来酸酐、醇胺、丙烯酸等为原料，聚合生产出聚羧酸系水泥助磨剂，实现了配方简单，生产操作方便，无三废排放，有效提高了水泥强度和粉磨效率。

目前，国内使用的水泥助磨剂多以各类有机无机化工原料复配为主的液体助磨剂产品，而以化工原料合成为主的非醇胺类液体助磨剂仍处在研究试用阶段，存在合成成本还较高，质量不稳定等情况，大部分不具有市场优势。开发质量稳定价格相对低廉的助磨剂母料，是

1 山东省自主创新及成果转化专项（2014ZZCX05301）工业固体废弃物资源化利用关键技术研究及产业化项目支持。

2 通讯作者：张伟，副教授，7656279@qq.com。

国内水泥助磨剂行业转型升级的关键，也是增强企业竞争能力的关键。针对国内水泥助磨剂行业主要局限于使用三乙醇胺和小分子极性物质复配技术，没有有效实现多种有机官能团的协同效应，并且产品易分层，性能不稳定的问题，本文研究试制了一种具有低掺量、高增强、高分散的低分子量磺酸盐共聚物作为水泥助磨剂应用于水泥粉磨工艺，取得较好效果。

2　原材料及合成试验方法

2.1　原材料

烯丙基聚氧乙烯聚氧丙烯醚单体，分子量1200，含量99％，海安石化公司委托加工；
烯丙基聚氧乙烯聚氧丙烯醚单体，分子量1000，含量99％，海安石化公司委托加工；
烯丙基聚氧乙烯聚醚单体，分子量800，含量99％，海安石化公司委托加工；
甲基丙烯磺酸钠（SMAS），分子量158.156，含量99.5％，武汉汉方化学有限公司；
2-丙烯酰胺-2-甲基丙磺酸（AMPS），分子量207.2，含量99.0％，金锦乐化学有限公司；
NaOH溶液，市售，40％；过硫酸铵，市售，分析纯；去离子水：电导率$5\mu S/cm$以内。

2.2　合成实验方法

在装有冷凝分流装置的1000mL烧瓶中，加入烯丙基聚氧乙烯（聚氧丙烯）醚类单体，水作为分散介质，搅拌升温到50～98℃，至完全溶解，滴加AMPS/SMAS溶液（用去离子水配置20％的AMPS/SMAS溶液）和过硫酸铵溶液（过硫酸铵用量占单体总质量的5％～10％），在2～5h内滴加完，保温90℃反应2h，降温到50℃以下，调节pH为7～9，即得含固量在40％左右的共聚物磺酸盐溶液。具体详细试验方案如下：

（1）将分子量为800的烯丙基聚乙二醇240g加入到装有冷凝分流装置的1000mL烧瓶中，溶于180g去离子水中，升温至60℃。20g SMAS和36g AMPS加水溶解配成20％单体溶液。过硫酸铵23.68g加水配成20％引发剂溶液；同时滴加单体溶液和引发剂溶液，4h滴加完毕。在85℃保温2h，降温至45℃，用40％NaOH溶液调节pH值为8，即得样品1。

（2）将分子量为1000的聚氧乙烯（氧丙烯）醇醚（EO数12，PO数7）240g加入到装有冷凝分流装置的1000mL烧瓶中，加170g水，升温至65℃，搅拌至完全溶解。称取49.7g AMPS配成20％单体溶液。称取14.5g过硫酸铵配成20％引发剂溶液；同时滴加单体溶液和引发剂溶液，4h滴加完毕。在95℃保温2h，降温至45℃，40％NaOH溶液调节pH值为8，即得样品2。

（3）将分子量为1200的聚氧乙烯（氧丙烯）醇醚（EO数12，PO数7）240g和31.5g SMAS加入到装有冷凝分流装置的1000ml烧瓶中，加水溶解，升温至65℃。滴加质量占比为10％过硫酸铵水溶液，4h滴加完毕。在95℃保温2h，降温至45℃，40％NaOH溶液调节pH值为8，即得样品3。

助磨剂化学合成的样品1、样品2及样品3的磺酸盐共聚物化学结构通式可以如下表示：

$$\begin{array}{c}\displaystyle \left.\begin{array}{c}H_2\\C\end{array}-\begin{array}{c}H\\C\end{array}\right)_a \left(\begin{array}{c}H_2\\C\end{array}-\begin{array}{c}R_2\\C\end{array}\right)_b \left(\begin{array}{c}H_2\\C\end{array}-\begin{array}{c}CH_2SO_3Na\\C\\CH_3\end{array}\right)_c\end{array}$$

式中，$a=0\sim10$，$b=1\sim10$，$c=0\sim10$，$m=10\sim50$，$n=1\sim20$，$m>n$；a、c 为自然数和零，但不同时为零；n、b、m 均为自然数；R_1、R_2 为 H，C 原子数为 $1\sim13$ 的烷基或氧烷基，分子量范围：$2500\sim10000$。

3 水泥实验结果及分析

3.1 助磨剂小磨试验

3.1.1 主要设备

水泥小磨试验采用的主要试验设备有：小磨机 SM500×500，上海雷韵试验仪器制造有限公司生产，磨机规格：$\phi500\times500$，研磨体装载量：100kg，入磨物料粒径：<7mm；颚式破碎机，长沙顺泽矿冶机械制造有限公司生产，规格 XPC60×100，处理量：0.23t/h，给料粒径：50mm，排料粒径：<3mm；全自动水泥压力试验机 WAY-3000B，无锡锡仪建材仪器厂生产。

3.1.2 主原料

水泥小磨试验需要的主要原料有：水泥熟料为粒径 $5\sim30$mm，28d 抗压强度 62MPa，铜陵海螺水泥生产；粉煤灰为二级灰，华能海口电厂产；脱硫石膏：SO_3 含量 46%，华能海口电厂产；石灰石：$5\sim30$mm，产自华盛天涯水泥矿山。

3.1.3 试验方法及结果

水泥小磨试验步骤如下：

（1）先破碎熟料至所需要的 $1\sim3$mm 大小的颗粒，共破碎 30kg，平均分成六份；

（2）破碎石灰石至所需要的 $1\sim3$mm 大小的颗粒，共破碎 6kg，平均分成六份；

（3）将合成的磺酸盐聚合物助磨剂样品配置成 10% 的溶液；

（4）称取 4kg 破碎好的熟料倒入球磨机研磨仓内；该步骤空白样称取 45g 水均匀滴加到熟料上，加剂样称取 50g 配置好的磺酸盐聚合物 10% 溶液均匀滴加到熟料上；（已经将原液按步骤（3）稀释成 10% 溶液，这样增加剂量保证加剂均匀）

（5）称取 250g 破碎好的石灰石倒入球磨机，覆盖于熟料上；

（6）称取 500g 粉煤灰倒入球磨机，覆盖于熟料和石灰石上；

（7）称取 250g 脱硫石膏倒入球磨机中，关闭仓门。

（8）开启电源计时研磨 30 分钟，用 0.2mm 筛筛分，得水泥样品。

根据水泥相关国家标准，测试水泥物理性能见表1。

表1 水泥配比及物理性能

助磨剂掺量（%）	熟料（%）	粉煤灰（%）	石灰石（%）	石膏（%）	80μm筛细度（%）	比表面积（m²/kg）	3d抗压强度（MPa）	28d抗压强度（MPa）
0	80	10	5	5	1.7	366	24.3	47.9
0.1	80	10	5	5	0.6	393	27.6	54.6
0.1	80	10	5	5	0.8	398	27.4	55.6
0.1	80	10	5	5	0.7	395	27.5	54.1

3.2 水泥颗粒粒度级配分析

对比空白水泥与加了助磨剂的水泥样品1、样品2、样品3，通过德国新帕泰克HE-LOS/RODOS干法激光粒度仪测试，试验水泥颗粒区间粒度分布数据。具体数据如图1～图4所示。

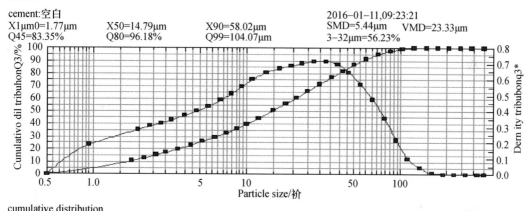

cumulative distribution

Xo/μm	Q3/%	Xo/μm	Q3/%	Xo/μm	Q3/%	Xo/μm	Q3/%
1.80	10.27	7.40	32.54	30.00	71.24	122.00	99.66
2.20	12.71	8.60	35.87	36.00	76.88	146.00	99.96
2.60	14.90	10.00	39.46	42.00	81.52	174.00	100.00
3.00	16.89	12.00	44.23	50.00	86.40	206.00	100.00
3.60	19.60	15.00	50.44	60.00	90.89	246.00	100.00
4.40	22.81	18.00	55.74	72.00	94.63	294.00	100.00
5.20	25.68	21.00	60.32	86.00	97.35	350.00	100.00
6.20	28.95	25.00	65.61	102.00	98.92		

density distribution (log.)

Xm/μm	q3lg	Xm/μm	q3lg	Xm/μm	q3lg	Xm/μm	q3lg
0.95	0.18	6.77	0.47	27.39	0.71	111.55	0.09
1.99	0.28	7.98	0.51	32.86	0.71	133.463	0.04
2.39	0.30	9.27	0.55	38.88	0.69	159.39	0.01
2.79	0.32	10.95	0.60	45.83	0.64	189.33	0.00
3.29	0.34	13.42	0.64	54.77	0.57	225.11	0.00
3.98	0.37	16.43	0.67	65.73	0.47	268.93	0.00
4.78	0.40	19.44	0.68	78.69	0.35	320.78	0.00
5.68	0.43	22.91	0.70	93.66	0.21		

图1 空白水泥粒度分析结果

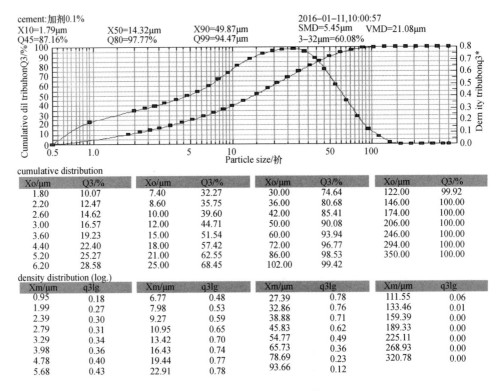

cumulative distribution

Xo/μm	Q3/%	Xo/μm	Q3/%	Xo/μm	Q3/%	Xo/μm	Q3/%
1.80	10.07	7.40	32.27	30.00	74.64	122.00	99.92
2.20	12.47	8.60	35.75	36.00	80.68	146.00	100.00
2.60	14.62	10.00	39.60	42.00	85.41	174.00	100.00
3.00	16.57	12.00	44.71	50.00	90.08	206.00	100.00
3.60	19.23	15.00	51.54	60.00	93.94	246.00	100.00
4.40	22.40	18.00	57.42	72.00	96.77	294.00	100.00
5.20	25.27	21.00	62.55	86.00	98.53	350.00	100.00
6.20	28.58	25.00	68.45	102.00	99.42		

density distribution (log.)

Xm/μm	q3lg	Xm/μm	q3lg	Xm/μm	q3lg	Xm/μm	q3lg
0.95	0.18	6.77	0.48	27.39	0.78	111.55	0.06
1.99	0.27	7.98	0.53	32.86	0.76	133.46	0.01
2.39	0.30	9.27	0.59	38.88	0.71	159.39	0.00
2.79	0.31	10.95	0.65	45.83	0.62	189.33	0.00
3.29	0.34	13.42	0.70	54.77	0.49	225.11	0.00
3.98	0.36	16.43	0.74	65.73	0.36	268.93	0.00
4.78	0.40	19.44	0.77	78.69	0.23	320.78	0.00
5.68	0.43	22.91	0.78	93.66	0.12		

图 2　水泥样品 1 粒度分析结果

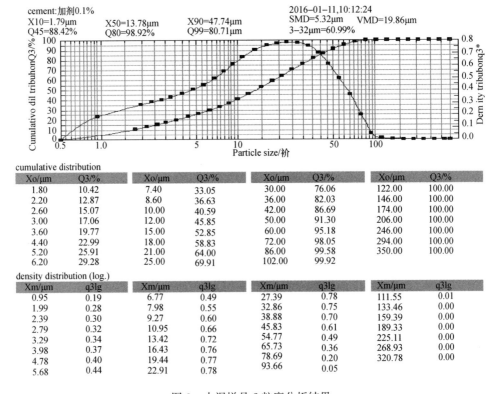

cumulative distribution

Xo/μm	Q3/%	Xo/μm	Q3/%	Xo/μm	Q3/%	Xo/μm	Q3/%
1.80	10.42	7.40	33.05	30.00	76.06	122.00	100.00
2.20	12.87	8.60	36.63	36.00	82.03	146.00	100.00
2.60	15.07	10.00	40.59	42.00	86.69	174.00	100.00
3.00	17.06	12.00	45.85	50.00	91.30	206.00	100.00
3.60	19.77	15.00	52.85	60.00	95.18	246.00	100.00
4.40	22.99	18.00	58.83	72.00	98.05	294.00	100.00
5.20	25.91	21.00	64.00	86.00	99.58	350.00	100.00
6.20	29.28	25.00	69.91	102.00	99.92		

density distribution (log.)

Xm/μm	q3lg	Xm/μm	q3lg	Xm/μm	q3lg	Xm/μm	q3lg
0.95	0.19	6.77	0.49	27.39	0.78	111.55	0.01
1.99	0.28	7.98	0.55	32.86	0.75	133.46	0.00
2.39	0.30	9.27	0.60	38.88	0.70	159.39	0.00
2.79	0.32	10.95	0.66	45.83	0.61	189.33	0.00
3.29	0.34	13.42	0.72	54.77	0.49	225.11	0.00
3.98	0.37	16.43	0.76	65.73	0.36	268.93	0.00
4.78	0.40	19.44	0.77	78.69	0.20	320.78	0.00
5.68	0.44	22.91	0.78	93.66	0.05		

图 3　水泥样品 2 粒度分析结果

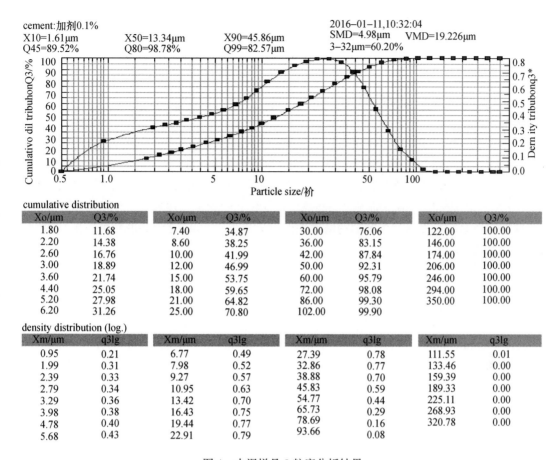

图 4　水泥样品 3 粒度分析结果

由图 1、图 2、图 3、图 4 对比，可以看出：合成的磺酸盐聚合物具有较好助磨效果，改变了水泥颗粒分布，对水泥强度贡献值最大的 3～32μm 区间占比均有明显上升，水泥样品 1、样品 2 和样品 3 该区间数值比空白实验期间数据绝对值分别提高了 3.85%、4.76% 和 3.97%。

3.3　水泥与混凝土外加剂适应性分析

空白水泥与含有助磨剂的水泥样品分别测试与混凝土外加剂相容性，在萘系泵送剂，脂肪族泵送剂，聚羧酸泵送剂的作用下，净浆流动性及其损失数据见表 2。

表 2　水泥与混凝土外加剂适应性

水泥		净浆流动度			净浆流动度			净浆流动度	
		初始（mm）	1h（mm）		初始（mm）	1h（mm）		初始（mm）	1h（mm）
空白水泥	萘系泵送剂（40%）掺 1.5%	220	160	脂肪族泵送剂（35%）掺 1.5%	220	160	聚羧酸泵送剂（9%）掺 2.0%	220	185
1 水泥		225	165		220	165		220	210
2 水泥		220	170		225	170		220	220
3 水泥		225	170		220	165		220	215

从表2可以看出，合成助磨剂样品1、2、3粉磨的水泥，与空白水泥相比，均具有较好的混凝土外加剂相容性。综合考察水泥的物理性能，应优选助磨剂的第二合成方案。

4　结论

（1）相对于现有技术中类似的羧酸类化合物，本技术分子结构设计清晰，选用了只能发生共聚的原料设计分子结构，共聚产物纯度高，副反应少，工艺简单，易控制，并且生产过程不产生工业三废，既保证了经济效益，又无环境污染。

（2）可选用不同分子量的烯丙基聚氧乙烯聚氧丙烯醚单体，分别与 AMPS 单体和/或 SMAS 单体共聚，合成的产品可以单独使用，也可以和传统的水泥助磨剂原料 TEA、TIPA 和 DEIPA 等复配使用。制得的水泥助磨剂原料（40％固含量）掺量为水泥质量的0.1％时，在相同的粉磨时间（以不加助磨剂粉磨比表面积至 $350\pm10kg/m^2$ 为基准）可以提高水泥 3d 抗压强度 2MPa，28d 抗压强度 4MPa。

参考文献

[1] 张昀，徐正华，黄世伟，等．聚羧酸盐系水泥助磨剂的合成［J］．南京工业大学学报：自然科学版，2009，31（6）：73．

[2] 方云辉，郑飞龙，龚明子，等．聚羧酸系水泥助磨剂的研究及其应用效果［J］．水泥，2010（12）：12．

[3] 王振华，王栋民，王启宝，等．ZK—RJD 高效液体高分子合成水泥助磨剂的特性及其应用［J］．水泥，2010（5）：10-14．

[4] 朱化雨，李因文，赵洪义，等．以改性醇胺为原料合成水泥助磨剂的研究及应用［J］．硅酸盐通报，2011，30（1）：182-186．

[5] 李国华．DEIPA、EDIPA 的合成及对水泥性能的影响［D］．南京：南京理工大学，2011 年．

[6] 王彬，郑强，王升平，等．改性三乙醇胺化合物的合成及其对水泥助磨性能的影响［J］．硅酸盐通报，2009，28（6）：1235-1242．

[7] 山东宏艺科技股份有限公司．一种聚羧酸水泥活化助磨增强剂及其制备方法：中国，101798198A［P］．2010-08-11．

[8] 铜陵市绿源复合材料有限责任公司．一种聚羧酸—醇胺型高分子助磨剂及其制备方法：中国，101955330A［P］．2011-01-26．

[9] 福建省新创化建科技有限公司．一种聚羧酸—醇胺型高分子助磨剂及其制备方法：中国，101955330A［P］．2011-01-26．

[10] 山东宏艺科技股份有限公司．一种水泥助磨剂：中国，102060459A［P］．2011-05-18．

[11] 福建科之杰新材料有限公司．一种功能化可调两性聚羧酸系水泥助磨剂的制备方法：中国，102134300A［P］．2011-07-27．

[12] 刘长福．一种造纸废液生产的水溶性高分子助磨剂及制造方法：中国，102311242A［P］．2012-01-11．

[13] 段冲，袁奥兰，赵帆，等．新型单体助磨剂的合成与应用［J］．广州化工，2012，40（14）：69-71．

[14] 山西大学．一种聚羧酸盐水泥助磨剂及其制备方法：中国，102584091A［P］．2012-007-18．

[15] 史才军．一种酰胺多胺聚羧酸系高分子水泥助磨剂及其制备方法：中国，102643047A［P］．2012-08-22．

基于工业甘油蒸馏残液合成的聚合
甘油对水泥粉磨效果的分析

1 前言

在合成工业甘油生产过程中，会排出甘油蒸馏残渣，其外观为深棕色或棕黑色半固体状态，其中含氯化钠 20%～50%，甘油 5%～20%，聚合甘油 5%～10%，余量是水。针对这种工业甘油废渣，先用工业离心机实现大部分氯化钠与甘油蒸馏残液分离，再采用无水乙醇为溶剂，使残留的氯化钠尽量沉淀出来，提取其中的甘油、聚合甘油，经常压蒸馏分离溶剂乙醇后，产品就可以变成混醇（主要成分有甘油，聚合甘油，水）。有文献[1],[2]表明该混醇可以做水泥助磨剂使用，对水泥和高炉矿渣具有良好的助磨作用，而且还可以部分代替三乙醇胺这类价格昂贵的材料。但是，目前市场上这类混醇产品，其中聚合甘油只占 10%～20%，甘油占 20%～40%，其余为含有少量氯化钠的水溶液，纯甘油做水泥助磨剂的助磨效果较差，把甘油蒸馏残渣中的甘油也转化为聚合甘油，实现更高更充分的利用，就值得研究。

2 试验

2.1 试验原材料

水泥熟料和石膏由临沂某水泥集团提供，高炉矿渣取自临沂三德特钢有限公司，粉煤灰取自国电费县发电有限公司，石灰石取自临沂市罗庄区永顺石料厂，上述各物质的化学成分见表1。甘油蒸馏残渣取自江苏宿迁某甘油厂；无水乙醇、碳酸钠、草酸、三乙醇胺胺均为分析纯。

表 1 原材料化学成分

原材料（w/%）	SiO$_2$	Al$_2$O$_3$	Fe$_2$O$_3$	CaO	MgO	K$_2$O	SO$_3$	Ig loss	Σ
熟料	22.12	7.31	2.79	63.73	1.21	0.98	—	1.07	99.21
石膏	3.87	2.54	0.51	29.31	1.04	—	38.76	22.03	98.06
粉煤灰	56.23	27.89	2.35	3.57	1.94	1.20	1.12	2.91	97.21
高炉矿渣	32.06	14.04	0.80	45.38	6.51	0.31	0.01	-0.21	99.44
石灰石	4.01	1.42	0.22	53.34	0.26	0.13	—	39.12	98.5

2.2 试验方法

2.2.1 聚合甘油的制备

取甘油蒸馏残渣样，先经过高速工业离心机分离出大部分无机盐，然后在甘油蒸馏残液中加入无水乙醇，将温度升高至 50～60℃ 条件下充分搅拌溶解，然后趁热过滤，最后用热的无水乙醇洗涤过滤 3 次，这样大部分甘油和聚合甘油被转移到滤液中，除去大部分无机盐氯化钠；将滤液置于蒸馏系统中，常压升温至 80℃，将乙醇蒸馏回收，得到主要成分为甘油与聚合甘油的混合物 - 混醇。将所得的混醇加入带有冷凝器的反应釜中，其中反应釜内的导热油管道表面镀一层 2～3mm 厚的金属铜作为催化剂，并加少量的碳酸钠为碱性催化剂，于氮气保护气氛中在 230～240℃ 下进行脱水、醚化反应 3～5h，即得水泥助磨剂的核心原料之一聚合甘油母液，其固含量（有效物含量）在 85% 左右，羟值一般在 1100～1300mg KOH/g 之间，聚合度在 2.5～3.0 之间。

2.2.2 助磨剂的制备

以聚合甘油母液和三乙醇胺为主要原材料，按下表 2 组分配比，充分搅拌均匀，即得试验用助磨剂组合物。

表 2 试验用助磨剂组合物之配比

编号	聚合甘油母液（%）	三乙醇胺（TEA）（%）	水（%）
G_1	50	0	50
G_2	0	50	50
G_3	5　（10%取代 TEA）	45	50
G_4	10（20%取代 TEA）	40	50
G_5	15（30%取代 TEA）	35	50
G_6	20（40%取代 TEA）	30	50

2.2.3 助磨剂效果试验

将得到的聚合甘油母液及其复配后的水泥助磨剂组合物在 $\phi500mm \times 500mm$ 标准试验小磨中进行试验，具体过程如下：

按照以下物料配比混合：质量分数为 75% 的熟料、质量分数为 5% 的石膏、质量分数为 5% 的高炉矿渣、质量分数为 10% 的粉煤灰、质量分数为 5% 的石灰石，向得到的混合物中加入质量分数为混合物总质量 0.5‰ 的水泥助磨剂组合物，混合粉磨 25min 后得到水泥。依据《水泥胶砂强度检验方法（ISO 法）》（GB/T 17671—1999）测试水泥胶砂强度；依据《水泥标准稠度用水量、凝结时间、安定性检验方法》（GB 1346—2001）检测水泥的标准稠度用水量、凝结时间。采用 DBT-127 型勃氏透气比表面积仪检测得到的缓凝助磨剂的勃氏比表面积。

3 结果与讨论

3.1 助磨剂对水泥细度和比表面积的影响

不同配比的助磨剂对水泥 80μm 筛余和比表面积的影响分别如图 1 和图 2 所示。

由图 1 可以看出，不掺助磨剂的空白水泥的 80μm 方孔筛筛余值为 7.1%，加入助磨剂

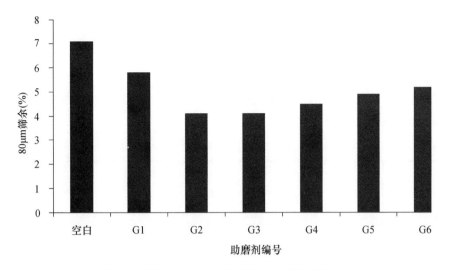

图 1　不同配比助磨剂对水泥 80μm 筛余的影响

G_1、G_2、G_3、G_4、G_5、G_6 的筛余值分别为 5.8%、4.1%、4.1%、4.5%、4.9%、5.2%，加入助磨剂的水泥与不加助磨剂的水泥相比，80μm 方孔筛筛余都不同程度的降低，即水泥变细。G_1 筛余降低 18.31%，降低幅度最小；G_2、G_3 均降低 42.25%，降低幅度最大，这说明聚合甘油的加入有助磨剂效果能降低水泥粉磨细度，但助磨效果不如三乙醇胺。但 80μm 筛余仅能表示大于 80μm 颗粒含量，或仅知道小于 80μm 颗粒的总量，而不知道不同颗粒粒度的比例，不能完全衡量助磨剂的助磨效果。

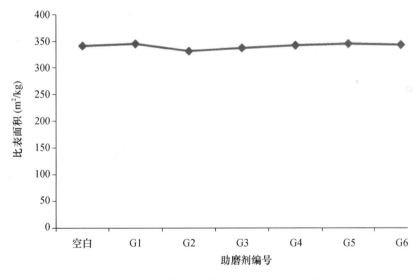

图 2　不同配比的助磨剂对水泥比表面积的影响

由图 2 可以看出，与文献报道不同[3,4]，助磨剂的加入对水泥比表面积的变化影响很小，特别是 G_2 以三乙醇胺为主要原料的助磨剂的加入引起水泥比表面积的减小，这可能是与勃氏比表面积的测定方法有关。勃氏法测定比表面积是根据一定量的空气通过具有一定孔隙和固定厚度的水泥层时，因为所受到的阻力不同而引起的流速的变化来测水泥的比表面积，助磨剂的加入可以改善水泥颗粒的表面形貌，还能起到平滑作用减少颗粒间的摩擦阻力，使气体透过水泥层时所受到的阻力减小，从而测得的比表面积比实际的要低。

3.2 助磨剂对水泥颗粒粒度分布的影响

为更准确的研究助磨剂对水泥颗粒粒度分布的影响，我们对加入助磨剂前后的各水泥样进行了颗粒粒度分析，结果见表3。

表3 水泥的颗粒粒度分析

助磨剂编号	粒径范围（μm）				
	<3	3～30	30～60	60～86	>86
空白	11.99	52.49	21.58	7.19	6.75
G_1	13.55	57.70	18.23	5.69	4.83
G_2	15.39	61.46	15.43	4.55	3.17
G_3	15.78	60.94	15.51	4.68	3.09
G_4	15.43	59.81	16.29	4.79	3.68
G_5	14.35	59.06	17.34	5.32	3.93
G_6	14.06	58.43	17.95	5.26	4.30

由表3可以看出，助磨剂的加入使水泥颗粒粒度分布发生了变化，G_2 和 G_3 的加入对水泥颗粒粒度分布的改变最为显著，大大增加了粒径 3～30μm 段颗粒含量，明显减少了大颗粒（>60μm）含量。G_1 的加入使<30μm 的细颗粒增加了 10% 以上，减少了>30μm 的水泥颗粒含量，助磨效果明显。G_2 增加细颗粒含量效果明显高于 G_1，说明聚合甘油的助磨效果比三乙醇胺差，从 G_3 到 G_6 随着聚合甘油掺量的增加，助磨效果下降，也说明这一结论。

3.3 助磨剂对水泥物理性能的影响

将掺加不同助磨剂粉磨后的水泥样进行标准稠度、凝结时间、强度等物理性能的测试，研究不同助磨剂对水泥性能的影响，结果见表4。

表4 掺入助磨剂的水泥小磨实验数据

助磨剂	标准稠度需水量（%）	凝结时间（min）		抗折强度（MPa）		抗压强度（MPa）	
		初凝	终凝	3d	28d	3d	28d
空白	27.30	208	262	5.4	8.6	23.5	46.3
G_1	27.28	233	298	5.5	8.6	23.7	48.9
G_2	27.32	171	232	5.6	8.7	26.9	50.3
G_3	27.31	175	243	5.7	8.8	26.7	50.5
G_4	27.31	180	250	5.7	8.8	26.4	50.1
G_5	27.31	195	252	5.4	8.5	25.8	49.6
G_6	27.30	206	273	5.3	8.4	25.1	49.1

由表4可以看出，助磨剂的加入对水泥物理性能的影响不同，G_1 的加入使水泥标准稠

度用水量减少，G_2 的加入使水泥标准稠度需水量增加。G_2 使水泥的凝结时间缩短，而 G_1 使水泥的凝结时间有所延长。各助磨剂的加入均能提高水泥 3d、28d 强度，G_1 的加入可提高 3d 抗压强度 0.4MPa，提高 28d 抗压强度 2.6MPa；以 10％聚合甘油母液替代三乙醇胺的 G_3 与 G_2 相比，它们对水泥的增强效果相当；以 20％聚合甘油母液替代三乙醇胺的 G_4 与 G_2 相比，同龄期强度稍有下降。

4　结论

（1）对甘油蒸馏残渣进行处理，使其中的甘油聚合，所得水泥助磨剂组合物对水泥具有较好的助磨和增强效果，将所述水泥助磨剂组合物用于水泥粉磨试验，所得水泥与空白比较，细度明显降低，水泥的 3d、28d 抗折、抗压强度明显增加。

（2）以 10％的聚合甘油母液替代 10％的三乙醇胺复配后，所得的水泥助磨剂组合物对水泥助磨效果和增强效果均比单掺三乙醇胺更加明显。

（3）以 10％～20％的聚合甘油取代三乙醇胺复配后的水泥助磨剂，更具有经济技术优势。

参考文献

[1] 郑竟成，唐善华，王志辉. 用甘油蒸馏残渣做水泥助磨剂研究报告 [J]. 武汉食品工业学院学报，1995（1）：24-26.

[2] 张伟，徐世君，崔玉理. 多元醇类助磨剂在高炉矿渣粉磨中的比较试验研究 [J]. 中国水泥，2014（6）：90-92.

[3] 周宗坤，张春阳. 复合助磨剂组分对粉磨效果作用的研究 [J]. 低温建筑技术，2013（10）：10-12.

[4] 王振华，朱立新，李方忠等. 有机表面活性剂自由度对水泥助磨剂助磨作用影响的研究 [J]. 水泥，2013（2）：1-4.

矿渣的活性激发技术发展概述

　　"矿渣"的全称是"粒化高炉矿渣"。它是钢铁厂冶炼生铁时产生的废渣，具有较高的潜在活性。随着冶金工业的发展，矿渣的年产量很大，现已成为水泥工业活性混合材的重要来源。矿渣作为传统的水泥工业的原材料之一，已得到人们较早和普遍的认同，这主要是基于矿渣的潜在活性的利用。故如何充分和有效地将矿渣的潜在活性激发出来成为人们关注的课题。为此国内外研究者做出了大量的研究工作。

1　矿渣的活性来源

　　矿渣的主要成分与硅酸盐水泥中的氧化物基本相同，即 CaO、SiO_2、Al_2O_3、MgO 等，只是氧化物之间的比例不同而已。影响矿渣活性因素主要有两个：一个是化学成分，活性组分主要指氧化钙、氧化铝、氧化镁；另一个是玻璃体的含量，矿渣是结晶和玻璃相的聚合体，前者是惰性组分，而后者是活性组分，矿渣中玻璃体占 90％ 左右，而且玻璃相的组分越多，矿渣的潜在活性就越大。研究表明[1]，矿渣的活性不仅取决于玻璃体的含量，而且取决于矿渣玻璃体的结构。玻璃体是由网架形成体和网架改性体组成。网架形成体主要由 SiO_4^{2-} 组成；网架改性体主要由 Ca^{2+} 组成，它存在于网架形成体的孔隙中，以平衡电荷；矿渣中的 Al^{3+} 和 Mg^{2+} 不仅是网架的形成体，而且又是网架的改性体。钙离子（Ca^{2+}）以离子键形式存在于六元配键位内，钙或其他类似离子类含量的增加伴随着硅氧四面体网络结果的解聚而增加。而这层较为稳定的"保护膜"–硅氧四面网络，是矿渣具有潜在活性的原因[2]。矿渣玻璃体中存在着含有两相的分相结构[3,4]。其中一相为富含钙的连续相，另一相为含硅的、呈类似球状或柱状粒子的非连续相。矿渣玻璃体中富钙相所占的比例越大，矿渣在碱性环境中的水化就越迅速，表现的水硬活性就越高；矿渣玻璃体富硅相所占的比例越大，矿渣在碱性环境中的水化就越迟，在水化初期表现出的水硬活性就越低。

2　矿渣的活性激发机理

　　矿渣含氧化硅（30％～40％），氧化硅对促进玻璃体结构的形成有一定的帮助。但当矿渣中二氧化硅的含量过高，此时又得不到足够的氧化钙和氧化镁与其化合，就会在玻璃化的形成过程中形成硅酸的表面胶膜，阻碍矿渣中其他化合物的水化和结晶，从而降低其活性。因此，作为水泥活性混合材的矿渣，二氧化硅应当少一些。矿渣含氧化铝（7％～20％），氧化铝是使矿渣具有活性和化学安定性的主要成分。氧化铝的含量高，矿渣的活性大。矿渣玻璃体在水中近乎是惰性的，要使矿渣呈现胶凝性能，必须加以激发。矿渣活性的激发常用方法有物理激发、化学激发和复合激发等方法。

2.1　物理激发

　　固体物料在施加冲击、剪切、摩擦、压缩、延伸等机械力作用后，其内部晶体结构会不规则化和产生多相晶型转变，导致晶格缺陷发生、比表面积增大、表面能增加等，随之物料的热力学性质、结晶学性质、物理化学性质等都会发生规律性变化。机械粉碎是采用机械能使物料由大颗粒变成小颗粒的工艺过程。在粒径减小的同时，自身的晶体结构、化学组成、物理化学性质发生机械化学变化的主要方面包括：

1. 被激活物料原子结构的重排和重结晶；表面层自发地重组，形成非晶质结构。

2. 外来分子（气体、表面活性剂等）在新生成的表面上自发地进行物理吸附和化学吸附。

3. 被粉碎物料的化学组成变化及颗粒之间的相互作用和化学反应。

4. 被粉碎物料物理性能变化。

这些变化并非在所有的粉碎作业中都能显著存在，它与机械力的施加方式、粉碎时间、粉碎环境以及被粉碎物料的种类、粒度、物理化学性质等都有密切的关系。

用于水泥工业的工业固体废弃物，一般细粉的水化速度比水泥慢得多，经测试表明：颗粒大小在 $80\mu m$（比表面积 $300m^2/kg$）左右时，高炉矿渣水化 90d 左右才能产生与硅酸盐水泥熟料水化 28d 时相应的强度；粉煤灰则需 150d 左右才能达到相应的强度。对上述工业废渣进行粉磨到产品颗粒大小大部分在 $45\mu m$（比表面积 $450m^2/kg$）左右时，扩大了水化反应时的表面积，相应地可以较大幅度地提高它们的水化速度，使它们能在相对较短时间内产生较高的强度。

高树军则认为[5,6]，随着球磨时间的增加，尽管矿渣粒度不再减小，但是颗粒表面仍然可能会产生新的活化点，同时内部产生缺陷和裂纹，使矿渣粉体在碱性水溶液中易于均匀分散，有利于 OH^- 离子进入矿渣发生水化反应；另一方面，在机械力粉磨的过程中，强烈的机械冲击、剪切、磨削作用和颗粒之间相互的挤压、碰撞作用，可能促使矿渣玻璃体发生一定程度的解聚，使得玻璃体中的分相结构在一定程度上得到均化，这也是矿渣活性提高的重要原因。但要使矿渣获得较高的比表面积，较多的活化点，不仅对磨机的要求比较高，而且电量消耗比较大，因此，必须在粉磨设备及工艺方面进行改进，以提高效率，在达到预期效果的同时又能够节约能源。

通常情况下，将使用矿渣助磨剂也归为物理激发范围。国内外研究和应用的矿渣助磨剂主要是一些表面活性剂，采用表面活性剂可以获得较好的效果，尤其是阳离子表面活性剂和非离子表面活性剂。研究过程还发现，表面活性剂中的某些物质在与弱碱合成后，对矿渣的易磨性有明显提高作用，能够较大幅度提高矿渣粉磨的比表面积。

2.1.1　国外研究和应用的矿渣助磨剂

国外研究和应用的矿渣助磨剂主要归结为四类。

1. 三羧酸与有机胺化合物复合类

（1）低级三羧酸及其衍生物

低级三羧酸是马来酸、衣康酸、琥珀酸、酞酸等，衍生物是指酯类化合物、酰胺化合物、亚胺化合物、碱土金属盐、铵盐、有机铵盐等，其中以使用水溶性化合物为佳。

（2）有机胺化合物

有机胺化合物是一乙醇胺、二乙醇胺、三乙醇胺、一甲基胺/环己胺、异丙胺、乙二胺、一丁胺，其中以使用三乙醇胺、烷醇胺/脂肪醇胺类为佳。

2. 烯烃与三羧酸无水物的共聚物类

烯烃是乙烯、丙烯、丁烯等。三羧酸无水物是无水马来酸、无水衣康酸、无水宁康酸等，其中以使用无水马来酸为佳。烯烃与三羧酸无水物的配合百分比为（40～60）：（60～40）

3. 甘醇或乙醇胺残液类

该助磨剂是利用环氧乙烷与氨反应合成一乙醇胺、二乙醇胺/三乙醇胺后的蒸馏残液或环氧乙烷与水反应合成二甘醇、三甘醇后的蒸馏残液。

4. 烯化甘醇、碳粒与碱分复合类

（1）烯化甘醇：二甘醇、三甘醇、一丙二醇、二丙二醇、三丙二醇，

（2）碳粒：炭黑、石墨，

（3）碱分：碱金属的氟化物和氢氧化物或有机胺。

1.2 国内研究和应用的矿渣助磨剂

1. 石膏、三乙醇胺类

厦门建筑科学研究院对石膏在高炉矿渣粉磨过程中是否具有助磨效果进行了研究，在石膏掺量2％～5％的情况下，能降低矿粉的休止角，比表面积有所增加，并提高了7d、28d的活性指数。在石膏掺量为3％时，复合0.04％～0.10％的三乙醇胺，可以大幅度提高7d的活性指数。究其原因是减小了粉碎阻力，减弱甚至消除了断面的愈合倾向，提高了粉体的流动性，从而提高粉磨效率。

2. 醇胺和醇类

上海大学对醇胺、醇类复合矿渣助磨剂进行了研究，大约20％的三乙醇胺和20％的丙三醇，其余还有15％硫酸铝溶液和30％的纸浆废液等成分，其掺量为矿渣质量的0.04％～0.08％，可提高矿渣水泥3d强度2～3MPa，28d强度4～6MPa。

3. 三乙醇胺与无机盐复合类

无机盐采用的是亚硫酸钠、硅酸钠、硫酸钠/元明粉。试验中采用元明粉、硫酸钠与三乙醇胺复合的效果最好，能使矿渣水泥早期强度明显高于单一助磨剂三乙醇胺，可提高矿渣水泥28d强度5～6MPa.

4. 聚硅氧烷化合物复合类

同济大学建筑材料研究所根据矿渣结构和粉磨特性，选择某聚硅氧烷化合物作为主体制取了一种新型矿渣助磨活化剂。将此助磨剂与前期试验中激发效果良好的多元醇胺、硫酸盐、氯酸盐和元明粉进行对比试验，研究其对矿渣助磨和活性的影响。结果表明此无碱混合物掺量低（0.02％～0.04％），可以明显减小矿渣细度，改善矿渣粒度分布，并且能激发矿渣早期活性，与硫酸盐和铝酸盐复配后产生叠加效应，可提高矿渣水泥7d强度3～5MPa，28d强度5～8MPa。美国道·康宁公司的矿渣助磨剂也属于这一大类。

2.2 化学激发

矿渣本身经过机械力化学活化后强度虽然有明显增加，但是总体强度仍然很低。这是因为矿渣自身发生水化反应的程度极低，其潜在活性的发挥要以激发剂的存在为必要条件。袁

润章认为矿渣激发剂的作用主要包括三个方面：（1）能促进矿渣的解体；（2）有利于稳定的水化产物的形成；（3）有利于水化物网络结构的形成。常用的激发方法有酸激发、碱激发、硫酸盐激发和晶种激发等。

2.2.1 酸激发

矿渣的酸激发是指用强酸与矿渣混合进行预处理。用盐酸、硫酸共同处理过的矿渣，具有明显的松散多孔结构[7]。由于矿渣经盐酸或硫酸处理后[8]，其含有 $FeCl_3$、$Al_2(SO_4)_3$、$AlCl_3$、$Fe_2(SO_4)_3$、H_2SiO_3 等多种成分，这些物质水解可形成许多复杂的多核络合物，这些络合物不断缩聚，形成高电荷、高分子聚合物，聚合物与亲水胶体间有特殊的化学吸附与架桥作用，有利于吸附水中悬浮的胶体物质。故酸处理后的矿渣一般用于工业废水的处理和矿渣水泥石的早期强度。由于其水化产物在酸性介质中是不稳定的，故不能显示水硬性。

2.2.2 碱激发

常用的碱性激发剂包括石灰、氢氧化钠、水玻璃、水泥熟料、碳酸钠等。实验表明，Na_2CO_3 较 $NaOH$ 激发效果好，它的早期强度较高，后期强度也有所发展，当 Na_2CO_3 掺量达到 6％以上时，强度增幅很大，最佳掺量为 6％～10％。史才军研究发现，Na_2CO_3 特别适合激发富含镁方柱石（C_2MS）的矿渣，而 $NaOH$ 较适合激活富含钙铝黄长石（C_2AS）的矿渣。

粒化高炉矿渣单独与水拌合时，反应极慢，得不到足够的强度，但在氢氧化钙溶液中就能够发生水化，而在饱和的氢氧化钙溶液中反应更快，并产生一定的强度。这说明矿渣潜在活性的发挥，必须以含有氢氧化钙的液相为前提。这种能造成氢氧化钙液相以激发矿渣活性的物质称之为碱性激发剂。它生成碱性溶液能破坏矿渣玻璃体表面结构，使水分渗入并进行水化反应，造成矿渣颗粒的分散和解体，产生有胶凝性的水化硅酸钙与水化铝酸钙。常用的激发剂有石灰和硅酸盐熟料。

矿渣在碱性条件下之所以能表现出水硬活性，是因为在碱性环境中，高浓度的 OH^- 离子的强烈作用克服了富钙相的分解活化能，发生了如下反应而使富钙相溶解（1）：当富钙相溶解后，矿渣玻璃体解体，富硅相逐步暴露于碱性介质中，它与 $NaOH$ 能发生如下反应（2）（3）：

$$\equiv Si-O-Si \equiv + NaOH \rightarrow \ \equiv Si-ONA + Ca(OH)_2 \qquad (1)$$

$$\equiv Si-O-Si \equiv + HOH \rightarrow 2(\equiv Si-OH) \qquad (2)$$

$$\equiv Si-OH + NaOH- \ \equiv Si-ONa + HOH \qquad (3)$$

由于 Si-O 键的键能比 Ca-O 或 Mg-O 键大三倍左右，且富硅相本身的结构又比富钙相致密得多，故反应（2）、（3）与反应（1）相比缓慢得多。化学键的键能差异和分相结构的特点就决定了：矿渣玻璃体在碱性溶液中，富钙相的反应较为剧烈和迅速，而富硅相的反应则较为缓慢和持久。

目前普遍认为激发效果较好的是水玻璃。水玻璃的主要作用是破坏硅氧网结构是矿渣结晶体、玻璃体发生解体，参与基材水化反应。水玻璃水解后生成氢氧化钠和含水硅胶，氢氧化钠可提高水化液相的 pH 值，使矿渣中玻璃态硅氧网络迅速解离，加速水化反应，含水硅胶能与矿渣溶于水得到的钙离子、铝离子等反应生成 C-S-H 胶凝或水化铝硅酸钙，促进矿渣和硅酸钠的进一步水解。当水玻璃的质量分数增加时，胶凝体系水化过程中液相碱度增加，水化反应加速，水化产物增多，使胶凝体系强度增加，早期强度增加尤为明显。这是因为碱-矿渣-粉煤灰胶凝材料水化后，存在的大量 OH^- 离子促进矿渣的迅速水化，也促进水化产物 C-S-H 的生成和氢氧化钙促进矿渣的迅速水化，也促进水化产物 C-S-H 的生成和氢氧化钙等的结晶，生成的水化产物使浆体孔隙得到填充，结构致密，可促使早期强度提高。

朱洪波[9]认为，水玻璃的模数是决定激发矿渣潜在活性的关键因素之一，适当的模数可使矿渣获得较高胶凝性。在适当的模数条件下硬化结构中有害孔的总体积减少，无害孔的总体积增加，水玻璃的有效含量（$Na_2O\%+SiO_2$）与矿渣的强度成正比。通常通过氢氧化钠来调节水玻璃的模数，这样的水玻璃称之为改性水玻璃。

2.2.3 硫酸盐激活

通常情况下，只加入硫酸盐时，矿渣的活性并不能很好激发。只有在一定的碱性环境中，再加入一定量的硫酸盐，矿渣的活性才能较为充分地发挥出来，并能得到较高的胶凝强度。这是因为碱性环境中 OH^- 离子将促使矿渣中的硅氧聚合链的键破坏，加速矿渣的分散、溶解，并形成水化硅酸钙和水化铝酸钙。硫酸盐存在条件下，SO_4^{2-} 可与矿渣中活性 Al_2O_3 和水化铝酸钙化合生成水化硫铝酸钙，大量消耗溶液中的钙、铝离子，反过来又加速了矿渣水化进程，这两种作用互相促进。硫酸盐激发实质是碱和硫酸盐共同作用的混合激发。硫酸盐激发剂主要有：Na_2SO_4、石膏（包括二水石膏、半水石膏、硬石膏、烧石膏）和芒硝。在硫酸盐中 Na_2SO_4 的激发效果最好，这是因为 Na_2SO_4 矿渣水泥体系无论是在水化早期还是晚期都维持较高的碱性环境，能够使矿渣的潜在水硬活性很好地被激发，因而浆体呈现早期强度高、后期强度增长明显的特征，它的主要产物是无定形 C-S-H（Ⅰ）凝胶、杆柱状杆沸石类水化硅铝酸钙钠以及针状钙矾石类水化硫铝酸钙三类矿物，它们之间具有良好的匹配方式，形成密实的空间网络结构；Na_2SO_4 激发的矿渣水泥硬化体具有大孔较少、无害微孔居多、最可几孔径小等优异的微观孔结构特征，且随着水化龄期的延长，微观孔结构能够得到进一步优化。

在 $CaSO_4$ 类激发剂中，半水石膏的激发效果优于硬石膏，烧石膏的激发效果优于二水石膏和半水石膏。这是因为烧石膏经中温煅烧后，脱去结晶水，排除杂质，有部分分解为 CaO，活性增大，同时烧石膏能使钙矾石（AFt）提前形成，也减少了 AFt 膨胀使水泥石结构的破坏作用，从而进一步提高了强度。但烧石膏的掺量不能过大，否则碱度太高，钙矾石将紧靠矿渣表面，以团集细小晶体析出，在硬化体中互相叉和积压，导致膨胀应力产生，强度下降，甚至硬化体结构遭到破坏。

2.2.4 晶种的激发

矿渣中加入晶种可以降低水化产物由离子转变成晶体时的成核势垒，诱导水泥加速水化，从而提高了体系的碱度，为矿渣结构的解体提供了更有利的外部条件。晶种激活可使矿渣制品的 7d 抗压强度从 20.8MPa 增加到 23.6MPa。

晶种可选用天然材料或人造材料，一般含有较多的 C-H-S 和托贝莫来石。东南大学用磨细后的硅酸盐制品作为晶种，掺量为 5%，同比表面积为 $450m^2/kg$ 的矿渣掺量为 40% 可制成 C80 的高强高性能混凝土。

2.2.5　高温激发

按照一般的化学反应规律，温度越高反应速度越快。吴学权用微量热仪测定不同温度下硅酸盐水泥及矿渣硅酸盐水泥的水化热放热速度，发现含50%矿渣矿渣硅酸盐水泥的在常温下水化时出现两个分别代表熟料与矿渣水化加速期的放热峰，当温度提高时，这两个峰的峰高增大，其间距缩短至60℃，使它们合并成一个较大的放热峰，这说明矿渣水化因温度升高而加速的程度高于熟料。A. R. Brough 实验发现[10]，在80℃模拟蒸汽养护条件下，试件抗压强度发展的特别快，12h时其强度超过了70MPa，类似于在室温条件下28d强度。

2.3　复合激发

通常单独地用一种激活措施，不能显著提高矿渣体系的活性。在实际应用时，需综合各种机械和化学的激活方法，即复合激发。一般来说，复合激发优于单独激发。王培铭等人先分别用氢氧化钠/水玻璃和碳酸钾/水玻璃来激发比表面为$432m^2/kg$的矿渣微粉，效果并不理想，最后用水玻璃/氢氧化钠/碳酸钾共同激发，具有较好的效果：试件1~7d强度增长率高，又有合宜的凝结时间[11]。武汉工业大学用矿渣、工业废渣、氟石膏和石灰配合，另辅添少量碱性激发剂，复合成了一种是用于道路基层感应性的土壤稳定用无机结合料。

马宝国[12]等人发明了一种矿渣复合活化助磨剂，它采用三乙醇胺、聚羧酸减水剂和氢氧化钙的饱和溶液经磁化装置活化处理制得。此助磨剂既能激发矿渣活性，又能提高矿渣细度，助磨效果好，又节能，生产工艺简单。

徐福明[13]等人采用二甘醇、三乙醇胺、NNO、元明粉、硫酸铝和膨胀珍珠岩等物质能有效提高矿渣水泥的强度。也有报道指出：采用高分子助剂（主要成分为某聚硅氧烷混合物），多元醇胺和元明粉均有利于提高矿渣的早中期强度。此高分子助剂可增强矿渣的活性指数：一方面是由于助磨作用，使矿渣颗粒均匀，细颗粒含量增多，级配趋于合理，因此水化过程得以加快。另一方面此高分子助剂具有良好的疏水性。从结构来看，助剂主链由极性键 Si-O 组成，但因甲基以 σ 键与硅原子连接，从而增加了自由旋转的空间，而朝外排列的甲基上的氢原子又与水的氢原子相互排斥，是水分子难与亲水性的氧接近。因此，当它覆盖于矿渣表面后，使矿渣表面也呈疏水性，即使物料与水之间的表面能显著降低，从而有效地防止了毛细管力引起的粉体团聚。

3　结语

矿渣的活性激发研究发展到今天，人们对各种激发方法都已经做了比较深入的研究。目前，各种激发方法的综合使用，即矿渣激发剂的复配和磨细矿渣产品的生产工艺的研究已成为矿渣综合利用的研究热点。但是多种激发方法并用时，它们之间不是孤立的，可能相互会发生抑制或促进作用，例如，Ca（OH）₂加入到碱矿渣水泥（slag-MWG-H₂O体系）中，并没有预期的同离子反应出现，既不能减缓矿渣中 Ca^{2+} 的迁移速度，反而加快了凝结时间，这一点显然与 slag-Ca（OH）₂-H₂O 体系是不同的。因此，要进一步充分激发矿渣的潜在活性，不仅要根据各地不同的矿渣具体情况，通过大量的实验确定最佳激发方法。在进行矿渣的激发剂研究时，不仅要考虑到性能，同时还要兼顾到社会效益。矿渣必须在碱性环境下活性才能得以激发，但在胶凝材料用量相同时，水泥碱含量越高，混凝土的干缩变形越大。同时人们还担心碱集料反应问题，由于碱集料反应是一个长期的过程，几十年的工程实例也不能排除碱骨料反应。要解决这些问题，就需要对各种激发方法的综合作用机理作进一步的深入研究。

今天，矿渣活化增强剂的发展方向已经由固体（粉体）往液体方向发展，由于液体产品使用计量方便，液体产品的开发，将会有很好的市场应用前景。

参考文献

[1] 袁润章.矿渣结构与水硬活性及其激发机理 [J].武汉工业大学学报，1987（3）：297-302.

[2] 吴达华，吴永革，林蓉.高炉矿渣结构特性及水化机理 [J].石油钻探技术，1997，25（1）：31-33.

[3] 徐彬，蒲心诚.矿渣玻璃体微观分相结构研究 [J].重庆建筑大学学报，1997，19（4）：53-57.

[4] 徐彬，蒲心诚.矿渣玻璃体分相结构与矿渣水玻璃活性本质的关系探讨 [J].硅酸盐学报，1997，25（6）：728-733.

[5] 高树军，吴其胜，张少明.高能球磨矿渣的形貌及其活性 [J].建筑材料学报，2003，6（2）：157-161.

[6] 高树军，吴其胜，张少明.机械力学化学方法活化矿渣研究 [J].南京工业大学学报，2002，24（6）：61-65.

[7] 董超，谢葆青，林红.高炉矿渣混凝剂处理废水的研究 [J].山东环境，总96期：32-32.

[8] 于衍真，王建荣，伊爱焦等.用矿渣处理革废水的试验研究 [J].环境科学动态，1999（4）：24-26.

[9] 朱洪波，董荣珍，马保国等.碱参量及水玻璃对碱激发水泥（ASC）性能的影响 [A].第一届全国化学激发剂材料研讨会论文集 [C].南京：南京工业大学出版社，2004：210-215.

[10] Brough. A. R，Atkinson. A. Sodium silicate-based，alkali-activated slag mortars Part I [J]. Strength，hydrat ion and micro st ructure Cement and Concrete Research 2002，32；865-879.

[11] 王培铭，金左培，张永明.碱矿渣胶凝材料复合激发剂的研究 [A].第一届全国化学激发剂材料研讨会论文集 [C].南京：南京工业大学出版社，2004：255-259.

[12] 马宝国、万雪峰、李相国等 中国专利：CN1958501A.

[13] 徐福明、李宗勇、曹务霞 中国专利：CN1803693A.

水泥中水溶性 Cr（Ⅵ）控制技术研究现状

水溶性六价铬〔Cr（VI）或 Cr^{6+}〕是水泥重金属中毒性较大的一种元素，它可通过皮肤接触、呼吸道吸入、环境接触等途径对人体造成危害，随着人们对环境和健康问题的日益重视，水泥中的六价铬问题也越来越受到关注[1]。水泥加水搅拌后，其中含有的水溶性 Cr（VI）迅速溶出，此时使用处于塑性阶段的新拌水泥浆体、砂浆或混凝土，如不采取合理的劳动保护措施，由于六价铬的强氧化性，对于敏感人群就会导致皮肤过敏，以至于形成难以治愈的水泥过敏性接触湿疹[2]。Cr（VI）还会带来致癌、致基因突变等严重不良后果，国际癌症研究机构（IARC）已经把六价铬列为致癌物质，不论是吸入还是表皮接触，均能引发癌症[3]。

丹麦、欧盟等为此颁布了水泥中水溶性六价铬的控制标准及标准监测方法，水泥生产过程中减少水溶性六价铬的技术得以开发和广泛应用，并收到了良好的效果[4,5]。我国的国家标准《水泥中水溶性铬（Ⅵ）的限量及测定方法》（GB 31893—2015）将于 2016 年 10 月 1 日起正式实施，届时，对水泥企业的水泥质量控制将会产生很大影响，如果水泥中的水溶性铬（Ⅵ）含量不符合标准要求，表明水泥质量不合格，不得销售和使用[6,7]。

1　水泥中铬（Ⅵ）的主要来源及含量普查分析

1.1　水泥中铬（Ⅵ）的主要来源

水泥中的铬一般只有六价和三价两种稳定氧化态，两者的毒性和迁移性极为不同，六价铬的毒性约为三价铬的 100 倍[8]。比起三价铬化合物，六价铬化合物在环境中通常容易溶解、迁移和易于同生物相互作用。在水泥中，六价铬的含量通常不会超过总铬含量的 30％[9]。水泥中的水溶性六价铬的来源较多，可以说难以避免。在水泥"两磨一烧"的制备过程的各个阶段均能带入，在此，从原材料带入及生产工艺带入两方面进行分析如下：

（1）水泥原材料带入

铬元素在地壳中的平均质量分数为 0.010％～0.011％，分布较为广泛[10]，所以在生料制备过程中使用的石灰岩、泥灰岩、黏土中都含有少量天然铬元素[11]，常用的铁质校正原料如铁尾矿、铜矿渣、铅矿渣等工业废弃物中也存在含量较高的铬元素。当使用这些原料烧制熟料时，入窑物料中含有的铬元素，在炉料的强碱性环境及 1450℃高温下会被氧化成铬（Ⅵ），致使水泥熟料中含有水溶性铬（Ⅵ）。

在水泥粉磨过程中，使用含铬（Ⅵ）较高的工业废弃物煤渣、煤矸石、粉煤灰、矿渣、钢渣等作为混合材，也会引入不同含量的铬（Ⅵ）[12,13]。此外，含铬废弃物作为替代原燃材料的利用也是其中原因之一。据无机盐行业协会的统计，我国现存的危废铬渣高达百万吨，每年新增铬渣在 40 万吨左右。而且铬渣已有的综合利用有一半以上发生在水泥行业，从而加剧了水泥中水溶性 Cr（VI）可能引发的职业健康安全和环境风险。

（2）水泥生产工艺过程带入

水泥生产过程中，生料制备和水泥制成这两个环节是经过粉磨完成的，破碎装备和粉磨设备的工作部件如锤头、高铬钢球、钢锻和衬板中均含有铬元素，会随着工作部件的磨损而引入水泥中。一些水泥的回转窑高温带使用含铬耐火砖，在水泥烧成过程中，随着预热器内筒的蚀损，大量的六价铬会进入水泥熟料中形成水溶性的 Cr（VI）[14]。

1.2 目前我国水泥中铬（VI）含量普查分析

黄小楼[15]等对我国 60 多家水泥企业的水泥进行分析，结果表明我国硅酸盐水泥中铬（VI）的含量主要分布在 2～15ppm 之间，约占统计数据的 80%。国家水泥质量监督检验中心和中国水泥协会联合发布的《2015 年度全国水泥中水溶性六价铬风险监测报告》显示，针对全国 32 个省（直辖市、自治区）的 99 个批次进行分析测试，平均铬（VI）含量为 7.68mg/kg，满足 GB 31893—2015 限定值 10mg/kg 的合格率为 80%，按行政区域统计分析，东北和西北地区的铬（VI）的含量较高，接近 GB 31893—2015 的限定要求，华南地区的铬（VI）含量最低，平均值为 1.15mg/kg。按强度等级统计，强度强度等级 42.5 和 52.5 水泥中铬（VI）含量比 32.5 水泥高，可能是因为硅酸盐熟料在生产过程中引入铬（VI）污染超标[16]。

2 利用化学添加剂降低水泥中可溶性铬（VI）含量的方法

2.1 还原剂法

该法是利用还原剂将可溶性的 Cr（VI）还原为低毒的三价铬 Cr（III）。还原剂可以在水泥使用时同水一起加入，但对水泥的使用单位不方便。目前工业化的方法是在熟料和石膏共磨时，将还原剂同其他添加剂一起加进磨机内，使之磨细并彼此充分混合均匀。熟料中 Cr（VI）在粉磨时部分被还原，其余在加水搅拌时进一步被还原，但该方法的缺点是还原剂的稳定性差。研究较多的还原剂主要有以下几种：

（1）硫酸亚铁：硫酸亚铁是应用最广、价格最廉的还原剂。无水硫酸亚铁不稳定，极易被空气氧化，常用的是七水硫酸亚铁。用量随水泥中水溶性六价铬含量而变，可以加入水溶性六价铬化学反应计算值的 1.25 倍[15]。Fregert 等研究证明了硫酸亚铁的使用效果，只要在水泥中加入 0.35% 的硫酸亚铁就可以将 Cr^{6+} 充分还原成 Cr^{3+}[16]。不过人们很快发现，硫酸亚铁与熟料、石膏在磨机内共同粉磨时，易被氧化而不再具备还原 Cr（VI）的能力，而且会引起水泥生产设备以及混凝土中的钢筋腐蚀[17]。

（2）Sn^{2+} 盐：林松伟[18]等研究表明，Sn^{2+} 对水泥中的可溶性 Cr^{6+} 具有很强的还原能力，作用效果明显高于 Fe^{2+}，还原稳定性也更好。其作用机理是，Sn^{2+} 的强还原能力将六价铬还原为 Cr^{3+} 后，Cr^{3+} 可继续与 Sn^{4+}、OH^- 反应生成稳定的难溶物 $Cr_2[Sn(OH)_6]_3$。发生如下化学反应：

$Sn^{2+} + Cr^{6+} = Sn^{4+} + Cr^{3+}$；

$Sn^{4+} + Cr^{3+} + OH^- = Cr_2[Sn(OH)_6]_3 \downarrow$。

但因 $SnSO_4$、$SnCl_2$ 等均具有吸湿性，容易粘结导致流动性差，不能形成最佳的高斯分布，难以控制在水泥中的掺量，而且使用成本较高，不适于大规模使用[19]。

（3）Mn^{2+}盐适合做还原剂的Mn^{2+}盐包括，Mn^{2+}的无机酸盐，Mn^{2+}与NH_{4+}，K^+的复盐以及Mn^{2+}的有机酸盐[20]。其中，硫酸锰具有可磨为极细粉、易与水泥混合均匀、还原性强、耐空气氧化、可长期保持还原性等优点[21]，但是硫酸锰本身具有毒性[22,23]，因此作为$Cr（Ⅵ）$的还原剂使用，得不偿失。

（4）醛类有机醛类还原剂主要包括甲醛、乙醛、多聚甲醛等。有机醛类还原剂可以在水泥生产的任何阶段将水溶性六价铬还原为三价铬，最佳实施方法是在研磨时，将有机还原剂加到水中，再送进磨机内，添加量为水泥重量的$0.01\%\sim1\%$就可以将水溶性六价铬还原。这类有机还原剂耐空气氧化，还原能力强，速度快[21,24]。但是多数醛类对人体有害，在水泥应用是否能造成二次污染还需要进一步研究。

（5）硼氢化钠：张伟[25]等以硼氢化钠为主要组分制备了一种降低水泥水溶性Cr^{6+}含量的液体水泥添加剂，在0.10%掺量下就能达到良好的减铬效果。硼氢化钠具有很强的还原剂[26]，它的特点是性能稳定，还原时有选择性。其缺点是具有一定的毒性，硼氢化钠碱性溶液生产时不容易控制质量。

（6）矿渣。高炉矿渣是在强烈的还原气氛中形成的，具有一定的还原性能。韦江雄等[27,28]研究了高炉矿渣细粉对$Cr（Ⅵ）$的还原能力，结果表明，高炉矿渣细粉可以降低水溶性$Cr（Ⅵ）$离子的含量，且矿渣粉的比表面积越大，对$Cr（Ⅵ）$离子的还原能力越强。

2.2　化学固化法

该法是将螯合剂与$Cr（Ⅵ）$络合形成沉淀，将可溶性$Cr（Ⅵ）$转化为不可溶性铬固定在水泥中。该法操作方便，成本低廉，效果明显，能有效控制水泥使用过程中可溶性$Cr（Ⅵ）$的溶出。目前，固化剂主要有以下两种：

（1）高分子螯合剂：高分子螯合剂可将重金属离子的强配位基引入高分子分子中，与重金属离子结合形成稳定的、难溶于水的螯合物，从而捕捉、固化重金属。由于具有好的水溶性，高分子螯合剂可与水中的水溶性六价铬选择性的进行反应，生成不溶于水的金属络合物，从而将铬有效的固定住[29]。韩怀芬等[30,31]以玉米淀粉、环氧氯丙烷和3-氯-2-羟丙基三甲基氯化铵为原料，合成了交联阳离子淀粉螯合剂。并将其用于铬渣的固化实验，对固化体的浸出毒性、表面浸出率、抗压强度等指标进行了测试。结果表明，添加高分子螯合剂后的固化体的浸出毒性降低了66.4%，28 d后的表面浸出率仅为10^{-6}数量级。

（2）工业钡渣：该法利用CrO_4^{2-}能与二价阳离子如Ba^{2+}、Sr^{2+}、Pb^{2+}、Zn^{2+}、Cu^{2+}形成不溶盐，减少水泥中可溶性六价铬的溶出。刘洋[32]使用钡渣作为水泥中降解六价铬的外加剂。由于铬酸钡不溶于水，对酸和碱都极为稳定，在自然条件难以溶出。该法主要针对铬渣水泥，在水泥的研磨过程中加入钡渣，降低出磨水泥的六价铬含量。该法能有效的降低水泥中六价铬的含量，具有投入小、成本低、方法简单、实时效益好的优点。

2.3　减水剂抑制法

在混凝土中加入减水剂后，能够有效降低混凝土中水泥浆体的孔隙率和孔径，改善孔的结构分布，从而有效抑制水泥中水溶性六价铬的浸出。施惠生[33,34]等研究了聚羧酸减水剂对对铬渣-水泥硬化浆体中水溶性六价铬渗出的影响。结果表明，在强酸和中性条件下，掺加聚羧酸减水剂对水溶性六价铬渗出有一定的抑制作用。在铬渣掺量40%的条件下，pH＝

7 的中性条件下水泥硬化浆体的水溶性六价铬渗出绿降低了 60％，pH＝3 的强酸条件下水泥硬化浆体的水溶性六价铬渗出率降低了 34％。

3 通过改进水泥生产设备降低水泥中 Cr（Ⅵ）含量的方法

3.1 耐火材料的低（无）铬化

目前水泥窑用耐火材料主要是镁铬砖，它具有高抗热震性、抗侵蚀性、高温强度、降低导热系数、成本低等诸多优点，如果不考虑环保的因素，镁铬砖是一种高性价比的耐火材料[35]。2013 年 2 月 21 日工信部发布的《关于促进耐火材料产业健康可持续发展的若干建议》（工信部原［2013］63 号）明确指出要鼓励发展防止重金属污染的无铬耐火材料等高端产品。近年来，无铬砖的生产和研究也都有了较大发展，水泥窑用无碱耐火材料的使用效果越来越好，一些无铬耐火砖的寿命甚者都超过了铬镁砖的寿命[36]，已经开发出适用于水泥烧成带使用的 MgO-CaO-ZrO_2 砖[37]。水泥回转窑用耐火砖的无铬化对降低环境危害是历史的必然[38,39]。

3.2 耐磨材料低（无）铬化

应用氧化铝陶瓷衬板及研磨体替代高铬合金衬板及研磨体，可避免水泥粉磨环节由衬板和研磨体磨耗带入的有害铬离子，具有重要的绿色环保意义。山东宏艺科技股份有限公司联合中材高新材料股份有限公司已成功将特种耐磨陶瓷材料应用于水泥球磨机中，通过在山东莒州浮来水泥有限公司的工业化运行试验研究，充分证实了氧化铝陶瓷研磨体在水泥磨机应用的可行性和显著优势，水泥性能明显提升，水泥中的有害金属铬含量显著下降[40]。此外，还可以使用耐磨陶瓷涂料来缓解设备和管道因为物料冲刷、摩擦而引起的磨损。

4 控制水泥中 Cr（Ⅵ）含量的措施建议

通过上述分析，得出控制水泥中 Cr（Ⅵ）含量的措施建议如下：

（1）严格控制水泥原材料品质

控制水泥生产过程中使用的原、燃料及混合材中铬元素含量，严禁使用不经过任何处理的铬渣、铬含量较高的不锈钢渣等工业废渣以及铬含量较高的耐火材料废料作为水泥混合材，多使用矿渣等具有还原性的原料。

（2）加快化学添加剂法控制 Cr（Ⅵ）含量的技术创新

通过在水泥粉磨过程中加入的化学添加剂来消除、固化水泥中的 Cr（Ⅵ），消除其危害，是一种科学、简便、有效的途径。很多科研单位和水泥外加剂企业都在关注这一问题，但是目前真正开展的研究工作非常有限。虽然可还原水泥中 Cr（Ⅵ）的还原剂很多，但都有共同的缺点：还原性强的，其稳定性差；稳定性好的，其还原性差。尤其是在水泥粉磨过程中，由于磨机内温度较高，导致还原剂失去还原能力，或者导致已被还原为低价的铬离子又被氧化成 Cr（Ⅵ），造成其危害性反弹。因此，相关科研和生产单位加强合作，共同研发有效降低水泥中的水溶性 Cr（Ⅵ）的产品与技术，非常必要。

（3）控制水泥窑用耐火砖中铬含量

改良水泥窑用耐火材料品种，推广使用无铬耐火砖。

（4）鼓励陶瓷耐磨材料的应用研究

陶瓷研磨体是对水泥球磨机粉磨技术的一次革命性创新，可有效减少水泥中的铬含量。需要陶瓷材料生产企业和水泥企业密切配合，根据水泥企业的工艺和设备情况，不断地调整，科学优化，达到最佳的使用效果。

参考文献

[1] 张轩. 职业性六价铬盐所致 DNA 损伤及其遗传易感性研究 [D]. 杭州：浙江大学，2011.

[2] Zachariae COC, Agner T, Menné T. Chromium allergy in consecutive patients in a country where ferrous sulfate has been added to cement since 1981. [J]. Contact Dermatitis, 1996, 35：83-5.

[3] 金立方，袁翊朦，胡祎瑞，等. 六价铬的细胞毒理效应及其机制研究进展 [J]. 中国细胞生物学学报，2013（3）：387-392.

[4] BS EN 196-10：2006 Methods of testing cement. Methods of testing cement. Determination of the water soluble chromium（VI）content of cement [S].

[5] Directive 2003/53/EC of the European Parliament and of the Council. Official Journal of the European Union [S].

[6] GB 31893—2015. 水泥中水溶性铬（VI）的限量及测定方法 [S].

[7] 曹王保.《水泥中水溶性铬（VI）的限量及测定方法》国家标准的实施对水泥企业的影响及应对 [J]. 建筑工程技术与设计，2015（5）：1131.

[8] 赵堃，柴立元，王云燕. 水环境中铬的存在形态及迁移转化规律 [J]. 工业安全与环保，2006，32（8）1-3.

[9] Klemm WA. Hexavalent Chromium in Portland Cement [J]. Cement Concrete & Aggregates, 1994, 16（1）：43-47.

[10] 陈浩凤，刘军. 灰化法石墨炉原子吸收分光光度法快速测定植物样品中的铬 [C]. 第八届全国地质与地球化学分析学术报告会暨第二届全国地质与地球化学分析青年论坛，2012.

[11] Sinyoung S, Songsiririthigul P, Asavapisit S, et al. Chromium behavior during cement-production processes：A clinkerization, hydration, and leaching study [J]. Journal of Hazardous Materials, 2011, 191（1-3）：296-305.

[12] Huggins F E, Rezaee M, Honaker R Q, et al. On the removal of hexavalent chromium from a Class F fly ash. [J]. Waste Management, 2016, 51；pags.105-110.

[13] 闫冉. 水泥中铬元素的 X 射线荧光光谱分析方法研究及其应用 [D]. 北京：中国建筑材料科学研究总院，2014.

[14] 师素环. 大型干法水泥窑用无铬耐火材料与窑料的反应机理研究 [D]. 西安：西安建筑科技大学，2006.

[15] 黄小楼. 水泥中水溶性六价铬的测试方法与还原技术研究 [D]. 北京：北京工业大学，2010.

[16] Sigfrid F, Birgitta G, Evert S. Reduction of chromate in cement by iron sulfate. [J]. Contact Dermatitis, 1979, 5（5）：39-42.

[17] Roskovic R, Oslakovic I S, Radic J, et al. Effects of chromium（VI）reducing agents in cement on corrosion of reinforcing steel [J]. Cement & Concrete Composites, 2011, 33（10）：1020-1025.

[18] 林松伟. 水泥中水溶性六价铬限量与还原技术的研究 [J]. 福建建材，2016（2）：3-7.

[19] 王善拔. 硫酸锡减铬剂应用中的几个问题 [J]. 水泥，2010（6）：49-49.

[20] 张迪. 重金属在水泥熟料及水泥制品中驻留行为研究 [D]. 北京：北京工业大学，2009.

[21] 佚名. 铬渣制水泥中 Cr^{6+} 的测定与防治-1998.6.23 铬盐专家组会议资料 [J]. 铬盐工业，1999：1-8.

[22] 高锦伍，任照，贺霞等. 锰对机体毒性作用的实验研究 [J]. 东南大学学报（医学版），1989（3）：24-27.

[23] 杜玉珍，端礼荣. 锰的体外发育毒性研究 [J]. 江苏大学学报（医学版），1999（1）：8-9.

[24] 开塞尔. 无 Cr^{6+} 水泥及其制法-用醛还原水泥中 Cr^{6+} [J]. 铬盐工业，1999.

[25] 闫雷，于秀娟，李淑琴，等. 硼氢化钠还原法处理化学镀镍废液 [J]. 化工环保，2002，22（4）：213-216.

[26] 张伟. 降低水泥水溶性 Cr^{6+} 含量的液体水泥添加剂 [P]. 中国专利：201610263643.4.

[27] 韦江雄，余其俊，曾小星，等. 高炉矿渣和电炉白渣细粉对 Cr（VI）的还原与溶出抑制作用 [J]. 环境科学学报，2006，26（8）：1308-1314.

[28] 赵三银，余其俊，成立，等. 高炉矿渣细粉对 Cr（VI）的还原能力及测试方法 [J]. 硅酸盐学报，2005，33（5）：621-626.

［29］陆清萍，武增强，郝庆菊，等．铬渣无害化处理技术研究进展［J］．化工环保，2011，31（4）：318-322.

［30］韩怀芬，陈小娟，褚淑祎，裘春熙．交联阳离子淀粉螯合剂用于重金属离子的处理［J］．水处理技术，2005，31（4）：45-47.

［31］韩怀芬，陈小娟，郑建军，等．交联阳离子淀粉螯合剂对铬渣的处理研究［J］．环境污染治理技术与设备，2004，5（6）：48-50.

［32］刘洋．水泥的六价铬降解法：，CN1299788［P］．2001.

［33］施惠生，阚黎黎．减水剂对铬渣-水泥硬化浆体中 Cr（Ⅵ）渗出的影响［J］．建筑材料学报，2006，9（6）：638-643.

［34］Shi H S，Kan L L. Study on the properties of chromium residue-cement matrices（CRCM）and the influences of super-plasticizers on chromium（Ⅵ）-immobilising capability of cement matrices［J］. Journal of Hazardous Materials，2009，162（2-3）：913-919.

［35］刘仁德．水泥工业用耐火材料的发展趋势与无铬化应用［J］．新世纪水泥导报，2015，21（2）：2-9.

［36］王杰曾，袁林，成洁．水泥窑用无铬碱性耐火材料的研究进展［J］．耐火材料，2014（3）：161-165.

［37］王领航，高里存．MgO-CaO-ZrO$_2$耐火材料的性能、制备与应用［J］．耐火材料，2004，38（5）：350-352.

［38］黄世谋，薛群虎．水泥回转窑烧成带耐火砖无铬化研究进展［J］．耐火材料，2014，48（1）：70-73.

［39］付广杰．合理选择和使用耐火砖消除铬对环境的危害［J］．水泥工程，2003（4）：30-32.

［40］贾秋明，崔荣波，贾立军，等．陶瓷球研磨体用于 ϕ4.2m×13m 磨机［J］．中国水泥，2016（6）：

水泥助磨剂产品概况及其在水泥企业中的应用

1 国内外产品综述

目前，我国水泥总产量已经突破 24 亿吨，约占世界水泥总产量的 55%。由于存在巨大的水泥助磨剂市场，国外公司如德国 Basf 公司，英国 Fosroc 公司，意大利 Mapei 公司等企业都已经进入中国水泥助磨剂市场。它们的产品都已形成系列化，大部分企业都涉及混凝土外加剂，水泥助磨剂仅是系列产品的一部分。据笔者查阅的有关文献，国外水泥助磨剂专利绝大部分为液体产品，因为液体产品使用方便，仅仅需要增加一个储料罐和一个液体计量泵，就可以顺利加入，不需要复杂笨重的设备。其中，美国的水泥助磨剂专利最多，约有 20 余个，其中涉及了高分子合成技术。国外水泥助磨剂产品，各厂家大部分也就几个型号，技术相对成熟，其配方也基本固定，不需要像混凝土外加剂产品那样为了适应水泥和季节的变化配方经常需要变动，配方组成主要是胺类、多元醇类、醋酸盐等单一或复合品。现在水泥助磨剂研究的重点，已经走向高分子合成技术，这也是核心技术，目前美国 2007 年最新的专利中已经有了三乙醇胺的部分或全部替代品。由于这些产品，具有掺量少，液体计量添加方便，提高磨机粉磨效率 10%～20%，节省单位时间电耗，提高水泥粉体的流动性，有利于散装运输和贮存，故在国外水泥工厂使用很普遍。这些大公司由于其产品国际化，所以也都符合美国 ASTM C 465 标准。

近 10 余年来，随着国外水泥助磨剂产品的进入，也随着业内人士对水泥助磨剂产品认识的不断提高，国内水泥企业使用水泥助磨剂的前景不断利好。可以预见，随着水泥企业的逐步大型化和集团化，水泥助磨剂使用率很快将达到一个很高的层次，笔者预计，到 2020 年，我国大中型水泥企业使用水泥助磨剂的比例将达到 80% 左右。以年产 20 亿吨水泥计，掺量按 0.3kg/t 计算，市场需求就可达 60 万吨/年，产值达 70 多亿元。市场前景较好，所以全国各地很多助磨剂企业纷纷兴起，但是目前我国大多数水泥助磨剂企业都是采用购买化工原料复配的生产工艺，进入这一产业的门槛较低，绝大多数水泥助磨剂企业生产工艺落后、管理不规范。随着市场的逐步成熟，企业利润空间将被压缩，市场竞争越来越靠过硬的产品质量和性价比。而企业之间的竞争越来越依靠科技的进步和产品的售前（设计）、售中（调试）、售后（维护）服务。由于我国的国情，目前水泥助磨剂产品有粉体和液体两种形态，液体掺量 0.02%～0.15%，粉剂掺量 0.2%～0.5%，南方液体产品使用多，北方部分企业使用粉剂产品。我们国内产品与国外同类型产品相比，差距将越来越小，相信不久就可以赶上和超过世界先进水平。

2 水泥助磨剂研究需要注意的问题

随着国内预拌（商品）混凝土的逐步普及，混凝土外加剂已成为混凝土中必不可少组分，混凝土外加剂本身是一个系列，包括了减水剂（萘系、羧酸系、脂肪族、氨基系）、缓凝剂、早强剂、减缩剂、防冻剂、抗氯离子硫酸盐腐蚀剂，复合品泵送剂是用量最大的品种。水泥与混凝土外加剂的适应性问题，是令混凝土质量控制工程师最关注的问题，直接影响到单方混凝土的成本、预拌混凝土的顺利施工和成型后的混凝土质量。

笔者认为，水泥助磨剂里面加入的部分早强激发剂是要有选择性的，最好是"后续激发"，也就是水化反应中后期激发混合材或者掺合料的强度，而水泥的早期强度靠水泥细度和颗粒级配的改善而提高。掺入助磨剂后的水泥最起码要与混凝土外加剂适应性良好，不危害水泥本身的性能，不影响钢筋混凝土的耐久性为前提。水泥是半成品，钢筋混凝土才是最终产品，不能什么都往水泥里面加。

钢筋混凝土与其所处的环境是一完整体系，我们材料科学研究工作者包括水泥、混凝土、高分子材料、电化学防腐蚀等研究方向的工作者，在研究这一体系中的某些问题的时候，一定要考虑到全局，注意学科的交叉和各材料之间的相容性，进而才能得出正确的结论和成果如图1所示。

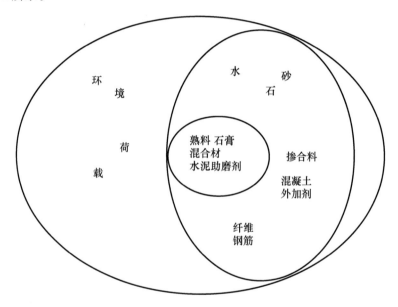

图1　钢筋混凝土材料关联结构示意

3　助磨剂产品在水泥企业中的应用

TH系列液体水泥助磨剂是由南京永能建材技术公司生产的高新技术产品。TH-3型助磨剂是由聚合醇胺、多元醇和特殊有机高分子盐类增强组分混合而成，外观为棕褐色液体，pH（10％浓度）＝9～12，比重（20℃）：1.10～1.25g/cm³，黏度为30～80cps（厘泊）。适用于普通硅酸盐水泥、粉煤灰水泥和复合硅酸盐水泥，掺量为0.23‰～0.4‰。表1～表4简要介绍了TH-3型水泥助磨剂在国内水泥企业中的应用情况和技术指标。

表 1　南京某水泥工厂助磨剂使用前后主要指标对比表

项目＼磨号	1♯ TH-3 230g/t	2♯ TH-3 230g/t	1♯ 空白	2♯ 空白	对比结果
台产（t/h）	115.6	120.1	112.1	113.8	提高了 4.8t/h
电耗（kWh/t）	40.7	40.7	41.8	41.8	降低 1.1kWh/t
3d 强度（MPa）	29.6	29.6	29.0	29.0	上升 0.6MPa
28d 强度（MPa）	51.2	52.0	51.0	51.6	基本一致
混合材（％）	12.7	12.7	8.7	8.7	增加 4％
标准稠度（％）	28.5	28.5	27.7	27.8	上升 0.75％
比表面积（m²/kg）	370	370	356	354	上升 15 m²/kg
比表面合格率（％）	99.2	99.6	91.1	90.3	上升 8.7％
烧失量（％）	4.28	4.26	4.03	4.08	上升 0.23％
烧失合格率（％）	92.8	92.6	94.5	94.9	降低 2.1％

表 2　掺加水泥助磨剂前后的水泥与混凝土外加剂（萘系和羧酸系）适应性情况

	W (kg/m³)	C (kg/m³)	FA (kg/m³)	S (kg/m³)	G (kg/m³)	JM-9 (kg/m³)	PC	SL_0 (mm)	SL_{1h} (mm)	Air (％)	R7d (MPa)	R28d (MPa)
空白	178	300	60	790	1072	4.3	—	220	150	2.8	30.2	39.8
1♯ H-3	178	300	60	790	1072	4.3	—	220	155	2.7	31.5	41.9
空白	148	340	60	810	1070		4.0	220	210	3.5	43.4	52.7
2♯ H-3	148	340	60	810	1070		4.0	220	210	3.8	45.2	55.8

表 3　广东某水泥工厂掺助磨剂前后性能比较

水泥品种 P.O	标准稠度（％）	TH-3 掺量（g/t）	SO₃（％）	细度 比表（m²/kg）	细度 80 筛余（％）	凝结时间 初（h：min）	凝结时间 终（h：min）	抗压（MPa） 1d	抗压（MPa） 3d	抗折（MPa） 1d	抗折（MPa） 3d
42.5	28.6	—	2.12	355	0.6	3：25	4：15	3.1	5.7	10.7	26.8
42.5	30.0	—	2.17	363	0.5	3：00	3：55	3.2	5.8	12.0	27.5
42.5	30.2	230	1.98	357	0.2	3：11	4：12	3.3	5.8	12.5	27.4
42.5	30.4	230	1.95	365	0.1	3：23	4：13	3.2	5.7	11.5	26.1
42.5	30.3	230	1.96	369	0.3	3：20	4：05	3.4	5.9	13.0	28.8
42.5	30.2	230	1.95	353	0.4	3：30	4：21	3.3	5.8	11.6	28.4
42.5	30.2	—	2.17	362	0.7	3：28	4：27	3.2	5.7	11.2	27.2
42.5	29.0	—	1.96	351	0.6	3：27	4：07	3.0	5.8	10.5	27.7

表 4 安徽某水泥工厂 TH-3 水泥助磨剂使用前后对照表

水泥品种	磨机	熟料用量（%）		台时（t/h）		比表（m²/kg）		80 筛，细度（%）	
		原	现	原	现	原	现	原	现
P·C 32.5	C#	62	58.5	169.2	173.8	390	399.8	1.8	1.5
	D#	62	58.5	169.5	174.3	390	399.8	1.8	1.5
P·O 42.5	A#	83	80	128.1	130.9	375	386.6	1.0	0.7
	B#	83	80	127.6	130.4	375	386.6	1.0	0.7
	C#	83	80	125.0	128.1	375	381.4	1.0	0.6
	D#	83	80	126.2	130.4	375	381.4	1.0	0.6
P·C 32.5	A#	68	64.5	158.8	163.4	385	392.5	1.6	1.4
	B#	68	64.5	160.1	165.5	385	392.5	1.6	1.4
P·O 42.5	A#	88.5	84.5	121.0	126.3	376.7	376.7	0.6	0.4
	B#	88.5	84.5	120.5	122.2	376.7	376.7	0.6	0.4

4 使用助磨剂应注意的事项

1）加入助磨剂后，如果出现磨尾冒灰现象可从以下几个方面考虑：（1）磨内通风及辅机设备的富余能力。（2）检查磨尾输送设备密封是否完好。（3）如果提升机密封完好，查看磨尾收尘装置负压是否有变化，适当加大收尘系统负压或振打次数。（4）根据入磨物料粒度、易磨性、混合材水分等工艺参数，确定助磨剂的用量是否合理。（5）根据出磨水泥的流动度与粉磨的边际效率，确定助磨剂的用量是否合理。

2）闭流磨加入助磨剂一段时间后，磨头出现吐料现象，解决的方法是：物料配比、入磨物料粒度、混合材水分不变，观察磨机主电流是否有大的变化，并听磨机声音，若磨机主电流变化较大，且磨音发沉，说明磨机循环负荷大，回粉量大，导致磨机一仓内物料过多，这时候应当适当空磨，并调整磨机系统的通风量和选粉机转速或转数，待磨机系统恢复正常后，加入助磨剂，并适当减小磨内通风量，调整选粉机转速或转数。加入助磨剂后，由于加快了物料的流速，打破了原来的粉磨平衡系统，因此可适当地加大破碎仓或研磨仓的能力。

3）开流磨在加入助磨剂后，有时会出现细度变粗现象，解决的办法是：首先应当观察物料粒度、综合水分等是否出现大的波动，如果没有大的波动，应当结合磨音情况适当的减小磨机通风量，观察磨机系统参数和细度变化情况。若调整通风量后，细度还是偏粗，适当降低助磨剂加入量，观察细度变化情况。如果物料粒度、混合材综合水分等均无大的波动，减小磨机通风量并适当降低助磨剂用量后仍然细度变粗，建议根据情况适当增加尾仓研磨体装载量。

4）助磨剂加入量的准确计算方法是：助磨剂的加入量主要与磨机的台时产量、物料情况、助磨剂性质等有关，一般助磨剂供应商会给客户一个建议掺入量，计算方法如下：助磨剂每分钟用量（ml）＝台时产量×建议掺入量÷助磨剂比重÷60。如果计量泵与中控系统直接相接，那么不同的电流就会对应不同的流量，助磨剂生产商或加入装置的生产厂家也会给客户一个对应数据。

5）使用大容量储存罐和上料系统要比使用 200kg 的铁桶有较明显的好处：（1）节省了

工人来回换桶和装卸时的劳动力，同时也不用在短时间内向助磨管内增加助磨剂的储量，从而避免空桶的现象。（2）便于观察助磨剂的储量，从而避免空桶现象，造成水泥质量波动。（3）使用储存罐时便于流量计量，使加入量、使用效果更加稳定。（4）避免了换桶时因计量泵抽不净造成的浪费。

6）计量泵的正确使用与维护是十分重要的。为了正确使用计量泵，并且达到最佳的使用效果，应该注意以下几点：（1）安装使用之前请详细阅读说明书；（2）用螺栓和垫片固定计量泵，以妨泵体晃动或掉落；（3）各种连接按照说明书操作，接错或接反计量泵均不能正常工作；（4）计量泵允许工作环境温度：－10℃～＋45℃（建议尽量放在磨机房内）；（5）计量泵允许工作环境电源：220V、50Hz；（6）计量泵允许工作环境干、湿度应在比较干燥的环境里；（7）每3个月应清洗泵体、吸液阀、排液阀，清洗完成后按正确的方法安装好，注意各零部件不能漏装；（8）清洗泵体时要用拧净的湿毛巾擦，一定不能让液体物质进入泵体的线路板。（9）每调整一次流量按钮后，要停2分钟再去测量流量。

5　助磨剂使用方法及步骤

1）使用前准备工作

⑴工具准备：秒表一个，量筒一只（500～1000mL），液体计量泵一台。

⑵加入方法：按下图所示加入助磨剂，最好直接将助磨剂加到入磨皮带（秤）的物料上或闭路磨的回粉输送机里，并尽量靠近磨机喂料口。根据入磨物料温度和磨内温度的高低，可将助磨剂稀释50％～100％使用，一般温度越高稀释浓度越低。

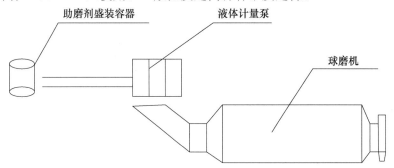

2）助磨剂实际加入量计算

$$L=\frac{G\times P}{\gamma\times C\times 60}$$

注中，G 为每吨水泥助磨剂掺入量（g/t）；P 为磨机台时产量（t/h）；γ 为助磨剂比重（g/mL）；C 为使用中的助磨剂稀释浓度；L 为每分钟加入量（mL/min）。

3）调整步骤

（1）标定助磨剂加入量：首次使用助磨剂时应先进行洗磨，通常助磨剂的掺入量在该阶段稍大（500～600g/t 水泥）。选好加料点，启动液体计量泵，用秒表和量筒标定计量泵的输出流量，调整到按上述公式计算的数值的±1ml。

（2）加入助磨剂后的1～2h为磨机的洗磨活化阶段，根据实际情况，在磨音变好或磨尾的输送设备电流下降时，活化阶段结束。洗磨过程的长短根据实际情况决定，洗磨时助磨剂用量越大，洗磨过程越短，反之越长。

（3）活化阶段结束后，进入磨机的提产调整阶段。在产品筛余变细、出磨细度（闭路）和磨音正常情况下，一般不改变助磨剂掺加量，直接慢慢提高磨机产量。如产品细度和出磨细度变粗，应逐渐降低助磨剂掺入量，然后在确保细度或比表面积的合格的前提下，逐步提高磨机产量，并寻求一个经济合理的助磨剂掺入量。

（4）如果加助磨剂目的是提高水泥强度，那么活化结束后在产量不变的情况下，可通过调整物料喂料量或助磨剂掺量来调整磨况，达到降低筛余细度的目的（闭路磨可通过调整选粉机来实现）。

（5）生产实践中，因各厂的磨机工艺、设备配置、水泥品种及控制指标等因素不一样，使用效果存在一定的差别，应根据实际情况调整掺入量。

注意事项：

（1）必须经常检查助磨剂流量，保证掺入量准确；

（2）洗磨及使用过程中，如出现产品细度、（闭路磨中）出磨细度变粗，或出现循环负荷过高并产生饱磨现象，应适当降低助磨剂掺入量，有时使用中还需通过降低产量来调整饱仓、跑粗等现象。

（3）避免大幅度调整助磨剂掺入量及大幅度提产，应在稳定生产中逐步调整，以免破坏磨况。

（4）如"洗磨"结束后，出现提产时一仓饱磨并"吐料"而细磨仓磨音很好，一般是因为一仓粉磨能力不够所致，应适当调整级配，增加一仓粉磨能力。

6 结语

通过对几个典型水泥企业应用水泥助磨剂情况的分析可见，TH-3 水泥助磨剂掺量 0.23‰时，水泥混合材在原有基础上提高 4%，同时熟料用量降低 4%，平均每吨水泥可以节省 3～5 元。该产品在水泥粉磨过程中既节约熟料、节电，同时又有效地多利用了工业废渣。节省了熟料，就是节省了煤炭资源、石灰石和黏土资源。与没使用助磨剂的水泥比较，该助磨剂对混凝土外加剂的选择性和适应性无不良影响。

助磨剂作用下的混合矿粉活性增强试验研究

高炉矿渣是冶炼生铁时从高炉中排出的一种废渣，是由脉石、灰分、助熔剂和其他不能进入生铁中的杂质组成的，是一种易熔混合物，从化学成分来看，高炉矿渣属于硅酸盐质材料。高炉熔渣用大量水淬冷后，可制成含玻璃体为主的细粒水渣，有潜在的水硬胶凝性能，在水泥熟料、石灰、石膏等激发剂作用下，显示出水硬胶凝性能，是优质水泥原料和高性能混凝土用矿物掺合料[1]。高炉矿渣，作为一种资源，已经被大量的充分的利用到水泥生产和混凝土生产中，特别是近 20 年来，国内建设如火如荼，高炉矿渣微粉实际上已经处于供不应求的状态。但同时，其他的一些工业尾矿如石灰石碎屑、煤矸石、黑砂和赤泥等固体废弃物还没有能够充分的得到循环再利用，本试验目的是通过这些磨细的工业废弃物取代部分矿渣微粉，在水泥助磨剂的作用下，为降低成本充分利用工业废渣而又保持矿渣微粉的活性不降低而展开试验研究。

1 试验研究

1.1 原材料

1）水泥熟料，河南某水泥工厂生产，比表 350m²/kg，其 1d 强度 10.9MPa，3d 强度 22.9MPa，7d 强度 35.2MPa，28d 强度 59.4MPa。

2）矿粉，即矿渣微粉，河南某建材厂产，比表 420m²/kg，7d 活性 90.3%，28d 活性 106.7%。

3）石粉，河南某建材厂产，主要成分是磨细的碳酸钙。比表 420m²/kg。

4）煤矸石[2]，河南平顶山产，煤矸石是采煤过程和洗煤过程中排放的固体废物，是一种在成煤过程中与煤层伴生的一种含碳量较低、比煤坚硬的黑灰色岩石。其化学成分组成的百分率：SiO_2 为 52～65；Al_2O_3 为 16～36；Fe_2O_3 为 2.28～14.63；其他微量。

5）黑砂，河南某陶瓷厂的一种工厂废料，其主要成分百分含量是 SiO_2～37.5，Al_2O_3～10.08，Fe_2O_3～10.48，CaO～19.15，MgO～1.12，总量 97.15。

6）赤泥：河南某陶瓷厂产工业废料，赤泥[3]的主要矿物为文石和方解石。含量为 60%～65%，其次是蛋白石、三水铝石、针铁矿。赤泥的物理性质：颗粒直径 0.088～0.25mm，比重 2.7～2.9，熔点 1200～1250℃。

7）助磨剂，为 Maitai，有机化学品（胺类，聚合甘油等），有效含量 60%，液体，比重 1.15。

1.2 试验方案

1）制备 P·I 水泥：95% 熟料＋5% 脱硫石膏，无助磨剂，比表 350m²/kg。立磨矿粉：纯矿渣微粉，无助磨剂，比表 420m²/kg。

2）参照《水泥助磨剂国家标准》（GB/T 26748—2011）的实验方法，把石粉、黑砂、煤矸石及赤泥等烘干后冷却，称量5kg分别入试验小磨粉磨，不加助磨剂（空白）和添加物料量0.28%的助磨增强剂，均粉磨至比表面积420m²/kg。

3）按适当比例进行混合，做胶砂强度对比试验。

1.3 试验数据分析

参照《用于水泥和混凝土中的粒化高炉矿渣粉》（GB/T 18046—2008）来检验混合矿粉的活性，保持P·Ⅰ水泥50%不变，改变混合矿粉的矿物组成和比例，通过胶砂对比试验（水225g，胶凝材料总量450g，标准砂1350g），其1d，3d，7d，28d强度数据见表1和表2。

表1　水泥胶砂1d及3d强度数据

编号	原料（%）	1d强度（MPa）		3d强度（MPa）		
		加剂	空白	加剂	活性（%）	空白
1	P·Ⅰ水泥100	10.9	—	22.9	100	—
2	P·Ⅰ水泥50＋矿粉50	5.0	5.0	17.7	77.3	17.7
3	P·Ⅰ水泥50＋矿粉40＋石粉10	5.8	4.7	21.9	95.6	21.6
4	P·Ⅰ水泥50＋矿粉37.5＋石粉12.5	5.4	4.8	20.5	89.5	20.3
5	P·Ⅰ水泥50＋矿粉40＋煤矸石10	6.2	6.3	17.1	74.6	16.5
6	P·Ⅰ水泥50＋矿粉37.5＋煤矸石12.5	6.3	5.6	16.6	72.4	17.0
7	P·Ⅰ水泥50＋矿粉40＋黑砂10	3.5	3.8	15.2	66.3	14.5
8	P·Ⅰ水泥50＋矿粉37.5＋黑砂12.5	3.2	3.6	14.8	64.6	13.9
9	P·Ⅰ水泥50＋矿粉40＋赤泥10	6.1	5.3	23.3	101.7	20.5
10	P·Ⅰ水泥50＋矿粉37.5＋赤泥12.5	8.0	5.6	23.4	102.1	21.2
11	P·Ⅰ水泥50＋矿粉37.5＋煤矸石7＋赤泥5.5	7.7	7.9	19.6	85.5	19.0
12	P·Ⅰ水泥50＋矿粉37.5＋煤矸石7＋黑砂5.5	5.8	5.8	15.8	69.0	16.6
13	P·Ⅰ水泥50＋矿粉37.5＋黑砂7＋赤泥5.5	5.6	5.5	17.4	75.9	18.2
14	P·Ⅰ水泥50＋矿粉37.5＋石粉7＋赤泥5.5	6.0	6.6	24.5	107.0	22.3
15	P·Ⅰ水泥50＋矿粉37.5＋石粉7＋黑砂5.5	4.4	4.6	20.7	90.4	18.8

表2　水泥胶砂7d及28d强度数据

编号	原料（%）	7d强度（MPa）			28d强度（MPa）			
		加剂	活性(%)	空白	加剂	活性(%)	空白	增加
1	P·Ⅰ水泥100	35.2	100	—	59.4	100	—	0
2	P·Ⅰ水泥50＋矿粉50	31.8	90	31.8	63.4	106	63.4	0
3	P·Ⅰ水泥50＋矿粉40＋石粉10	35.1	99	35.4	62.6	105	57.4	5.2
4	P·Ⅰ水泥50＋矿粉37.5＋石粉12.5	37.4	106	33.7	61.8	104	57.2	4.6
5	P·Ⅰ水泥50＋矿粉40＋煤矸石10	28.7	81	29.7	57.5	97	56.1	1.4
6	P·Ⅰ水泥50＋矿粉37.5＋煤矸石12.5	27.9	79	29.3	54.0	91	50.5	3.5
7	P·Ⅰ水泥50＋矿粉40＋黑砂10	27.5	78	26.8	61.0	102	53.9	7.1

编号	原料（%）	7d 强度（MPa）			28d 强度（MPa）			
		加剂	活性（%）	空白	加剂	活性（%）	空白	增加
8	P·Ⅰ水泥 50＋矿粉 37.5＋黑砂 12.5	26.0	73	25.9	57.4	97	54.7	2.7
9	P·Ⅰ水泥 50＋矿粉 40＋赤泥 10	36.5	103	35.8	62.3	104	56.8	5.5
10	P·Ⅰ水泥 50＋矿粉 37.5＋赤泥 12.5	36.0	102	35.7	59.0	99	55.3	3.7
11	P·Ⅰ水泥 50＋矿粉 37.5＋煤矸石 7＋赤泥 5.5	32.5	92	31.3	59.6	100	54.9	4.7
12	P·Ⅰ水泥 50＋矿粉 37.5＋煤矸石 7＋黑砂 5.5	28.5	80	28.7	56.8	96	45.1	11.7
13	P·Ⅰ水泥 50＋矿粉 37.5 ＋黑砂 7＋赤泥 5.5	33.7	95	32.7	58.8	99	53.4	5.4
14	P·Ⅰ水泥 50＋矿粉 37.5＋石粉 7＋赤泥 5.5	37.5	106	36.6	61.4	103	54.3	7.1
15	P·Ⅰ水泥 50＋矿粉 37.5＋石粉 7＋黑砂 5.5	35.1	99	32.7	64.4	108	56.1	8.3

从以上数据可以看出：

（1）P·Ⅰ水泥＋矿粉体系，早期同龄期 1d 及 3d 强度偏低，但 28d 强度可超过纯 P·Ⅰ水泥强度。

（2）助磨剂作用下的 P·Ⅰ水泥＋矿粉＋石粉体系，可以增加早期 1d 强度 0.6～1.1MPa，3d 时不明显只增加 0.2～0.3MPa，28d 可以增加水泥强度 4～5MPa；

（3）助磨剂作用下的 P·Ⅰ水泥＋矿粉＋煤矸石体系，1d、3d、7d 强度比空白几乎持平，28d 强度比空白增加了 1.4～3.5MPa；

（4）助磨剂作用下的 P·Ⅰ水泥＋矿粉＋黑砂体系，1d、3d、7d 强度比空白几乎持平，28d 强度比空白增加了 2.7～7.1MPa，说明黑砂的掺量对强度影响较大；

（5）助磨剂作用下的 P·Ⅰ水泥＋矿粉＋赤泥体系，1d、3d、7d 强度比空白增加 1～2MPa，28d 强度比空白增加了 3.7～5.5MPa；

（6）助磨剂作用下的 P·Ⅰ水泥＋矿粉＋煤矸石＋赤泥体系，1d、3d、7d 强度比空白几乎持平，28d 强度比空白增加了 4.7MPa；

（7）助磨剂作用下的 P·Ⅰ水泥＋矿粉＋煤矸石＋黑砂体系，1d、3d、7d 强度比空白几乎持平，28d 强度比空白增加了 11.7MPa；

（8）助磨剂作用下的 P·Ⅰ水泥＋矿粉＋黑砂＋赤泥体系，1d、3d、7d 强度比空白几乎持平，28d 强度比空白增加了 5.4MPa；

（9）助磨剂作用下的 P·Ⅰ水泥＋矿粉＋石粉＋赤泥体系，1d、3d、7d 强度比空白增加 1～2MPa，28d 强度比空白增加了 7.1MPa；

（10）助磨剂作用下的 P·Ⅰ水泥＋矿粉＋石粉＋黑砂体系，3d、7d 强度比空白增加 2～2.5MPa，28d 强度比空白增加了 8.3MPa。

2　经济效益分析

按照编号 15 配比分析，因为该体系的物料在 3d、7d、28d 的抗压强度均高于纯矿粉。熟料 50＋矿粉 37.5＋石粉 7＋黑砂 5.5＝100，即：每吨混合矿粉比例为：纯矿粉 750kg＋石粉 140kg＋黑砂 110kg，石粉与黑砂之和占混合矿粉的 25%。每吨混合矿粉加助磨剂：（140＋110）kg×0.28%＝0.7kg；相当于混合矿粉的 0.7kg/1000kg＝0.07% 掺量。

按照市场价格：矿渣 70 元/t；石子 30 元/t；黑砂 30 元/t。由于矿渣 250×70＝17.5 元；石子 140×30＝4.2 元；黑砂 110×30＝3.3 元。每吨混合矿粉可节约 17.5－（4.2＋3.3）＝10 元，增加的助磨剂费用：0.7kg×8 元/kg＝5.6 元，每吨混合矿粉实际节约：10 元－5.6 元＝4.4 元。

立磨：粉磨每吨矿粉需要电 36 度，提产 10％，需要电 34 度，节约 2 度；球磨：粉磨每吨矿粉需要电 50 度，提产 15％，需要电 43 度，节约 7 度。

按照每度电 0.5 元计算，每吨混合矿粉总的节约：立磨可节约（4.4＋1.0）＝5.4 元；球磨可节约（4.4＋3.5）＝7.9 元。

3 混合矿粉与基准矿粉在混凝土中对比试验

混凝土试验配合比为：水泥：水：砂：石：矿粉＝288：209：780：1033：72。（kg/m³）基准矿粉和混合矿粉掺量相同，均为 20％。试验对比数据见表 3。试验依据《普通混凝土力学性能试验方法标准》（GB/T 50081—2002）及《普通混凝土长期性能和耐久性能试验方法标准》（GB/T 50082—2009）。

表 3　混合矿粉与基准矿粉在混凝土中的性能对比试验

序号	序号	检验项目		标准要求	试验结果	结论
1	抗冻 F150	质量损失	基准矿粉	≤5％	2.53％	符合
			混合矿粉	≤5％	2.76％	符合
		相对动弹模	基准矿粉	≥60％	89.3％	符合
			混合矿粉	≥60％	82.2％	符合
2	抗渗等级		基准矿粉	—	2.7MPa	—
			混合矿粉	—	3.4MPa	—
3	抗压强度		基准矿粉	—	35.7MPa	—
			混合矿粉	—	40.9MPa	—

通过对比试验说明，混合矿粉在混凝土中的抗冻抗渗性能均优于基准矿粉，抗压强度也明显提高。

4 结论

1）助磨剂作用下，混合矿粉早期强度增加有限，后期强度都有不同程度的增长且幅度相对较大。

2）混合矿粉，每吨比例：纯矿粉 750kg：石粉 140kg：黑砂 110kg，在助磨剂 0.07％掺量下，具有较好的激发增强效果。

3）通过混凝土对比试验，混合矿粉在混凝土中的抗冻抗渗性能均优于基准矿粉，混凝土抗压强度也明显提高。

参考文献

[1] 杨晶晶，崔啸宇，何辉，等.从矿渣微粉应用谈粉磨工艺进展［J］.中国水泥，2014，3：66-67.

[2] 冷发光.煤矸石综合利用的研究与应用现状［J］.四川建筑科学研究，2000，2：44-46.

[3] 任冬梅，毛亚南.赤泥的综合利用［J］.有色金属工业，2002，5：57-58.

第三部分
湿拌砂浆技术

不同外加剂对湿拌砂浆性能的影响

1 引言

湿拌砂浆是由水泥、掺合料、细骨料、外加剂、水以及根据性能确定的各种组分按一定比例在搅拌站经计量、搅拌后，采用搅拌运输车运至使用地点，放入专用容器储存，并在规定时间内使用完毕的湿拌砂浆拌合物。相较于干混砂浆，湿拌砂浆具有生产成本比干混砂浆低、质量稳定、二次粉尘少、可避免二次搅拌和现场噪声粉尘污染等有益条件[1-3]。近年来，随着社会环保意识的增强以及在国家大力推广预拌砂浆的背景下，湿拌砂浆发展势头强劲，已逐渐发展成为行业共识[4,5]。

为了适应现代建筑砂浆批量化、规模化施工模式，提高湿拌砂浆的工作性能，常用的方法是添加性能优良的砂浆外加剂。但目前湿拌砂浆外加剂性能参差不齐，其发展远远落后于混凝土外加剂[6,7]。因此，湿拌砂浆外加剂的研究将越来越成为未来预拌砂浆行业发展的热点。

为进一步提高湿拌砂浆的工作性能，本文从湿拌砂浆外加剂角度出发，研究不同外加剂对湿拌砂浆稠度、保水率、凝结时间、抗压强度、粘结强度以及收缩率的影响，并对相应试样进行 XRD、SEM 微观分析，从而为外加剂在湿拌砂浆中的进一步推广应用提供参考。

2 实验

2.1 实验原料

试验用水泥为取自临沂沂州水泥厂生产的 P·O 42.5 水泥；试验用粉煤灰为取自临沂费县电厂的 I 级粉煤灰；试验用河砂细度模数为 2.6，含泥量为 0.6%，表观密度为 2530kg/m³，堆积密度为 1470kg/m³；试验用湿拌砂浆外加剂是由保水增稠组分、引气组分、缓凝组分、增强组分等复配而成。原料的主要化学组成见表 1。

表 1 原料的主要化学组成（%）

原材料	SiO_2	Al_2O_3	Fe_2O_3	CaO	MgO	SO_3	K_2O	Na_2O	TiO_2	P_2O_5
P·O 42.5	33.68	9.87	0.95	42.11	8.07	2.61	0.59	0.38	0.95	0.12
粉煤灰	50.75	7.08	4.21	27.89	1.19	0.31	0.99	0.53	0.88	0.18

2.2 实验方案

在固定湿拌砂浆配合比不变的情况下，选取工程中最具有代表性的 M7.5 等级湿拌砂浆进行试验，研究不同外加剂对湿拌砂浆稠度、凝结时间、强度、收缩率及微观结构的影响，湿拌砂浆初始稠度保持在 80~110mm，砂浆外加剂掺量均为胶凝材料用量的 0.4%，具体配合比见表 2。

表2　掺加不同外加剂的湿拌砂浆配合比

序号	水泥（kg）	粉煤灰（kg）	砂（kg）	水（kg）	外加剂（g）					
					PHMC	K_{12}	糖	分散乳胶粉	葡萄糖酸钠	木质素磺酸钙
空白	190	170	1500	300	—	—	—	—	—	—
W1	190	170	1500	300	576	144	360	—	360	—
W2	190	170	1500	300	216	288	720	216	—	—
W3	190	170	1500	300	158	144	576	144	—	418
W4	190	170	1500	300	288	72	144	288	648	—

2.3　实验方法

本实验按照行业标准《建筑砂浆基本性能试验方法》（JGJ 70—2009）规定执行；砂浆干缩性试验参照 JGJ 70—2009，采用 25mm×25mm×280mm 模具，每个配比一组，每组三块，试块成型后养护 28h 拆模，用 BY-280 型比长仪测量试块初始长度，在标准条件下养护 3d、7d、14d、21d、28d，分别测试试块长度；砂浆强度试验采用 70.7mm×70.7mm×70.7mm 模具，测试参照《普通混凝土力学性能试验方法标准》（GB/T 50081—2002）进行；将湿拌砂浆材料按照水胶比为 0.3 制成水泥净浆，采用 20 mm×20 mm×20 mm 的试模成型，制备净浆测试试样，标准水养至 28d，破碎取中间部分留样，用无水乙醇进行终止水化，烘干，进行 XRD、SEM 分析。

3　结果与讨论

3.1　不同外加剂对湿拌砂浆稠度损失的影响

为了研究不同外加剂对湿拌砂浆 8h 稠度损失的影响，按照表 2 所列配合比进行试验，结果如图 1 所示。

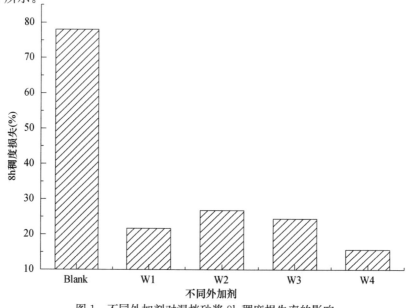

图 1　不同外加剂对湿拌砂浆 8h 稠度损失率的影响

由图 1 可知，掺加不同外加剂均能显著降低湿拌砂浆的 8h 稠度损失，且 8h 稠度损失均低于 25%，其中以湿拌砂浆 W4 的效果最佳，8h 稠度损失仅为 13.4%。这是因为砂浆外加剂具有一定的引气性能，能在砂浆中引入大量微小细腻的气泡，起到润滑作用；同时外加剂中含有的缓凝组分，可以延缓水泥颗粒的水化进程；外加剂中的增稠保水组分能提高砂浆的粘聚性，降低稠度损失，提高砂浆的工作性能[8]。

3.2　不同外加剂对湿拌砂浆保水性能的影响

为了研究不同外加剂对湿拌砂浆保水率的影响，按照表 2 所列配合比进行试验，结果如图 2 所示。

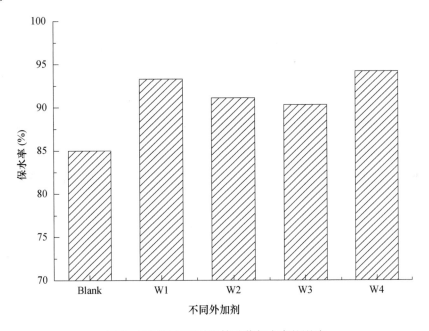

图 2　不同外加剂对湿拌砂浆保水率的影响

湿拌砂浆保水性能是其最重要的指标之一，只有保水性能优良的湿拌砂浆才能保证其工作性而有助于顺利施工。由图 2 可知，掺加不同外加剂均能不同程度地提高湿拌砂浆保水率，且保水率均在 90% 以上，其中以湿拌砂浆 W4 效果最佳，保水率超过 95%。这说明外加剂中的增稠保水组分能够提高砂浆的保水率，同时湿拌砂浆中大量微小气泡的巨大比表面积，有效地降低了水分从砂浆中离析出来的速度，从而有助于更好地维持砂浆工作性而不分层离析。

3.3　不同外加剂对湿拌砂浆凝结时间的影响

凝结时间是表征湿拌砂浆施工性能的重要指标。为了研究不同外加剂对湿拌砂浆凝结时间的影响，按照表 2 所列配合比进行试验，湿拌砂浆初凝时间结果如图 3 所示。

由图 3 可知，相比空白样，掺加外加剂均能不同程度延长湿拌砂浆的初凝时间，其中掺加外加剂的湿拌砂浆 W4、W2 的初凝时间可达到 36.7h 和 33.2h，远超出生产实际施工单位要求的 24h 的要求。同时，在掺量相同的情况下，四种外加剂的作用效果依次为 W4>

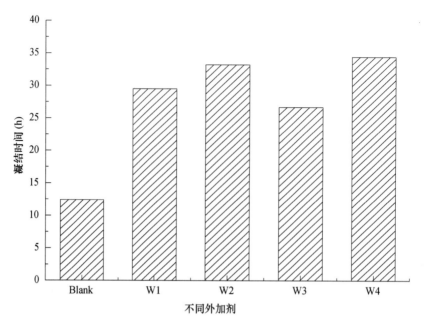

图 3　不同外加剂对湿拌砂浆初凝时间的影响

W2>W1>W3。这主要是因为砂浆外加剂中含有缓凝组分，能延缓水泥水化速率，延长砂浆的初凝时间，达到工程施工的要求。

3.4　不同外加剂对湿拌砂浆抗压强度及粘结强度的影响

为了研究不同外加剂对湿拌砂浆抗压强度及粘结强度的影响，按照表 2 所列配合比进行试验，28d 湿拌砂浆强度结果如图 4、图 5 所示。

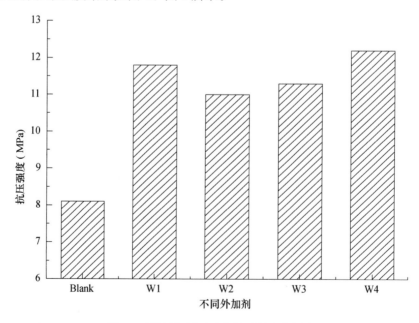

图 4　不同外加剂对砂浆抗压强度的影响

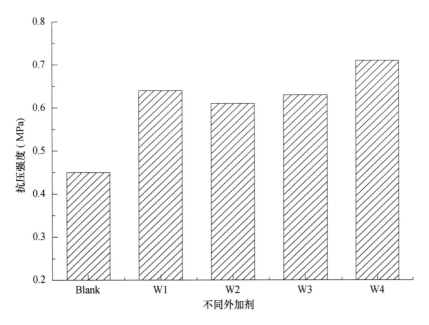

图 5　不同外加剂对砂浆粘结强度的影响

由图 4、图 5 可知，与空白样相比，掺加外加剂的湿拌砂浆 W1、W2、W3、W4 的抗压强度均有不同程度的提高，其中湿拌砂浆 W4、W1 的抗压强度较空白样提高了 4.1MPa 和 3.7MPa，分别达到 12.2MPa 和 11.8MPa。与此同时，掺加外加剂的湿拌砂浆的粘结强度与抗压强度反映的情况相适应，湿拌砂浆 W4、W1 粘结强度最大，分别达到 0.71MPa 和 0.64MPa。这主要是因为外加剂中含有保水增稠、活化增强组分，能使水泥与粉煤灰更加充分的水化，加快水化速率；同时可以改善水泥基浆体与集料砂的界面粘接情况，不同程度地提高湿拌砂浆的抗压和粘结强度。

3.5　不同外加剂对湿拌砂浆收缩率的影响

为了研究不同外加剂对湿拌砂浆收缩率的影响，按照表 2 所列配合比进行试验，结果见表 3。

表 3　不同外加剂对湿拌砂浆收缩率的影响

编号	收缩率（%）				
	3d	7d	14d	21d	28d
空白	0.014	0.026	0.027	0.027	0.027
W1	0.011	0.022	0.022	0.022	0.022
W2	0.012	0.023	0.024	0.024	0.024
W3	0.010	0.021	0.023	0.023	0.023
W4	0.009	0.020	0.021	0.021	0.021

由表 3 可知，与空白组湿拌砂浆收缩率相比，掺加外加剂的湿拌砂浆 W1、W2、W3、W4 的收缩率均有不同程度的降低，其减缩效果依次为 W4＞W3＞W1＞W2。随着龄期的增

长，收缩率都逐渐增大，到 14d 水化龄期时，收缩率基本趋于稳定，各组收缩率都远低于国家标准 GB/T 25181—2010 规定值 0.2%[9,10]。

3.6 不同外加剂对胶凝材料水化影响的微观分析

为了分析掺加不同外加剂对湿拌砂浆胶凝材料体系水化硬化的影响，将表 2 中湿拌砂浆材料按照水胶比为 0.3 制成水泥基净浆，标准养护至 28d，分别进行 X-射线衍射分析（XRD）和扫描电镜（SEM）微观分析。

3.6.1 XRD 分析

图 6 为空白样和掺加不同外加剂湿拌砂浆胶凝材料净浆 28d 的 XRD 图谱。

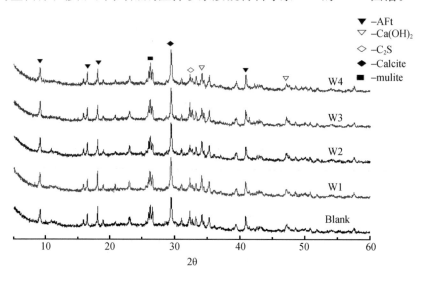

图 6　湿拌砂浆胶凝材料水化 28d 的 XRD 图谱

由图 6 可知，未掺加外加剂的空白样中主要有 Ca（OH）$_2$、AFt 等水化产物以及未水化的水泥熟料矿物 C$_2$S。加入外加剂后，湿拌砂浆胶凝材料体系水化产物种类基本不变，但矿物相含量有不同程度的变化，其中 Ca（OH）$_2$ 衍射峰强度低于未掺加外加剂的空白样，同时 28d 水化产物中 C$_2$S 衍射峰强度也有一定程度的降低，说明外加剂的保水增稠可以促进胶凝材料中水泥的水化。这与强度测试和 SEM 微观分析结果相吻合。

3.6.2 SEM 分析

图 7 为空白样和掺加不同外加剂湿拌砂浆胶凝材料净浆 28d 的 SEM 照片。

由图 7 可知，在水化 28d 时，空白组湿拌砂浆有一定程度的水化，且有较多的针棒状钙矾石生成，但浆体内部有一定的孔隙，结构不够致密；而掺外加剂的湿拌砂浆有大量 C-S-H 凝胶和钙矾石生成，浆体结构相对更加致密，宏观表现为湿拌砂浆强度显著增加，其中以湿拌砂浆 W4 效果最佳。这说明外加剂的掺入改善了水泥和粉煤灰的水化环境，加快了对硬化砂浆早期强度有增强作用的水化产物 C-S-H 凝胶和 Aft 的大量生成，提高了湿拌砂浆的抗压强度。这与 XRD 分析和强度测试结果相吻合。

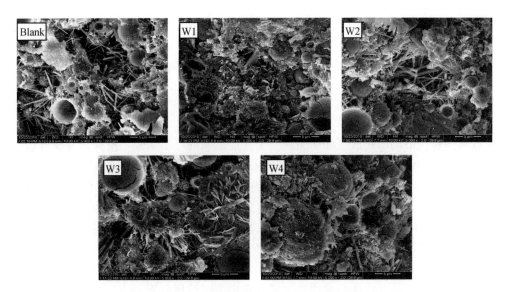

图 7 湿拌砂浆胶凝材料水化 28d 的 SEM 照片

4 结论

（1）与空白样相比，掺加外加剂均能不同程度地减少湿拌砂浆的 8h 稠度损失，提高湿拌砂浆的保水率，延长湿拌砂浆的凝结时间，提高湿拌砂浆的抗压强度和粘结强度，改善湿拌砂浆的工作性能，能保证工程施工更顺利进行。

（2）外加剂能改善水泥和粉煤灰的水化环境，加快其水化速率，使湿拌砂浆体系水化硬化浆体结构更加致密，强度得到显著提升。

（3）综上，不同外加剂对湿拌砂浆的作用效果各不相同，作用效果依次为：W4＞W1＞W3＞W2。

参考文献

[1] 尤大晋. 预拌砂浆使用技术 [M]. 北京：化学工业出版社. 2010.

[2] 李从波，陈均侨，周常林，等. 浅谈湿拌砂浆的发展之路 [J]. 广东建材，2013，29（8）：12-15.

[3] 鞠丽艳，李春龙. 商品砂浆的技术进展 [J]. 新型建筑材料，2001（10）：19-21.

[4] 陈均侨，蒋金明，石柱铭，等. 湿拌砂浆产业化发展方式及应用探索 [J]. 商品混凝土，2014（7）：67-71.

[5] 邬锦斌，林汉池. 湿拌砂浆引领行业健康发展 [J]. 广东建材，2015，1：33-36.

[6] 陈文钊，乐晓鹏，郑大锋. 新型湿拌砂浆外加剂的性能研究 [J]. 广东建材，2016，9：19-21.

[7] 李殿权，孟祥杰，黄小文. 湿拌砂浆专用外加剂各组分对其性能的影响 [J]. 商品混凝土，2015，11：52-53.

[8] 张粉芹，王海波，王起才. 掺合料和引气剂对混凝土孔结构与性能影响的研究 [J]. 水力发电学报，2010，29（1）：180-185.

[9] 严捍东，孙伟. 粉煤灰砂浆自生收缩和干燥收缩关系的研究 [J]. 硅酸盐学报，2003，31（5）：428-433.

[10] GB/T 25181—2010 预拌砂浆 [S]. 北京：中国标准出版社，2010.12.

搅拌站转型生产湿拌砂浆的条件及可行性探讨

  面对当前建筑市场增速放缓和商品混凝土产能过剩的严重局势，搅拌站转型升级是时势所需。搅拌站该如何转型升级？搅拌站该何去何从？GB/T 25181 中对湿拌砂浆的定义是：水泥、细骨料、矿物掺合料、外加剂、添加剂和水，按一定比例，在搅拌站经计量、拌制后，运至使用地点，并在规定时间内使用的拌合物。从专业角度上，湿拌砂浆属于无石子的混凝土，是商品混凝土中一种产品；从生产工艺角度上，湿拌砂浆也是在搅拌站计量和拌制的；从实际应用的范围上，据中国散装水泥协会数据全国至少已有 19 个省份利用搅拌站生产湿拌砂浆。所以，从专业、生产工艺和实际应用角度看，湿拌砂浆是适合搅拌站转型升级的方向。但是，是否每个地区的搅拌站都适合转型生产湿拌砂浆，这个问题需要逐步分析。

  2007 年 6 月，商务部、公安部、建设部、交通部、质检总局、环保总局等发布在部分城市限期禁止现场搅拌砂浆工作的通知，我国预拌砂浆推广工作拉开序幕。在禁现的这些年里，我国推广预拌砂浆的力度在不断加大，禁现的城市和地区不断增加。但是，还是存在一些城市和地区推广预拌砂浆执行力不够等问题。湿拌砂浆是否适合各地区的搅拌站转型生产的第一因素包括：地区的禁现政策、该地区预拌砂浆推广力度和预拌砂浆发展方向。第二个因素：新型湿拌砂浆起源于广东省，2010 年开始在市场开始应用和推广，湿拌砂浆作为一种时代的新产品、新技术、新概念。新产品、新技术和新概念的普及和应用，需要各地区的行业人士集体智慧的结晶，需要各地区的有志之士共同努力二次开发和研发，湿拌砂浆才能在各地区真正地生根发芽。第三个因素：坚持和不断努力，根据广东省湿拌砂浆应用和推广经验，坚持绿色环保的湿拌砂浆方向，不断努力创新，解决和克服湿拌砂浆研发、生产和工地应用等质量问题。

  混凝土企业生产湿拌砂浆具有六大先天优势。首先，设备改造投资小、回报大；混凝土企业无需新添设备，可利用原有生产线生产。第二，集中生产，湿拌砂浆生产可迁就混凝土生产，夜间生产和配送，避免设备闲置。即白天生产混凝土，夜间生产砂浆，通过安排湿拌砂浆与混凝土错峰生产，集中生产湿拌砂浆，提高了搅拌站生产总产能。第三，无需添置物流运输设备，免去重复投资，直接利用原有混凝土罐车即可配送，GPS 实现远程监控统一管理。第四，客户互通，品牌增值。直接利用原有混凝土客户资源和混凝土企业品牌优势，开拓市场。第五，技术、生产、销售和经营团队不断，减少人力成本。第六，湿拌砂浆综合成本与现场搅拌相当，从研究及实际应用效果来看，搅拌站生产湿拌砂浆其综合成本必将和现场搅拌相当，从材料采购渠道来看，搅拌站购买的砂浆原材料在成本上和质量上都优于现场搅拌。

  以上都是混凝土企业生产湿拌砂浆的先天优势，但是，仅有先天优势是不够的，普通拌站如何去规划、配套发展生产湿拌砂浆呢？第一，搅拌站设备改造技术成熟，改造费用在十多万元到三十万元之间，首先主要是搅拌站有个和砂浆产能相匹配的湿砂筛分系统。其次，还要对混凝土材料和砂浆材料区分隔离，避免交叉污染。再者，安装砂浆生产控制系统，管理优化，和混凝土生产有不同界面，避免误操作。第二，根据不同地区的地材特点，遵循降低材料成本、稳定可控的原材料的原则，科学合理选择原材料，做好前期实验室产品研发和开发阶段。比如：骨料的细度模数建议 2.3～2.7；掺合料采用石粉或粉煤灰，广东地区优先选择石粉做掺合料，其成本便宜，相对粉煤灰质量稳定。四川地区细骨料中含有足够量的粉料，不需要额外掺合料。北方地区粉煤灰质量稳定且价格便宜，宜采用粉煤灰做掺合料等。第三，调研当地抹灰工人预拌砂浆施工和使用情况，提前判断和分析湿拌砂浆在工地应用过程的技术风险。根据广东省湿拌砂浆工地应用经验，砂浆空鼓问题是最大的技术风险，所以应严格从施工设计、材料选择和施工规范三个角度来控制和避免砂浆抹灰层的空鼓问题。

　　搅拌站生产湿拌砂浆通过会遇到哪些问题也是混凝土企业转型升级非常关注的。生产湿拌砂浆在工地常见的主要问题有：

　　1. 砂浆开裂问题，裂纹分 3 种情况：第一为砂浆上墙后局部砂浆层太厚，工人没有及时压实造成砂浆往下滑出现塑性裂纹；第二为砂浆层硬化后的强度太高或硬化收缩率过大造成砂浆在一个月后出现的收缩龟裂纹；第三为砂浆到达初凝时间后工人加大量水进行搅拌后再上墙造成大量的塑性裂纹，或者砂浆本身含水量太高造成收水后的大量塑性裂纹；

　　2. 砂浆干硬太快或太慢；

　　3. 砂浆干稀问题，太干，太稀；

　　4. 砂浆手感粗细问题，砂子细度模数偏高砂浆手感偏粗，反之砂子细度模数小砂浆手感偏细；

　　5. 砂浆黏性问题，抹灰砂浆的黏性一定要控制适中。黏性低，砂浆不容易上墙；黏性高，砂浆容易黏刀，工人施工效率低；

　　6. 砂浆中石子问题。砂浆混入石子，工人批刮会刮出大石子，无法批刮平整，要经常挑石子，大大影响施工效率；砂浆有大砂粒：工人批刮较薄的地方会刮出大砂粒（粒径大于 10mm），无法批刮平整，要经常挑大砂粒，大大影响施工效率；

　　7. 砂浆空鼓问题。工地上经常发生剪力墙面砂浆空鼓的现象。剪力墙面砂浆易空鼓的根本原因是混凝土层与砂浆层的干硬收缩率不一致，导致产生了收缩应力，收缩应力若过于集中于某一点并大于该点砂浆与墙面的拉伸粘结强度时，该点处就会空鼓，并快速延展至该点周围从而导致大面积空鼓现象。预拌砂浆本身与光滑的剪力墙面之间的粘结力是远远不够的，所以必然要使用界面剂。界面剂能增大砂浆与剪力墙面的粘结力，并增大砂浆与墙面的接触面积，从而可以均匀分散砂浆与墙面之间的收缩应力，有效避免收缩应力过于集中在某一处而收起的大面积空鼓现象。

　　禁止现场搅拌砂浆靠的是什么？仅仅干混砂浆是不够的，湿拌砂浆必然充当重要角色。搅拌站转型生产湿拌砂浆也是顺应当今的形势，只要搅拌站准备好了，转型生产湿拌砂浆就是这么简单而"不简单"。试问，湿拌砂浆是否可以像商品混凝土一样普及推广？当然，湿拌砂浆一定能像商品混凝土一样普及和推广，但是离不开湿拌砂浆的外加剂技术、湿拌砂浆生产技术、湿拌砂浆工地应用技术等创新和发展，更离不开千千万万商品混凝土行业人士坚持和努力，更离不开市场的导向和政策的支持。

浅谈湿拌砂浆的发展之路

湿拌砂浆是一种新型绿色建筑材料，是在专业生产厂内将水泥、水、砂、矿物掺合料和各种功能性添加剂按照一定的比例（为达到一定稠度）混合而成的混合物，其在节约资源、保护环境、提高工程质量等方面发挥着显著的作用。

1 国内外发展的现状

湿拌砂浆起源于 19 世纪的奥地利，直到 20 世纪 50 年代以后，欧洲的湿拌砂浆才得到迅速的发展，主要原因是第二次世界大战后欧洲需要大量建设，劳动力短缺、工程质量的提高，以及环境保护要求，开始对建筑湿拌砂浆进行系统研究和应用。到 20 世纪 60 年代，欧洲各国政府出台了建筑施工环境行业投资优惠等方面的导向性政策来推动建筑砂浆的发展，随后建筑湿拌砂浆很快风靡西方发达国家。

近年来，特别是 2006 年以后，北京因奥运工程和环保压力，强制推广使用湿拌砂浆，在保证高质量的条件下大大降低了工程成本，缩短了工程的工期，符合节能减排降噪的绿色环保理念。由此，国家出台很多的政策限制现场使用水泥搅拌砂浆，这样加速了湿拌砂浆的推广和普及。

2007 年 6 月，商务部、住房城乡建设部等 6 部委联合下发《关于在部分城市限期禁止现场搅拌砂浆工作的通知》，同年 9 月 1 日起，北京等 10 个城市禁止在施工现场使用水泥搅拌砂浆。2008 年 8 月 1 日起，重庆等 33 个城市禁止在施工现场使用水泥砂浆，中华人民共和国《循环经济促进法》中明确规定了"鼓励使用散装水泥，推广使用预拌混凝土和预拌砂浆"。2009 年 7 月 1 日，长春等 84 个城市禁止在施工现场使用水泥搅拌砂浆。同年 8 月《国务院办公厅关于印发 2009 年节能减排工作安排的通知》，第六项"大力发展循环经济"中明确要求"启动第三批禁止现场搅拌砂浆工作"。2012 年 7 月，商务部开始对列入限期禁止现场搅拌砂浆的 127 个城市进行专项检查，从政策上进一步为预拌砂浆，尤其是湿拌砂浆的快速发展展示出了美好的前景。

当前预拌砂浆的发展，尤其是干混砂浆的发展碰到了很多的难题，可以用"举步维艰"来形容。这一点与上世纪九十年代刚推广商品混凝土时的情况类似。由于湿拌砂浆在整个建筑产业链中仅仅是其中的一个环节，链条中的相关行业有很多，如设计、监理、施工、工人习惯、墙材（砌块）特点、机械、自动化控制、外加剂、物流装备等。所谓"牵一发而动全身"。由现场搅拌砂浆到湿拌砂浆是一个产业的变革。其实相关行业中对应的习惯、标准、技术、流程、政策等配套还不够细化，湿拌砂浆行业还没有与其相关行业磨合到位。

2 干混砂浆发展的困境

干混砂浆是由水泥、干燥骨料或粉料、添加剂以及根据性能确定的其他组分，按一定比例，在专业生产厂计量、混合而成的混合物，在使用地点按规定比例加水或配套组分拌和使用。

干混砂浆的生产方式是将精选的细集料经烘干筛分处理后与无机胶凝材料和各种有机高分子外加剂按一定比例混合而成的颗粒状或粉状混合物，以袋装和散装方式送到工地待用。

近几年，干混砂浆的发展也遇到一些困境。

从生产方面考虑，由于干混砂浆的特殊性，所以它需要有一套专业的生产线。这类企业生产设备较先进，产品质量较稳定，但其一次性投资较大。如投资一条年产 100 万吨干混砂浆的生产线，全部引进国外的生产设备与技术，大约需要 2000 万～3000 万元，此外还要考虑配套的专业物流运输系统以及存储容器，也需要大量的资金投入。一般企业难以承受。综合考虑投资回报率以及实际的生产成本，导致干混砂浆的市场销售价格高于现场拌制砂浆，大约是现场拌制砂浆的 2 倍以上。

从原材料方面考虑，原材料的选择受到一定的限制。因干混砂浆是由干态原材料混合而成的，故对原材料的含水率有较高的要求，尤其是细集料必须经过干燥及筛分处理，这样就导致生产成本的增加。另外，液体组分的使用也受到限制，如外加剂、添加剂等，必须使用粉剂，而不能使用液剂，通常粉体外加剂的价格比液体外加剂高，就使原材料的成本增加。

从耗能环保的角度考虑，干混砂浆在现场加水搅拌成浆体后才能使用，用水量以及搅拌的均匀度对砂浆性能有一定的影响，而且，干混砂浆在生产时先将细集料烘干后再与其他物料搅拌混合为成品，使用时再加水，这是一种不科学的发展方式，这样必定造成能源浪费。砂浆品种越多所需的存储设备越多，工地需配备足够的存储设备和搅拌装置。如果储罐密封不好，可能会产生扬尘，造成环境污染。

从质量的角度考虑，散装干混砂浆在储存或气力输送过程中，容易造成砂粉分离，产生"离析"现象，影响砂浆的质量。施工企业缺乏砂浆方面的专业技术人才，不利于砂浆的质量控制。

近几年的实践证明，发达国家的成熟干混砂浆技术复制到中国后出现了水土不服的现象。干混砂浆设备投资巨大，投资者不堪重负；干混砂浆的生产成本高，直接导致市场售价上涨，用户难以接受；干混砂浆在实际生产施工过程中还存在高能耗（细集料的烘干常采用烧煤、油、电等方式）、噪声、扬尘等弊端，导致未能得到投资者和市场的广泛认可。

3　湿拌砂浆与干混砂浆的对比

湿拌砂浆与干混砂浆的比较见下表，湿拌砂浆的优点一目了然。

序号	对比项目	干混砂浆	湿拌砂浆
1	生产设备	干混砂浆的生产线需要专业的生产设备，以及细集料的烘干设施	无需购买新设备，只需在原商混站的基础上做简单的改造后生产
2	材料选择	砂需要做烘干处理，集料选择具有局限性，只能采用干料	集料既可用干料，也可选择湿料
3	供货形式	干混砂浆分为散装和袋装，散装干混砂浆采用专业的气送罐车运送，袋装干混砂浆采用普通货车运送	湿拌砂浆要采用混凝土搅拌运输车运送，以保证砂浆在运输过程中不产生分层、离析

序号	对比项目	干混砂浆	湿拌砂浆
4	现场存储及场地布置等	干混砂浆需要现场设立储料罐，搅拌机等设备，需要在施工布置上统筹。散装干混砂浆在运输配送过程中易产生砂粉"离析"现象，可采取一定的措施减少离析现象对砂浆质量的影响。但目前尚无方法完全解决离析问题	湿拌砂浆的各项质量控制指标均有生产线控制，在运输、使用过程中其他因素对砂浆的影响较低。湿拌砂浆由工厂运到现场后储存在指定的存储容器中，现场随取随用
5	施工工艺	干混砂浆由于要现场二次搅拌，同传统施工操作一样，必定会造成二次扬尘、噪声等弊端	湿拌砂浆在生产时加入了特殊改性剂后可控制砂浆的初凝时间，成品运输到施工现场，可以随取随用

4 混凝土搅拌站生产湿拌砂浆的先天优势

混凝土的发展为湿拌砂浆生产创造了先天条件，在设备上，无需新添设备，只要对商品混凝土站现有的设备进行合理的改造和利用，可以白天生产混凝土，夜间生产砂浆，搅拌运输车用来运送砂浆，充分利用生产设备在夜间的闲置时间，使经济效益最大化。在管理上，物流运输采用GPS统一管理，使用搅拌运输车送湿拌砂浆，配送及时，减少客户投诉。改造后的搅拌站采用先进电控系统，操作简单方便，混凝土和湿拌砂浆的生产控制系统安全切换，管理优化，无需增加管理成本，可以实现混凝土和砂浆材料区分管理和控制。

推广使用湿拌砂浆，是节约资源、保护环境、提高工程质量的有效措施，是贯彻落实国家提倡"节能减排"工作的一项重要内容。在填充辅材的选择上，优先采用无机矿粉材料，明显提高砂浆的施工性和稳定性。改性剂采用环保材料——醚化聚羧酸减水剂，解决了保水剂与减水剂相容性差的问题，有利于提高砂浆早期粘附力和后期的粘结强度，根本上解决了砂浆空鼓开裂的现象。砂浆的施工性好，批荡上墙省时省力，与传统的现场搅拌砂浆相比效率提高近一倍。另外，原材料选择余地较大，集料可采用干料，也可采用湿料，且不需烘干，因而可降低砂浆制造成本。

5 湿拌砂浆发展存在的不足

湿拌砂浆在我国还是一件新生事物，社会各方和各个领域对于湿拌砂浆的认识还很不够，认识水平还较低。尽管目前我国的湿拌砂浆在政策体系和组织管理建设中取得了一定的进展，但发展过程中存在的问题也日益突出，主要表现为以下几点：

（1）湿砂浆的单次运输量大，对施工面积及施工人员数量有一定量的要求；

（2）湿拌抹灰砂浆的收水时间相应较长，适宜于上午开始上浆，下午收压的大面积施工，下午上浆会相应延长工人的工作时间；

（3）湿砂浆的存储需要一定的空间，对场地面积局促的工地不适宜使用；

（4）湿拌抹灰砂浆具有保水性较强的特点，在初次使用时，工人难以很好的掌握湿砂浆的工作特性，产生不习惯的感觉，因为工人习惯了现拌砂浆收水快、干燥快的特性。对需要改变工人施工习惯的新产品往往会在前期产生"不好用"的错觉；

（5）当抹灰厚度较大时，湿拌抹灰砂浆凝结时间相对会延长，工人在上第一道砂浆时会按照以前的时间习惯进行第二道的砂浆上墙，可能存在第一道砂浆收水不足就进行第二道砂浆的上墙施工，这样很可能造成砂浆未干硬之前的滑落的情况（第一道砂浆未收水就进行第二道砂浆抹灰会出现这种情况）。

6 结语

推广使用湿拌砂浆是一次建材业、建筑业的技术革命，也是一个国家、一个城市物质文明和精神文明建设水平的重要标志。在我国大力发展湿拌砂浆是建设节约型社会的具体体现。让我们共同努力，打破旧观念旧思路，推出新型湿拌砂浆一体化解决方案，使得湿拌砂浆能够像商品混凝土一样普及。

参考文献

[1] 尤大晋 . 预拌砂浆使用技术 [M] . 北京：化学工业出版社，2010.

[2] 杨士珏等 . 浅谈全面推广预拌砂浆施工的现实意义 [J] . 浙江建筑，2009.

生产湿拌砂浆简约指导书

1 注意事项

（1）砂浆的稠度用水掺量来调整，在其他材料量一定的情况下水掺量越大，砂浆稠度越大。

（2）砂浆生产出机时尽可能控制砂浆稠度小一些，在入搅拌车而不堵料的前提下尽量把砂浆打干一些，因为砂浆在运输到工地时稠度会变大约 5～10mm，会变稀，砂浆密度也会变小约 50～100kg/m³。

（3）搅拌时间约 30s 可以将砂浆搅拌均匀，出机的砂浆稠度及黏性不是很好，这是正常现象。可稍加点水再人工拌和几下能得到好的黏性就没问题。在搅拌车装料到看料台这段时间会搅拌得到较好的稠度及黏度。

（4）看料台不可对砂浆随意加水，宁可砂浆干一些也不能稀。若过稀的砂浆要倒掉一些至搅拌车容量的一半左右时再进行补干料，因为满料的砂浆补干料很难搅拌均匀。

（5）混线生产砂浆时要对搅拌机及搅拌车仔细进行石子的清理工作（可用砂子洗搅拌机）。

（6）砂浆外加剂与混凝土外加剂（特别是萘系减水剂）不能共管线使用，因两者不相容，容易结团失效。

（7）粉煤灰的成分对砂浆的影响很大，一般来说越黑的粉煤灰，砂浆减水剂要多掺。

（8）砂浆会粘附在搅拌车鼓内约 300kg，所以为要求过磅的工地供应砂浆时要加多 0.2～0.3 方左右/车。

（9）工地首次使用时要做湿砂浆技术交底，重点是剪力墙面界面处理的重要性及湿砂浆开放时间方面与现场拌置的砂浆间的区别。

2 外加剂控制原则

1	砌筑砂浆开放时间越长越好。开放时间长工地不会产生投诉（因为工人对砌筑砂浆的干燥时间没有要求），开放时间短会造成硬化失效
2	抹灰砂浆开放时间调到晚 20 点能满足大部分工地的施工要求。对于初次使用的工人，可适当调短开放时间，习惯后再调长
3	地面砂浆开放时间一般调到 6 小时。因地面砂浆一般都做得厚，很难收水，开放时间太长会影响工人的搓平施工。但对要求放置时间长或使用时间长的工地要适当调长开放时间

4	砌筑砂浆的黏度越黏越好。砌筑工人喜欢容易摊开的砂浆。（出厂稠度控制在稠度 75～85mm，出厂密度控制在 1850～1950kg/m³）
5	抹灰砂浆黏度要适中。太黏的砂浆易黏刮尺，不黏的砂浆刮上墙很费力。（出厂稠度控制在 75～85mm，出厂密度控制在 1900～2000kg/m³）
6	地面砂浆黏度要适当低。太黏会使表面硬度非常低，但也不能没有黏度，工人能赶平就可以了。（出厂稠度控制在 85～95mm，泵送 100～115mm，出厂密度控制在 2050～2150kg/m³）

注：因为搅拌时间与搅拌方式的不同，试配时的砂浆密度值一般比生产样要低约 50～100kg/m³，所以试配砂浆密度要调整得略低一些，生产时才能达到理想的密度值。

第四部分
高性能混凝土技术

粉煤灰矿渣激发剂三组分体系在高性能混凝土中的应用研究

21世纪，人类进入高性能混凝土的时代。高性能混凝土（HPC）的一个显著特点就是大量掺合料的利用。大量的利用工业废渣，减少环境污染，节约矿产资源及能源都有很重要的现实意义。但大量的掺合料的应用，会造成混凝土早期强度的偏低。为了解决这个问题，人们研制开发了粉煤灰矿渣激发剂。有的用在水泥工厂，有的寻求在商品混凝土上应用。对激发剂在高性能混凝土上的应用研究变得很重要，很有现实意义。激发剂的作用方式主要有：提高水泥水化过程的碱度，从而提高掺合料的反应活性，增加早期水化产物的量，即"碱激发"；参与水化反应并在早期形成钙矾石等水化产物，形成早期的强度结构，即"硫酸盐激发"；将两者结合起来协调两者的关系，发挥两者的长处以提高混凝土的早期性能并兼顾后期性能，即"钠-钙-硫混合激发"。通常常用的激发剂有：元明粉，硬石膏，铝矾土，高铝熟料及固体水玻璃等等。随着科技的发展，人们发现在某一温度段煅烧石膏的激发效果也较好。

1 原材料及试验方法

水泥：南京金宁羊P·Ⅱ42.5R；长江中砂；玄武岩碎石5～25mm；南京华能电厂一级灰；江南水泥厂S95级矿粉；聚羧酸系减水剂PC，浓度20%，掺量1%，江苏苏博特公司生产；多功能助磨激发剂JF，粉剂，江苏某建材公司生产，掺量为胶结材的1%～2%。其主要组分为硫酸盐；jH型粉煤灰矿渣激发剂，粉剂，吉林天一建材有限公司生产，推荐掺量0.6%～1.0%，该外加剂以硅酸盐类、煅烧石膏等为主要组分，通过物理化学双重作用，以及特殊的工艺加工生产而成的一种复合粉末材料，其与混凝土外加剂的相容性较好，这是它的一个特点。混凝土配合比及实验结果见表1。

表1 聚羧酸系减水剂PCA与jH激发剂的双掺在高性能混凝土中的应用

C	S	FA	KF	G	外加剂		和易性		强度（MPa）			
					PC（%）	jH/JF（%）	SL 0h（mm）	SL 1h（mm）	R7	R28	R60	R90
156	400	781	—	—	1080	1	—	200	180	44.8	54.8	65.2	68.6
156	200	781	100	100	1080	1	—	210	200	37.9	51.6	59.3	63.0
156	200	781	100	100	1080	1	1	210	190	42.8	58.2	70.1	71.7
156	150	781	100	150	1080	1	1	210	185	41.1	50.1	63.8	68.4
156	250	781	70	80	1080	1	1	210	160	44.4	57.3	68.9	75.6
156	200	781	200	—	1080	1	1	210	140	35.9	52.8	62.4	66.3

续表

	C	S	FA	KF	G	外加剂		和易性		强度（MPa）			
						PC（%）	jH/JF（%）	SL 0h（mm）	SL 1h（mm）	R7	R28	R60	R90
156	250	781	150	—	1080	1	1	200	120	41.3	58.5	71.8	75.0
156	200	781	—	200	1080	1	1	190	160	49.4	62.2	69.5	72.7
166	200	781	100	100	1080	1	/2	210	135	44.9	58.0	67.0	70.7
176	200	781	200	—	1080	1	/2	210	40	29.9	47.9	55.8	64.1
176	150	781	100	150	1080	1	/2	210	175	38.0	46.6	51.3	59.1

从以上表中结果可以看出：

（1）粉煤灰和矿渣在总量取代水泥 50％时，早期强度有所降低，在有激发剂条件下，早期强度也有保证，后期强度稳步增加，甚至超过了基准混凝土。

（2）含有元明粉的激发剂与外加剂 PC 的适应性不好，表现为减水率的降低。不含元明粉的激发剂与外加剂 PC 的适应性较好，对混凝土坍损影响也较小。

2 相同的水胶比条件下掺加激发剂前后水泥净浆的微观分析（SEM，60d）

（1）$C=200g$，$FA=200g$，$W=150g$，FDN0.4％。图（1）-1，（1）-2。

（2）$C=200g$，$FA=200g$，$W=150g$，FDN0.4％，jH1％。图（2）-1，（2）-2。

（3）$C=400g$，$W=150g$，FDN0.4％。图（3）-1，（3）-2。

（4）$C=200g$，$FA=100g$，$S95=100g$，FDN0.4％，jH1％。图（4）-1，（4）-2。

（5）$C=200g$，$S95=200g$，FDN0.4％，jH1％。图（5）-1，（5）-2。

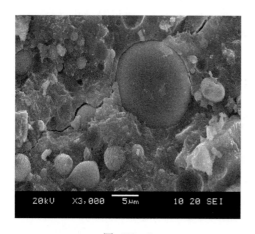 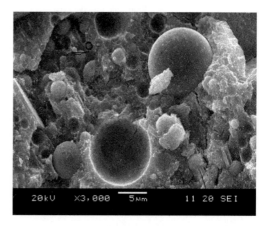

图（1）-1　　　　　　　　　　　　　　图（1）-2

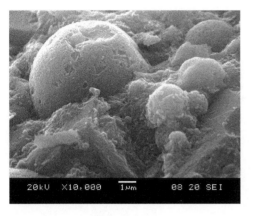
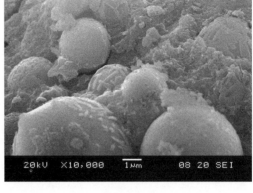

图（2）-1　　　　　　　　　　　　图（2）-2

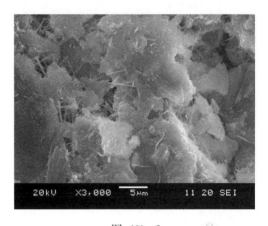

图（3）-1　　　　　　　　　　　　图（3）-2

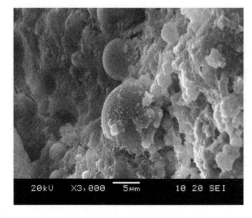
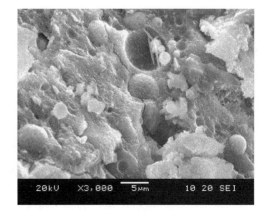

图（4）-1　　　　　　　　　　　　图（4）-2

 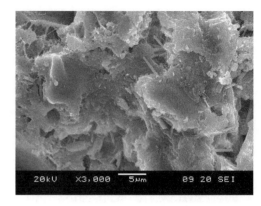

图（5）-1   图（5）-2

结论：

1. 图（1）-1，（1）-2 与图（2）-1，（2）-2 图比较，在相同的水胶比条件下，从玻璃体的腐蚀情况可看出激发剂还是有明显的效果。

2. 从图（4）-1，（4）-2，图（5）-1，（5）-2 比较，在相同的水胶比条件下，矿渣的水化程度要比粉煤灰高，粉煤灰与矿渣双掺可以发挥协同叠加效应，优势互补，使混凝土更致密。

3. 从图（5）-1，（5）-2 可看出水泥与矿渣粉双掺时水泥石的孔隙率较高。可以在几个到几十微米级空间发挥其填充效应。

3 混凝土变形与耐久性的比较

（1）收缩

混凝土配合比：

（a）$C=460$，$S=675$，$G=1104$，$W=150$，FDN0.65%。坍落度 160mm。

（b）$C=230$，$FA=115$，$S95=115$，$S=675$，$G=1104$，$W=150$，FDN0.65%，jH1%，坍落度 160mm。

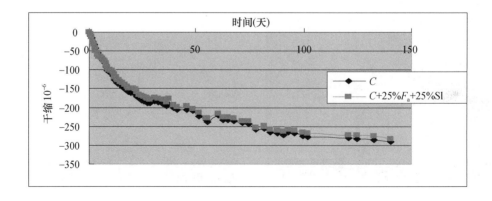

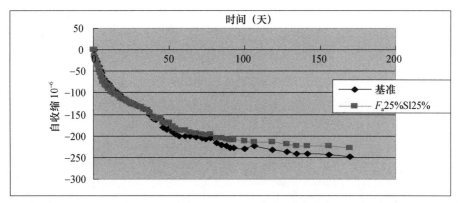

与基准混凝土比较，掺入大量的混合材后，混凝土的自收缩和干缩都较小些。这对减少混凝土的裂缝较有利。

（2）碳化

混凝土配合比为：

（a）$W=154$，$C=300$，FA$=100$，$S=810$，$G=1060$，PCA$=4.0$，单位为 kg/m³；坍落度 180mm，R28$=58.6$MPa。

（b）$W=154$，$C=200$，FA$=100$，S95$=100$，$S=810$，$G=1060$，PCA$=4.0$，jH4.0，单位为 kg/m³；坍落度 180mm，R28$=60.3$MPa。

表 2　60d 混凝土养护后的炭化值（mm）

配比	水胶比	初始	7d	14d	28d	60d
（a）	0.385	1.9	4.6	6.0	8.6	10.6
（b）	0.385	1.8	6.2	7.8	10.6	15.9

表 2 可以看出混凝土配比（a）与（b）比较，FA 掺量从 25％到（FA＋S95）占 50％，混凝土碳化深度稍有增加，标准试验条件下 28d 的碳化值相当于自然条件下碳化 50 年。可以说明在自然条件下，两种混凝土配比保持钢筋混凝土碱性的能力至少在 50 年内相差不大。

（3）抗渗性

表 3 中混凝土配比（a）同上，为混凝土公司常规使用的配比。混凝土配比（b）同上，为掺加激发剂之后的配比。

表 3　两组混凝土的抗渗性能对比试验结果（标养 28d）

混凝土配比	水胶比	胶凝材料组成	渗透水压（MPa）	平均渗透高度（保压 8h）
（a）	0.385	$C=300$，FA$=100$	1.6	0.66cm
（b）	0.385	$C=200$，FA$=100$，S95$=100$	1.6	0.54cm

试验结果标明：复合胶凝材料体系配制的混凝土（b）的抗渗性能不比单掺 FA 的混凝土（a）差，说明在激发剂的作用下，FA、矿渣的二次反应，以及 FA、矿渣的复合叠加填充效应，使混凝土的抗渗性能不至于因为单方混凝土中水泥的量减少而降低。

（4）抗冻性

混凝土配比：

（a）$W=163$，$C=300$，$FA=100$，$S=810$，$G=1060$，FDN0.6％＋引气剂1.2/万。出料坍落度190mm，含气量 Air＝3.5％，R28＝52.5MPa

（b）$W=163$，$C=200$，$FA=100$，$S95=100$，$S=810$，$G=1060$，FDN0.6％＋引气剂1.2/万＋jH1％。出料坍落度190mm，含气量 Air＝5.1％，R28＝49.1MPa

表 4　混凝土抗冻性能试验结果（28d）

次数	相对动弹性模量（％），（以经受冻融损伤之前混凝土动弹性摸量作为损伤的基准）										
	0	50	100	150	200	250	300	350	400	450	500
（a）	100	99.83	98.4	94.4	89.3	85.6	79.4	74.3	68.3	—	—
（b）	100	99.94	99.2	98.6	93.5	89.4	85.4	80.6	75.4	—	—

试验结果见表4，表明：（b）与（a）比较，混凝土在减水剂、引气剂、和激发剂作用下，混凝土的抗冻性能并没有降低。

4　结论

1）激发剂对混凝土强度增长效果明显。可以大大降低水泥用量，具有明显的技术经济效益。对于粉磨站来说可以将激发剂用于粉磨系统，大大提高了混合材的活性，更多的利用工业废渣，更加环保。

2）粉煤灰矿渣和激发剂共同粉磨（当然也可以把矿渣单独粉磨，然后与粉煤灰和激发剂混合均匀）制成高性能的混凝土掺合料，把其应用于混凝土的生产中，可以取代45％～55％的普通42.5级水泥，将有广阔的应用前景。

3）选择混凝土掺合料激发剂种类的时候要考虑其与混凝土外加剂（缓凝高效减水剂）的相容性，兼顾两者综合考虑。

4）目前混凝土搅拌站所用矿渣粉还是由冶金行业或建材行业来提供，粉煤灰由电厂提供，各自独立分别储存，笔者建议将矿渣和粉煤灰等工业废渣由建材行业加工成混凝土用高性能的掺合料直接供应给混凝土搅拌站，会取得更大的经济效益和社会效益。上海市已经有专门生产混凝土掺合料的工厂，这也是一个发展方向。

混凝土弹性模量与混凝土配合比相关性探讨

在混凝土实际工程应用中，除了主要以强度，坍落度作为控制指标外，经常还需要规定混凝土的弹性模量值，尤其是在 C50 及以上高强度等级预应力钢筋混凝土梁的张拉时，更应规定张拉时混凝土应该达到的弹性模量值。在计算钢筋混凝土的变形，裂缝扩展及大体积混凝土的温度应力时，都必须知道对应混凝土的弹性模量值。目前我国高铁高性能混凝土的 28d 弹性模量值要求达到 3.55×10^4MPa，也即 35.5GPa，在实际工程中，也出现过混凝土强度满足要求而弹性模量偏低，使混凝土构件变形较大而不能正常使用的问题，导致混凝土结构失衡而发生工程质量事故。影响混凝土弹性模量的因素很多，包括粗骨料品质，砂率，水胶比，纤维，粉煤灰掺量和养护龄期等，本文在这些领域做了一些试验研究，得出了一些结论。

1 试验情况及测试方法

1.1 原材料

水泥：镇江京阳水泥厂生产的 P·O42.5R，各项技术指标均符合国家标准规定。

细骨料：江砂，细度模数 2.6

粗骨料：玄武盐碎石，5～25mm 连续级配。

减水剂：江苏博特新材料有限公司生产的 JmA，萘系高效减水剂，粉剂。粉煤灰：南京热电厂生产的 I 级灰。

1.2 试验方案

本试验重点考察粗骨料，砂率，水胶比，纤维，粉煤灰掺量等对混凝土弹性模量的影响。混凝土成型采用 100mm×100mm×300mm 非标准试模，混凝土均采用标准养护。

1.3 弹性模量测试方法

根据《普通混凝土力学性能试验方法标准》（GB/T 50081—2002）的规定，混凝土弹性模量应按下式计算：

$$E_c = (F_a - F_0) / A \times L / \triangle n,$$

式中　E_c——混凝土弹性模量（MPa）；

　　　F_a——应力为 1/3 轴心抗压强度时的荷载（N）；

　　　F_0——应力为 0.5MPa 时的初始荷载（N）；

　　　A——试件承压面积（mm²）；

　　　L——测量标距（mm）。

$\triangle n = \varepsilon_a - \varepsilon_0$，其中 ε_a 为 F_a 时试件两侧变形的平均值（mm），ε_0 为 F_0 时试件两侧变形的平均值（mm）。

2 试验结果与分析

2.1 弹性模量与水灰比的关系（表1）

表1 混凝土水灰比的变化与弹性模量的关系

	W/C	S_p (%)	W (kg/m³)	C (kg/m³)	S (kg/m³)	G (kg/m³)	JmA (%)	坍落度 (mm)	F_a ×10³	E_s (28d) ×10⁴
1	0.375	37	150	400	694	1181	0.6	170	180.3	4.38
2	0.333	36	150	450	661	1174	0.65	140	227.9	4.67
3	0.300	35	150	500	628	1167	0.75	90	249.8	4.72
4	0.270	34	150	550	597	1158	1.0	70	227.6	4.84

实际工程中，一般C40及其以上强度等级的混凝土才要求弹性模量值，故本次实验也采用了较小的水灰比。

从以上结果可看出，随着 W/C 的降低，混凝土弹性模量逐渐增大，但是增加的幅度并不大。当 $W/C=0.270$ 时，虽然其后数值偏低，但试件变形差值 Δn 较小，混凝土弹性模量仍然较高。

2.2 弹性模量与混凝土砂率关系（表2）

从以上结果可看出，在 W/C 一定的条件下，高强度等级混凝土的弹性模量随着砂率的增大而降低，但降低的幅度不大，所以对混凝土弹性模量要求较高的混凝土工程，在满足混凝土和易性的条件下尽可能选用较低的砂率。混凝土配合比中，砂率较低，石子用量相对较高，混凝土形变差值就较小，弹性模量就相对较高。

2.3 弹性模量与混凝土外加纤维种类的关系（表3）

表2 混凝土砂率的变化与弹性模量的关系

	W/C	S_p (%)	W (kg/m³)	C (kg/m³)	S (kg/m³)	G (kg/m³)	JmA (%)	坍落度 (mm)	F_a ×10³	E_s (28d) ×10⁴
1	0.32	32	161	500	571	1213	0.6	80	208.66	4.62
2	0.32	35	161	500	625	1160	0.6	100	185.78	4.57
3	0.32	38	161	500	678	1107	0.6	130	189.56	4.4

表 3　外加纤维种类和混凝土弹性模量的关系

	W/C	S_p (%)	W (kg/m³)	C (kg/m³)	S (kg/m³)	G (kg/m³)	JmA (%)	纤维 (kg/m³)	坍落度 (mm)	F_a ×10³	E_s (28d) ×10⁴
1	0.32	35	161	500	625	1160	0.6	—	140	195.5	4.51
2	0.32	35	161	500	625	1160	0.8	pp0.8	140	208.3	4.64
3	0.32	35	161	500	625	1160	0.6	钢60	120	230.5	4.49
4	0.32	35	161	500	625	1160	0.7	pp0.6 钢50	120	222.6	4.48

从以上结果可看出，加入聚丙烯纤维，可以使混凝土的弹性模量增大，但加入 60kg/m³ 钢纤维并没有增大混凝土的弹性模量，虽然使混凝土的轴压值大大增加了，但由于混凝土变形差值增加而弹性模量并没有增加，加入纤维的目的是使建筑物"长寿"，减小塑性收缩、干燥收缩、沉降收缩、温差与荷载等多种因素引起的基体中原有细微裂纹的出现，提高混凝土耐磨、抗疲劳等性能，纤维的加入，总体来说，对混凝土弹性模量影响不大。

2.4　混凝土弹性模量与粉煤灰掺量及养护龄期的关系（表4、表5）

表 4　粉煤灰的掺量与弹性模量的关系

	W/C	S_p (%)	W (kg/m³)	C (kg/m³)	S (kg/m³)	G (kg/m³)	FA (kg/m³)	JmA (%)	坍落度 (mm)	F_a (28d) ×10³	E_s (28d) ×10⁴	F_a (60d) ×10³	E_s (60d) ×10⁴
1	0.32	35	161	500	625	1160	—	0.60	140	226.3	4.55	233.6	4.71
2	0.32	35	161	425	625	1160	75	0.55	170	217.4	4.51	205.1	4.65
3	0.32	35	161	375	625	1160	125	0.50	160	198.2	4.39	196.1	4.60

表 5　粉煤灰的不同掺量随混凝土龄期弹性模量的变化趋势

	C (kg/m³)	FA (kg/m³)	S (kg/m³)	G (kg/m³)	W (kg/m³)	PCA (%)	坍落度 (mm)	E_s (3d) ×10⁴	E_s (7d) ×10⁴	E_s (28d) ×10⁴	E_s (90d) ×10⁴	E_s (180d) ×10⁴
FA0%	390	—	776	1164	150	0.85	200	3.48	3.55	4.29	4.53	4.62
FA15%	332	58	776	1164	150	0.7	205	2.86	3.58	4.28	4.57	4.91
FA30%	273	117	776	1164	150	0.5	180	2.68	3.46	4.15	4.47	4.85
FA45%	215	175	776	1164	150	0.55	210	2.59	3.37	3.85	4.12	4.54

从以上两次实验结果可以看出，随着粉煤灰掺量的增大，混凝土的同期弹性模量有下降的趋势，在较少的粉煤灰掺量 10%～25% 内，混凝土的弹性模量下降幅度很有限，混凝土长期的弹性模量甚至超过没有加粉煤灰的混凝土，这可能是由于粉煤灰的活性效应和填充效应使混凝土更致密，混凝土的后期强度更加提高所致。

2.5 混凝土弹性模量与混凝土坍落度（slump）的关系（表6）

表6 同配比条件下的坍落度的关系

	W/C	S_p (%)	W (kg/m³)	C (kg/m³)	S (kg/m³)	G (kg/m³)	FA (kg/m³)	JmA (%)	Slump (mm)	F_a (28d) ×10³	E_s (28d) ×10⁴
1	0.32	35	161	450	625	1160	50	0.5	70	218.4	4.21
2	0.32	35	161	450	625	1160	50	0.75	180	237.8	4.23

从以上实验结果可看出，在相同的水灰比条件下，混凝土的出料坍落度的大小对混凝土弹性模量的影响不大。

2.6 高性能混凝土弹性模量，以C50混凝土为例（表7）

表7 C50混凝土的弹性模量

	W (kg/m³)	C (kg/m³)	FA (kg/m³)	SL (kg/m³)	S (kg/m³)	G (kg/m³)	PCA	坍落度 (mm)	Air (%)	F_a (7d) ×10³	E_s (7d) ×10⁴	F_a (28d) ×10³	E_s (28d) ×10⁴
1	146	340	70	70	730	1094	6.72	210	4.5	115.3	3.67	156.1	4.20
2	146	300	70	110	730	1094	7.2	210	4.8	100.8	3.42	124.8	3.99

从以上实验结果可看出，高性能混凝土的28d弹性模量值是完全可以满足高速铁路对混凝土的弹性模量要求的，高性能混凝土是以后我国混凝土的发展方向，具有优异的施工和耐久性能。

2.7 混凝土弹性模量与骨料种类的关系（表8）

表8 骨料种类和混杂与弹性模量的关系

粗骨料类别	W (kg/m³)	C (kg/m³)	FA (kg/m³)	S (kg/m³)	G (kg/m³)	PCA (kg/m³)	坍落度 (mm)	F_a (28d) ×10³	E_s (28d) ×10⁴	F_a (60d) ×10³	E_s (60d) ×10⁴
玄武岩	155	450	50	725	1060	5	180	235.3	4.35	253.3	4.68
陶粒	155	450	50	725	1060	5	220	182.1	2.62	186.0	2.89
50%陶粒+50%玄武	155	450	50	725	1060	5	210	195.5	3.12	203.2	3.40
石灰岩	155	450	50	725	1060	5	180	230.1	4.27	251.8	4.54
花岗岩	155	450	50	725	1060	5	170	198.2	3.19	204.6	3.57

从以上实验结果可看出，陶粒混凝土的弹性模量约是同期玄武岩混凝土弹性模量的一半，两种骨料双掺后对混凝土弹性模量的改善有明显效果。不同种类的碎石骨料，所配制的高强度等级混凝土的弹性模量也有差异，像花岗岩配制的混凝土弹性模量值同期比较就偏低些。

3 结语

（1）对高度等级混凝土而言，粗骨料的品质对弹性模量的影响比较大，实际工程应用中应优选当地合适的骨料来配制高强度等级混凝土以满足对弹性模量的要求。

（2）对粉煤灰混凝土，在掺量为 25％以下时，同期早期弹性模量有些降低外，后期弹性模量不降低，甚至会超过基准混凝土。

（3）对高性能混凝土而言，在掺入高效减水剂的条件下，大量地掺加掺合料，混凝土后期（28d）的弹性模量仍然能满足工程要求。

（4）纤维的加入，在 W/C 相同的条件下对混凝土的弹性模量影响不大。

混凝土灌浆堵漏材料及施工简述

　　自预拌（商品）混凝土大量推广应用以来，混凝土的裂缝问题越来越困扰着混凝土工程技术人员，其最主要的原因是混凝土坍落度往往偏大，甚至失控，造成混凝土的收缩加大，加上养护不到位，混凝土裂缝经常的发生。对于硬化后混凝土裂缝的修补，很多技术人员目前还不能掌握，广大的混凝土技术工作者迫切想了解和知晓这一方面知识，现作者根据现有资料，加以整理，以飨读者。

　　我国的防水堵漏材料品种多，生产单位也多，生产规模工艺和质量控制水平各异，从而影响防水堵漏材料质量的稳定性。各种防水堵漏材料都有各自的适用范围和使用方法。因此，施工单位须根据工程的实际情况，通过试验选用有效的防水堵漏材料。现将常用的堵漏材料品种性能配合比等介绍如下：

1　水泥系列灌浆堵漏材料

　　水泥系列灌浆料，是指用水泥为主要材料掺入水玻璃、石膏粉、缓凝剂、减水剂、早强剂等，加水搅拌而成的灌浆料。当浆料灌入缝隙固化后，一般强度能满足设计要求。材料来源广，价格低，灌浆工艺简单，但很难灌入细小的裂缝中。

1.1　水泥灌浆料

　　（1）适用范围：可灌注较宽的裂缝或砖结构裂缝，以及混凝土构件上的蜂窝状缺陷。

　　（2）配合比为：水泥：水＝1：0.6～0.8，根据工程需要可以加入减水剂和早强剂等。水泥为42.5级，本文以下所提强度等级同。

　　（3）施工方法：手压泵，最高压力5MPa，流量7～8L/min，灌注压力控制在1.5～5MPa。

1.2　水泥水玻璃灌浆材料（CS浆液）

　　（1）适用范围：该浆料适用于一般地下结构中较深较大的空洞及宽度大于0.5mm的裂缝、施工缝、沉降缝等的渗透处理。

　　（2）配合比：水泥浆 $[C：W＝1：（1～0.6）]$：水玻璃溶液（35波美度）＝1.5：1，初凝时间约1min，如需要延长凝结时间，加水泥用量1％～2.8％的磷酸钠或磷酸氢二钠。水玻璃模数为2.4～2.8，浓度在35～45波美度范围内，浓度高，浆液黏度大，可灌性差。

　　（3）施工方法：手压泵，最高压力5MPa，流量7～8L/min，灌注压力控制在1.5～5MPa。

1.3 水泥加石膏堵漏材料

（1）适用范围：堵嵌水压小的空洞与裂缝。

（2）配合比：将炒热的石膏粉和水泥按重量比 1：1 混合均匀，加水适量，调和成可塑的糊状，将糊状膏子嵌入渗漏的孔洞和缝隙，3～5min 用完。

1.4 堵漏灵

（1）适用范围：可防水堵漏，防渗，防潮，能和混凝土砂浆砖石整体粘结，可以粘贴装饰砖、马赛克、大理石等，可在潮湿基层面上施工。

（2）施工方法：堵漏灵粉料：水＝1：（0.15～0.2），在盆内搓拌成湿硬料，切成块状或条状，嵌入孔洞，挤压密实，能立刻止漏。

2 化学防水堵漏灌浆材料

化学防水堵漏灌浆材料是指将配制成的浆液，用压浆设备将浆液压入渗漏水的缝隙或孔洞或混凝土裂缝中使其扩散、胶凝、反应、固化、膨胀，从而达到修补裂缝和止水的目的。这一方法技术含量高，操作复杂，也是工程应用的重点。

2.1 环氧树脂糠醛浆料

环氧树脂糠醛浆料是常用的一种防渗补强灌浆材料，以环氧树脂为主剂，掺入稀释剂、固化剂、促凝剂、填充料配合而成，强度高，粘结力强，收缩率小，化学稳定性好，可在常温下固化。我国第一个化学灌浆材料行业标准《混凝土裂缝用环氧树脂灌浆材料》（JC/T 1041—2007）于 2007 年 11 月 1 日正式实施。

（1）适用范围：环氧树脂糠醛浆料能有效地灌入 0.05mm 宽的混凝土细裂缝的能力，可在有水的条件下固化，固结体的韧性较好。

（2）配合比（表 1 和表 2）

表 1　环氧树脂糠醛主液三种参考配合比

编号	环氧树脂（E-44）	糠醛（工业用）	苯酚（工业用）
1	100	30	5
2	100	50	10
3	100	30	15

表 2　环氧树脂糠醛浆液配合比

浆液编号	适用范围	配合比				黏度（Pa·s）
		环氧糠醛主剂（mL）	丙酮稀释剂（mL）	过苯三酚（g）	半酮亚胺（mL）	
1	黏度大，亲水性差，用于 0.5mm 以上裂缝灌注	1000	68-58	0～30	288～308	0.208

浆液编号	适用范围	配合比				黏度（Pa·s）
		环氧糠醛主剂（mL）	丙酮稀释剂（mL）	过苯三酚（g）	半酮亚胺（mL）	
2	稀释度中等，用于0.2mm以上的干湿裂缝修补	1000	192～178	0～30	266～294	$18×10^{-3}$
3	较细的渗水裂缝	1000	260	0-30	316	很低

2.2 氰凝灌浆料

以过量的异氰酸酯在一定条件下与羟基的聚醚反应，生成低聚氨酯—"预聚体"，并与表面活性剂、乳化剂、催化剂配合成浆液。浆液不遇水是稳定的，遇水则立刻发生化学反应，生成不溶于水的固结物，遇水反应后，放出大量 CO_2 气体，使浆体膨胀，并向四周渗透扩散，因而有较大的渗透半径和凝固体积比，具有固结体稳定性高，有较高的机械强度，耐磨、耐酸碱、耐老化，使用寿命长。

（1）适用范围：氰凝灌浆料用于有水条件下的地下建筑、蓄水构筑物等因混凝土内部松散蜂窝空洞变形裂缝造成渗漏水的封闭堵嵌防水。

（2）配合比：氰凝灌浆料可在施工现场随配随用，在定量的主剂内按顺序掺入定量的添加剂，在干燥容器中搅拌均匀后倒入灌浆机内使用。氯凝灌浆料配方用量和加料顺序见表3。

表3　氰凝灌浆料配方用量和加料顺序

材料名称	规格	作用	配合比（重量比）		加料顺序
			1	2	
预聚体		主剂	100	100	1
硅油	201-50号	表面活性剂	1		2
吐温	80号	乳化剂	1	3	3
邻苯二甲酸二丁酯	工业用	增塑剂	10	1～5	4
丙酮	工业用	溶剂	5～20		5
二甲苯	工业用	溶剂		1～5	6
三乙胺（二甲基醇）	试剂	催化剂	0.7～3	0.3～1	7
有机锡		催化剂		0.15～0.5	8

注：（1）预聚体混合作用时，可按TT-1为90，TP-1为10采用。

（2）有机锡常用二月桂酸二丁基锡。

（3）如果浆液凝固太快，可加入少量的对甲苯磺酰氯作为缓凝剂。

（4）三乙胺加入量视需要的胶凝时间定，用量多，时间短。

（5）丙酮加入量视裂缝大小定，用量多，可灌性提高，但胶结强度降低。

2.3 甲凝灌浆料

甲凝灌浆料是以甲基丙烯酸甲酯为主剂，加入增塑剂、亲水剂、促凝剂等配制而成，是一种高度聚合物。此浆料黏度（0.097MPa·S）比水略低，表面张力为2～3Pa，是水的1/3；有良好的渗透性，可灌性好，能灌入0.03mm的细裂缝中，灌浆压力为0.5～0.8MPa，最大可达1.2MPa。浆液凝结时间可控在几秒到几十分钟，比构件粘结强度高。

（1）适用范围：甲凝灌浆料适用于干燥状态下的混凝土裂缝补强，尤其是微裂缝的补强。该浆液忌水，故不使用于直接堵漏止水。

（2）配制方法：先量取甲基丙烯酸甲酯、甲基丙烯酸丁酯、甲基丙烯酸，加入过氧化二苯甲酰、对甲苯亚磺酸和焦性没食子酸，待完全溶解后，再加入二甲基苯胺。其配方较多，选择2个典型的配比见表4。

表4　甲凝灌浆材料的组成与配合比

1	甲基丙烯酸甲酯	过氧化苯甲酰	二甲基苯胺	对甲苯亚磺酸	焦性没食子酸（缓凝剂）
	100g	1～1.5g	0.5～1.5g	0.5～1.0g	0～1g
2	甲基丙烯酸甲酯	丙烯酸	过氧化苯甲酰	对甲苯亚磺酸	二甲基苯胺
	100mL	10mL	1g	1～2g	0.5～1mL

2.4　丙凝灌浆料

丙凝灌浆料是丙烯酰胺浆液的简称，又名MG-646浆液，是以丙烯酰胺为主剂，添加交联剂、还原剂、氧化剂按一定配比调制而成，分甲、乙两液，施工时等量混合，注入裂缝补漏部位，经过引发聚合交联反应后，形成富有弹性不溶于水的高分子硬性凝胶。其具有黏度低（基本与水相同），渗透性好（能注入0.1mm以下的细裂缝中），可在水压和水流的环境下凝聚的特点，抗渗性好。丙凝胶不溶于水和有机溶剂，能耐酸碱和细菌的侵蚀，具有较好的弹性和可变性。

（1）适用范围：丙凝灌浆料适用于地下建筑、地下构筑物等工程的堵渗和防水的灌浆。

（2）配合比见表5。

表5　丙凝灌浆料施工配合比（重量比）

序号	甲液					乙液			凝结时间 min	灌浆压力 MPa
	丙烯酰胺	二甲基双丙烯酰胺	β-二甲胺基丙腈	N.N'-甲叉双丙烯酰胺	水	过硫酸铵	水泥	水		
1	47	2.5	2.0	—	220	2.0	—	220	3	0.4
2	47	2.5	2.0	—	220	1.5	—	220	5	0.4
3	19	—	0.2～0.8	1	80	1	—	100	可调	0.4
4	9.5	—	0.5～1.0	0.5	—	0.4～0.8	—	90	5～13	0.4
5	50	—		0.21	0.5	76	1.5～2.5	60～70	120	可调	1.4

注：（1）丙凝灌浆料配制的环境温度宜为23℃左右。丙凝的凝固温度是45℃。

（2）使用时，甲液与乙液的混合比例为1∶1。

（3）正确确定和控制丙凝浆液的凝结时间，是保证注浆质量，节约浆液的关键。

（4）根据施工需要缩短凝结时间的措施：加氨水，使浆液pH>3；提高水温至40℃左右；适当加大过硫酸铵的用量，但不大于1%。

（5）根据施工需要延长丙凝灌浆料凝结时间的措施：可掺0.05%以内的铁氰化钾；降低拌和水的温度，适当降低过硫酸铵的用量，但不应小于0.5%。

2.5 水溶性聚氨酯化学灌浆材料

水溶性聚氨酯化学灌浆材料是由过量的多元异氰酸酯和多羟基化合物预先制成含有游离异氰酸基团的低聚的氨基甲酸预聚体。常用的多异氰酸酯有 TDI、MDI、PAPI 等 3 种。多羟基化合物采用聚醚，它的官能团和分子量可以有好几种。浆液灌入混凝土裂缝后，与渗漏水相遇发生化学反应，放出二氧化碳，并形成脲的衍生物，从而达到防渗堵漏的目的。水溶性聚氨酯化学灌浆材料是一种低黏度，单组分合成高分子聚氨酯材料，形态为浆体，它有遇水产生交联反应、发泡生成多元网状封闭弹性体的特征。当它被高压注入混凝土裂缝结构延展直至将所有缝隙（包括肉眼难以觉察的）填满，遇水后（注水）伴随交联反应，释放大量二氧化碳气体，产生二次渗压，高压推力与二次渗压将弹性体压入并充满所有缝隙，达到止漏目的。单浆灌液在施工时不需要再配浆液，施工设备简单，具有操作及清洗设备方便，材料节约，黏度低，可灌性好和亲水性强的特点，与水具有良好的相溶性，浆液遇水后自行分散，乳化，立刻进行聚合反应。材料胶凝时间一般为 2～5min。材料稳定性好，对人身无害，对水质无污染。

适用范围：1）各种建筑物与地下混凝土工程的裂缝、伸缩缝、施工缝、结构缝的堵漏密封。2）地质钻探工程的钻井护壁堵漏加固。3）水利水电工程的水库坝体灌浆，输水隧道裂缝堵漏、防渗，坝体混凝土裂缝的防渗补强。4）高层建筑物及铁路、高等级公路路基加固稳定。5）煤炭开采或其他采矿工程中坑道内堵水，顶板等破碎层的加固。6）桥梁基础的加固和桥体裂缝的补强。7）已变形建筑物的加固，混凝土构筑物如水塔、水池缝隙的补强及防止沉陷。8）土壤改良、土质表面的防护及稳定加固等。其配方如下：

（1）聚氨酯预聚体100：苯二甲酸二丁酯10：丙酮10：吐温-80 1：水泥50～80。

（2）甲组分［NCO 为 10%～13% 的 TDI 与蓖麻油预聚体 100＋NCO 为 4.5%～6.5% 的 TDI 与 N220 预聚体 100］：乙组分［30%MOCA 丙酮溶液 100＋30%MOCAN220 溶液 50］＝1：1；

（3）甲组分［NCO 为 10%～13% 的 TDI 与蓖麻油预聚体 90＋汽油 5＋丙酮 5］：乙组分［303 聚醚 20＋50%403 聚醚醋酸丁酯溶液 20］＝1：1。

注意：（1）配方用于较大的裂缝；（2）、（3）配方用于微裂缝灌浆液，单位为 g。单浆灌液在施工时不需要再配浆液。

3 化学灌浆高压堵漏施工

3.1 高压灌浆堵漏简述（以水溶性聚氨酯化学灌浆材料为例）

高压灌浆堵漏就是利用机械的高压动力，将水溶性聚氨酯化学灌浆材料注入混凝土裂缝中，当浆液遇到混凝土裂缝中的水分会迅速分散、乳化、膨胀、固结，这样固结的弹性体填充混凝土所有裂缝，将水流完全地堵塞在混凝土结构体之外，以达到止水堵漏的目的。高压灌浆堵漏技术是具有国际先进水平的高压无气灌注防水新技术，是发达国家水溶性灌浆材料使用的新型工艺。

3.2　高压灌浆堵漏施工方法

1）检查：仔细检查漏水部位，清理渗漏部位附近的污物，以备灌浆。

2）布孔：在漏水部位打灌浆孔，对深层裂缝可钻斜孔穿过缝面，一般孔距为20～50cm。

3）埋嘴封缝：埋设注浆嘴，用聚合物水泥封闭。

4）灌浆：根据渗漏部位的具体情况确定灌浆压力、灌浆量。用堵漏注浆泵将本产品灌入裂缝，当全邻孔出现纯浆液时，移至邻孔，在规定的压力下灌浆，直至压不进为止（注入率≤0.01L/min），随即关闭阀门（一般灌浆压力0.3MPa）。

5）72h后检查渗漏部位有无渗水，无渗水将灌浆嘴折断，用聚合物水泥将基面封闭、抹平。

3.3　裂缝的高压灌注施工工艺流程

3.3.1　结构体裂缝漏水

1）于裂缝最低处左或右5～10cm处倾斜钻孔至结构体厚度之一半深处，循序由低处往高处钻，孔距在20～30cm为宜，钻至最高处后再一次埋设灌浆止水针头，由于一般结构体裂缝属不规则状，故应特别注意钻孔时须与破裂面交叉，灌浆才会有效果。

2）灌浆止水针头设置完成后，以水溶性聚氨酯化学灌浆材料灌注，直至发现灌浆液于结构体表面渗出。

3）灌注完成后，即可去除灌浆止水针头。

3.3.2　施工缝漏水

1）于施工缝最低处左或右5～10cm处倾斜钻孔至结构体厚度之一半深，循序由低处往高处钻，孔距在20～30cm为宜，钻至最高处后再一次埋设止水针头。

2）灌浆止水针头设置完成后，以高压灌注机注入水溶性聚氨酯化学灌浆材料，至发现灌浆液于结构体表面渗出。

3）灌注完成后，即可去除注浆止水针头。

3.3.3　蜂巢漏水

1）在蜂巢范围处，每隔25～30cm钻一孔，深度为结构体厚度之一半为宜，再埋设灌浆止水针头并加以旋紧固定。

2）灌浆止水针头设置完成后，以高压灌注机注入水溶性聚氨酯化学灌浆材料至发现灌浆液于结构体表面渗出，即可解决漏水问题。

3）灌注完成后，即可去除灌浆止水针头。

4　结语

总之，混凝土灌浆堵漏材料及施工是一门技术性很强的工作，要求我们在工作实践中不断总结、完善和提高。目前，关于混凝土结构硬化后裂缝的修补工作，往往有专门的技术施工队伍，由于化学高分子灌浆料一般具有一定的毒性，操作人员工作时应穿防护服，施工时要防火和防高温，注意施工安全。

参考文献

［1］张廷容，贡浩平，芮永升等．建筑工程抗裂堵漏［M］．郑州：河南科学技术出版社，2001.

［2］东方士防水堵漏材料工程有限公司，产品说明书．

混凝土裂缝控制的关键因素是人——高素质的技术工人

1　当今混凝土技术发展现状

近 20 年来的预拌混凝土高速发展，最大量的 C25～C50 等级的预拌混凝土被广泛地应用到中国各地的建筑当中。掺合料和混凝土外加剂是当代高性能混凝土最核心的技术，通过掺加不同品种、不同掺量的掺合料和外加剂，确定经济合理的混凝土配合比技术参数，采用当今国产的生产设备和不复杂的生产工艺就可以生产出满足工程需要的各种品种混凝土。大体积混凝土、水下不分散混凝土、膨胀无收缩（或减缩）混凝土、路面机场抗折混凝土、轻骨料混凝土、泡沫混凝土、海洋高性能混凝土、含盐环境下抗冻融混凝土、消纳工业特殊废弃物混凝土等领域科研及应用都获得了丰硕的成果。全国有 88 所高校开设了无机非金属材料专业，20 年来培养了十万计的水泥与混凝土方向专业科研、技术应用人才，最近 10 年来，中国超高层建筑不断出现，C60～C120 等级的高强高性能混凝土也已经在实际工程中获得成功地应用，国内外著名建筑所用混凝土行情见表 1。

表 1　世界著名建筑混凝土行情一览表

序号	建筑名称	混凝土强度等级	混凝土工程概况	地址	高度（m）
1	上海中心	C100、C70、C60、C50、C35	基础底板 C50，柱子结构混凝土 C100～C50，楼板 C35	上海	632
2	平安大厦	C70、C60、C40	基础底板 C40P12，柱子结构混凝土 C70、C60	深圳	660
3	广州东塔	C120、C80、C70、C60、C40	基础底板 C40P10，柱子结构混凝土 C80、C70、C60	广州	539
4	中国尊	C70、C60、C50	基础底板 C50，柱子结构混凝土 C70、C60、C50	北京	528
5	哈利法塔	C80、C60、C50	柱子结构混凝土 C80、C60SCC、C50SCC	迪拜	828
6	南京紫峰	C70、C60、C40	基础底板 C40P8，柱子结构混凝土 C70、C60	南京	450
7	117 大厦	C70、C60、C50	基础底板 C50P8，柱子结构混凝土 C70、C60、C50	天津	597
8	东方之门	C60、C50、C40	基础底板 C40P10，柱子结构混凝土 C60、C50	苏州	301.8

续表

序号	建筑名称	混凝土强度等级	混凝土工程概况	地址	高度（m）
9	金茂大厦	C60、C50、C40、C30	基础底板C50，柱子结构混凝土C60～C40，楼板C30	上海	421
10	台北101	10000psi，6000psi	结构混凝土自充填10000psi，底板混凝土6000psi	台湾	508
11	京基100	C120、C80、C60、C50	基础底板C50，柱子结构混凝土C120，C80，C60	深圳	441
12	津塔	C60、C40	基础底板C40，柱子结构混凝土C60	天津	336.9
13	绿地中心	C50等	基础底板C50，其他不详	武汉	606
14	环球金融	C60、C50、C40、C30	基础底板C40，柱子结构混凝土C60～C40，楼板C30	上海	492
15	环球贸易	C90等	核心筒柱采用C90SCC	香港	490
16	石油双塔	C80等	最高混凝土强度等级达到C80	吉隆坡	452
17	国际金融	C60	主体钢筋结构全部C60	香港	415.8
18	广州西塔	C100、C90、C80、C60	主体钢筋混凝土结构C50～C100	广州	432
19	帝国大厦	钢结构	钢结构为主	纽约	448.7
20	世贸中心	10000psi、13000psi	10000psi～13000psi	纽约	541.3
21	威利斯塔	10000psi	10000psi	芝加哥	442.3

注：1psi=0.007MPa

从表1可以看出，中国的高层建筑，混凝土配制质量与泵送施工技术水平完全可以与美国相媲美。可以不夸张地说，中国的混凝土技术及泵送施工应用水平已经达到了世界一流的水平。

2 混凝土裂缝问题一直没有得到很好的解决

混凝土裂缝问题，特别是伴随着预拌商品混凝土的使用而愈加严重，而且是成了家常便饭，见怪不怪。商品混凝土普及后，建筑工人希望混凝土料越稀越好，因为这样建筑工人干活就轻松。至于混凝土裂缝的原因感觉与他们无关。"中国人干粗活，外国人干细活。"可以说是一语中的，业内一位混凝土外加剂专家考察过美国及欧洲的建筑工地后说。国外建筑公司承接一个土建工程，工期往往都比较长，建筑工人全部持证上岗，工作十分细心、精心、用心，收入也往往较高。笔者10年前，曾参观过北京西郊机场混凝土的施工过程，从混凝土浇筑，振捣、抹面、养护一系列流程操作都十分规范，特别是混凝土抹面作业那种敬业精神、那种认真精神特别感动了我这个混凝土人。因为该工程就十分明确要求，混凝土面层不可出现任何一条可见的裂缝（裂纹）。

目前绝大多数工程结构上都有裂缝，裂缝也是现代混凝土难度最大、最复杂、牵涉面最广的一个问题，是对工程结构的使用安全、耐久性影响最大的一个问题。混凝土裂缝产生的原因很多，有设计方面的原因，但更多的是施工过程的各种因素叠加产生的，要根本解决混凝土中裂缝问题，还是需要认真分析混凝土裂缝形成的原因。正确判断和分析混凝土裂缝的成因是有效地控制和减少混凝土裂缝产生的最有效途径。

（1）混凝土的收缩

收缩是塑性（流动性）混凝土的一个主要特性，由于混凝土收缩而产生的微裂缝一旦扩展，则有可能引起结构物的混凝土的贯穿性裂缝，局部变形。产生收缩裂缝的原因，一般认为在施工阶段因水泥水化作用体积减小、外部气温变化、混凝土表面水分蒸发失水作用引起混凝土收缩而产生的裂缝。

（2）混凝土原材料及配比

混凝土原材料方面，主要有砂子含泥量高、碎石级配不好等原因，混凝土配合比设计方面主要有砂率高，胶结材用量高，单方混凝土用水量偏高等因素，具体如下：

①砂子含泥量大，碎石颗粒级配不符合国家或行业标准，容易造成塑性混凝土收缩增大；

②砂子细度模数偏小、砂率偏高、单方混凝土水泥用量偏高、用水量增多，收缩增大；

③混凝土外加剂掺量过多，混凝土泌水大，表面含水量过高，混凝土表面早期收缩增加；

④水泥细度越细、早期强度越高，混凝土收缩越大。混凝土强度等级越高，胶结材用量越大，相对收缩越大。

（3）施工及现场养护原因

混凝土振捣施工与养护工作的好坏直接影响到混凝土的裂缝概率，施工经验表明，混凝土裂缝绝大多数情况下与混凝土施工振捣和养护工作的质量有关。具体表现如下：

①浇捣混凝土时，漏振、过振或振捣间距把握不准，均会影响混凝土的整体密实性，混凝土收缩不均匀，贯穿性裂缝容易产生，特别是梁板部位（图1、图2）。

②浇筑混凝土时，高温烈日、风速较大，混凝土表面失水快，混凝土收缩大，裂缝很容易出现。

③对大体积混凝土工程，没有实行二次振捣多次抹面工法，产生表面收缩裂缝。对水化热计算不准、夏季原材料没有采取必要的降温措施、现场混凝土保温养护工作不执行、导致混凝土内外温差过大，从而产生温度应力裂缝。

④现场混凝土养护措施不及时，混凝土表面早期失水，引起塑性裂缝。混凝土养护时间越早、越长（7～14d），收缩越小，保湿养护避免剧烈干燥能有效地降低收缩应力，注意振捣，特别是在梁板（或墙板）交接处，但不得超振，以防离析和大量泌水，楼板浇筑后立即喷雾，二次压光多次抹面，覆盖塑料薄膜，加强潮湿养护对控制裂缝很有益处。

⑤工地施工人员在混凝土泵送和浇注铺摊混凝土时，随意加水严重影响混凝土品质，坍落度失控，混凝土料很稀，造成混凝土收缩变大，混凝土裂缝出现的概率加大。业内专家都知道坍落度最小施工原则，即只要预拌混凝土能够满足顺利泵送要求，坍落度越小越好（在120～180mm）。然而，目前中国的商品混凝土在工地泵送现场，坍落度往往失控，混凝土裂缝概率大大增加。

⑥混凝土强度把握不准导致拆模过早，会引起混凝土构件受力不均，导致裂缝。

以上这些因素都会造成塑性混凝土较大的收缩，致使混凝土微观裂缝扩展，形成宏观裂缝。其实，针对新拌混凝土的施工、振捣及养护，国家或行业有相关的规程、规范或工法。即使混凝土原材料比较差、混凝土配合比设计不太合理，但只要在混凝土施工现场，严格执行混凝土振捣工法，执行二次振捣多次抹面，及时塑料布保湿保温覆盖，混凝土裂缝概率也可以降到最低限度。总之，新拌混凝土裂缝产生的原因最大的因素就是人的原因，缺乏责任心和执行力。

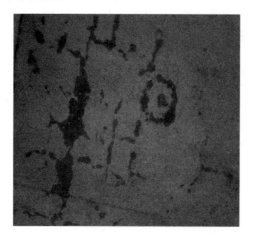 

图 1　楼板贯穿性裂缝示例 1（楼板底部）　　　图 2　楼板贯穿性裂缝示例 2（楼板底部）

3　提高人的责任心与执行力是解决预拌混凝土裂缝问题的关键

责任心是指个人对自己和他人、对家庭和集体、对国家和社会所负责任的认识、情感和信念，以及与之相应的遵守规范、承担责任和履行义务的自觉态度。对于企业来讲，具有责任心的员工，会认识到自己的工作在组织中的重要性，把实现组织的目标当成是自己的目标，这也是我们每个人应该具备的，不可或缺的态度。所谓执行力，指的是贯彻战略意图，完成预定目标的操作能力。执行力包含完成任务的意愿，完成任务的能力，完成任务的程度。

没有责任心，执行力根本无从谈起，执行力是责任心的体现和最终落脚点，两者共同构成了优秀混凝土工立足岗位、奉献于企业的重要素质和能力。增强责任心，就是要培养职工对企业的热爱，对工作的热情，爱岗敬业，认认真真地干好本职工作；保持良好的精神风貌和工作姿态，敢于正视困难，善于解决问题，勇于承担责任，争创一流业绩。职工执行力的强弱取决于两个要素——个人能力和工作态度，能力是基础，态度是关键。所以，提高职工的执行力，一方面要通过加强培训学习和实践锻炼来增强素质，更重要的是要端正工作态度；另外一方面企业还要提高工人劳动待遇，实行优质员工优厚待遇的奖励机制，落实淘汰制，马虎思想责任心不强的混凝土工坚决辞退。目前，我国的混凝土工相当部分是"包工头"带领的施工队，施工总承包方和分包商一定要加强对混凝土施工的重视，严格执行规范和工法，实行严厉的奖惩制度，确保混凝土工程质量。

当前国内混凝土行业必须首先从观念方面转变对混凝土裂缝的认识，同时正视施工过程中各种导致裂缝产生的因素，从原材料选择、混凝土配合比、施工时间选择和工艺设计等多个方面入手，必须明确施工（严格地说是混凝土的成型工艺）是最后的和最关键的工序，在最后关键环节加强混凝土工的责任心与职业观教育，正确执行混凝土施工振捣养护工法，才能真正降低裂缝产生的可能性，进而保证建筑物质量。首都民航建设集团杨文科总工认为，对于机场混凝土道面，要想有效地防止裂缝的发生，抹面是一道非常关键的工序。他制定的六道抹子工艺制度一直在机场道面施工上使用，六道抹子即："三道木抹子，三道铁抹子"或"四道木抹子，二道铁抹子"，收水即抹是这道工序的关键。六道抹子工艺使混凝土面层裂缝产生的概率大大降低，笔者建议推广到所有的混凝土施工养护工艺中去，成为"国家级施工工法"。笔者有理由相信，坚决纠正重科研轻技术轻工法的思想与行为，加强混凝土施工管理，强化人的责任心和执行力，混凝土早期裂缝问题一定会大幅度降低，混凝土耐久性也一定会显著提高。

4 混凝土裂缝的修补措施

混凝土裂缝的修补措施主要有采取以下一些方法：如表面修补法、嵌缝法、结构加固法等。

（1）表面修补法

表面修补法主要适用于稳定和结构承载能力没有影响的表面裂缝以及较浅裂缝的处理。通常的处理措施是在裂缝的表面涂抹水泥（砂）浆、环氧胶泥或在混凝土表面涂刷油漆、沥青等防腐材料。缝宽不足 0.5mm 的非扩展性表面裂缝，采用压注灌浆法；局部性裂缝，且缝口较宽时，采取扩缝灌浆法；对贯穿全厚的裂缝，采用条带罩面法；对裂缝宽度大于3mm 的裂缝，用环氧树脂与固化剂搅拌均匀后直接灌注。也就是说，对于浅层裂缝的修补，通常是涂刷水泥浆或低黏度聚合物封堵，以防止水分侵入；对于较深或较宽的裂缝，就必须采用压力灌浆技术进行修补。

（2）嵌缝法

嵌缝法是裂缝封堵中最常用的一种方法，它通常是沿裂缝凿槽，在槽中嵌填塑性或刚性止水材料，以达到封闭裂缝的目的。常用的塑性材料有聚氯乙烯胶泥、塑料油膏、丁基橡胶等；常用的刚性防水材料为聚合物水泥砂浆。

（3）结构加固法

当裂缝影响到混凝土结构的性能时，就要考虑采用加固法对混凝土结构进行处理。结构加固中常用的主要方法有：加大混凝土结构的截面面积，在构件的角部外包型钢、采用预应力法加固、粘贴钢板加固、增设支点加固以及喷射混凝土补强加固。

5 结语

就在本文即将提交之时，传来信息，上海建工材料公司近日成功将 C100 高强高性能混凝土泵送至上海中心大厦620m 新高度，创造了混凝土超高泵送新的世界纪录。同时，中国建筑总公司广州东塔项目部也联合混凝土专家在东塔实验泵送了强度等级为 C120 的超高强度绿色多功能混凝土，成功将这种混凝土从首层泵送至东塔塔顶510m 的高度。C120 绿色多功能混凝土是中国建筑总公司牵头组织研发成功的一种新型混凝土材料，本次东塔泵送实验的成功也意味着它今后具有广阔的使用前景。这也标志着上海建工和中国建筑总公司乃至中国的混凝土技术已经达到国际一流水平。混凝土裂缝的控制，要求我们建筑工人的理念要从"粗活到细活"上转变，从"粗心到责任心上"转变，从"马马虎虎到执行力提高上"转变，相信通过行业上下各方的努力，混凝土开裂的概率一定会大为降低，混凝土耐久性一定会得到提高。

碱-掺合料对铁铝酸盐水泥基自流平修补砂浆性能的影响

1 引言

进入二十一世纪以来，由于环境条件的日益恶化和使用条件多样性的需求，混凝土结构劣化速度加快，使用寿命明显缩短，维护与维修费用与日俱增，已引起世界各国的高度重视。据资料显示，工业发达国家建设总投资的 40％以上用于建筑物的维修与加固，不足 60％用于新建筑的建设，且在过去 30 年间，所有工业发达国家的混凝土建筑修理费用都在显著增加[1-4]。为了提高混凝土结构的耐久性，确保混凝土结构的服役年限，必须投入巨额的维护维修资金。因此，建筑物的修补、加固已成为当今建筑行业研究的一个重要领域。由于建筑物受损原因和修补环境的复杂性和多样性，我们应选用不同性能的修补材料以适应修补的需要。因此，开发不同性能的修补材料以适应不同的建筑物修补状况具有重要意义[5-7]。

铁铝酸盐水泥是中国特有的新品种水泥系列，它是以无水硫铝酸钙（C_4A_3S）、铁相（C_4AF）和硅酸二钙（C_2S）为主要矿物成分的水泥熟料和不超过 15％的石灰石、适量石膏共同磨细形成的具有早期强度高的水硬性胶凝材料，简称 R.FAC。它和硫铝酸盐水泥最大的区别是铁铝酸盐水泥熟料中含有 15％～30％的铁相，而且硫铝酸盐水泥的液相碱度较低（pH 一般≤10.5）而铁铝酸盐水泥的液相碱度相对较高（pH 可达 11）[8-11]，它具有快硬、早强、高强、微膨胀、耐腐蚀、抗渗、抗冻、耐磨和抗海水冲刷等优异性能，用途十分广泛。近年来，这种水泥已少量应用于抢修抢建、冬季施工、防渗堵漏、港口、地下基础等工程及高强砼制品的生产，取得了显著的经济效益和社会效益。

铁铝酸盐水泥在用于制作水泥基自流平修补砂浆方面的研究工作目前还较少，为了更好地发挥铁铝酸盐水泥的各种优异性能，制备出能满足各种要求的多功能水泥基自流平修补砂浆，进一步扩大其应用范围，笔者基于水泥基修补材料的"性能相容性"，满足快硬、早强、高强、尺寸稳定性好、耐久性好等性能，以快硬铁铝酸盐水泥为基础胶凝材料，采用高效减水剂与矿物掺合料的双掺技术，并针对钢筋密集构件的修补创新性的提出在砂浆中添加少许碱以提高修补砂浆的液相碱度以促进钢筋的钝化等措施来配制铁铝酸盐水泥基自流平修补砂浆并进行常规性能研究。通过对修补砂浆流动度、强度与干燥收缩的测试，并对相应试样进行 XRD、SEM 微观分析，从而为铁铝酸盐水泥基自流平修补砂浆在实际工程中的应用提供参考依据。

2 实验

2.1 实验原料

试验用 52.5 级快硬铁铝酸盐水泥取自曲阜中联特种水泥有限公司；试验用粉煤灰为取自临沂费县电厂的Ⅱ级粉煤灰；试验用矿粉为取自日照京华新型建材有限公司的 S95 级粒化

高炉矿渣微粉；试验用钢渣粉为取自日照京华新型建材有限公司的一级钢渣粉；砂子细度模数为 2.8，含泥量为 0.6%，表观密度为 2528kg/m³，堆积密度为 1468kg/m³；减水剂为山东宏艺科技股份有限公司生产的高效聚羧酸减水剂，减水率为 25%；液碱取自青岛海力加化学新材料有限公司，NaOH 浓度为 30%。原料的主要化学组成见表 1，铁铝酸盐水泥的基本物理性能见表 2，掺合料基本性能见表 3。

表 1　原料的主要化学组成（%）

材料	SiO_2	Al_2O_3	Fe_2O_3	CaO	MgO	SO_3	K_2O	Na_2O	TiO_2	P_2O_5
R·FAC	6.56	25.27	7.85	45.02	2.37	10.10	0.11	0.08	1.59	0.03
粉煤灰	50.75	7.08	4.21	27.89	1.19	0.31	0.99	0.53	0.88	0.18
矿粉	34.01	9.85	1.02	41.87	8.11	2.67	0.70	0.39	0.96	0.12
钢渣粉	17.05	2.94	23.38	45.16	4.95	0.47	0.07	0.08	0.99	1.89

表 2　52.5 级快硬铁铝酸盐水泥基本物理性能

比表面积	标准稠度	凝结时间（min）		抗弯强度（MPa）			抗压强度（MPa）		
（m²/kg）	用水量（%）	初凝	终凝	1d	3d	28d	1d	3d	28d
362	27.8	28	105	6.7	7.6	8.0	48.6	59.2	63.1

表 3　掺合料的基本性能

掺合料	密度	比表面积	烧失量	需水量比	活性指数（%）	
	（g/cm³）	（m²/kg）	（%）	（%）	7d	28d
粉煤灰	2.19	475	2.32	94	—	79
矿粉	2.85	421	2.26	98	81	103
钢渣粉	3.46	445	2.01	96	68	86

2.2　实验方案

2.2.1　掺合料对铁铝酸盐水泥基自流平修补砂浆性能的影响

在固定胶凝材料总量不变的基础上，选择粉煤灰、矿粉、钢渣粉分别取代铁铝酸盐水泥 20%、30%、40%、50%，水胶比为 0.3，减水剂掺量为胶凝材料总量的 1.2%，具体配合比见表 4。

表 4　掺粉煤灰、矿粉、钢渣粉砂浆的配合比（g）

样品编号	铁铝酸盐水泥	粉煤灰	矿粉	钢渣粉	砂	水	减水剂
空白	400	—	—	—	600	120	4.8
F1	320	80			600	120	4.8
F2	280	120			600	120	4.8
F3	240	160			600	120	4.8
F4	200	200			600	120	4.8

样品编号	铁铝酸盐水泥	粉煤灰	矿粉	钢渣粉	砂	水	减水剂
K1	320		80		600	120	4.8
K2	280		120		600	120	4.8
K3	240		160		600	120	4.8
K4	200		200		600	120	4.8
G1	320			80	600	120	4.8
G2	280			120	600	120	4.8
G3	240			160	600	120	4.8
G4	200			200	600	120	4.8

2.2.2　碱-掺合料对铁铝酸盐水泥基自流平修补砂浆性能的影响

针对铁铝酸盐水泥基自流平修补砂浆碱度相对普通硅酸盐水泥砂浆低，在修补钢筋密集构件时对钢筋钝化作用弱和对掺合料活性激发效果差等缺点，经查阅相关资料，对表4中的13组试验分别掺加胶凝材料质量 0.3％、0.1％的液碱，研究液碱对掺加掺合料的铁铝酸盐水泥基自流平修补砂浆性能的影响。

2.3　实验方法

本实验按照《地面用水泥基自流平砂浆》（JC/T 985—2005）行业标准规定执行；砂浆流动度利用型号规格为 $\phi50×150×\phi100$ 的 CA 砂浆扩展度仪进行测定；干缩性试验采用 25mm×25mm×280mm 模具，每个配比一组，每组三块，试块成型后养护 24h 拆模，用 BY-280 型比长仪测量试块初始长度，在标准条件下养护 3d、7d、14d、21d、28d，分别测试试块长度；强度测试参照标准 GB/T 17671—1999《水泥胶砂强度检验方法》进行；制备净浆测试试样，试样养护至规定龄期后，破碎取中间部分留样，用无水乙醇进行终止水化，进行 XRD、SEM 分析。

3　结果与讨论

3.1　掺合料替代铁铝酸盐水泥对自流平修补砂浆流动度的影响

粉煤灰、矿粉、钢渣粉等量替代 20％、30％、40％、50％铁铝酸盐水泥对自流平修补砂浆流动度影响规律如图1所示。

由图1可以看出，随着粉煤灰、矿粉、钢渣粉取代铁铝酸盐水泥量的增加，自流平修补砂浆的初始流动度和经时 15min 的流动度均逐渐增大。对于初始流动度，粉煤灰调节自流平修补砂浆流动度的效果最好，且流动度损失最小。总体来说，粉煤灰、矿粉、钢渣粉对自流平修补砂浆流动度的改善效果依次为粉煤灰＞钢渣粉＞矿粉。这主要是由于在相同水胶比下，随着掺合料的增多和铁铝酸盐水泥含量的减少，有效水灰比变大，自流平修补砂浆中释放的自由水含量增多；粉煤灰中多珠状颗粒，球形度好，在自流平修补砂浆中能起到很好的滚珠效应，而矿粉、钢渣粉多为不规则颗粒且对自流平砂浆具有黏滞作用，对自流平修补砂浆初始流动度改善作用小于粉煤灰；钢渣粉的活性较矿粉低，早期参与铁铝酸盐水泥的水化程度有限，因此钢渣粉对自流平修补砂浆流动度的改善效果较矿粉好。

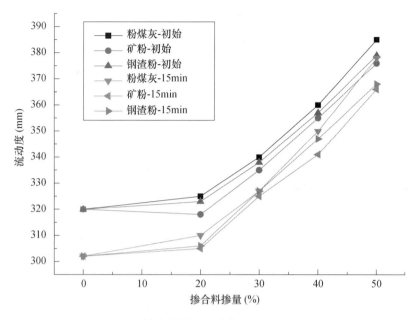

图 1　掺合料掺量对砂浆流动度的影响

3.2　掺合料对铁铝酸盐水泥基自流平修补砂浆强度的影响

在固定胶凝材料总量不变的基础上，按照表 4 配合比进行试验，粉煤灰、矿粉、钢渣粉等量替代 20%、30%、40%、50%铁铝酸盐水泥对自流平修补砂浆抗压强度的影响如图 2 所示。

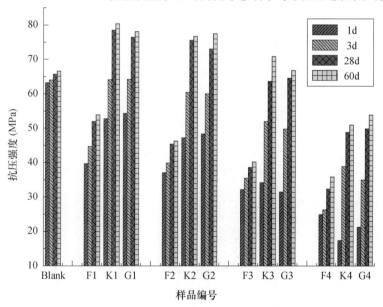

图 2　掺合料掺量对砂浆抗压强度的影响

由图 2 可以看出，随着粉煤灰、矿粉、钢渣粉掺量的增加，自流平修补砂浆 1d、3d、28d、60d 抗压强度呈现不同程度的变化，其中掺加掺合料的自流平修补砂浆 1d、3d 抗压强度均逐渐降低；当矿粉、钢渣粉掺量为 20%、30%、40%时，自流平修补砂浆 28d、60d 抗压强度相较于空白样呈现不同程度的提高，而掺加粉煤灰的自流平修补砂浆 28d、60d 抗压强度较空白样显著降低；当矿粉、钢渣粉、粉煤灰掺量为 50% 时，自流平修补砂浆 28d、60d 抗压强度均低于空白样强度。这是因为铁铝酸盐水泥的水化活性高，具有快硬、早强的特点，对自流平修补砂浆早期强度贡献最大；粉煤灰、矿粉、钢渣粉活性较铁铝酸盐水泥低，早期水化程度有限，主要起填充密实作用、调节砂浆强度等级的作用；在水化后期，粉煤灰、矿粉、钢渣粉的活性在碱性环境作用下逐渐得以发挥，改善了自流平修补砂浆体系的孔径分布，降低了自流平修补砂浆的孔隙率，对自流平修补砂浆后期强度发展起到很大的促进作用，同时矿粉、钢渣粉活性较粉煤灰活性高[12]。因此，掺加矿粉、钢渣粉的自流平修补砂浆的 28d 和 60d 强度较掺加粉煤灰的自流平修补砂浆的同龄期强度高，其最佳掺量为 40%。当矿粉或钢渣粉等量取代 30%~40% 的铁铝酸盐水泥，砂浆强度略有提高，对于节省铁铝酸盐水泥大有裨益；但由于粉煤灰、矿粉、钢渣粉活性远低于铁铝酸盐水泥，掺量过大必然会降低自流平修补砂浆的强度。

3.3 碱-掺合料对铁铝酸盐水泥基自流平修补砂浆强度的影响

针对铁铝酸盐水泥基自流平修补砂浆碱度相对普通硅酸盐水泥砂浆低，考虑到碱对钢筋的钝化作用及对掺合料活性激发效应，对表 4 中的 13 组试验分别掺加胶凝材料质量 0.1%、0.3% 的液碱，分别以 JB、JA 区分，研究碱对掺加掺合料的铁铝酸盐水泥自流平修补砂浆强度的影响，结果如图 3、图 4 所示。

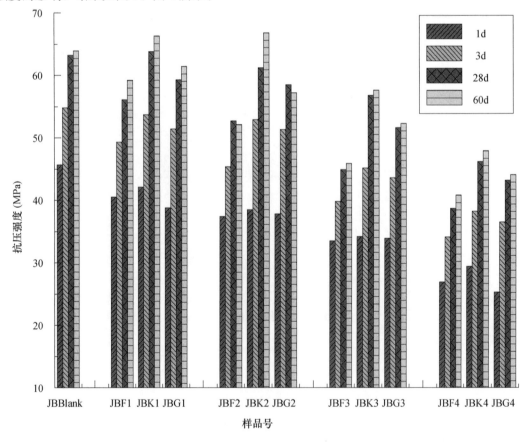

图 3　0.1% 液碱对自流平修补砂浆抗压强度的影响

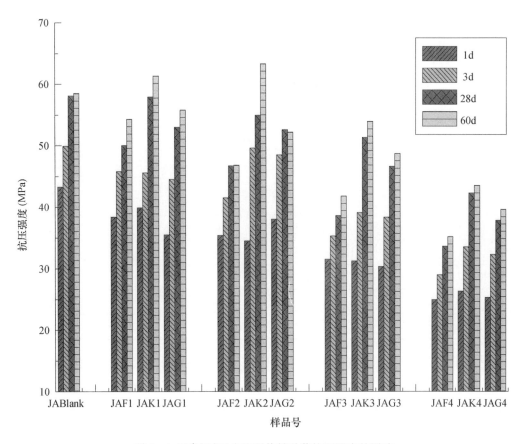

图4　0.3%液碱对自流平修补砂浆抗压强度的影响

由图3、图4可以看出，与图2中未掺液碱的自流平修补砂浆强度相比，掺加0.1%、0.3%液碱的自流平修补砂浆的强度相同龄期没有提高，而且均有不同程度的下降，其中同一砂浆配比相同龄期掺加0.3%液碱的自流平修补砂浆强度比掺加0.1%液碱的自流平砂浆强度下降更明显；在液碱掺量为0.1%、0.3%时，掺加20%、30%矿粉和钢渣粉的自流平修补砂浆的28d、60d抗压强度高于空白样，但低于未掺加液碱的自流平修补砂浆强度。这可能是由于液碱的加入，一定程度抑制了在自流平修补砂浆强度中起主要贡献的铁铝酸盐水泥的早期水化；另一方面，粉煤灰、矿粉、钢渣粉的水化反应必须有两个基本条件，一是pH值一般应大于12.5，二是有足够的$Ca(OH)_2$存在，虽然掺加液碱提高了自流平修补砂浆的碱度，而铁铝酸盐水泥在水化早期并没有$Ca(OH)_2$产生，在水化后期C_2S生成$Ca(OH)_2$的量也比较少。因此，掺加液碱能增强自流平修补砂浆的碱度，有助于提高在修补钢筋密集构件时对钢筋的钝化作用，而对自流平修补砂浆中铁铝酸盐水泥、粉煤灰、矿粉、钢渣粉的水化不利。但是，这些水化机理以及长期行为尚有待于进一步研究。

3.4　碱-掺合料对铁铝酸盐水泥基自流平修补砂浆收缩率的影响

收缩率是自流平修补砂浆的主要指标之一，收缩率大则砂浆浆体易开裂，严重时可影响结构的耐久性。为此就掺加粉煤灰、矿粉、钢渣粉三种矿物掺合料和在此基础上掺加0.1%

液碱对铁铝酸盐水泥基自流平修补砂浆收缩率的影响进行研究。粉煤灰、矿粉、钢渣粉分别替代30％铁铝酸盐水泥，固定各组自流平砂浆流动度为330mm，水胶比为0.3，胶砂比为0.67，结果见表5。

表5　碱-掺合料对铁铝酸盐水泥基自流平修补砂浆收缩率的影响

编号	收缩率（％）					
	3d	7d	14d	21d	28d	60d
Blank	0.12	−0.70	−1.05	−1.25	−1.30	−1.30
Blank+0.1％液碱	0	−0.71	−1.06	−1.11	−1.27	−1.27
F2	0.04	0	0	−0.71	−1.06	−1.06
F2+0.1％液碱	0	−0.36	−0.36	−0.71	−1.07	−1.07
K2	0.15	0	−0.35	−0.70	−0.70	−1.05
K2+0.1％液碱	0.15	−0.39	−1.09	−1.28	−1.35	−1.35
G2	0	−0.35	−0.35	−0.70	−1.05	−1.15
G2+0.1％液碱	0	−0.37	−0.37	−0.73	−1.11	−1.17

由表5可以看出，在固定各组自流平修补砂浆流动度相同的前提下，各组自流平修补砂浆收缩率各不相同：在水化3d时，各组自流平修补砂浆表现为收缩；但水化至7d后，各组自流平修补砂浆均有一定程度的膨胀，且掺加0.1％液碱的自流平修补砂浆的膨胀率均高于未掺液碱的自流平修补砂浆的膨胀率。这主要是由于铁铝酸盐水泥水化后的碱度较低，不能为矿物掺合料的水化提供所需的碱度，掺加碱能在水化早期为矿物掺合料提高一定的碱度，激发矿物掺合料的水化活性；掺加30％矿粉的自流平砂浆膨胀率最大，与空白组膨胀率相当；掺加30％粉煤灰和30％钢渣粉的自流平修补砂浆膨胀率都低于空白组，其中掺加30％粉煤灰的自流平修补砂浆膨胀率最低。随着龄期的增长，膨胀率逐渐增大，到28d水化龄期后，膨胀率基本趋于稳定，各组膨胀率都低于JC/T 985—2005中尺寸变化率标准规定值-0.15％～+0.15％。

3.5　碱-掺合料对铁铝酸盐水泥基自流平修补砂浆水化硬化的影响

为了分析掺加碱和不同矿物掺合料对铁铝酸盐水泥自流平修补砂浆胶凝材料体系水化硬化的影响，选择粉煤灰、矿粉、钢渣粉分别替代30％铁铝酸盐水泥，碱掺量为胶凝材料用量的0.1％，水胶比为0.3，减水剂掺量为胶凝材料用量的1.2％，制备净浆试样，标准养护3d、28d，分别进行X-射线衍射分析（XRD）和扫描电镜（SEM）微观分析。空白样、掺加粉煤灰、矿粉、钢渣粉及在此基础上掺加0.1％碱的试样编号分别为B、BJ、F、FJ、K、KJ、G、GJ。

3.5.1　XRD分析

图5和图6分别为掺加碱和不同矿物掺合料的铁铝酸盐水泥基复合胶凝材料净浆3d、28dXRD图谱。

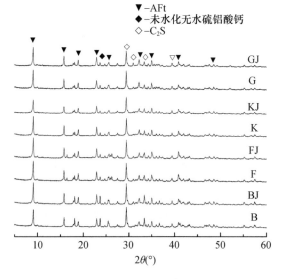

图 5　水化 3d 的 XRD 图谱

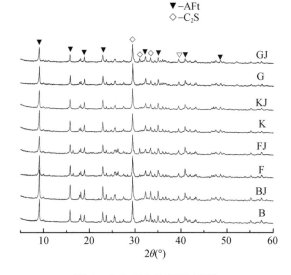

图 6　水化 28d 的 XRD 图谱

从图 5 和图 6 可以看出，铁铝酸盐水泥基复合胶凝材料主要包括水化矿物 AFt 和未水化的 C_2S，其中图 5 中含有少量未水化的无水硫铝酸钙。此外，C-S-H 凝胶也是一种水化产物，但其结晶不明显，在 XRD 图谱上衍射峰不明显。同时，28dXRD 图谱中已基本没有无水硫铝酸钙衍射峰，说明水化已完成。C_2S 衍射峰强度有所减少，说明 C_2S 在 28d 时已开始慢慢发生水化反应，但水化程度比较低。相较于空白样，掺加碱和矿物掺合料的复合胶凝材料体系水化产物种类基本不变，但矿物相数量有不同程度的变化；掺加碱的复合胶凝材料体系 AFt 衍射峰强度有所降低，说明掺加碱在一定程度上抑制了铁铝酸盐水泥的水化，这与抗压强度和 SEM 微观分析结果相吻合。

3.5.2　SEM 分析

图 7 和图 8 分别为掺加碱和不同矿物掺合料的铁铝酸盐水泥基复合胶凝材料净浆 3d、28d SEM 照片。

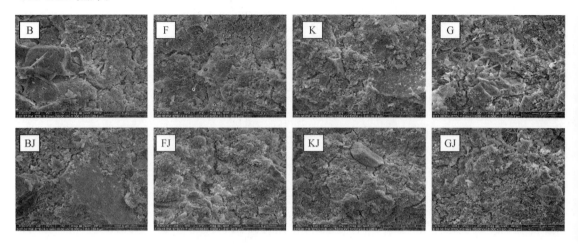

图 7　铁铝酸盐水泥基复合胶凝材料水化 3d 的 SEM 照片

图 8　铁铝酸盐水泥基复合胶凝材料水化 28d 的 SEM 照片

从图 7 和图 8 可以看出，空白组在水化 3d 时，铁铝酸盐水泥浆体水化程度较高，且有较多的细棒状钙矾石生成，但浆体内部有一定的孔隙；水化至 28d 时，铁铝酸盐水泥浆体已基本水化完全，结构致密，宏观表现为铁铝酸盐水泥浆体强度大幅度增加。相比空白组，掺加 0.1％碱和 30％矿物掺合料的试样有一定程度的水化，水化产物少于空白组；由于矿物掺合料的填充密实作用，复合胶凝材料浆体孔隙率较空白组低，但试样结构不够致密，且有不同程度的微裂纹存在，这大大降低了复合胶凝材料的强度，这与 XRD 和强度测试结果相吻合。

4　结语

（1）在水胶比相同的前提下，粉煤灰、矿粉、钢渣粉三种矿物掺合料均能增大铁铝酸盐水泥基自流平修补砂浆的流动度，其改善效果依次为粉煤灰＞钢渣粉＞矿粉。

（2）随着粉煤灰、矿粉、钢渣粉掺量的增加，铁铝酸盐水泥基自流平修补砂浆 1d、3d 抗压强度均逐渐降低；掺加 20％、30％、40％矿粉、钢渣粉能提高铁铝酸盐水泥基自流平修补砂浆 28d、60d 抗压强度，掺量超过 40％时各龄期强度下降明显。

（3）掺加碱有助于提高铁铝酸盐水泥基自流平修补砂浆的碱度，但也在一定程度上抑制其强度的增长。

（4）在固定自流平砂浆流动度相同的前提下，掺加粉煤灰、矿粉、钢渣粉的各组试样在水化 3d 时表现为收缩，但水化至 7d 后，各组自流平修补砂浆均有一定程度的膨胀，且掺加 0.1％液碱的自流平修补砂浆的膨胀率均高于未掺液碱的自流平修补砂浆的膨胀率。

（5）掺加碱和掺合料的浆体试样有不同程度的微裂纹存在，这是导致碱-铁铝酸盐水泥基自流平修补砂浆强度降低的主要原因。

基金项目：山东省自主创新及成果转化专项（2014ZZCX05301），临沂大学 2016 博士科研启动基金项目。

参考文献

[1] 曹双寅，邱洪兴，土恒华. 结构可靠性鉴定与加固技术［M］. 北京：中国水利水电出版社，2002.

[2] 黄天勇，章银祥，陈旭峰，阎培渝. 水泥基自流平砂浆机理研究综述［J］. 硅酸盐通报，2013，34（10）：2864-2869.

[3] P. H. Emmons，A. M. Vaysburd. System Concept in Design and Construction of Durable Concrete Repairs. Construction and Building Materials. 1996. Vol. 10，No. l：69～75.

[4] Victor C. Li，H. Horii，P. Kabele，T. Kanda，Y. M. Lim. Repair and retrofit with engineered cementitious composites. Engineering Fracture Mechanics. 2000. No. 65：317～334.

[5] 陈福松，陆小军，朱祥，等. 水泥基自流平砂浆配比及性能的研究进展［J］. 粉煤灰，2012，24（2）：35-39.

[6] 杨斌. 地面用水泥基自流平砂浆及其标准［J］. 新型建筑材料，2006（2）：11-14.

[7] 霍利强. 高铝水泥对水泥基自流平砂浆性能影响研究［J］. 施工技术，2013，42（4）：61-63.

[8] 邓鑫，张铬，曹青，等. 胶凝材料对水泥基自流平砂浆性能的影响［J］. 新型建筑材料，2013，40（2）：51-53.

[9] 朱炳喜. 高性能修补砂浆的研制与应用［J］. 建筑石膏与胶凝材料，2004（4）：13-15.

[10] 胡曙光，陈袁魁，徐光亮，等. 特种水泥［M］. 武汉：武汉理工大学出版社. 2010.

[11] 郭勇，苏慕珍，邓君安，等. 铁铝酸盐水泥中铁相水化特征的研究［J］. 硅酸盐学报，1989，17（4）：296-301.

[12] 孟祥谦，叶正茂，程新. 硫铝酸盐水泥基修补砂浆的力学性能［J］. 济南大学学报（自然科学版），2010，24（1）：1-4.

建筑垃圾作掺合料对混凝土性能影响的研究

近年来，随着我国工业化、城市化进程的不断加快，建筑行业也得到了快速发展，随之产生的建筑垃圾日益增多。据统计，中国建筑垃圾的数量已占到城市垃圾总量的 1/3 以上，并且以每年超过 3 亿吨的产生速度在持续增长。然而，绝大部分建筑垃圾未经任何处理，便被施工单位运往郊外或乡村，露天堆放或填埋，这样不仅耗用大量土地、污染周边环境，还给人类的生存、社会的可持续发展带来严峻挑战。因此，建筑垃圾的资源化处理将成为我国亟待处理和解决的问题[1-3]。

一方面，大量建筑垃圾正面临难以处理的问题；另一方面，随着我国工业化及基础建设的快速发展，混凝土行业也正面临资源短缺的难题。截至目前，废弃建筑垃圾相对成熟的再生利用研究主要局限在利用废弃混凝土制成再生骨料进而制备再生混凝土等方面。如果能将建筑垃圾用作混凝土掺合料，不仅可以消化大量建筑垃圾，而且也为生产混凝土找到了一种大宗的原料来源，对于解决建筑垃圾处理的难题和缓解混凝土行业的资源危机具有深远意义[4-8]。

本文对不同掺量和细度的建筑垃圾、建筑垃圾和矿粉复掺作掺合料取代水泥对混凝土性能的影响进行了系统的研究，并通过扫描电镜（SEM）对试样进行微观测试，研究结果可为建筑垃圾在混凝土行业的综合利用提供参考依据。

1 实验

1.1 实验原料

建筑垃圾取自本地某小区拆除的砖混结构民房，主要由废混凝土、废黏土砖、碎瓷砖等组成；P·O42.5 水泥、矿粉、粉煤灰均取自华润水泥集团；砂子细度模数为 2.7，含泥量为 0.8%，表观密度为 2600kg/m³，堆积密度为 1495kg/m³；粗集料为碎石，粒径为 5～25mm，含泥量为 0.5%，表观密度为 2715kg/m³；减水剂为减水率为 25% 的聚羧酸减水剂。原料的主要化学组成见表1。

表 1 原料的主要化学组成（%）

原料	SiO_2	Al_2O_3	Fe_2O_3	CaO	MgO	SO_3	LOSS
建筑垃圾	59.73	13.31	3.45	11.76	2.04	0.69	5.33
水泥	53.45	22.88	7.45	3.71	3.59	2.85	3.01
矿粉	34.67	9.97	1.21	41.35	9.01	2.81	0.51
粉煤灰	53.21	35.48	2.55	1.64	0.72	0.34	1.12

1.2　实验方案

1.2.1　不同掺量和细度的建筑垃圾作掺合料对混凝土性能的影响

在固定胶凝材料总量不变的基础上，以水泥、粉煤灰作为基准胶凝材料，选择比表面积为 350、450、550m²/kg 的建筑垃圾，分别取代 5%、10%、15%、20%、25% 的水泥，测定混凝土初始坍落度、1h 坍落度、抗压强度（7d、28d、60d）。混凝土原料配比见表2。

表2　混凝土配合比（kg）

编号	水泥	建筑垃圾	建筑垃圾比表面积（m²/kg）	粉煤灰	砂子	石子	水	减水剂
空白	300	0	—	75	852	1001	170	7.6
A1	285	15	350	75	852	1001	170	7.6
B1	270	30	350	75	852	1001	170	7.6
C1	255	45	350	75	852	1001	170	7.6
D1	240	60	350	75	852	1001	170	7.6
E1	225	75	350	75	852	1001	170	7.6
A2	285	15	450	75	852	1001	170	7.6
B2	270	30	450	75	852	1001	170	7.6
C2	255	45	450	75	852	1001	170	7.6
D2	240	60	450	75	852	1001	170	7.6
E2	225	75	450	75	852	1001	170	7.6
A3	285	15	550	75	852	1001	170	7.6
B3	270	30	550	75	852	1001	170	7.6
C3	255	45	550	75	852	1001	170	7.6
D3	240	60	550	75	852	1001	170	7.6
E3	225	75	550	75	852	1001	170	7.6

1.2.2　建筑垃圾和矿粉复掺作掺合料对混凝土强度的影响

建筑垃圾单掺作掺合料对混凝土强度损失较大，因此，选择建筑垃圾与矿粉复掺。根据上述试验选择比表面积为 450m²/kg 的建筑垃圾作为试验原料，在固定建筑垃圾和矿粉取代水泥量分别为 10%、20%、30% 的基础上，以水泥、粉煤灰作为基准胶凝材料，分别采用 A、B、C 三个比例的复合掺合料，A、B、C 分别表示建筑垃圾和矿粉的比例为 2∶1、1∶1、1∶2。混凝土的原料配比见表3。

表3　混凝土配合比（kg）

编号	比例	掺合料	水泥	镍铁渣	矿粉	粉煤灰	砂子	石子	水	减水剂
X1	A		270	20	10	75	852	1001	170	7.6
Y1	B	30	270	15	15	75	852	1001	170	7.6
Z1	C		270	10	20	75	852	1001	170	7.6

编号	比例	掺合料	水泥	镍铁渣	矿粉	粉煤灰	砂子	石子	水	减水剂
X2	A		240	40	20	75	852	1001	170	7.6
Y2	B	60	240	30	30	75	852	1001	170	7.6
Z2	C		240	20	40	75	852	1001	170	7.6
X3	A		210	60	30	75	852	1001	170	7.6
Y3	B	90	210	45	45	75	852	1001	170	7.6
Z3	C		210	30	60	75	852	1001	170	7.6

1.3 实验过程

按照《普通混凝土拌合物性能试验方法标准》（GB/T 50080—2002）测定混凝土初始坍落度及 1h 坍落度；按照《混凝土强度检验评定标准》（GB/T 50107—2010）测定混凝土的抗压强度；对混凝土试样做 SEM 分析时，砂与石子中矿物会影响试样微观形貌的观察，所以选择将混凝土胶凝材料按照水灰比为 0.3 制成水泥净浆，采用 20 mm×20 mm×20 mm 的试模成型，标准水养至 7d、28d，破型，用无水乙醇进行终止水化，烘干，进行 SEM 测试。

2 结果与讨论

2.1 不同掺量和细度的建筑垃圾作掺合料对混凝土工作性能的影响

不同掺量和细度的建筑垃圾作掺合料对混凝土初始坍落度和 1h 坍落度的影响如图 1 所示。

由图 1 可以看出，在建筑垃圾比表面积相同的条件下，随着建筑垃圾取代水泥量的增加，混凝土初始坍落度和 1h 坍落度均逐渐减小，同时建筑垃圾能降低混凝土 1h 坍落度经时损失；在建筑垃圾掺料相同的条件下，随着建筑垃圾比表面积的增加，混凝土初始坍落度及 1h 坍落度均逐渐减小。这主要是因为虽然建筑垃圾相较于硅酸盐水泥早期水化活性低，但建筑垃圾颗粒形状不规则，且表面粗糙，吸收水分多，随着建筑垃圾掺量的增多以及比表面积的增大，增大了新拌混凝土浆体的稠度，降低了新拌混凝土的流动性。因此，混凝土初始坍落度及 1h 坍落度均逐渐降低。

2.2 不同掺量和细度的建筑垃圾作掺合料对混凝土力学性能的影响

不同掺量和细度的建筑垃圾作掺合料对混凝土 7d、28d、60d 抗压强度的影响如图 2 所示。

由图 2 可以看出，在建筑垃圾比表面积相同的条件下，随着建筑垃圾取代水泥量的增加，混凝土 7d、28d、60d 抗压强度均逐渐降低，在建筑垃圾掺量低于 10% 时，混凝土 7d 抗压强度较 28d、60d 降低幅度小；当镍铁渣掺量超过 15% 时，混凝土抗压强度下降速率均加快，且建筑垃圾的掺加量不宜超过 25%；随着建筑垃圾比表面积的增加，混凝土抗压强度均逐渐增大，掺加比表面积为 450m²/kg 建筑垃圾的混凝土强度较掺加 350m²/kg 建筑垃圾混凝土强度有较大幅度提高，且与掺加 450m²/kg 建筑垃圾的混凝土强度相近。综上建筑垃圾作混凝土掺合料的适宜比表面积为 450m²/kg。

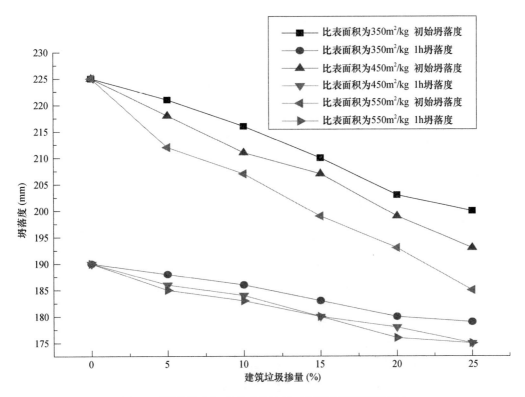

图 1　不同掺量和细度的建筑垃圾对混凝土坍落度的影响

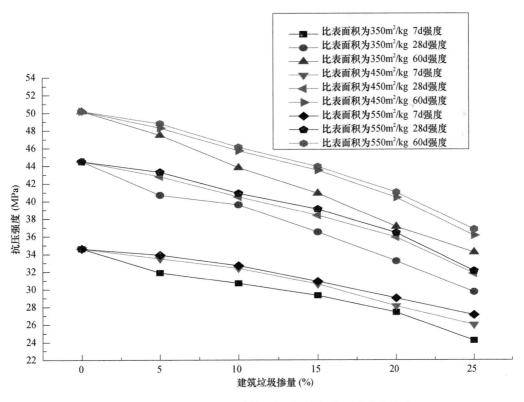

图 2　不同掺量和细度的建筑垃圾对混凝土抗压强度的影响

分析原因在于当镍铁渣掺量较少时，由于建筑垃圾比表面积较硅酸盐水泥大，细颗粒含量多，建筑垃圾中微小颗粒对混凝土填充密实作用可以弥补因水泥掺量减少对强度的不利影响，所以在镍铁渣掺量小于 10% 时，混凝土 7d 抗压强度降低幅度较小；虽然建筑垃圾水化后期活性在碱性环境作用下逐渐得以发挥，但由于建筑垃圾水化活性远低于硅酸盐水泥，因此，随着建筑垃圾掺量的增加混凝土强度逐渐降低。

2.3 建筑垃圾和矿粉复掺作掺合料对混凝土强度的影响

按表 3 中配合比进行混凝土试验，建筑垃圾和矿粉复掺对混凝土抗压强度的影响如图 3 所示。

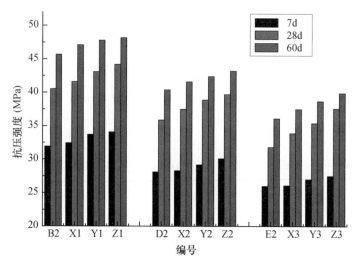

图 3 建筑垃圾和矿粉复掺对混凝土抗压强度的影响

由图 3 可以看出，随着建筑垃圾与矿粉复合掺合料掺量的增加，混凝土 7d、28d、60 抗压强度呈现不同程度的降低；在相同掺量下，掺加建筑垃圾与矿粉复合掺合料的混凝土体系 7d、28d、60d 抗压强度均高于单掺建筑垃圾的混凝土强度；在相同掺量、掺加 A、B、C 三个比例复合掺合料的混凝土体系 7d、28d、60d 抗压强度依次为：C＞B＞A。这是由于矿粉的活性明显高于建筑垃圾，且对于后期强度，矿粉提高效果更加明显；建筑垃圾与矿粉复掺对混凝土强度的影响存在强度的超叠加效应，即有利于掺合料各自强度的发挥。因此，建筑垃圾与矿粉复掺可以有效提高混凝土强度，达到高效利用建筑垃圾的目的。

2.4 建筑垃圾单掺及建筑垃圾与矿粉复掺作掺合料对混凝土水化过程的影响

选择不掺建筑垃圾的水泥净浆基准样 S1、掺 20% 建筑垃圾的水泥净浆试样 S2 及掺建筑垃圾（10%）-矿粉（10%）复合掺合料的水泥净浆试样 S3，分别对其 7d、28d 的水化硬化浆体试样进行 SEM 观察。试样 S1、S2、S3 的 7d、28d 水化硬化浆体的 SEM 照片如图 4、图 5 所示。

图 4　试样水化 7d 的 SEM 照片

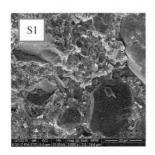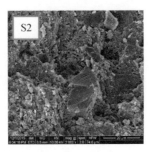

图 5　试样水化 28d 的 SEM 照片

由图 4 可以看出，对于各试样 7d 水化硬化浆体，未掺加掺合料的基准样 S1 含有较多的 C-S-H 凝胶，结构较致密；单掺建筑垃圾的试样 S2 中 C-S-H 凝胶相对较少，建筑垃圾基本没发生水化反应，而掺加建筑垃圾和矿粉的复合掺合料的试样 S3 中存在较多 C-S-H 凝胶，水化结构相对比较致密；对比图 5 中各试样水化 28d 的 SEM 照片，试样 S2、S3 中 C-S-H 凝胶生成量显著增加，掺合料发生水化反应，颗粒界面不明显，硬化浆体结构密实，无明显孔洞，这与混凝土强度测试结果相吻合。

3　结语

（1）随着建筑垃圾掺量和细度的增大，混凝土初始坍落度和 1h 坍落度均逐渐减小。

（2）随着建筑垃圾取代水泥量的增加，混凝土 7d、28d、60d 抗压强度均逐渐降低，且建筑垃圾的掺加量不宜超过 25%；建筑垃圾比表面积的增大有助于混凝土强度的增加，其适宜比表面积为 $450m^2/kg$。

（3）适宜掺量的建筑垃圾与矿粉复合掺合料能有效降低硬化浆体的孔隙率，增大浆体结构的致密度，提高混凝土的强度。

参考文献

[1] 周文娟，陈家珑，路宏波. 我国建筑垃圾资源化现状及对策 [J]. 建筑技术，2009，8：741-744.

[2] 林志伟，孙可伟，刘日鑫. 建筑垃圾在混凝土中的再利用研究 [J]. 科技资讯，2006，26：62-63.

[3] 陈家珑. 我国建筑垃圾资源化利用现状与建议 [J]. 建设科技，2014，1：9-12.

[4] 张义林，张玉春. 建筑垃圾在水泥混凝土中的应用研究 [J]. 科技视界，2016，4：52-53.

[5] 史美洁. 建筑垃圾再生集料制备混凝土的应用研究 [J]. 浙江建筑，2015，9：56-59.

[6] 毋雪梅，杨久俊，黄明. 建筑垃圾磨细粉作矿物掺合料对水泥物理力学性能的影响 [J]. 新型建筑材料，2004，4：16-18.

[7] 朱鹤云，张晶磊，唐凤，等. 掺合建筑垃圾微粉混凝土的性能研究 [J]. 水资源与水工程学报，2015，1：183-188.

[8] 方倩倩，於林锋，王琼. 建筑垃圾再生微粉用于混凝土的试验研究 [J]. 粉煤灰，2015，6：27-28.

聚羧酸系外加剂在高铁客运专线工程中的应用

1 引言

2006 年 2 月 22 日铁道部在北京召开了"全国铁路工作会议",铁道部全面部署"十一五"大规模铁路建设。"十一五"期间,以扩大路网规模、优化布局结构,强攻客运专线、实现"三个一流"为己任的大规模铁路建设确立的总体目标是:完成铁路建设总投资 12500 亿元;建设新线 19800 公里,其中,客运专线 9800 公里;我国铁路将建设京沪、京广、京哈、沈大、陇海等客运专线,列车时速达到 200 公里至 300 公里;建设京津、沪宁、沪杭、宁杭、广深、广珠等大城市群的城际轨道交通系统,列车时速 200 公里以上;在此基础上,再经过 5 年左右的努力,我国铁路将形成客运专线、城际客运铁路和既有线提速线路相配套的 3.2 万公里的快速客运网络。高铁客运专线大部分结构为钢筋混凝土桥梁,混凝土工程量十分巨大,要求全线使用高性能混凝土。高细矿物掺合料和聚羧酸外加剂的出现,为高性能混凝土的制备创造了良好条件。聚羧酸系外加剂性能特点:

(1) 早强高强:早期强度提高 70% 以上,28d 强度提高 40% 以上,特别适用于高掺量粉煤灰混凝土;

(2) 低坍落度损失:按泵送剂标准检测,1h 坍落度基本不损失;

(3) 高耐久性:能有效降低混凝土水胶比,提高耐久性能,降低收缩和徐变变形;

(4) 高减水率:当坍落度为 80mm 左右时,减水率为 25% 以上;当坍落度为 180mm 左右时,减水率为 33% 以上;

(5) 掺量小成本低:20% 浓度的产品,通常液体掺量为胶凝材料的 0.6%～1.3%;

(6) 绿色环保产品:生产过程中不产生对自然环境的污染,符合 ISO 14000 环境保护管理国际标准。

(7) 节能性能:具有很高的减水率,在配制同强度混凝土时,可通过降低水泥用量、提高掺合料(如粉煤灰、矿渣粉等)用量等方法,大大降低混凝土中的水泥用量。

(8) 对原材料的敏感性:目前大多数的聚羧酸系外加剂仍然存在与水泥的适应性问题,它的减水性大,掺量少,导致混凝土里面特别是单方用水量的微小变化(仅 $1～3kg/m^3$)对坍落度的影响就很大;砂(含泥量,粒型,级配)对混凝土的坍落度、含气量影响也很大(表面圆滑的江砂容易引气、表面有多棱角的河砂山砂较难引气),甚至不同的石子粒径和粒型及级配,搅拌机搅拌时间的长短,对混凝土引气也有明显的影响。正是由于它对原材料的敏感性,给混凝土的施工控制增加了不少难度,不像掺萘系减水剂系列的混凝土那么容易控制混凝土的坍落度和和易性。

2 客运专线高性能混凝土技术要求的特点

(1) 原材料品质要求比现行行业标准有所提高,对处于不同环境的混凝土分别有抗氯离子渗透性、抗冻性、耐蚀性、抗碱—骨料反应性等多种耐久性要求。

（2）高细矿物掺合料和聚羧酸外加剂的使用已纳入技术标准要求，国内外混凝土科研技术成果得以大规模应用实践，对施工工艺和设备、混凝土的浇筑和养护提出了考验。

（3）施工点多，全国各地环境、原材料品质差异大，聚羧酸系外加剂的应用控制技术要求高，对适应具体环境施工的混凝土配合比设计技术水平提出了较高的要求。

3 客运专线高性能混凝土配合比设计方法

尽管不同施工环境下耐久性要求有所不同和侧重，但基本都按照高性能混凝土的要求来设计，混凝土配合比设计的差异性不大。不同环境条件下的混凝土耐久性要求和通常采取的技术措施见表1。

表1 不同环境条件下的混凝土耐久性要求和通常技术措施

环境条件	混凝土耐久性要求	通常技术措施
所有环境	抗氯离子渗透、抗裂	大掺量矿物掺合料、低水胶比
氯盐环境	抗氯离子渗透	
化学侵蚀环境	耐腐蚀抗氯离子渗	大掺量矿物掺合料、硅灰、低水胶比、掺防腐剂
冻融环境	抗冻、抗氯离子渗透	大掺量矿物掺合料、低水胶比、掺引气剂
骨料有碱活性	抗碱—骨料反应；抗氯离子渗透	大掺量矿物掺合料、低水胶比、限制材料碱含量

大掺量矿物掺合料的使用和通过高性能减水剂降低混凝土水胶比为满足混凝土耐久性提供了必要的技术保证，大掺量矿物掺合料可能是粉煤灰和矿粉中的一种单掺或两种复掺；聚羧酸类高性能减水剂因适应大掺量矿物掺合料的使用并具有较大的减水性能等优点，在客运专线高性能混凝土中得到大量使用。客运专线混凝土属于高性能混凝土的范畴，应遵循高性能混凝土配合比设计原理和方法进行设计。高性能混凝土配合比参数主要有单方用水量、水胶比、浆骨比、砂石比和高效减水剂用量等，这些参数相互制约共同影响混凝土的性能。满足混凝土耐久性，要求水胶比低，保证高流动性需要较大的浆骨比和砂率，而减小粗骨料用量却影响混凝土的弹性模量、增加干缩和徐变，高性能混凝土的配合比设计应正确选择原材料和配合比参数，使其中的矛盾得到统一，使混凝土拌和物经济、技术合理。

客运专线高性能混凝土的配合比应遵循混凝土密实体积法则，基于最大密实度理论，按照绝对体积法进行设计。$1000 = W + C/\rho_c + S/\rho_s + G/\rho_g + FA/\rho_{fa} + Sl/\rho_{sl} + 10Air$，其中 Sl 为矿粉，Air 为混凝土含气量（%）。即塑性状态混凝土总体积为水、胶凝材料、骨料、外加剂、气体含量的密实体积之和。

4 客运专线 C30 灌注桩高性能混凝土配合比设计特征和参数的选择

4.1 水胶比

为达到混凝土的低渗透性，应保证混凝土的密实，以满足电通量、抗冻性等耐久性指标要求，混凝土水胶比一般不应大于 0.40。对于客运专线 C30 灌注桩混凝土，水胶比通常选择 0.36～0.40，总胶结材选择在 380～420kg/m³，选择合适的矿物掺和料掺量，可以满足混凝土 56d 电通量低于 1500～2000C。

4.2　浆骨比

通常条件下，水泥浆体和骨料体积比 0.35m³：0.65m³ 可以解决强度、工作性和尺寸稳定性之间的矛盾，配制的高性能混凝土比较理想。浆体含量过少，则不易保证混凝土工作性，混凝土容易离析、分层，硬化后薄弱界面增多，抵抗侵蚀的能力削弱，耐久性降低、施工中甚至出现堵管、粘罐现象，极易引起断桩。为避免上述现象，灌注桩混凝土配合比设计应注意浆骨比参数与工作性的协调，通过对胶凝材料用量、含气量、单位用水量的适当调整，选择合适的外加剂用量，满足工作性。

4.3　矿物掺和料掺量

对于客运专线 C30 灌注桩高性能混凝土，根据所采用的水泥品种，通常单掺粉煤灰掺量可选择 25%～30%，单掺磨细矿粉掺量可选择 30%～70%，因两者密度均比水泥小，等量取代水泥可以获得浆体体积增加，有利于提高浆骨比、改善混凝土工作性。

4.4　砂率

胶凝材料用量一定时，影响工作性的主要参数是砂率和含气量，满足流动性的砂浆量将通过提高砂率和含气量来实现。施工用砂的品质受来源限制，砂粒形和吸水率、颗粒组成等性能与高性能混凝土可能不相适应，灌注桩混凝土因具有大流态混凝土的特征，为防止离析、沉底、泌浆等造成堵管，应经试验选择合适的砂率。

4.5　含气量

并非所有环境都应考虑抗冻融性能，为改善灌注桩高性能混凝土的施工性能，应适当提高混凝土的含气量（3.5%～5.5%），以改善原材料砂石级配、粒型、吸水率等引起的不利因素。

4.6　典型的 C30 灌注桩高性能混凝土配合比

W：C：FA：S：G：PCA＝155：291：97：746：1010：3.5（kg/m³），出机坍落度在 220mm，扩展度在 550mm×550mm，含气量在 4% 左右，1h 坍落度几乎不损失。

5　客运专线 C50 箱梁高性能混凝土配合比的设计特征和参数的选择

5.1　水胶比

一般 C50 级箱梁选择水胶比为 0.30～0.31。由于要求 3～5d 张拉钢筋的强度要求，加上矿渣粉和 FA 的掺加，还有电通量的要求，水胶比控制在 0.30～0.31 是合适的。

5.2　含气量

《高铁技术规程》中要求混凝土含气量控制在 2.5%～3.5%，含气太少时，混凝土黏性大，不易泵送施工，控制在 3.0%～3.5% 较合适。

5.3 砂率

C50 级混凝土，胶结材相对较高，砂率可选择在 40％～42％之间，一般情况选择 40％是合适的。

5.4 典型的 C50 箱梁高性能混凝土配合比

W：C：FA：Sl：S：G1：G2＝150：340：70：70：720：324：756：5.76（kg/m³），出机坍落度在 210～220mm，含气量在 3.2％。

6 混凝土施工中常见问题的原因分析和解决措施

6.1 混凝土施工中的常见问题

目前的 C30 灌注桩高性能混凝土控制和施工难度较大，拌合物施工性能波动大，容易出现离析、细骨料下沉、粘罐、含气量过大或过小等问题，控制不好容易造成堵管、断桩情况的发生。C50 箱梁高性能混凝土黏性大，对水用量敏感，水稍微多加，混凝土容易出现离析、细骨料下沉、粘罐甚至堵泵。夏季施工时，C50 箱梁高性能混凝土容易失水而板结。

6.2 原因分析

（1）因选材、配合比设计和试验时对高性能混凝土和聚羧酸外加剂性能的认识存在不足，导致设计的配合比存在一定的不合理性，高性能混凝土的配合比设计应该按照体积法来设计。

（2）应根据高性能混凝土和聚羧酸外加剂的特点，采用增加浆体体积量、降低聚羧酸外加剂对用水敏感性的办法进行调整，实现混凝土的流动性。单方面增加外加剂的用量可以获得浆体流动性增加，但在聚羧酸外加剂过量时混凝土极易发生离析、骨料下沉、浆体与骨料分离、摩擦阻力增加、泌水等现象，降低用水量虽然可使混凝土拌合物性能暂时得到改善，但施工中混凝土拌合用水量失控和外加剂掺量过大引起对用水量敏感性的增加，极易导致混凝土过于黏稠和严重离析的现象发生，出现施工问题。必要时需要减少外加剂掺量、降低拌合物对用水量的敏感程度。

（3）C50 箱梁高性能混凝土黏性大，主要是由于单方用水量的降低，一般在 150～155kg/m³；矿渣粉的加入，使混凝土的黏性加大；混凝土的含气量一般要求在 3.5％以下，也使黏性不能有效改善。

（4）因原材料品质波动导致混凝土施工控制水平的难度加大。我国地域辽阔，工程材料使用量大，原材料质量难于稳定，容易出现品质波动。骨料颗粒组成、粒型和级配的波动直接并极易影响混凝土的工作性。

6.3 解决措施

（1）配合比设计阶段，应结合聚羧酸外加剂特点，根据高性能混凝土配合比设计方法进行设计、试拌。为适应聚羧酸外加剂掺量范围窄和对水敏感性高的特点，应对初步确定的配合比适当增减外加剂用量、增减用水量进行试拌、校核，确定最适宜的可控范围，以适应施工时计量系统误差和对骨料含水率的控制难度。

（2）混凝土施工过程中，因材料批次发生改变、生产控制不当而出现拌合物性能改变，应及时进行调整。因砂的来源不同，批次的改变可能导致颗粒级配、细度的较大改变，应密切注意，必要时应调整砂率，甚至需要对外加剂的引气量进行调整。因无法保证堆场所有部位的骨料含水率一致，准确确定进入计量系统的骨料含水率其难度极大，而此偏差又极易造成高性能混凝土施工和易性的不稳定，混凝土生产时应加强责任心，密切关注拌合料情况、及时调整，既要防止扣水过多引起拌合物黏度过于增大，又要防止扣水过少，导致拌合物离析、骨料与浆体分离。建议在骨料堆场搭设遮雨棚和帆布的覆盖。

（3）增加胶凝材料与外加剂相容性、粗细骨料颗粒级配、骨料含水率的测试频次，必要时应增加含气量的测试，根据测试结果及时采取调整措施。施工中还应根据气温情况，调整适宜的外加剂掺量，防止欠量或过量问题发生。

（4）解决 C50 箱梁高性能混凝土黏性大的方法，一是适当增加单方用水量 1～3kg，二是适当增加混凝土的流动性，三是适当提高混凝土的含气量，四是改善粗细骨料的粒径、粒型和级配。

（5）C50 箱梁高性能混凝土的夏季施工，及时进行塑料布覆盖养护很重要。由于夏天温度高，混凝土表面水分蒸发很快，本来 C50 箱梁高性能混凝土中的用水量就不高，容易造成混凝土因失水而板结，甚至有人误认为是"假凝"。及时对已浇注过的混凝土进行覆盖，对保持混凝土的可塑性，抗裂性和延长混凝土的凝结时间都有利。

7 结语

（1）客运专线工程开工建设量大、施工点分散、原料复杂，必须提升高性能混凝土配合比的设计水平，充分考虑大掺量矿物掺合料的高性能混凝土的特征、聚羧酸外加剂的特点、骨料等原材料的品质现状，并考虑实际机械、设备能力和控制水平及难度，才有利于保证客运专线耐久性混凝土的施工质量。

（2）为适应客运专线和铁路混凝土工程相关标准规范对高性能混凝土的配合比设计中关于胶凝材料用量和外加剂的选择要求，客运专线灌注桩高性能混凝土往往需要采取适度引气的技术措施后才可以改善混凝土浆体包裹性能的缺陷、满足混凝土施工性能和耐久性。

（3）经过应用实践，已经基本掌握了聚羧酸系外加剂在高铁客运专线工程中的应用特点和注意事项，为后续工程积累了宝贵经验。

参考文献

[1] 吴中伟，廉慧珍．高性能混凝土［M］．北京：中国铁道出版社，1999.

硫铝酸盐水泥基自流平砂浆性能的研究

硫铝酸盐水泥基自流平砂浆是一种理想的水硬性无机胶凝材料，其主要原料为硫铝酸盐水泥、掺合料、细骨料、填料及各种添加剂。硫铝酸盐水泥基砂浆的流平性好、施工速度快、工期短等技术特性，可以充分发挥该产品在市政、交通、能源、水利、煤矿、机场等行业中的抢险救灾，堵漏止水，战时修补机场路面跑道等特殊作用[1-3]。

硫铝酸盐水泥基自流平砂浆因其突出的施工和使用性能，目前在我国工程领域普及推广势头迅猛[4]。但硫铝酸盐水泥价格比普通硅酸盐水泥偏高，如果利用矿物掺合料替代部分硫铝酸盐水泥作胶凝材料，不仅可以降低成本，取得更高效益，还可以提高固体废弃物的资源利用率，到达节能减排的效果[5-7]。

本文研究了粉煤灰、矿渣微粉、石灰石粉三种矿物掺合料等量取代硫铝酸盐水泥，对自流平砂浆凝结时间、流动度、收缩率及强度的影响，并对相应试样进行 XRD、SEM 微观分析，从而为实现硫铝酸盐水泥基自流平砂浆在实际工程中的应用提供依据。

1 实验

1.1 实验原料

1.1.1 硫铝酸盐水泥

试验用 42.5 级快硬硫铝酸盐水泥由曲阜中联特种水泥有限公司提供，其物理性能见表 1。

表 1 42.5 级快硬硫铝酸盐水泥基本物理性能

比表面积 (m²/kg)	标准稠度 用水量（%）	凝结时间（min）		抗折强度（MPa）			抗压强度（MPa）		
		初凝	终凝	1d	3d	28d	1d	3d	28d
356	28.20	19	180	6.2	6.6	7.1	37.4	47.2	51.2

1.2 矿物掺合料

1）矿渣微粉：临沂沂德矿渣微粉有限公司，比表面积 412m²/kg，S95 级，以下简称矿粉。

2）粉煤灰：山东费县发电有限责任公司，二级灰，比表面积 478 m²/kg。

3）石灰石粉：临沂市宏原钙业有限公司，325 目。

1.3 减水剂

试验用减水剂为山东昌乐县万山减水剂厂生产的粉体萘系高效减水剂，掺加 1.2％时减水率为 25%。

2　实验过程

　　试验选用粉煤灰、矿粉、石灰石粉分别等量替代硫铝酸盐水泥，研究不同矿物掺合料对硫铝酸盐水泥基自流平砂浆性能的影响。试验按照《地面用水泥基自流平砂浆》（JC/T 985—2005）行业标准规定执行；凝结时间按照 GB/T 1346 进行；利用 CA 砂浆扩展度仪，型号规格：$\phi50\times150\times\phi100$，测定自流平砂浆的流动度；自流平砂浆干缩试验采用 25mm×25mm×280mm 模具，每个配比一组，每组三块，试块成型后养护 24h 拆模，用 BY-280 型比长仪测量试块初始长度，在标准条件下养护 3d、7d、14d、21d、28d，分别测试试块长度；自流平砂浆试件成型、强度测试参照标准 GB/T 17671；对不同复合胶凝体系试样进行 XRD、SEM 分析。具体试验配比见表 2。

表 2　硫铝酸盐水泥基自流平砂浆的组成及配比

编号	硫铝酸盐水泥（g）	粉煤灰（g）	矿渣粉（g）	石灰石粉（g）	水（g）	砂（g）	减水剂（g）
Blank	400	—	—	—	120	600	4.8
FS1	320	80	—	—	120	600	4.8
FS2	280	120	—	—	120	600	4.8
FS3	240	160	—	—	120	600	4.8
FS4	200	200	—	—	120	600	4.8
KS1	320	—	80	—	120	600	4.8
KS2	280	—	120	—	120	600	4.8
KS3	240	—	160	—	120	600	4.8
KS4	200	—	200	—	120	600	4.8
SS1	320	—	—	80	120	600	4.8
SS2	280	—	—	120	120	600	4.8
SS3	240	—	—	160	120	600	4.8
SS4	200	—	—	200	120	600	4.8

2　结果与讨论

2.1　矿物掺合料替代硫铝酸盐水泥对自流平砂浆凝结时间的影响

　　为了研究粉煤灰、矿粉、石灰石粉等量替代硫铝酸盐水泥对自流平砂浆凝结时间影响的规律，本节设计如下方案：粉煤灰、矿粉、石灰石粉分别替代硫铝酸盐水泥 0%、20%、30%、40%、50%，水胶比为 0.3，减水剂掺量为胶凝材料用量的 1.2%，采用净浆凝结时间测定仪测试初凝时间和终凝时间，结果如图 1 所示。

　　由图 1 可以看出，随着粉煤灰、矿粉、石灰石粉取代硫铝酸盐水泥量的增加，水泥净浆初凝时间和终凝时间都逐渐增大，并且三种矿物掺合料对水泥净浆的缓凝效果各不相同，总

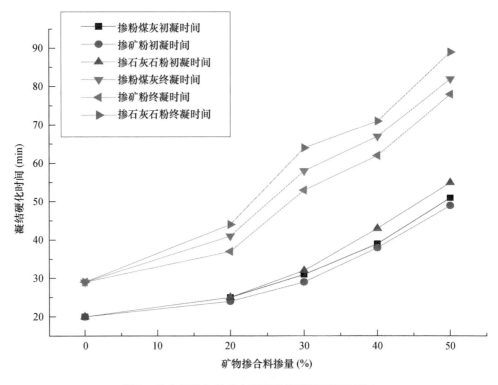

图 1　掺合料掺加量对自流平砂浆凝结时间的影响

体来说：石灰石粉＞粉煤灰＞矿粉。这主要是因为三种矿物掺合料的活性远小于硫铝酸盐水泥，随着取代硫铝酸盐水泥量的增加会大幅度降低水泥基浆体中钙矾石和 C-S-H 凝胶的数量，同时水泥基浆体形成空间网状结构的速率也减慢，水化产物交联作用减弱。因此，可通过改变矿物掺合料的掺加量，来调节自流平砂浆的凝结时间。

2.2　矿物掺合料替代硫铝酸盐水泥对自流平砂浆流动度的影响

为了研究粉煤灰、矿粉、石灰石粉等量替代硫铝酸盐水泥对自流平砂浆初始流动度和 15min 流动度影响的规律，按照表 2 进行试验，粉煤灰、矿粉、石灰石粉分别替代硫铝酸盐水泥 0%、20%、30%、40%、50%，结果如图 2、图 3 所示。

由图 2 和图 3 可以看出，粉煤灰、矿粉、石灰石粉对自流平砂浆流动度的影响各不相同：对于初始流动度，粉煤灰调节自流平砂浆流动度的效果最好；对于 15min 流动度，掺加石灰石粉的自流平砂浆的流动度赶上甚至超过了掺加粉煤灰的自流平砂浆的流动度，流动度损失最小。总体来说，随着矿物掺合料掺量的增加，自流平砂浆的流动度都逐渐增大。这是由于相同水胶比下，随着掺合料的增多和硫铝酸盐水泥含量的减少，有效水灰比变大，自流平砂浆中释放的自由水含量变大；粉煤灰颗粒中的玻璃微珠对自流平砂浆起到润滑作用，而矿粉颗粒不规则且对水泥基浆体具有黏滞作用，对于自流平砂浆初始流动度改善作用明显小于粉煤灰；石灰石粉较粉煤灰和矿粉活性更低且需水量小，早期几乎不参与硫铝酸盐水泥的水化，其主要起填充作用，因此掺加石灰石粉的自流平砂浆流动度损失最小。

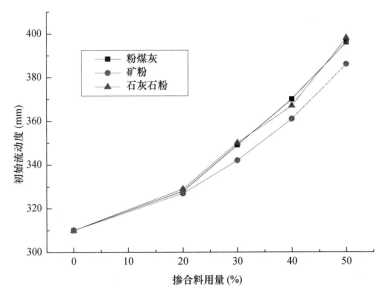

图 2 掺合料掺加量对砂浆初始流动度的影响

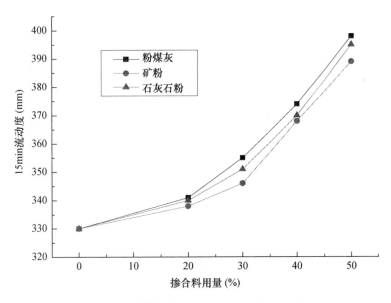

图 3 掺合料掺加量对砂浆 15min 流动度的影响

2.3 矿物掺合料替代硫铝酸盐水泥对自流平砂浆抗压强度的影响

为了研究粉煤灰、矿粉、石灰石粉等量替代硫铝酸盐水泥对自流平砂浆抗压强度影响的规律，按照表 2 进行试验，粉煤灰、矿粉、石灰石粉分别替代硫铝酸盐水泥 0％、20％、30％、40％、50％，结果如图 4 所示。

由图 4 可以看出，自流平砂浆 1d、3d、28d 抗压强度均随粉煤灰、矿粉及石灰石粉掺量的增加而逐渐降低。当掺量为 40％时，掺加矿粉的自流平砂浆 1d、3d、28d 强度分别为 22.4MPa、32.5MPa、40.7MPa，达到水泥基自流平砂浆 C35 强度等级；掺加粉煤灰和石

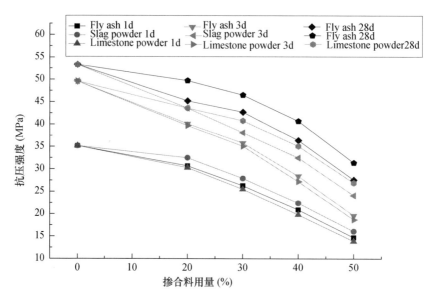

图 4　掺合料掺加量对砂浆抗压强度的影响

灰石粉的自流平砂浆 28d 强度分别为 36.4MPa 和 35.1MPa，达到水泥基自流平砂浆 C30 强度等级；当掺量为 50% 时，掺加矿物掺合料的自流平砂浆强度显著下降。这是因为硫铝酸盐水泥的水化产物主要是钙矾石、铝胶及 C-S-H，决定自流平砂浆强度的主要因素是有效水灰比，矿粉颗粒表面粗糙及其特殊的黏滞作用而改善了水泥基砂浆浆体材料的匀质性，因此掺加矿粉的自流平砂浆强度稍高；随着三种矿物掺合料掺量的增加，胶凝材料体系中硫铝酸盐水泥含量同步减少，三种矿物掺合料由于没有 CH 的激发效应，其潜在的活性难以发挥，从而导致自流平砂浆强度显著降低[8,9]。综上，粉煤灰、矿粉、石灰石粉在自流平砂浆中参与水泥水化的程度有限，主要起填充密实、调节砂浆强度等级的作用，因此可通过改变掺合料的掺量，制备适应不同强度等级要求的自流平砂浆。

2.4　矿物掺合料替代硫铝酸盐水泥对自流平砂浆收缩率的影响

收缩率是自流平砂浆的主要指标之一，收缩率大则砂浆浆体易开裂，严重时可影响结构的耐久性。为此就粉煤灰、矿粉、石灰石粉三种矿物掺合料对硫铝酸盐水泥基自流平砂浆收缩率的影响展开研究，粉煤灰、矿粉、石灰石粉分别替代 50% 硫铝酸盐水泥，固定各组自流平砂浆流动度 330mm，水胶比为 0.3，胶砂比为 0.67，结果见表 3。

表 3　矿物掺合料对硫铝酸盐水泥基自流平砂浆收缩率的影响

组别编号	减水剂（%）	收缩率（‰）				
		3d	7d	14d	21d	28d
空白	1.2%	0.21	0.32	0.39	0.53	0.53
50%粉煤灰	1.0%	0.11	0.25	0.28	0.43	0.43
50%矿粉	1.1%	0.21	0.36	0.39	0.53	0.53
50%石灰石粉	1.0%	0.18	0.28	0.35	0.50	0.50

由表 3 可知，在固定各组自流平砂浆流动度相同的前提下，各组自流平砂浆收缩率各不相同：掺加 50% 矿粉的自流平砂浆收缩率最大，与空白组收缩率相当；掺加 50% 粉煤灰和 50% 石灰石粉的自流平砂浆收缩率都低于空白组，其中掺加 50% 粉煤灰的自流平砂浆收缩率最低。随着龄期的增长，收缩率都逐渐增大，到 28d 水化龄期时，收缩率基本趋于稳定，各组收缩率都远低于 JC/T 985—2005 中收缩率标准规定值。

2.5　矿物掺合料替代硫铝酸盐水泥对自流平砂浆体系水化的影响

为了分析不同矿物掺合料替代硫铝酸盐水泥对自流平砂浆胶凝材料体系水化活性的影响，选择粉煤灰、矿粉、石灰石粉分别替代 50% 硫铝酸盐水泥，水胶比为 0.3，减水剂掺量为胶凝材料用量的 1.2%，制备净浆试样，标准养护 3d、28d，分别进行 X-射线衍射分析（XRD）和扫描电镜（SEM）微观分析。

2.5.1　XRD 分析

图 5 和图 6 分别为掺加 50% 矿物掺合料制备的水泥基复合胶凝材料净浆 3d、28d 的 XRD 图谱。

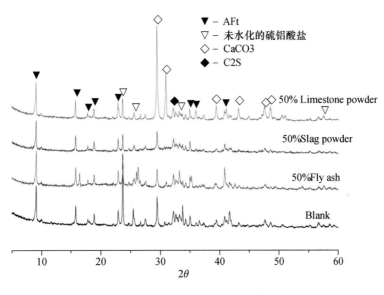

图 5　水化 3d 的 XRD 图谱

从图 5 和图 6 可以看出，未掺加矿物掺合料的空白试样，其水化矿物主要是 AFt、$CaCO_3$ 和 C_2S，其中图 5 中含有少量无水硫铝酸钙。此外，C-S-H 凝胶也是一种水化产物，但其结晶不明显，在 XRD 图谱上衍射峰不明显。掺加矿物掺合料的复合胶凝材料体系水化产物种类基本不变，但矿物相数量变化较大，AFt 衍射峰强度低于未掺加矿物掺合料的空白试样。其中掺加石灰石粉的复合胶凝材料的 $CaCO_3$ 衍射峰最明显，这主要是由于石灰石粉中的 $CaCO_3$ 基本不参加反应的缘故。同时，28d XRD 图谱中已基本没有无水硫铝酸钙衍射峰、C_2S 衍射峰强度显著减少，说明水化已基本完成。另外，掺加石灰石粉的复合胶凝材料中 $CaCO_3$ 衍射峰没有明显变化，说明石灰石粉在复合胶凝材料体系中基本不参加反应，只起填充密实作用。这与抗压强度和 SEM 微观分析结果相吻合。

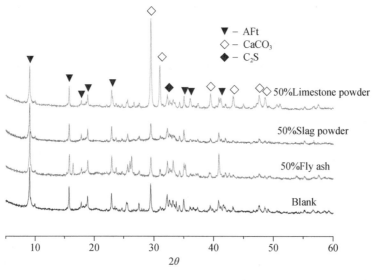

图 6　水化 28d 的 XRD 图谱

2.5.2　SEM 分析

图 7 和图 8 分别为掺加 50％矿物掺合料制备的水泥基复合胶凝材料净浆 3d、28d 的 SEM 照片。

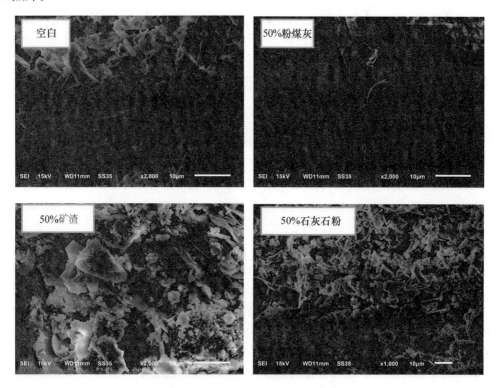

图 7　掺加 50％矿物掺合料的水泥基复合胶凝材料净浆 3d 的 SEM 照片

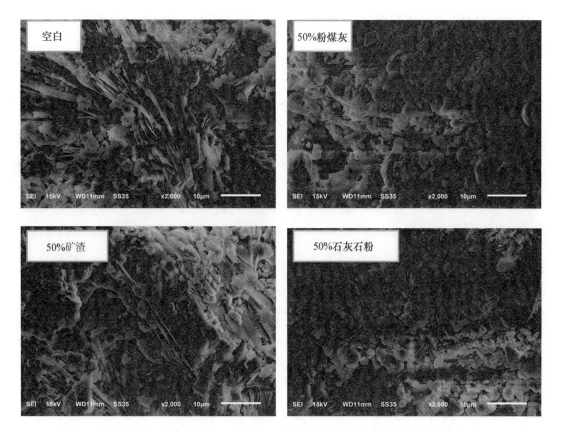

图 8　掺加 50％矿物掺合料的水泥基复合胶凝材料净浆 28d 的 SEM 照片

从图 7 和图 8 可以看出，空白组在水化 3d 时，浆体有很明显的水化现象，且有较多的细棒状钙矾石生成，但浆体内部具有一定的孔隙率，到水化 28d 时，浆体已经很致密，宏观表现为水泥浆体强度大幅度增加。相比空白组，掺加 50％矿物掺合料的试样水化程度较低，水化产物远少于空白组，但孔隙率较空白组低，说明矿物掺合料主要起填充密实作用，参与水化反应的程度有限。其中石灰石粉和粉煤灰起填充作用更明显，基本不参与水化反应，这与 XRD 和强度测试结果相吻合。

3　结语

（1）随着粉煤灰、矿粉、石灰石粉取代硫铝酸盐水泥量的增加，水泥净浆初凝时间和终凝时间都被逐渐延长，调凝效果依次为石灰石粉＞粉煤灰＞矿粉。

（2）在水胶比相同的前提下，三种矿物掺合料都能增大硫铝酸盐水泥基自流平砂浆的流动度，其中粉煤灰颗粒多为规则球形，且表面比较光滑，调节自流平砂浆流动度效果最明显；石灰石粉活性较粉煤灰和矿粉活性低，早期基本不参与水泥水化反应且需水量小，因此，掺加石灰石粉的自流平砂浆流动度损失最小。

（3）硫铝酸盐水泥基自流平砂浆 1d、3d、28d 抗压强度均随粉煤灰、矿粉及石灰石粉掺量的增加而逐渐降低；当掺量为 40％时，掺加矿粉的自流平砂浆 28d 强度为 40.7MPa，达到 C35 强度等级；掺加粉煤灰和石灰石粉的自流平砂浆 28d 强度分别为 36.4MPa 和

35.1MPa，达到 C30 强度等级。当掺量为 50％时，掺加矿物掺合料的自流平砂浆强度显著下降。

（4）在固定自流平砂浆流动度相同的前提下，随着龄期的增长，掺加 50％矿物掺合料的自流平砂浆收缩率都逐渐增大，到 28d 水化龄期时，收缩率基本趋于稳定，各组收缩率都远低于 JC/T 985—2005 中收缩率标准规定值；其中，掺加 50％矿粉的自流平砂浆收缩率最大，与空白组收缩率相当；其次为掺加 50％石灰石粉的自流平砂浆，掺加 50％粉煤灰的自流平砂浆收缩率最低。

（5）通过对空白样和掺加 50％矿物掺合料复合胶凝材料试样水化 3d、28d 的 XRD 图谱和 SEM 分析，

粉煤灰、矿粉、石灰石粉参与硫铝酸盐水泥水化的程度有限，它们主要起填充密实、调节砂浆强度等级的作用。

参考文献

[1] 黄天勇，章银祥，陈旭峰，阎培渝．水泥基自流平砂浆机理研究综述［J］．硅酸盐通报，2013，34（10）：2864-2869.

[2] 陈福松，陆小军，朱祥，等．水泥基自流平砂浆配比及性能的研究进展［J］．粉煤灰，2012，24（2）：35-39.

[3] 杨斌．地面用水泥基自流平砂浆及其标准［J］．新型建筑材料，2006（2）：11-14.

[4] 刘成楼．水泥基自流平砂浆的研制［J］．中国涂料，2008，23（8）：41-44.

[5] 曾爱斌，沈学优．脱硫石膏-铝土矿-硅酸盐水泥混合基自流平材料［J］．硅酸盐通报，2014，33（2）：253-260.

[6] 刘文斌，高淑娟．脱硫建筑石膏粉制备自流平砂浆的技术研究［J］．硅酸盐通报，2013，32（9）：1927-1931.

[7] 霍利ş．高铝水泥对水泥基自流平砂浆性能影响研究［J］．施工技术，2013，42（4）：61-63.

[8] 邓鑫，张铬，曹青，等．胶凝材料对水泥基自流平砂浆性能的影响研究［J］．新型建筑材料，2013，40（2）：51-53.

[9] 孟祥谦，叶正茂，程新．硫铝酸盐水泥基修补砂浆的力学性能［J］．济南大学学报（自然科学版），2010，24（1）：1-4.

磨细钼尾矿粉用作混凝土掺合料的性能研究

随着我国土木工程、交通工程、水利工程等建设的高速发展，矿粉、粉煤灰等传统掺合料日渐短缺[1]，急需开展新型矿物掺合料的研究。与此同时我国目前各类尾矿累计堆存已超过100亿吨，堆存的尾矿库，不仅占用大量土地，还给人们的生命财产安全带来重大威胁[2,3]。钼尾矿是选取金属钼后留下的尾矿，中国是全球最大的钼资源国，全国钼矿山排出尾矿量约3200万吨/年[4]，而堆存的量更为巨大，但因缺乏统一监管而无法统计。众多科技人员对钼尾矿应用于水泥及水泥基材料生产进行了探索性研究，主要集中在用于水泥的生料配料[5]、制备发泡保温材料等[6]。本文把钼尾矿磨细用作混凝土掺合料，研究不同细度及掺量的钼尾矿粉对水泥混凝土性能的影响。

1 原材料及试验方法

1.1 原材料

钼尾矿取自位于杭州余杭区的钼尾矿库，水泥为临沂中联水泥厂生产的 P·O42.5 水泥，粉煤灰取自临沂电厂，比表面积为 524m²/kg。主要原材料化学成分列于表1，水泥相关数据见表2。细集料为临沂天然河砂，表观密度为 2730kg/m³，堆积密度为 1500kg/m³，含泥量 2.4%，细度模数 2.7。粗集料为临沂金泰商品混凝土公司碎石，表观密度为 2740kg/m³，堆积密度为 1600kg/m³，5～25mm 连续级配。外加剂采用山东宏艺科技股份有限公司提供的 HXB-II 型高效泵送剂。

表1 原材料化学成分 w（%）

原材料	SiO₂	Al₂O₃	Fe₂O₃	CaO	MgO	SO₃	Ig loss	Σ
钼尾矿	44.85	8.25	15.57	19.71	6.57	0.04	1.26	96.25
粉煤灰	52.72	36.38	2.68	1.75	0.60	0.21	1.01	95.35
水泥	21.75	6.74	3.66	64.16	1.01	1.73	0.14	99.19

表2 P·O 42.5 水泥相关数据

原材料	比表面积 (m²/kg)	SO₃ (%)	碱含量 (%)	抗折强度（MPa）		抗压强度（MPa）	
				7d	28d	7d	28d
水泥	349	2.51	0.78	6.9	9.6	40.5	54.6

1.2 试验方法

按照《用于水泥和混凝土中的粉煤灰》（GB/T 1596—2005）测定磨细钼尾矿粉及粉煤灰的活性指数及需水量比。采用固定混凝土配合比，通过磨细钼尾矿粉分别替代水泥、粉煤

149

灰来确定磨细钼尾矿对混凝土工作性及强度的影响，以 C40 普通混凝土为研究对象，采用的混凝土配合比见表 3。按照《普通混凝土拌合物性能试验方法标准》（GB/T 50080—2011）测试混凝土的工作性，按照《普通混凝土力学性能试验方法标准》（GB/T 50081—2002）测试混凝土的强度，按照《普通混凝土长期性能和耐久性能试验方法标准》（GB/T 50082—2009）测定混凝土耐久性能。

表 3　混凝土配合比

试件编号	钼尾矿粉替代量（%）	水胶比	混凝土中材料的用量（kg/m³）						
			水泥	粉煤灰	钼尾矿粉	砂	石	水	外加剂
H0	基准：0	0.38	380	80	0	760	1030	175	4.6
H1	粉煤灰：100	0.38	380	0	80	760	1030	175	4.6
H2	水泥：5	0.38	361	80	19	760	1030	175	4.6
H3	水泥：10	0.38	342	80	38	760	1030	175	4.6
H4	水泥：15	0.38	323	80	57	760	1030	175	4.6
H5	水泥：20	0.38	304	80	76	760	1030	175	4.6

2　结果与讨论

2.1　比表面积对钼尾矿粉性能的影响

为全面了解钼尾矿粉的性质，试验分别测试了钼尾矿粉磨至不同比表面积的 3d、7d、28d 活性及需水量比，结果见表 4。

表 4　粉煤灰及不同比表面积下钼尾矿粉的活性及需水量比

序号	比表积（m²/kg）	需水量比（%）	钼尾矿粉活性（%）		
			3d	7d	28d
0	粉煤灰 524	96	66.1	65.9	64.4
1	钼尾矿粉 337	98	63.3	62.1	61.2
2	钼尾矿粉 455	96	67.2	67.5	66.5
3	钼尾矿粉 547	94	70.4	72.1	71.9
4	钼尾矿粉 605	97	72.5	73.6	73.1

从表 4 可以看出，随着比表面积的增加，钼尾矿粉 3d、7d、28d 活性均逐渐增加，需水量比先减小后增大。这是因为随着钼尾矿粉颗粒的变小，可以有效填充胶凝材料之间原有的孔隙，提高胶凝材料的初始堆积密度，达到减少用水量提高强度的效果。另外，钼尾矿粉为热成矿，具有与火山灰质材料相似的特性，随着颗粒变小，矿物的晶体结构也发生畸变，会产生晶格的位错及缺陷，水分子更易于进入颗粒内部，加速水化反应进行，强度得到提高[7]。而当钼尾矿颗粒比表面积大于 600m²/kg 以上时，其颗粒变得更细，润湿其表面所需要的水也越多，所以引起需水量的升高。

在钼尾矿粉比表面积在 455m²/kg 及以上时，掺加 30% 钼尾矿粉时 28d 活性均大于

65%，满足《用于水泥中的火山灰质混合材料》（GB/T 2847—2005）中活性混合材料的要求。在钼尾矿粉比表为 547m²/kg 时，其需水量最小，且再增加比表时，活性增加幅度减小，考虑粉磨能耗和性能的关系，选取比表为 547m²/kg 的钼尾矿粉来进行相关混凝土性能试验。

2.2 钼尾矿对混凝土力学性能和工作性能的影响

新拌混凝土的工作性和其一定龄期内的力学性能是混凝土应用性能的最终体现。优良的工作性是混凝土生产和顺利施工的前提。抗压强度是混凝土质量的主要指标之一。按照表 3 的混凝土配合比进行新拌混凝土的工作性能试验和一定龄期内的抗压强度试验，结果分别见表 5 和图 1。

表 5 新拌混凝土的工作性能

试件编号	凝结时间（h：min）		坍落度（mm）	1h 坍落度（mm）	黏聚性
	初凝	终凝			
H0	7：20	9：25	210	180	较好
H1	7：10	9：05	220	190	较好
H2	7：15	9：35	215	185	较好
H3	7：30	9：50	225	200	较好
H4	8：10	10：25	230	220	较好
H5	9：20	11：50	210	160	黏稠性大

由表 5 可以看出，随钼尾矿粉替代水泥量的增加，初始坍落度先增加后减小，与胶砂需水量比的趋势一致。在替代水泥量不超过 10% 时，混凝土凝结时间变化不大，替代水泥量超过 10% 时，随替代量的增加，混凝土凝结时间明显延长，1h 坍落度保留值随替代量增加呈增加趋势，这是因为钼尾矿粉的活性低于水泥，加入钼尾矿粉后，体系中参与水化的水泥数量减少而钼尾矿粉表现为稀释效应从而使混凝土坍落度损失降低。一定量的钼尾矿粉替代水泥（≤15%）有利于提高新拌混凝土的工作性能，既提高混凝土流动性能也可降低混凝土黏稠性能。

从图 1 可以看出，当磨细钼尾矿粉替代水泥时，随掺量增加混凝土各龄期强度均呈先增长后减小的趋势。当磨细钼尾矿粉替代水泥量为 10% 时，混凝土各龄期强度达到最大值，分别比基准混凝土高 7.4%、7.6% 和 6.5%。这主要是因为，在一定的掺量范围内，随钼尾矿粉的增加，因磨细的钼尾矿粉具有良好的填充效应和火山灰性，使体系孔隙率降低，水泥石的结构更加密实。当磨细钼尾矿粉掺量大于 10% 时，混凝土强度迅速降低，主要是因为钼尾矿粉自身活性较水泥活性低得多，随掺量增加到一定限值，单位体积内的胶凝材料中水泥含量减小，削弱了胶凝材料与集料界面的粘结性能，从而引起混凝土强度的降低。当磨细钼尾矿粉等量替代粉煤灰时，混凝土试块强度升高，说明钼尾矿粉的活性及填充效应优于粉煤灰。

用钼尾矿粉替代粉煤灰时，凝结时间变化不大，坍落度略有增加。这是因为虽然磨细钼尾矿粉的颗粒形貌不如粉煤灰的好，但是粉煤灰的含碳量较大，引起需水量大，混凝土流动性较差，钼尾矿粉替代粉煤灰有利于提高混凝土的工作性能。

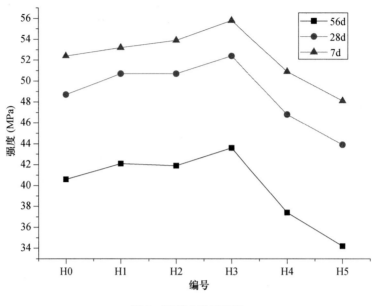

图 1　混凝土抗压强度

2.3　钼尾矿粉对混凝土耐久性的影响

混凝土的耐久性是指混凝土在实际使用条件下抵抗各种破坏因素的作用，长期保持强度和外观完整性的能力，直接关系着建筑物的使用寿命，意义重大。影响混凝土耐久性的因素很多，本文对掺加钼尾矿粉后混凝土的抗碳化性能及抗冻性进行了研究，结果如图 2、图 3所示。

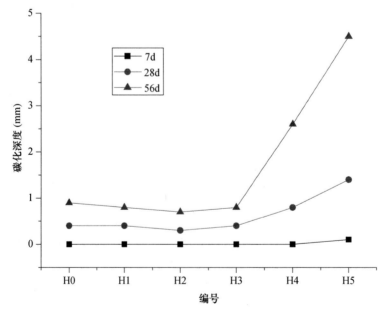

图 2　掺钼尾矿粉混凝土的抗碳化性能

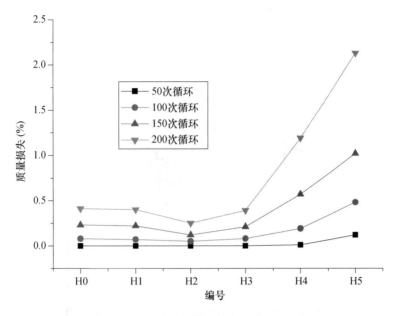

图 3 掺钼尾矿粉混凝土的抗冻融质量损失

从图 2 可以看出，当钼尾矿粉替代水泥量为 5％时，混凝土 28d、26d 碳化深度比纯水泥浅 25％、22％，在替代水泥量为 10％时，与纯水泥相当，替代量超过 5％以后，随着钼尾矿粉掺量的增加，混凝土碳化程度逐渐明显；在钼尾矿粉替代全部粉煤灰时，7d、28d 碳化深度一样，56d 稍低。说明小掺量的钼尾矿粉有利于提高混凝土的抗碳化性能，这是因为混凝土的碳化与体系的孔结构有很大关系[8]，在替代量较小时，较细的钼尾矿粉有利于减少混凝土孔隙率，提高体系的密实度，使碳化减慢。随着替代量的继续增大，混凝土体系的碱度降低，使碳化反应更容易进行，与添加钼尾矿粉带来的减少孔隙率的效果相互抵消，甚者占主导地位，引起混凝土抗碳化性能的减弱。

从图 3 可以看出，冻融试验结果与抗碳化结果呈相同的规律，当钼尾矿粉替代水泥量为 5％时，混凝土 100 次、150 次、200 次冻融质量损失分别比纯水泥少 38％、48％、39％，在钼尾矿粉替代水泥量为 10％时，与纯水泥相当，替代量超过 10％时，冻融质量损失迅速加快；在钼尾矿粉替代全部粉煤灰时，各龄期冻融质量损失均减小。这也是因为钼尾矿粉替代水泥量较小时，有利于提高体系的密实度，当钼尾矿粉替代水泥量超过 10％时，单位体积混凝土中水泥水化产物减少，体系抗冻能力随钼尾矿粉掺量增加而逐渐降低。

3 磨细钼尾矿粉在混凝土中综合利用的效益分析

通过上述研究分析可知，在混凝土中合理掺入钼尾矿粉替代部分水泥（10％以下）及替代全部粉煤灰能满足混凝土的各项性能指标，对混凝土没有有害影响。在此基础上对钼尾矿粉在混凝土中使用的经济、环境和社会效益进行如下简单分析。

众所周知，水泥的生产伴随着高资源、能源的消耗及污染性废气的排放，使用钼尾矿粉替代部分水泥可变废为宝，降低水泥生产带来的资源消耗及污染物排放，解放因尾矿堆积占用的土地，消除尾矿对周边环境造成的危害。

对钼尾矿粉作为混凝土掺合料使用的经济性评价因为钼尾矿粉的加工工艺、使用半径等原因，具有不确定性。本文仅以立磨工艺、使用半径为100km为例，进行简单分析。钼尾矿粉生产运输成本见表6，按钼尾矿粉可以替代混凝土中水泥的量为10%，42.5级水泥价格按250元/吨，钼尾矿粉售价按100元/吨，则1m³C40混凝土可节省的成本为：0.38吨×10%×（250－100）元/吨＝5.7元。

表6 钼尾矿粉成本

钼尾矿	人工成本	电费	运费	合计
0	20	20	40	80

4 结语

（1）钼尾矿粉比表面积在455m²/kg及以上时，活性可满足《用于水泥中的火山灰质混合材料》（GB/T 2847—2005）中活性混合材料的要求。

（2）在替代水泥量不大于10%的条件下，可以改善混凝土拌合物的流动性，提高混凝土的强度；5%钼尾矿粉替代水泥有利于提高混凝土的抗碳化和抗冻融性能，有利于混凝土耐久性的提高。

（3）使用钼尾矿粉替代部分水泥可以降低能耗、节省资源、解放土地、保护生态，并显著降低混凝土的生产成本，具有良好的社会、环境和经济效益。

参考文献

[1] 徐旭，魏建鹏，刘数华．新型矿物掺合料在混凝土材料中的应用 [J]．粉煤灰综合利用，2015（6）：54-58.

[2] 孟跃辉，倪文，张玉燕．我国尾矿综合利用发展现状及前景 [J]．中国矿山工程，2010，39（5）：4-9.

[3] 徐宏达．我国尾矿库病害事故统计分析 [J]．工业建筑，2001，31（1）：69-71.

[4] 胡卜亮，王快社，胡平，等．钼尾矿资源回收综合利用研究进展 [J]．材料导报，2015，29（19）：123-127.

[5] 朱建平，侯欢欢，尹海滨，等．钼尾矿制备贝利特水泥熟料早期性能研究 [J]．硅酸盐通报，2015（7）：1839-1843.

[6] 狄燕清，崔孝炜，李春，等．掺钼尾矿发泡水泥保温材料的制备 [J]．新型建筑材料，2016，43（4）：10-13.

[7] 张同生，刘向阳，韦江雄，等．水泥熟料与辅助性胶凝材料优化匹配的基础研究进展（Ⅱ）——化学效应 [J]．水泥，2014（8）：8-15.

[8] 熊远柱．高掺量石灰石粉对混凝土耐久性的影响 [D]．武汉：武汉理工大学，2010.

偏高岭土对水泥基胶凝材料耐久性能的影响

随着水泥混凝土技术的发展，作为辅助胶凝材料的粉煤灰、矿粉和偏高岭土等矿物材料已成为高性能水泥混凝土的重要组成部分。矿物材料既可以取代部分水泥熟料，降低成本，又可以降低水化热，改善水泥混凝土的工作性能，提高后期强度，同时还可以改善水泥混凝土的内部结构，提高耐久性能，因而在现代水泥混凝土技术中得到广泛应用[1]。

偏高岭土是由高岭土在 500℃～900℃下煅烧、脱水形成的白色粉末，主要成分是 SiO_2 和 Al_2O_3，能够参与水化反应生成水化铝酸钙、C-S-H 凝胶等胶凝物质，改善水泥混凝土的强度和耐腐蚀性能[2-5]。偏高岭土在一些国家已广泛应用于建筑材料的生产和建筑工程中，在国民经济建设和可持续发展中起着重要作用。

本文将粉煤灰、矿粉、硅灰与硅酸盐水泥熟料和石膏复合制备成一种水泥基胶凝材料（或称一种复合水泥，下同），通过内掺法研究偏高岭土对水泥基胶凝材料物理性能、抗渗性能和混凝土氯离子扩散性能的影响，并利用激光粒度分布曲线、XRD 和 SEM 等微观方法对其作用机理进行分析。

1 实验

1.1 实验原材料

硅酸盐水泥熟料取自枣庄中联，粉磨至比表面积为 350～360m²/kg，率值为：KH＝0.87，SM＝2.61，IM＝1.48；石膏为天然二水石膏，粉磨至比表面积为 520～560 m²/kg；粉煤灰取自临沂费县电厂，Ⅰ级灰，比表面积为 530m²/kg；矿粉取自莱钢集团，比表面积为 460m²/kg；硅灰由武汉纽瑞琪新材料有限公司提供，比表面积＞15000 m²/kg；偏高岭土由石家庄辰兴实业有限公司生产，细度为 4000 目；砂细度模数为 2.7，含泥量为 0.5%；粗集料为碎石，粒径为 5～25mm，含泥量为 0.3%；减水剂为山东宏艺科技股份有限公司生产的高效聚羧酸减水剂，含固量 20%，减水率为 28%。各原材料的化学组成见表 1。

表 1　原材料化学组成（wt%）

	CaO	SiO₂	Al₂O₃	Fe₂O₃	SO₃	MgO	R₂O	Cl⁻	Loss
熟料	63.10	23.64	4.73	3.16	0.21	2.99	0.63	—	1.04
石膏	32.51	0.42	0.51	1.08	45.85	0.06	—	—	18.84
粉煤灰	2.89	31.02	30.01	2.69	0.37	0.37	0.77	—	2.70
矿粉	42.29	31.88	15.44	0.70	0.07	7.06	0.83	0.03	1.42
硅灰	0.13	94.83	0.30	—	0.76	0.32	0.34	—	7.51
偏高岭土	0.67	48.58	44.74	1.43	0.06	0.12	—	—	0.70

1.2 实验方案及方法

1.2.1 偏高岭土掺量对水泥基胶凝材料性能的影响

按照熟料：石膏：粉煤灰：矿粉：硅灰＝33％：7％：12％：45％：3％的比例混合均匀制得一种水泥基胶凝材料，通过内掺不同量偏高岭土，研究其对水泥基胶凝材料的力学性能和耐久性能的影响。水泥基胶凝材料配比见表2，其中NO.1配比，水泥基胶凝材料常规性能见表3，混凝土配比见表4。

表2　水泥各原料配合比（wt%）

No.	水泥					水泥	偏高岭土
	熟料	石膏	粉煤灰	矿粉	硅灰		
1	33	7	12	45	3	100	0
2	33	7	12	45	3	97	3
3	33	7	12	45	3	94	6
4	33	7	12	45	3	91	9
5	33	7	12	45	3	88	12
6	33	7	12	45	3	85	15

表3　水泥基胶凝材料常规性能（MPa）

	标准稠度用水量（％）	初凝时间 min	终凝时间 min	抗折强度		抗压强度	
				3d	28d	3d	28d
No.1	28.2	305	370	3.6	9.8	16.5	51.8

表4　混凝土配合比（kg/m³）

No.	水泥（kg）	砂（kg）	石（kg）	水（kg）	减水剂（％）
1	400	800	1060	152	1.1
2	400	800	1060	152	1.1
3	400	800	1060	152	1.1
4	400	800	1060	152	1.1
5	400	800	1060	152	1.1
6	400	800	1060	152	1.1

注：实验编号与表2中水泥编号对应

1.2.2 实验方法

按照《水泥胶砂强度检验方法》（GB/T 17671—1999）对胶凝材料的力学性能进行测试；按照《普通混凝土长期性能和耐久性能试验方法标准》（GB/T 50082—2009）中快速氯离子迁移系数法（RCM法）对水泥混凝土的氯离子扩散系数进行测试；按照《建筑砂浆基本性能试验方法》（JGJ/T 70—2009）对水泥砂浆的抗渗性能进行测试。

采用德国 SYMPA 公司 HELOS-RODOS 激光粒度分析仪对制备的胶凝材料进行颗粒分布分析；以 0.3 的水灰比成型净浆试体（20mm×20mm×20mm），养护至一定龄期后置于无水乙醇中终止水化，进行 XRD 分析。将上述试体破型后取样进行 SEM 分析。

2　结果与讨论

2.1　偏高岭土对水泥基胶凝材料力学性能的影响

内掺不同数量的偏高岭土对水泥基胶凝材料力学性能的影响如图 1 所示。

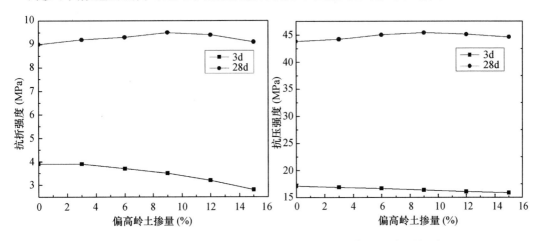

图 1　内掺不同数量的偏高岭土对水泥基胶凝材料力学性能的影响（纵坐标 MPa）

由图 1 可知，随偏高岭土掺量的增加，水泥砂浆 3d 强度均呈下降趋势，而 28d 强度则随掺量的增加而增加，在掺量为 9% 达到最大值后，变化趋势趋于平缓。这是因为偏高岭土活性低，且活性的发挥需要消耗一定量的 CH，而大量混合材的掺入减小了 CH 的生成量和生成速率，偏高岭土的取代量越多，生成 CH 量越少，越难以发挥其早期活性，使早期强度降低；到后期（28d）CH 生成量逐渐增多，偏高岭土通过参与水化反应生成胶凝物质，填充孔隙，提高致密度，增加水泥体系强度；当偏高岭土掺量过大（>9%）时，水化活性高的水泥熟料及矿粉含量减少，导致胶凝物质 C-S-H、CH 生成量减少，偏高岭土参与反应程度低，影响水泥基胶凝材料强度的增加[6]。

2.2　偏高岭土对水泥基胶凝材料抗渗性能的影响

内掺不同数量偏高岭土对 28d 水泥基胶凝材料抗渗性能的影响见图 2。

抗渗性能可由水泥砂浆渗水高度表示，渗水高度越低，抗渗性能越好。由图 2 可知，掺加偏高岭土能明显降低水泥砂浆 28d 的渗水高度，改善其抗渗性能，并且当偏高岭土掺量为 9%～12% 时渗水高度最小，抗渗效果最佳。这是因为偏高岭土中 Al_2O_3 组分的引入，在 CH 存在的条件下，促进了 AFt 的生成，加之偏高岭土粒径小，能充分填充水泥体系的孔隙，提高了水泥基材料体系的致密度，使水泥基材料体系具有较好的抗渗性能[7]。当偏高岭土掺量过大时，因生成胶凝物不足而影响抗渗性能的改善。

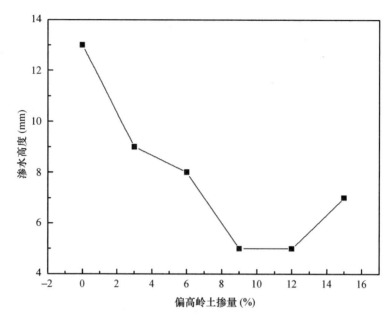

图 2　内掺不同数量偏高岭土对水泥基胶凝材料抗渗性能的影响

2.3　偏高岭土对混凝土氯离子扩散系数的影响

内掺不同数量偏高岭土对混凝土氯离子扩散系数的影响如图 3 所示。

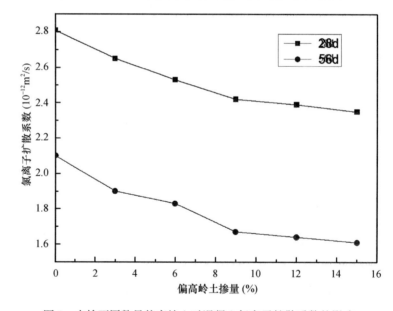

图 3　内掺不同数量偏高岭土对混凝土氯离子扩散系数的影响

混凝土氯离子扩散系数是评价混凝土抗氯离子渗透性能的重要指标，氯离子扩散系数越小，混凝土抗氯离子侵蚀能力越强，耐久性越好。由图 3 可以看出，掺加偏高岭土能明显降低水泥混凝土的氯离子扩散系数，在 0%～9% 掺量范围内氯离子扩散系数下降较快，随后趋于平缓。与28d龄期相比，56d龄期的水泥混凝土具有更低的氯离子扩散系数，抗氯离子渗透性能明显增强。这是因为，一方面，偏高岭土中含有活性Al_2O_3，可与熟料水化生成的CH反应生成水化铝酸钙，水化铝酸钙可与Cl^-通过化学键形成F盐，减少游离氯离子的含量[8]；另一方面，偏高岭土粒径小，可以充分填充混凝土中的孔隙，提高水泥混凝土的致密度，从输运途径上减少外界环境中氯离子等有害物质对钢筋混凝土结构造成侵蚀的几率。

2.4 颗粒分布

利用RODOS激光粒度分析仪对内掺0%、9%偏高岭土的水泥基胶凝材料和市售某公司生产的P·O42.5水泥的粒径分布进行对比，结果如图4~图6所示。

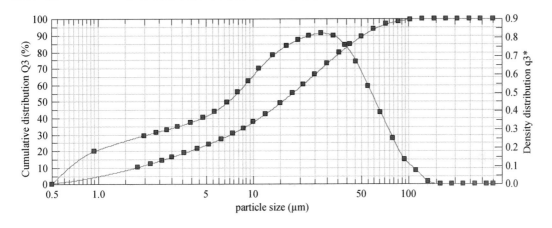

图4 市售某P·O42.5水泥粒径分布

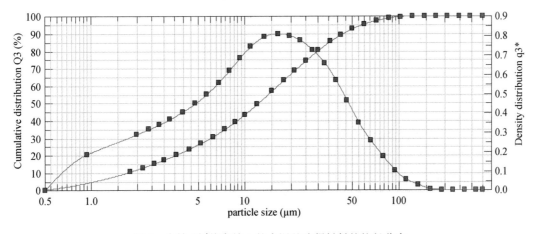

图5 内掺0%偏高岭土的水泥基胶凝材料的粒径分布

由图4、图5、图6可以看出，内掺0%偏高岭土的水泥基胶凝材料在$3\sim32\mu m$粒径范围的比例为65%，内掺9%偏高岭土的水泥基胶凝材料在$3\sim32\mu m$粒径范围的比例为78%，P·O42.5水泥在$3\sim32\mu m$粒径范围的比例为66%。一般认为，水泥颗粒中$0\sim3\mu m$粒级对早期强度有利，$3\sim32\mu m$粒级对中后期强度有利，并且随着$0\sim3\mu m$颗粒的增加，水泥早期

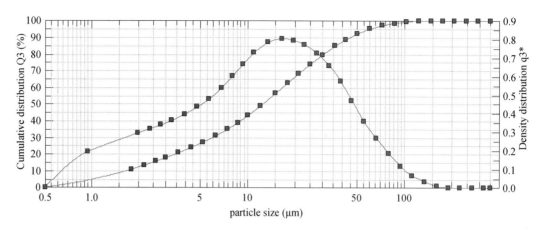

图6　内掺9%偏高岭土的水泥基胶凝材料的粒径分布

强度增加，水泥中 $3\sim32\mu m$ 颗粒增加，其 28d 强度增加[10]。此外，偏高岭土水泥基胶凝材料颗粒粒径小，可以充分发挥物理填充效应，提高水泥硬化体的致密度。

2.5　XRD 分析

为分析偏高岭土对水泥基胶凝材料水化产物的影响，分别对掺量为 0%、9% 和 12% 的胶凝材料净浆 28d 龄期试样进行 XRD 分析，其 XRD 图谱如图 6 所示。

由图 6 可知，水化样中晶体成分主要有钙矾石、氢氧化钙以及未水化的水泥熟料。钙矾石的衍射峰随偏高岭土掺量的增加而增大，而 CH 的衍射峰随偏高岭土掺量的增加而减小，这说明偏高岭土在参与水化反应过程中消耗了氢氧化钙，并促进了钙矾石的形成[9]。但当偏高岭土掺量为 9%~12% 时，钙矾石和氢氧化钙特征峰变化不明显，这是因为大量混合材的掺入减少了氢氧化钙的绝对生成量，偏高岭土参与水化反应需要的 CH 量不足，过量偏高岭土主要起物理填充作用，减少了水化产物的生成量，降低了水泥基胶凝材料的强度。

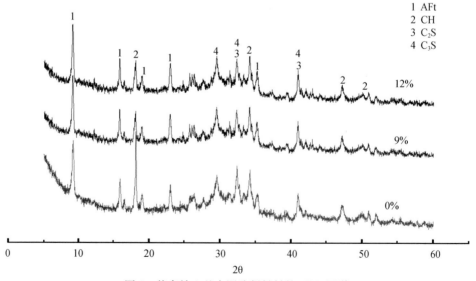

图6　偏高岭土基水泥胶凝材料的 XRD 图谱

2.6　SEM 分析

为分析偏高岭土对水泥基胶凝材料硬化浆体结构的影响，对掺加 0%、9% 偏高岭土的水泥基胶凝材料进行 SEM 分析。试样 28d 龄期的 SEM 照片如图 7、图 8 所示。

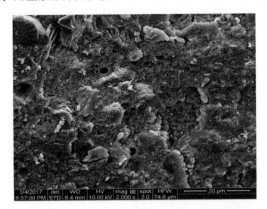

图 7　偏高岭土掺量为 0% 的 SEM 照片

图 8　偏高岭土掺量为 9% 的 SEM 照片

由图 7、图 8 可以看出，水泥基胶凝材料水化生成大量 C-S-H 凝胶，结构均较致密。偏高岭土掺量为 0% 的试样浆体结构中存在较多的孔洞；偏高岭土掺量为 9% 的试样中孔洞较少，并存在细长针状钙矾石，结构比较致密。这是由于偏高岭土中含有大量的活性 Al_2O_3 组分，参与化学反应促进钙矾石的形成，同时消耗 CH，使硬化体结构致密，提高浆体强度。这与抗压强度测试结果一致。

3　结语

（1）随偏高岭土掺量的增加，水泥砂浆的 3d 强度逐渐下降，28d 发挥火山灰活性，强度随偏高岭土掺量的增加而升高，并在掺量为 9% 左右达到最大值，超过 9% 后，水泥砂浆强度有下降趋势。

（2）偏高岭土参与水化反应，消耗 CH，促进钙矾石的形成，以 9%～12% 偏高岭土掺量的水泥基胶凝材料具有较好的砂浆抗渗性能，显著降低了混凝土氯离子扩散系数，表现出优异的耐久性能。

（3）按水泥熟料 33%、石膏 7%、粉煤灰 12%、矿粉 45% 及硅灰 3% 的配比制得的一种水泥基胶凝材料，在偏高岭土等量取代其 9% 的条件下，水泥基胶凝材料具有较好的力学性能和耐久性能。

参考文献

［1］高俊岳. 活性偏高岭土对混凝土性能影响的试验研究［J］. 广州建筑，2015，43（5）：26-29.

［2］曾俊杰. 偏高岭土改性高强混凝土的制备与性能［D］. 武汉：武汉理工大学，2008.

［3］Brook J J，Megat J M A. Effect of metakaolin on creep and shrinkage of concrete［J］. Cement and Concrete Composites，2001，23：495-502.

［4］Li Z，Ding Z. Property improvement of Portland cement by incorporating with metakaolin and slag［J］. Cement and Concrete Research，2003，33：579-584.

［5］水中和，王康，陈伟，等. 改性偏高岭土复合粉煤灰对混凝土抗渗性能的影响［J］. 硅酸盐通报，2012，31（3）：658-663.

［6］余强，曾俊杰，范志宏. 偏高岭土和硅灰对混凝土性能影响的对比分析［J］. 硅酸盐通报，2014，33（12）：3134-3139.

［7］Zeng J J，Shui Z H，Wang G M. The early hydration and strength development of high-strength precast concrete with cement/metakaolin systems［J］. Journal of Wuhan University of Technology – Mater. Sci. Ed.，2010，25（4）：712-716.

［8］蒲心诚，王勇威. 超高强高性能混凝土的孔结构和界面结构研究［J］. 混凝土与水泥制品，2004，3：9-13.

［9］刑楠. 偏高岭土对水泥及混凝土性能的影响［D］. 北京：北京建筑工程学院，2012.

［10］陶建权. 水泥颗粒形状和大小对水泥强度的影响［J］. 技术研发，2011，18（7）：280-281.

浅谈公路桥梁工程混凝土裂缝成因及防治措施

1 引言

近年来随着我国交通基础建设的迅猛发展，高速公路高速铁路基本建设投入的加大，各类桥梁在工程中的应用日益加大，一座座巨大工程呈现在我们面前，然而在桥梁建造和使用过程中，有关出现裂缝而影响工程质量甚至导致桥梁垮塌的报道更是屡见不鲜。混凝土的裂缝问题可以说是"常发病"和"多发病"，经常困扰着桥梁工程技术人员。

混凝土建筑和构件通常有很多是带缝工作的，由于裂缝的存在和发展通常会使内部的钢筋等材料产生腐蚀，降低钢筋混凝土材料的承载能力、耐久性及抗渗能力，影响建筑物的外观、使用寿命，严重者将会威胁到人们的生命和财产安全。很多工程的失事都是由于裂缝的不稳定发展所致。近代科学研究和大量的混凝土工程实践证明，混凝土工程中裂缝问题是不可避免的，在一定的范围内也是可以接受的，只是要采取有效的措施将其危害程度控制在一定的范围之内。裂缝也分为有害和无害缝，只要人们充分重视有害缝，采取有效措施应对它，混凝土结构就会安全和耐久。

2 混凝土工程常见的裂缝及预防

2.1 收缩引起的裂缝

1）特点：大部分属表面裂缝，裂缝宽度较细，且纵横交错，成龟裂状，形状没有任何规律。

2）主要包括：塑性收缩、缩水收缩、自生收缩和碳化收缩，其中塑性收缩和缩水收缩（干缩）是引起混凝土体积变形的主要原因。

（1）塑性收缩引起的裂缝：指发生在施工过程中、混凝土浇筑后 4～5h 左右，此时水泥水化反应激烈，水化产物逐渐形成，表面水分急剧蒸发，混凝土失水收缩，同时骨料因自重下沉，此时混凝土尚未硬化，称为塑性收缩。塑性收缩裂缝一般在干热或大风天气出现，裂缝多呈中间宽、两端细且长短不一，互不连贯状态。较短的裂缝一般长 15～30mm，较长的裂缝可达 20～30cm，宽 1～5mm。其产生的主要原因为：混凝土在终凝前几乎没有强度或强度很小，或者混凝土刚刚终凝而强度很小时，受高温或较大风力的影响，混凝土表面失水过快，造成毛细管中产生较大的负压而使混凝土体积急剧收缩，而此时混凝土的强度又无法抵抗其本身收缩，因此产生龟裂。影响混凝土塑性收缩开裂的主要因素有水灰比、混凝土的坍落度大小、环境温度、风速、相对湿度、养护制度等等。

主要预防措施：一是严格控制水灰比，掺加高效减水剂来增加混凝土的坍落度和和易性，减少水泥及水的用量。二是浇筑混凝土之前，将基层和模板浇水均匀湿透。三是混凝土浇注完成后多次抹面及时覆盖塑料薄膜或者潮湿的草垫、麻片等，保持混凝土终凝前表面湿润，或者在混凝土表面喷洒养护剂等进行养护。四是在高温和大风天气要设置遮阳和挡风设施，及时养护。

（2）缩水收缩（干缩）引起的裂缝：干缩裂缝多出现在混凝土养护结束后的一段时间或是混凝土浇筑完毕后的一周左右。水泥浆中水分的蒸发会产生干缩，且这种收缩是不可逆的。干缩裂缝的产生主要是由于混凝土内外水分蒸发程度不同而导致变形不同的结果：混凝土受外部条件的影响，表面水分损失过快，变形较大，内部湿度变化较小变形较小，较大的表面干缩变形受到混凝土内部约束，产生较大拉应力而产生裂缝。相对湿度越低，水泥浆体干缩越大，干缩裂缝越易产生。干缩裂缝多为表面性的平行线状或网状浅细裂缝，宽度多在 $0.05\sim0.2$mm 之间，大体积混凝土中平面部位多见，较薄的梁板中多沿其短向分布。干缩裂缝通常会影响混凝土的抗渗性，引起钢筋的锈蚀影响混凝土的耐久性，在水压力的作用下会产生水力劈裂影响混凝土的承载力等等。

主要预防措施：一是混凝土的干缩受水灰比的影响较大，水灰比越大，干缩越大，因此在混凝土配合比设计中应尽量控制好水灰比的选用，同时掺加合适的减水剂。二是加强混凝土的早期养护，并适当延长混凝土的养护时间。冬季施工时要适当延长混凝土保温覆盖时间，并涂刷养护剂养护。三是在混凝土结构中设置合适的收缩缝。

2.2 地基变形引起的裂缝

由于基础竖向不均匀沉降或水平方向位移，使结构中产生附加应力，超出混凝土结构的抗拉能力，导致结构开裂。基础不均匀沉降的主要原因有：

（1）地质勘察精度不够、试验资料不准。在没有充分掌握地质情况就设计、施工，这是造成地基不均匀沉降的主要原因。

（2）地基地质差异太大。建造在山区沟谷的桥梁，河沟处的地质与山坡处变化较大，河沟中甚至存在软弱地基，地基土由于不同压缩性引起不均匀沉降。

（3）结构荷载差异太大。在地质情况比较一致条件下，各部分基础荷载差异太大时，有可能引起不均匀沉降，例如高填土箱形涵洞中部比两边的荷载要大，中部的沉降就要比两边大，箱涵可能开裂。

（4）结构基础类型差别大。同一联桥梁中，混合使用不同基础如扩大基础和桩基础，或同时采用桩基础但桩径或桩长差别大时，或同时采用扩大基础但基底标高差异大时，也可能引起地基不均匀沉降。

（5）分期建造的基础。在原有桥梁基础附近新建桥梁时，如分期修建的高速公路左右半幅桥梁，新建桥梁荷载或基础处理时引起地基土重新固结，均可能对原有桥梁基础造成较大沉降。

（6）地基冻胀。在低于零度的条件下含水率较高的地基土因冰冻膨胀；一旦温度回升，冻土融化，地基下沉。因此地基的冰冻或融化均可造成不均匀沉降。

（7）桥梁基础置于滑坡体、溶洞或活动断层等不良地质时，可能造成不均匀沉降。

（8）桥梁建成以后，原有地基条件发生变化。

2.3 温度变化引起的裂缝

温度裂缝多发生在大体积混凝土表面或温差变化较大地区的混凝土结构。混凝土浇筑后，在硬化过程中，水泥水化产生大量的水化热，而混凝土表面散热较快，这样就形成内外的较大温差，较大的温差造成内部与外部热胀冷缩的程度不同，使混凝土表面产生一定的拉应力。当拉应力超过混凝土的抗拉强度极限时，混凝土表面就会产生裂缝，这种裂缝多发生在混凝土施工中后期。温度裂缝的走向通常无一定规律，大面积结构裂缝常纵横交错；梁板类长度尺寸较大的结构，裂缝多平行于短边；深入和贯穿性的温度裂缝一般与主筋方向平行或接近平行。高温膨胀引起的混凝土温度裂缝是通常中间粗两端细，而冷缩裂缝的粗细变化不太明显。此种裂缝的出现会引起钢筋的锈蚀，混凝土的碳化，降低混凝土的抗冻融、抗疲劳及抗渗能力等。温度应力可以达到甚至超出活载应力。温度裂缝区别其他裂缝最主要特征是将随温度变化而扩张或合拢。引起温度变化主要因素有：年温差，日照，骤然降温，水化热，蒸汽养护或冬季施工时施工措施不当，混凝土骤冷骤热，内外温度不均等等。

主要预防措施：一是混凝土中尽量掺加混凝土掺合料，如粉煤灰或矿粉。二是减少水泥用量，将水泥用量尽量控制在 450kg/m^3 以下。三是降低水灰比，一般混凝土的水灰比控制在 0.6 以下。四是改善骨料级配，掺加粉煤灰或高效减水剂等来减少水泥用量，降低水化热。五是改善混凝土的搅拌加工工艺，在传统的"三冷技术"的基础上采用"二次风冷"新工艺，降低混凝土的浇筑温度。六是在混凝土中掺加一定量的具有减水、增塑、缓凝等作用的外加剂，降低水化热，推迟热峰的出现时间。七是高温季节浇筑时可以采用搭设遮阳板等辅助措施控制混凝土的温升，降低浇筑混凝土的温度。八是在大体积混凝土内部设置冷却管道，通冷水或者冷气冷却，减小混凝土的内外温差。九是加强混凝土温度的监控，使大体积混凝土的内外温差尽量小于 25℃。十是预留温度收缩缝。十一是减小约束，浇筑混凝土前宜在基岩和老混凝土上铺设 5mm 左右的砂垫层或使用沥青等材料涂刷。十二是加强混凝土养护，混凝土浇筑后，及时用湿润的草帘、麻片等覆盖，并注意洒水养护，适当延长养护时间，保证混凝土表面缓慢冷却。在寒冷季节，混凝土表面应设置保温措施，以防止寒潮袭击。十三是混凝土中配置少量的钢筋或者掺入纤维材料将混凝土的温度裂缝控制在一定的范围之内。

2.4 冻涨引起的裂缝

大气气温低于零度时，吸水饱和的混凝土出现冰冻，游离的水转变成冰，体积膨胀 9%，因而混凝土产生膨胀应力；冬季施工时对预应力孔道灌浆后若不采取保温措施也可能发生沿管道方向的冻胀裂缝。温度低于零度和混凝土吸水饱和是发生冻胀破坏的必要条件。

主要处理措施：一是施工时应控制水灰比，避免过长时间的搅拌，下料不宜太快，振捣要密实；二是冬季施工时，采用电气加热法、暖棚法、地下蓄热法、蒸汽加热法养护以及在混凝土拌和水中掺入防冻剂（但氯盐不宜使用），以保证混凝土在低温或负温条件下硬化。

2.5 施工工艺质量引起的裂缝

在混凝土结构浇筑、构件制作、起模、运输、堆放、拼装及吊装过程中，若施工工艺不合理、施工质量低劣，容易产生纵向的、横向的、斜向的、竖向的、水平的、表面的、深进的和贯穿的各种裂缝，特别是细长薄壁结构更容易出现。裂缝出现的部位和走向、裂缝宽度因产生的原因而异，比较典型常见的有：

（1）混凝土保护层过厚，或乱踩已绑扎的上层钢筋，使承受负弯矩的受力筋保护层加厚，导致构件的有效高度减小，形成与受力钢筋垂直方向的裂缝。

（2）混凝土振捣不密实、不均匀，出现蜂窝、麻面、空洞，导致钢筋锈蚀或其他荷载裂缝的起源点。

（3）混凝土浇筑过快，混凝土流动性较低，在硬化前因混凝土沉实不足，硬化后沉实过大，容易在浇筑数小时后发生裂缝，既塑性收缩裂缝。

（4）混凝土初期养护时急剧干燥，使得混凝土与大气接触的表面上出现不规则的收缩裂缝。

（5）用泵送混凝土施工时，为保证混凝土的流动性，随意增加用水量，使混凝土坍落度偏大，导致混凝土凝结硬化时收缩量增加，使混凝土出现不规则裂缝。

（6）混凝土分层或分段浇筑时，接头部位处理不好，易在新旧混凝土和施工缝之间出现裂缝。如混凝土分层浇筑时，后浇混凝土因停电、下雨等原因未能在前浇混凝土初凝前浇筑，引起层面之间的水平裂缝；采用分段现浇时，先浇混凝土接触面凿毛、清洗不好，新旧混凝土之间粘结力小，或后浇混凝土养护不到位，导致混凝土收缩而引起裂缝。

（7）混凝土早期受冻，使构件表面出现裂纹，或局部剥落，或脱模后出现空鼓现象。

（8）施工时模板刚度不足，在浇筑混凝土时，由于侧向压力的作用使得模板变形，产生与模板变形一致的裂缝。

（9）施工时拆模过早，混凝土强度不足，使得构件在自重或施工荷载作用下产生裂缝。

（10）施工前对支架压实不足或支架刚度不足，浇筑混凝土后支架不均匀下沉，导致混凝土出现裂缝。

（11）安装顺序不正确，对产生的后果认识不足，导致产生裂缝。如钢筋混凝土连续梁满堂支架现浇施工时，钢筋混凝土墙式护栏若与主梁同时浇筑，拆架后墙式护栏往往产生裂缝；拆架后再浇筑护栏，则裂缝不易出现。

3 工程实例

在实际工程中要区别对待各种裂缝，根据实际情况解决问题。现结合工程实例，讨论一下工程中遇到的裂缝形式、成因、处理方法及效果。

重阳水库大桥位于上海至武威国家重点高速公路河南南阳境内，桥梁全长 664.58m，上部构造采用 13×50 后张法预应力混凝土 T 梁；下部构造采用柱式台及 U 型台，其中 0#台为 U 型台，桥台基础为扩大基础，13#台为柱式台，桥台基础为桩群桩基础；桥墩采用柱式墩，群桩基础。以 0#台为例介绍施工过程中的裂缝情况。

重阳水库大桥 0#台施工时间为 2006 年 5 月 20 号，桥台为重力式 U 型桥台，桥台尺寸如图 1 所示，桥台混凝土设计强度等级为 C25，配合比为：水泥（353kg/m³）、砂子（768kg/m³）、石子（1106kg/m³）、水（153kg/m³）、减水剂（1.756kg/m³）。施工结束后专人 24H 养护，养护期限为 14d，养护期间逐渐发现台身、台背出现不同程度的竖向裂缝，裂缝形状大部分是竖直方向，处于台身中下部，且基本是等台身分部，台前裂缝与台背裂缝位置大致相同，属于沿台身前后贯通情况，实测裂缝宽度大致在 0.3~2.0mm，长度在 1.0~1.5m 左右，结构施工采用组合钢模，型钢加劲，半幅一次性浇筑，浇筑时间约 25h，施工时最高气温为 28℃由于方量大，桥台采用泵输送混凝土工艺，坍落度为 16cm，混凝土振捣采用插入式振动棒。

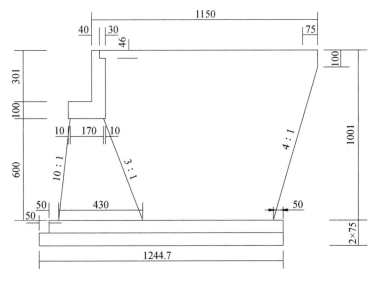

图 1　0 号台一般构造

3.1　分析引起裂缝的可能原因

该桥台未承受施工荷载及使用荷载，可以排除外力产生裂缝，桥台下接 2×0.75m 扩大基础，经检验未发现有裂缝，认为基础绝对刚性，因此可以排除基础不均匀沉降导致的裂缝；

从裂缝的规则性、均匀分布、走向一致，可以排除混凝土拌和不均匀造成的裂缝，考虑结构物的尺寸特征及裂缝形态，可以初步判断可能有以下几方面引起的：

（1）采用输送泵浇筑，调整了水灰比及坍落度，水灰比增加，混凝土内部水化后残留多余水分，降低强度的同时增加了混凝土收缩量。

（2）U 型桥台由于台身较高，混凝土半幅一次性成型，相比多次浇筑成型，混凝土体积和表面积增大，相应增加了混凝土结构温度应变和收缩变形。

（3）桥台施工正值 5 月份，因环境温度而养护不到位，特别是在气温变化较大的昼夜间断时间里，由于外界气温骤降，增加了混凝土内外温度梯度，又无法得到很好的散热，由此产生的温度应力同样是造成开裂的不利因素。

3.2　混凝土裂缝处理办法

裂缝的出现不但会影响结构的整体性和刚度，还会引起钢筋的锈蚀、加速混凝土的碳化、降低混凝土的耐久性和抗疲劳、抗渗能力。因此根据裂缝的性质和具体情况我们要区别对待、及时处理，以保证建筑物的安全使用。混凝土裂缝的修补措施主要有以下一些方法：

（1）开槽法修补裂缝

该法适合于修补较宽裂缝大于 0.5mm，采用环氧树脂：10，聚硫橡胶：3，水泥：12.5，砂：28。首先用人工将晒干筛后的砂、水泥按比例配好搅拌均匀后，将环氧树脂聚硫橡胶也按配比拌匀。然后掺入已拌好的砂、水泥当中，再用人工继续搅拌。最后用少量的丙酮将已拌好的砂浆稀释到适中稠度（约 0.4 斤丙酮就可以了）。及时（一般约 30min）将已拌好的改性环氧树脂砂浆用橡胶桶装到已凿好洗净吹干后的混凝土凿槽内进行嵌入。嵌入后的砂浆养护即砂浆嵌入缝槽内处理好后两小时以内及时用毛毡、麻袋将修补砂浆进行覆盖，待完全初凝后，开始用水养护。

（2）低压化学灌浆法修补裂缝

低压注浆法适用于裂缝宽度为 0.2~0.3mm 的混凝土裂缝修补。修补工序如下：裂缝清理－试漏－配制注浆液－压力注浆－二次注浆－清理表面。化学灌浆，即将一定的化学材料配制成浆液，用压送设备将其灌入缝隙或孔洞中，使其扩散凝固，从而达到防渗、堵漏、补强、加固的目的。化学灌浆材料有较好的可靠性，其凝胶时间可根据工程需要调节。有的可在瞬间固化，适用于大流量漏水、涌水的处理。有的胶凝时间长，起始黏度低，适用于混凝土细微裂缝和孔隙的渗漏处理。可供选择的化学灌浆材料有许多，常用的有丙烯酰胺、甲基丙烯酸酯、油性或水性聚氨酯、环氧树脂等等。由于化学灌浆可将化学浆材压入很细的混凝土孔隙中，因此可有效地保护混凝土。渗漏治理施工过程中，可根据孔隙的大小和材料的可灌性选用适当的化学灌浆材料。低黏度环氧树脂化灌材料由于其起始黏度低，适用于细微裂缝的封闭和补强加固。油性或水性聚氨酯遇水立即起反应膨胀产生高弹性发泡体，也是经常用到的堵漏止水材料。一般灌浆压力为 0.3MPa，由高压灌注机械把调配好的注浆液压入混凝土裂缝中。工程施工往往由专门的防水堵漏技术公司来承担。

（3）表面覆盖法修补裂缝

这是一种在微细裂缝（一般宽度小于 0.2mm）的表面上涂膜，以达到修补混凝土微细裂缝的目的。分部分及全部涂覆两种方法，这种方法的缺点是修补工作无法深入到裂缝内部，对延伸裂缝难以追踪其变化。表面覆盖法所用材料视修补目的及建筑物所处环境不同而异，通常采用弹性涂膜防水材料，聚合物水泥膏、聚合物薄膜（粘贴）等。施工时，首先用钢丝刷子将混凝土表面打毛，清除表面附着物，用水冲洗干净后充分干燥，然后用树脂充填混凝土表面的气孔，再用修补材料涂覆表面。

经分析，本工程裂缝处理适合选用开槽法修补裂缝，具体修补方法如下：桥台裂缝为一贯通性裂缝，故分别对台身、台背裂缝应进行表面处理（但暂不考虑对裂缝内部进行灌浆处理）裂缝表面处理：沿裂缝（以裂缝为中心）凿一条宽80mm，深40mm的"V"型槽（图2），并清洗干净，刷去松动颗粒，回填弹性环氧砂浆。弹性环氧砂浆配方见表1。

表1　弹性环氧砂浆配比（重量比）

组成材料	比例	备注
＃618 环氧树脂	100	主剂
聚硫橡胶	20	增弹剂
MA 固化剂	15	潮湿水下固化剂
CJ-915 固化剂	64	柔性固化剂
石英粉	700	填料
砂	2100	细骨料

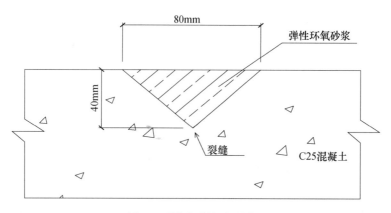

图 2　开槽法裂缝处理详图

　　该工程桥台裂缝处理为 2006 年 6 月中旬，经历长期的考验，裂缝未发展，且未发现新的裂缝，证明处理措施是合理、有效的，较好地达到控制裂缝的效果。

4　结语

　　裂缝是混凝土结构普遍存在的一种现象，虽然经过论证裂缝的存在大都不影响结构的使用，但从结构的整体性、耐久性及外观性问题考虑，工程中应结合实际找出问题的根源，采取切实可行的修补方案，保证混凝土结构工程的耐久性。混凝土裂缝的修补是一项技术性很强的作业，"灌、堵、嵌、涂相结合的裂缝治理技术"是从工程实践中总结出来的一种好方法。目前国内也出现了一些专业性的修补加固技术公司。在这一领域，前景将非常广阔。

水泥混凝土配合比基础设计的案例教学与实践

目前高校土建类学科中的《土木工程材料》《建筑材料》及《建筑工程材料》教材版本较多，教材作者们编写的内容不尽一致，"混凝土配合比基础设计"这一章节内容理论性较强，混凝土水灰比（水胶比）计算公式中的系数取值各版本也不一，尽管国家住房和城乡建设部发布了最新行业标准《普通混凝土配合比设计规程》（JGJ 55—2011），但作为初学者感觉理论性太强、计算公式复杂，学生学习被动感觉枯燥，学习效果不佳。为改变这一学习状况，我们教研组尝试采用了认知实习、课堂教学与工程实际相吻合的案例教学法，通过若干工程实际例题，把学员学习的积极性调动起来，学员带上问题和好奇心来学习知识、解决问题，取得较好教学效果。

1 认知实习

通过到相关行业的混凝土搅拌站认知实习，学员深入生产第一线进行观察和调查研究，获取必要的感性知识和使自己全面地了解混凝土生产过程及工程施工组织形式，了解和掌握本专业混凝土基础的生产实际知识，巩固和加深已学过的基本理论知识，对教学具有重要促进作用。通过参观考察混凝土的原材料：水泥、砂石、粉煤灰、矿渣微粉及混凝土外加剂等，学员获得了原材料的基本认识；通过考察混凝土生产线，掌握混凝土的整个生产过程等方面的知识，并到建筑施工工地观看了混凝土泵送施工、浇注和养护等基本知识，扩大了学员的知识面，开阔了视野；通过对混凝土搅拌站试验室的考察学习，可以对混凝土基本试验设备有了初步认识，混凝土坍落度仪、抗压抗折仪器、混凝土抗渗仪器、振动台和混凝土试模都有了了解。通过认知实习，可对"混凝土的配合比设计"教学工作打下了良好的基础。

2 案例教学

案例教学可以从最基本的最简单的水泥混凝土配合比设计入手，由浅入深，逐步增加难度，最后达到工程实际需要的混凝土配合比设计。以下为具体教学案例。

例一 某工程需要混凝土 C40 等级，施工坍落度要求在 7～9cm，采用 P・O42.5 水泥，水泥密度 3.15g/cm³；沂河中砂 $M_x = 2.6$，砂密度 2.65 g/cm³，砂含水 5%；碎石 $G = 5～25mm$ 连续级配，碎石密度 2.70 g/cm³，含水 0%；地下井水，求混凝土施工配合比。

解：（1）$f_{cu,o} = f_{cu,k} + 1.645\sigma = 40 + 1.645 \times 5 = 48.23MPa$（根据规范 JGJ 55—2011[1]，查表，$\sigma$ 取 5.0MPa，下同）

（2）求水灰比，水灰比计算公式参照《普通混凝土配合比设计规程》（JGJ 55—2000）[2]，下同。

$$\frac{w}{c} = \frac{Af_{ce}}{f_{cu,o} + A \cdot B \cdot f_{ce}} = \frac{0.46 \times 1.16 \times 42.5}{48.23 + 0.46 \times 0.07 \times 1.16 \times 42.5} = 0.45$$，满足《普通混凝土配合比设计规程》（JGJ 55—2000）中最大水灰比的要求。

（3）单位用水量，根据经验公式：$W=10（T+K）/3=10（9+50）/3=197kg/m^3$，这里坍落度 $T=9cm$，骨料用水系数 $K=50$，下同。

（4）求水泥 C 用量

$$C=\frac{W}{w/c}=\frac{197}{0.45}=438kg/m^3$$

（5）选择混凝土砂率，采用插入法查砂率表，选 S_p 取 35%

（6）采用体积法计算混凝土中砂石用量：

$$\frac{C}{3.15}+\frac{W}{1}+\frac{S}{2.65}+\frac{G}{2.70}+10\alpha=1000 \qquad (1)$$

α 均取 1，下同。

$$\frac{S}{S+G}\times100\%=35\% \qquad (2)$$

由：$\frac{438}{3.15}+\frac{197}{1}+\frac{S}{2.65}+\frac{G}{2.70}+10\times1=1000$，$S_p=\frac{S}{S+G}\times100\%=35\%$

得出：$S=618kg/m^3$，$G=1147kg/m^3$

（7）生产配合比

砂：$S'=S（1+5\%）=618\times（1+5\%）=649kg/m^3$；石子 $G'=G（1+0\%）=1147\times（1+0\%）=1147kg/m^3$

水　$W'=W-S\times5\%=197-618\times5\%=166kg/m^3$；水泥 $C'=C=438kg/m^3$

（8）计算混凝土配合比的总容重为：$W+C+S+G=197+438+618+1147=2400kg/m^3$

例二　某工程需要混凝土 C40 等级，要求施工坍落度 7～9cm，采用 P·O42.5 水泥，水泥密度 $3.15g/cm^3$；沂河中砂 $M_x=2.6$，砂密度 $2.65 g/cm^3$，砂含水 5%；碎石 $G=5～25mm$ 连续级配，碎石密度 $2.70 g/cm^3$，含水 0%；地下井水；混凝土减水剂 PC2.0%掺时混凝土减水率 20%，求混凝土施工配合比。

解：（1）混凝土配制强度 $f_{cu,o}=f_{cu,k}+1.645\sigma=40+1.645\times5=48.23MPa$

（2）水灰比

$$\frac{w}{c}=\frac{Af_{ce}}{f_{cu,o}+A\cdot B\cdot f_{ce}}=\frac{0.46\times1.16\times42.5}{48.23+0.46\times0.07\times1.16\times42.5}=0.45$$

（3）用水量

$$W=\frac{10}{3}（9+50）\times（1-20\%）=158kg/m^3$$

（4）求 C

$$C=\frac{w}{w/c}=\frac{158}{0.45}=351kg/m^3$$

水灰比和最少水泥用量均满足《普通混凝土配合比设计规程》（JGJ 55—2000）中最大水灰比和最少水泥用量要求。

（5）根据胶材总量和碎石最大粒径，参考例一，混凝土砂率 S_p 选取 38%

（6）采用体积法计算混凝土中砂石用量：

$$\frac{W}{1}+\frac{C}{3.15}+\frac{S}{2.65}+\frac{G}{2.70}+10\alpha=1000 \qquad (3)$$

171

$$S_p = \frac{S}{S+G} \times 100\% = 38\% \tag{4}$$

得出：$S = 735\text{kg/m}^3$，$G = 1200\text{kg/m}^3$

（7）生产配合比

砂 $S' = S(1+5\%) = 735 \times (1+5\%) = 772\text{kg/m}^3$；石子 $G' = G(1+0\%) = 1200 \times (1+0\%) = 1200\text{kg/m}^3$

水 $W' = 158 - S \times 5\% = 121\text{kg/m}^3$；水泥 $C' = C = 351\text{kg/m}^3$；减水剂 $PC = 351 \times 2\% = 7.02\text{kg/m}^3$

（8）计算混凝土配合比的总容重为：$W + C + S + G + PC = 158 + 351 + 735 + 1200 + 7 = 2451\text{kg/m}^3$

例三 某工程需要混凝土 C40 等级，要求施工坍落度 7～9cm，采用 P·O42.5 水泥，水泥密度 3.15g/cm³；沂河中砂 $M_x = 2.6$，砂密度 2.65 g/cm³，砂含水 5%；碎石 $G = 5$～25mm 连续级配，碎石密度 2.70 g/cm³，含水 0%；地下井水；要求加粉煤灰 II 级 FA，其密度 2.2g/cm³（下同），掺加减水剂 PC2.0% 掺，减水率 20%，求混凝土施工配合比。

解： （1）混凝土配制强度 $f_{cu,o} = f_{cu,k} + 1.645\sigma = 40 + 1.645 \times 5 = 48.23\text{MPa}$

（2）水灰比

$$\frac{w}{c} = \frac{Af_{ce}}{f_{cu,o} + A \cdot B \cdot f_{ce}} = \frac{0.46 \times 1.16 \times 42.5}{48.23 + 0.46 \times 0.07 \times 1.16 \times 42.5} = 0.45$$

（3）用水量

$$W = \frac{10}{3}(9+50) \times (1-20\%) = 158\text{kg/m}^3$$

（4）计算水泥用量：

$$C = \frac{W}{w/c} = \frac{158}{0.45} = 351\text{kg/m}^3$$

水灰比和最少水泥用量均满足《普通混凝土配合比设计规程》（JGJ 55—2000）中最大水灰比和最少水泥用量要求。

现用 FA II 级取代水泥，$C \times 15\% = 351 \times 15\% = 53\text{kg/m}^3$，为了保持混凝土相同强度等级，取 FA 超量系数 $K_c = 1.3$，则 $FA = 351 \times 15\% \times 1.3 = 68\text{kg/m}^3$

则：$C' = 351 - 53 = 298\text{kg/m}^3$

总胶凝材料为：$298 + 68 = 366\text{kg/m}^3$

（5）混凝土砂率，根据总胶凝材料数量和例二的选择，取 $S_p = 37\%$

（6）采用体积法计算混凝土中砂石用量：

$$\frac{W}{1} + \frac{C}{3.15} + \frac{S}{2.65} + \frac{G}{2.70} + 10\alpha + \frac{FA}{2.2} = 1000 \tag{5}$$

$$S_p = \frac{S}{S+G} \times 100\% = 37\% \tag{6}$$

$$S = 703\text{kg/m}^3$$

$$G = 1197\text{kg/m}^3$$

（7）生产配合比为：

砂 $S' = S(1+5\%) = 703 \times (1+5\%) = 738\text{kg/m}^3$；石子 $G' = G(1+0\%) =$

1197kg/m^3

水 $W'=158-S \times 5\%=158-703 \times 5\%=123 \text{kg/m}^3$；水泥 $C'=C=298 \text{kg/m}^3$，$FA=68 \text{kg/m}^3$

PC$=（C'+FA）\times 2\%=（298+68）\times 2\%=7.3 \text{kg/m}^3$

（8）计算混凝土配合比的总容重为：$W+C+FA+S+G+PC=158+298+68+703+1197+7=2431 \text{kg/m}^3$

例四 某工程需要混凝土 C40 等级，要求施工坍落度 7～9cm，采用 P·O42.5 水泥，水泥密度 3.15g/cm^3；沂河中砂 $M_x=2.6$，砂密度 2.65g/cm^3，砂含水 5%；碎石 $G=5～25 \text{mm}$ 连续级配，碎石密度 2.70g/cm^3，含水 0%；地下井水；要求加粉煤灰Ⅱ级 FA，S95 级矿渣微粉（其密度 2.8g/cm^3 下同），减水剂 PC2.0% 掺，减水率 20%，求混凝土施工配合比。

解：（1）混凝土配制强度

$$f_{cu,o}=f_{cu,k}+1.645\sigma=40+1.645 \times 5=48.23 \text{MPa}$$

（2）水灰比。

$$\frac{w}{c}=\frac{Af_{ce}}{f_{cu,o}+A \cdot B \cdot f_{ce}}=\frac{0.46 \times 1.16 \times 42.5}{48.23+0.46 \times 0.07 \times 1.16 \times 42.5}=0.45$$

（3）用水量

$$W=\frac{10}{3}（9+50）\times（1-20\%）=158 \text{kg/m}^3$$

（4）计算水泥用量：

$$C=\frac{W}{w/c}=\frac{158}{0.45}=351 \text{kg/m}^3$$

水灰比和最少水泥用量均满足《普通混凝土配合比设计规程》（JGJ 55—2000）中最大水灰比和最少水泥用量要求。

现用 FAⅡ级取代水泥，$C \times 15\%=351 \times 15\%=53 \text{kg/m}^3$，为了保持混凝土相同强度等级，取 FA 超量系数 $K_c=1.3$，则 $FA=351 \times 15\% \times 1.3=68 \text{kg/m}^3$；矿渣微粉按照 15% 等量取代水泥，$KF=C \times 15\%=351 \times 15\%=53 \text{kg/m}^3$。

则：$C'=C-15\%C-15\%C=351-53-53=245 \text{kg/m}^3$。

总胶凝材料为：$245+68+53=366 \text{kg/m}^3$

（5）混凝土砂率，根据总胶凝材料数量和例三选择，取 $S_p=37\%$

（6）采用体积法计算混凝土中砂石用量：

$$\frac{C}{3.15}+\frac{W}{1}+\frac{S}{2.65}+\frac{G}{2.70}+10\alpha+\frac{FA}{2.2}+\frac{KF}{2.8}=1000 \tag{7}$$

$$S_p=\frac{S}{S+G} \times 100\%=37\% \tag{8}$$

$$S=701 \text{kg/m}^3$$

$$G=1194 \text{kg/m}^3$$

（7）生产配合比

砂 $S'=S（1+5\%）=701 \times（1+5\%）=736 \text{kg/m}^3$；石子 $G'=G（1+0\%）=1194 \text{kg/m}^3$

水 $W'=W-S \times 5\%=158-701 \times 5\%=123 \text{kg/m}^3$；水泥 $C'=245 \text{kg/m}^3$

$FA=68 \text{kg/m}^3$；$KF=53 \text{kg/m}^3$；$PC=（C'+FA+KF）\times 2\%=366 \times 2\%=7.32 \text{kg/m}^3$

（8）计算混凝土配合比的总容重为：$W+C+FA+KF+S+G+PC=158+245+68+53+701+1194+7=2426kg/m^3$

例五 某商品混凝土搅拌站需要生产 C30 级商品泵送混凝土，要求混凝土出料坍落度 220mm（1h 后坍落度 ≥160mm），采用 P·O42.5 级水泥，水泥密度 3.15g/cm³；沂河中砂 $M_x=2.6$，砂密度 2.65g/cm³，砂含水 5%；碎石 $G=5\sim25mm$ 连续级配，碎石密度 2.70g/cm³，含水 0%；地下井水；要求加粉煤灰Ⅱ级 FA，减水剂 PC2.2% 掺，减水率 23%，求混凝土施工配合比。

解：（1）混凝土配制强度 $f_{cu,o}=f_{cu,k}+1.645\sigma=30+1.645\times5=38.2MPa$

（2）水灰比

$$\frac{w}{c}=\frac{Af_{ce}}{f_{cu,o}+A\cdot B\cdot f_{ce}}=\frac{0.46\times1.16\times42.5}{38.2+0.46\times0.07\times1.16\times42.5}=0.57$$

根据《普通混凝土配合比设计规程》（JGJ 55—2000）中最大水灰比和最少水泥用量要求，及预拌混凝土技术要求，综合考虑选取 $W/C=0.5$ 进行混凝土配合比设计。

（3）用水量

$$W=\frac{10}{3}(22+50)\times(1-23\%)=185kg/m^3$$

（4）计算水泥用量：

$$C=\frac{W}{w/c}=\frac{185}{0.50}=370kg/m^3$$

设 FA 取代水泥 15%，取超重系数 $K_c=1.3$，则 $FA=C\times15\%\times1.3=370\times15\%\times1.3=72kg/m^3$

$C'=C-C\times15\%=370-370\times15\%=315kg/m^3$，总胶凝材料 $=C'+FA=315+72=387kg/m^3$

（5）混凝土砂率选择，根据泵送混凝土的要求，砂石粒径及混凝土总胶凝材料的多少等情况，取 $S_p=43\%$

（6）采用体积法计算混凝土中砂石用量：

$$\frac{C}{3.15}+\frac{W}{1}+\frac{S}{2.65}+\frac{G}{2.70}+10\alpha+\frac{FA}{2.2}=1000 \tag{9}$$

$$S_p=\frac{S}{S+G}\times100\%=43\% \tag{10}$$

$$S=780kg/m^3$$

$$G=1034kg/m^3$$

（7）生产配合比

砂 $S'=S(1+5\%)=780\times(1+5\%)=819kg/m^3$；石子 $G'=G(1+0\%)=1034kg/m^3$

水 $W'=W-S\times5\%=185-780\times5\%=146kg/m^3$；水泥 $C'=315kg/m^3$，$FA=72kg/m^3$

外加剂 $PC=$ 总胶凝材 $\times2.2\%=387\times2.2\%=8.51kg/m^3$

（8）计算混凝土配合比的总容重为：$W+C+FA+S+G+PC=185+315+72+780+1034+8=2394kg/m^3$

例六 某商品混凝土搅拌站需要生产 C30 级商品泵送混凝土，要求混凝土出料坍落度

220mm（1h 后坍落度≥160mm），采用 P·O42.5 级水泥，水泥密度 3.15g/cm³；沂河中砂 $M_x=2.6$，砂密度 2.65g/cm³，砂含水 5%；碎石 $G=5\sim25$mm 连续级配，碎石密度 2.70g/cm³，含水 0%；地下井水；要求加粉煤灰 Ⅱ 级 FA，S95 级矿渣微粉，减水剂 PC2.2% 掺，减水率 23%，求混凝土施工配合比。

解：（1）混凝土配制强度 $f_{cu,o}=f_{cu,k}+1.645\sigma=30+1.645\times5=38.2$MPa

（2）水灰比

$$\frac{w}{c}=\frac{Af_{ce}}{f_{cu,o}+A\cdot B\cdot f_{ce}}=\frac{0.46\times1.16\times42.5}{38.2+0.46\times0.07\times1.16\times42.5}=0.57$$

根据《普通混凝土配合比设计规程》（JGJ 55—2000）中最大水灰比和最少水泥用量要求，及预拌混凝土技术要求，综合考虑选取 $W/C=0.5$ 进行混凝土配合比设计。

（3）用水量

$$W=\frac{10}{3}(22+50)\times(1-23\%)=185\text{kg/m}^3$$

（4）计算水泥用量：

$$C=\frac{W}{w/c}=\frac{185}{0.50}=370\text{kg/m}^3$$

设 FA 取代水泥 15%，取超重系数 $K_c=1.3$，则 FA$=C\times15\%\times1.3=370\times15\%\times1.3=72$kg/m³

矿渣微粉等量取代水泥 15%，则 KF$=C\times15\%=370\times15\%=55$kg/m³

$C'=C-C\times15\%-C\times15\%=370-370\times15\%-370\times15\%=260$kg/m³，

总胶凝材料$=C'+$FA$+$KF$=260+72+55=387$kg/m³

（5）混凝土砂率选择，根据泵送混凝土的要求，砂石粒径及混凝土总胶凝材料的多少等情况，取 $S_p=43\%$

（6）采用体积法计算混凝土中砂石用量：

$$\frac{C}{3.15}+\frac{W}{1}+\frac{S}{2.65}+\frac{G}{2.70}+10\alpha+\frac{\text{FA}}{2.2}+\frac{\text{KF}}{2.8}=1000 \tag{11}$$

$$S_p=\frac{S}{S+G}\times100\%=43\% \tag{12}$$

$$S=772\text{kg/m}^3$$

$$G=1023\text{kg/m}^3$$

（7）生产配合比

砂 $S'=S(1+5\%)=772\times(1+5\%)=811$kg/m³；石子 $G'=G(1+0\%)=1023$kg/m³

水 $W'=W-S\times5\%=185-772\times5\%=146$kg/m³；水泥 $C'=260$kg/m³，FA$=72$kg/m³，KF$=55$kg/m³

外加剂 PC$=$总胶凝材$\times2.2\%=387\times2.2\%=8.51$kg/m³

（8）计算混凝土配合比的总容重为：

$$W+C+\text{FA}+\text{KF}+S+G+\text{PC}=185+260+72++55+772+1023+8=2367\text{kg/m}^3$$

例七 某工程需要 C50SCC 自流平混凝土，采用 P.O42.5 水泥，水泥密度 3.15g/cm³；沂河中砂 $M_x=2.6$，砂密度 2.65g/cm³，砂含水 5%；碎石 $G=5\sim25$mm 连续级配，碎石密度 2.70g/cm³，含水 0%；地下井水；要求加粉煤灰Ⅱ级 FA，S95 级矿渣微粉，聚羧酸缓凝高保坍减水剂 PC2.8%掺，减水率 30%，混凝土出料坍落度 250mm，混凝土流动度 Flow＝550mm×550mm 以上，出料混凝土无泌水分层离析现象，1h 混凝土流动度不损失，求混凝土施工配合比。

解： （1）混凝土配制强度 $f_{cu,o}＝f_{cu,k}＋1.645\sigma＝50＋1.645×6＝59.9$MPa

（2）水灰比

$$\frac{w}{c}＝\frac{Af_{ce}}{f_{cu,o}＋A\cdot B\cdot f_{ce}}＝\frac{0.46×1.16×42.5}{59.9＋0.46×0.07×1.16×42.5}＝0.37$$

考虑到免振捣自流平混凝土，强度保险系数加大，取 $w/c＝0.35$。

（3）确定用水量

$$W＝\frac{10}{3}（25＋50）×（1－30\%）＝175kg/m^3$$

（4）计算水泥用量：

$$C＝\frac{W}{w/c}＝\frac{175}{0.35}＝500kg/m^3$$

FA 取代水泥 15%，取超重系数 $K_c＝1.3$，则 $FA＝C×15\%×1.3＝500×15\%×1.3＝98kg/m^3$

取矿渣微粉等量取代水泥 20%，即 $KF＝C×20\%＝500×20\%＝100kg/m^3$

$C'＝C－C×15\%－C×20\%＝500－500×15\%－500×20\%＝325kg/m^3$

总胶凝材料＝$C'＋FA＋KF＝325＋98＋100＝523kg/m^3$

（5）根据自流平混凝土特点和砂石粒径，选取混凝土砂率 $S_p＝45\%$

（6）采用体积法计算混凝土中砂石用量：

$$\frac{C}{3.15}＋\frac{W}{1}＋\frac{FA}{2.2}＋\frac{KF}{2.8}＋\frac{S}{2.65}＋\frac{G}{2.70}＋10a＝1000 \tag{13}$$

$$S_p＝\frac{S}{S＋G}×100\%＝45\% \tag{14}$$

得出：$S＝760kg/m^3$，$G＝929kg/m^3$

（7）生产配合比

砂 $S'＝S（1＋5\%）＝760×（1＋5\%）＝798kg/m^3$；石子 $G'＝G（1＋0\%）＝929kg/m^3$

水 $W'＝W－S×5\%＝175－760×5\%＝137kg/m^3$，水泥 $C'＝325kg/m^3$，$FA＝98kg/m^3$，$KF＝100kg/m^3$

外加剂 PC＝总胶凝材料×2.8%＝523×2.8%＝14.6kg/m³

（8）计算混凝土配合比的总容重为：

$W＋C＋FA＋KF＋S＋G＋PC＝175＋325＋98＋100＋760＋929＋14＝2400kg/m^3$

3 试验室检验

试验室试拌以上七个混凝土配合比（按照 10～20L 计量），每个混凝土配合比需要检验混凝土出料时坍落度、混凝土和易性及黏聚性，甚至扩展度，必要时需要调整混凝土砂率、减水剂掺量使混凝土满足施工和易性要求。同时，每个混凝土配合比水灰比再降低 0.02，重新再设计一次混凝土配合比，同样要求混凝土和易性满足设计要求后，成型试块检验混凝土 7d、28d 甚至 60d 强度，最后，优选最合适的混凝土配合比作为施工配合比。混凝土配合比的基本要求就是：满足混凝土结构设计的强度等级；满足混凝土施工所要求的混凝土拌合物和易性，主要是坍落度及黏聚性及坍落度损失要满足施工要求；满足混凝土结构设计中耐久性要求指标，如抗冻，抗渗，抗裂，抗海水侵蚀等等；节约水泥降低混凝土成本。良好的混凝土施工配合比，是经过试验室反复试验调整验证出来的，不是纸上谈兵设计出来的。混凝土学科，在很大程度上还是通过试验来认知现象、结合理论获得知识。目前，国内外特种混凝土发展也很快，特种混凝土的配合比设计，不仅需要理论上的支持，更需要在试验中总结、摸索数据规律，从而提高自己知识水平。

混凝土配合比的设计，经过工程实践其实还是有规律可循的。在此列举如下：

1）泵送混凝土其砂率，一般为 40%～50%，从 C120～C10 随混凝土强度等级的降低而砂率逐渐增加；

2）单方混凝土用水量，从 C20～C120，靠减水剂来调节，单方混凝土用水量一般从 185kg/m³ 逐渐降低到 150kg/m³ 以下；

3）一般说来，根据单方混凝土中胶凝材料的多寡，针对 C20～C50 混凝土，使用 42.5 等级水泥生产的混凝土单方成本更具有优势；针对 C55～C120 混凝土，使用 52.5 等级水泥生产的混凝土单方成本更具有优势；

4）对于道路、机场混凝土，混凝土施工坍落度一般较小（约 10～30mm），为了提高混凝土抗折耐磨性，粉煤灰用量宜在胶凝材的 15% 以下等。

4　总结

工信部和建设部"关于推广应用高性能混凝土的若干意见（2015）"指出：高性能混凝土是满足建设工程特定要求，采用优质常规原材料和优化配合比，通过绿色生产方式以及严格的施工措施制成的，具有优异的拌合物性能、力学性能、耐久性能和长期性能的混凝土。笔者认为：用在合适的地方的最适合的混凝土就是高性能的混凝土。合适的地方与最适合的混凝土是一种一一对应的关系，合适的地方包括：混凝土所受的荷载和其所在的环境、位置；最适合的混凝土包含的内容是：适当的施工方法（泵送或非泵送），合适的原材料（水泥品种，掺合料，骨料，外加剂），合适的混凝土生产的方法及混凝土物流方式（搅拌运输车，平板车，皮带机）。有时候自流平混凝土是一种高性能混凝土，有时候干硬性的小坍落度混凝土也是一种高性能混凝土（大坝混凝土，道路机场混凝土）。故针对某一具体工程，混凝土配合比没有最好，只有相对最合适。相同的原材料，针对同一个具体工程，不同的工程师设计出来的混凝土配合比也不会完全相同，只能是无限接近最合理最科学的混凝土配合比。个人的知识和能力只有在实践中才能发挥作用，在工程实际运用中才能得到丰富、完善和发展。学员的成长，就要勤于实践，将所学的理论知识与实践相结合一起，在实践中继续学习，不断总结，逐步完善，最后终会有所创新、有所收获。

参考文献

[1] JGJ 55—2011，住房与城乡建设部，普通混凝土配合比设计规程［S］．

[2] JGJ 55—2000，建设部，普通混凝土配合比设计规程［S］．

提高机制砂石的颗粒球形度是混凝土用骨料高品质化的关键

近年来，随着我国经济的快速发展，建设规模的日益扩大，很多地区天然砂资源紧缺，河砂资源面临枯竭的困境，中国砂石协会联合国土部、工信部、地方砂石资源管理处等政府主管部门以及上下游行业协会，大力宣传机制砂石骨料的重要性，积极推广机制砂石应用。粗细骨料砂石的总体积约占混凝土总体积的 70%～80%。2013 年全国年产销水泥 24 亿 t，按照其中的 80%用来生产国内的混凝土，按照每方混凝土中平均 0.3t 水泥来估算，中国年产混凝土就是 64 亿 m^3，不难计算年耗用砂石骨料就是约 48 亿 m^3，按照质量计算就是每年需要消耗砂石 130 亿 t，其中砂大约是 60 亿 t 左右，碎石 70 亿 t 左右。因全国各地资源富贫不一，目前砂和碎石市场价格约为 20～80 元/t 左右。混凝土用砂石加上砂浆用砂，全国砂石行业骨料年产值大约在 4000 亿～6000 亿元之间。根据我国中长期经济发展规划中的城市基础设施建设、中西部地区的铁路建设和城镇化建设，预计 20 年内，水泥混凝土的高使用量还将持续，巨大的市场需求，使国内天然砂资源逐年减少，市场供应不足，价格飞涨，机制砂行业已迎来飞速发展期。目前，机制砂在河南、山东、重庆、四川、贵州及福建等部分地区已经得到较广泛的应用。

1 天然砂特点

根据国家标准《建筑用砂》（GB/T 14684—2011），天然砂是自然生成的，经过人工开采和筛分的粒径小于 4.75mm 的岩石颗粒，包括湖砂、河砂（江砂）、山砂、淡化后的海砂，但不包括软质岩、风化岩石的颗粒。在天然砂中，粒径小于 75μm 的颗粒含量叫含泥量。天然砂是经过长期的水流冲刷滚磨后所形成的球形或类似球形的颗粒。天然砂的细度模数 M_x 一般在 2.0～2.6 之间，目前，最主要的是含泥量的控制。随着天然中粗砂资源的逐渐减少，经过淡化后的海砂和天然细砂用量将会越来越多。目前市售的天然细砂的细度模数 M_x 一般在 1.9 以下。

2 机制砂的特点与缺点

根据国家标准《建筑用砂》（GB/T 14684—2011），机制砂是经除土处理，由机械破碎、筛分制成的，粒径小于 4.75mm 的岩石颗粒，但不包括软质岩、风化岩石的颗粒。比较常见的用来做机制砂的石料有：河卵石、花岗岩、玄武岩、石英石、铁矿石、辉绿岩、鹅卵石、煤矸石等。在机制砂中，粒径小于 75μm 的颗粒含量叫石粉含量。

颗粒外形粗糙，为多棱，部分颗粒尖锐多棱角，细度模数偏高，M_x 一般在 2.6～3.5 之间，含有石粉和部分黏土，目前国内大部分机制砂进商品混凝土站时也不满足国家标准《建筑用砂》（GB/T 14684—2011）规定的颗粒级配要求，具体表现为 160～630μm 之间的颗粒数量不足或者级配不符合国标要求。机制砂和天然砂的外形如图 1～图 4 所示。

从高性能混凝土对骨料的技术指标要求来看，目前市场上的部分机制砂，仍然有些缺点必须要克服，才可以更好地利用到高性能混凝土中：（1）是机制砂的颗粒粒型一定要经过整形，提高颗粒球形度；（2）是降低机制砂中的含泥量。尽管试验表明：机制砂中的石粉对混凝土外加剂作用的影响比较有限，石粉对混凝土的需水量增加影响也不大，但是制砂中的含泥量（黏土含量）对混凝土外加剂特别是聚羧酸类外加剂作用影响很明显，这就要求在破碎粗骨料之前，要严格控制粗骨料中的含泥量（主要是黏土含量和泥块含量）；（3）机制砂颗粒偏粗，颗粒级配不能满足泵送大流动混凝土的技术要求，采取的土办法就是混合搭配，机制砂和天然砂（主要是细砂）搭配使用。工程实践表明：细骨料宜选用中砂，粒径小于0.315mm 的颗粒（这里主要指的是细砂而不是石粉）所占的比例宜为 15%～20%才好满足大流动泵送混凝土的要求。目前，单一的机制砂很难满足高性能混凝土对细骨料的技术要求，特别是对含泥量和用水量敏感度较高的聚羧酸外加剂的使用，对细骨料机制砂的质量要求更高，否则，很容易出现混凝土的离析、泌水，混凝土黏聚性差，可泵型差，经常会造成混凝土的堵管，混凝土强度离散性大，严重影响混凝土质量，甚至发生工程质量事故。目前，混合砂，也就是机制砂和天然细砂的混合搭配使用，已经得到广泛的认同和工程应用。

图 1　原状机制砂

图 2　水洗机制砂

图 3　黄河细砂　　　　　　　　　　　　　　　图 4　天然河砂

2014 年 7 月，中央电视台曾经报道过"黄河细砂"问题，笔者看了相关报道。其实只要使用得当，完全可以采用机制砂加黄河细砂来生产混凝土。按照比例，科学合理搭配，不仅建筑物质量有保证，而且可以顺利泵送施工，只要黄河细砂的含泥量控制在合理范围，混凝土裂缝不会因为使用黄河细砂而增加。笔者是支持采用黄河细砂和当地的机制砂按照比例合理搭配来生产预拌混凝土的，混凝土施工和耐久性也完全可以得到保证。当然，你全部用黄河细砂来生产预拌混凝土，那当然不可，砂子太细，需水变大，混凝土收缩也变大，导致混凝土裂缝增加，会对建筑工程质量造成危害。可以说，目前我们商品混凝土公司的总工或者实验室主任都是具有工程师职称的专业技术人员，配制生产各强度等级的泵送商品混凝土对粗细骨料的技术要求他们是清楚的，相信他们采用机制砂和"满足含泥量要求的黄河细砂"合理搭配使用，混凝土工程质量是有保证的。笔者由于工作关系，也到过若干郑州商品混凝土公司考察，也亲自试拌了机制砂和黄河细砂搭配使用的商品混凝土，混凝土出料和易性、可泵性较好，但坍落度经时损失问题如果不增加混凝土外加剂的掺量，仍然还有难度，主要问题，还是机制砂的颗粒球形度不高，对混凝土坍损影响较大。河南地区某商品混凝土搅拌站 C30 级泵送混凝土配合比见表 1。

表 1　典型的机制砂与细砂搭配使用商品泵送混凝土配合比

水	P·O42.5 水泥	粉煤灰	矿粉	机制砂	黄河细砂	小石 5～10mm	中石 10～25mm	脂肪族外加剂	单位
170	230	80	60	660	250	165	770	8.0	kg/m³

3　提高细骨料颗粒——机制砂的球形度的重要性

设骨料颗粒自然体积为 V_g，紧密包裹粗骨料颗粒的球的体积为 V_b，颗粒体积 V_g 与球体积 V_b 之比为骨料颗粒球形度或者叫圆形度 $\&$，$\& = V_g/V_b$，$0 < \& < 1$，$\&$ 值越大，颗粒形状越接近球体，反之则颗粒形状越接近不规则多棱体或针片状体。天然的球形砂和市场上的部分多棱体机制砂在混凝土中的性能表现，业内同行专家做了大量对比试验。细骨料品质对混凝土拌合物的工作性能及硬化混凝土的物理力学性能和耐久性能均具有重要影响，其中

细骨料颗粒粒形及表面组织是影响混凝土拌合物需水量的重要因素[1]。温喜廉等[2]利用数字图形处理技术、显微镜和扫描电镜研究了细骨料海砂、河砂、机制砂和尾砂的颗粒形貌特征及微观结构，从各细骨料粒级 0.16～5mm 的圆度看，机制砂圆度最小，其次是尾砂，海砂与天然河砂表面组织相近，颗粒圆滑，棱角少，表面较为平整。而机制砂和尾砂棱角大，表面粗糙，有利于提高胶砂抗折强度。刘秀美等[3]通过设计 4 种不同圆度系数的机制砂对混凝土性能的影响试验，得出圆形度越大，即机制砂颗粒越接近球形，混凝土的工作性能越好，抗压强度越高这一结论。机制砂的粒形特点使其有利于与水泥的粘结，但是对混凝土的和易性不利，用水量较大，易使低强度等级的混凝土泌水、离析。采用球形度较好的机制砂，达到相同坍落度所需要的浆体量较少，可以降低混凝土成本。

总之，机制砂的颗粒形状对其紧密堆积存在重要影响，实际在混凝土工程应用中人们更加期望其获得类似圆形的颗粒，这样它们不仅有利于紧密堆积，更有利于混凝土工作性能的发挥，特别是对混凝土的初始流动能力和经时坍落度损失速率的影响方面，类似球形颗粒的粗细骨料更可以发挥浆体和骨料的联动滚动效应。目前，针对商品混凝土搅拌站生产的泵送大坍落度混凝土来说，离开机制砂混凝土的良好工作性（和易性）而谈机制砂对混凝土的增强作用，没有多少意义。而针对水工大坝混凝土，由于其施工混凝土坍落度较小，几乎不存在泵送施工问题，对机制砂的球形度可能要求不需要太高，但水工大坝混凝土同样对混凝土的和易性有较高要求，这样对混凝土外加剂就会要求更苛刻。

同样，针对粗骨料的碎石，减少针片状颗粒含量，减少不规则的多棱体含量，提高碎石颗粒的球形度也具有重要意义，它对提高混凝土的流动性和流动性保持能力有利；对比碎石针片状、不规则多棱体含量高的混凝土，人们可以适当降低砂率，减少了单方混凝土用水量，降低了混凝土成本；碎石颗粒的球形度增加，有利于工地现场振捣施工，碎石颗粒在混凝土中分布均匀，可以减少混凝土的收缩裂缝。针片状较多，球形度较差的碎石如图5、图6所示，球形度较高的碎石如图7所示。

图5　针片状较多碎石　　　　　　　　图6　球形度不高的碎石

图 7　球形度较高的碎石

4　给机制砂石整形，提高其球形度刻不容缓

很久以来，人们都使用天然砂来拌制生产混凝土，对砂石骨料的颗粒级配、粒型、表面特征、针片状颗粒含量、孔隙率等没有引起足够的重视，然而随着天然砂资源的枯竭，人工机制砂面世进入混凝土生产市场，起初也带来了很多问题，主要原因就是机制砂的颗粒球形度差，颗粒外形粗糙，为多棱，部分颗粒尖锐多棱角，细度模数偏高，级配不合理，含泥量高。目前，广大的混凝土科技工作者已经认识到了这个问题的迫切性，机制砂石设备生产厂家要务必有"砂石整形机"配套生产线，只要解决了颗粒的球形度问题，其他问题都相对较好解决，如级配问题可以搭配天然细砂，淡化细海砂；含泥量高的问题，可以通过破碎前或破碎后水洗的办法解决；石粉的多少问题，在生产线就可以有足够手段控制其含量。

住房和城乡建设部和工业和信息化部联合发文（建标［2014］117 号）"住房城乡建设部工业和信息化部关于推广应用高性能混凝土的若干意见"，要求各级住房城乡建设部门、工业和信息化主管部门要加强推广高性能混凝土的应用，目前来看，推广应用高性能混凝土的关键在机制砂石，机制砂石质量提高的关键在于提高其颗粒球形度和控制其本身的含泥量。国内的相关设备生产厂家要进一步加大研发力度，优化机制砂石生产线的布局，在提高砂石颗粒球形度、减少含泥量和控制石粉含量上下工夫。相信不久的将来，我国的机制砂石行业一定可以通过科技进步，生产出优质的混凝土骨料，来满足国家各行各业的国家建设。

5　结语

机制砂石行业，目前，正面临难得的发展机遇，部分大型水泥集团公司如海螺水泥、冀东水泥、河南同力水泥、河南天瑞水泥、华新水泥集团公司等等，都已在上马或即将上马骨料生产线，完善的产业链将使这些大型建材集团公司发展得更快更好。笔者列出以下几点建议，供建材同行们借鉴参考。

（1）机制砂，在生产之前就要严格控制粗骨料的含泥（黏土）量和黏土块含量。后续工序就不需要再水洗了，可以节约大量的水资源。

（2）国产或进口的机制砂生产线，必须要配套砂石颗粒整形机，使砂石颗粒的球形度获得极大的提高，减少尖角、棱柱体、针片状颗粒含量。

（3）机制砂要和细砂混合使用，搭配比例后，粗细骨料的颗粒级配要满足国家或行业标准才可以更好地获得更高质量的高性能混凝土。

（4）商品混凝土行业，目前也面临着结构升级转型发展的契机，因地制宜，发展产业链机制砂石，降低成本，也是一个良好的选择。

（5）每种砂都有个吸水率问题，无论哪种砂，做混凝土配合比设计、试配的时候，都应以砂的饱和面干状态来计算、设计，这样更科学。

（6）看起来最没有技术含量的砂石，它们对混凝土性能的影响却很大，也间接地影响各类混凝土的成本，应该引起广大混凝土工作者足够的重视。

参考文献

[1] 甄广常，窦俊荣，鲍晓琴 . 高性能混凝土对骨料的要求 [J] . 河北工程技术高等专科学校学报，1999，37（1）：37-41.

[2] 温喜廉，欧阳东，李建友 . 细骨料颗粒形貌特征显微及微观结构研究 [J] . 混凝土，2013（6）：62-63.

[3] 刘秀美，陶珍东 . 机制砂的特点及其对混凝土性能的影响 [J] . 粉煤灰，2012（6）：37-38.

铁尾矿粉-粉煤灰-矿渣粉复合掺合料
对混凝土性能的影响

1 引言

　　铁尾矿是一种复合矿物原料，是铁矿石经过选取铁精矿后剩余的废渣。据统计，我国的铁矿山大约有 8000 多座，尾矿库有 1 万多座，堆存的尾矿量近 50 亿 t，并且还以每年高达 5 亿 t 的排放量在增长。如此巨大数量的尾矿一旦处理不当，肆意排放到外界，会给自然界带来巨大危害，主要表现在以下几个方面：铁尾矿严重污染环境，占用大量土地，造成严重的地质灾害，各种有价元素遭到流失等。因此，从我国尾矿资源的实际出发，大力开展铁尾矿在混凝土中的应用研究具有十分重要的经济效益和社会意义[1,2]。

　　目前，我国粉煤灰、钢渣等固体废弃物由于具有一定的潜在活性，在水泥制造、建筑砌块生产以及混凝土改性等方面得到了广泛的应用；而占工业固体废弃物 1/3 的铁尾矿近年虽也有在建筑材料、矿山或路基填充等方面得到使用的报道[3-5]，但是其综合利用率平均仅为 10％ 左右，远远落后于国外发达国家的平均利用率，尤其是在混凝土中的应用研究较少。因此，开展铁尾矿在混凝土中的研究与应用不仅可以消耗大量铁尾矿，而且还可以使混凝土行业达到节能降耗，降低成本的目的[6-9]。

　　本文对铁尾矿粉单掺、铁尾矿粉-粉煤灰-矿渣粉复掺作掺合量对混凝土性能的影响进行了系统研究，并通过压汞仪、扫描电镜（SEM）等检测手段对试样进行检测分析，研究结果可为铁尾矿粉在混凝土行业的综合利用提供参考依据。

2 实验

2.1 实验原料

　　铁尾矿粉取自鞍钢东鞍山铁矿，粉磨后，其比表面积为 562m²/kg；P·O 42.5 水泥、S95 级矿渣粉、I 级粉煤灰均取自山水集团；砂子细度模数为 2.8，含泥量为 0.6％，表观密度为 2531kg/m³，堆积密度为 1476kg/m³；粗集料为碎石，粒径为 5～25mm，含泥量为 0.3％，表观密度为 2804kg/m³；减水剂为山东宏艺科技股份有限公司生产的高效聚羧酸减水剂，减水率为 25％。原料的主要化学组成见表 1，P·O 42.5 水泥基本物理性能见表 2，掺合料基本性能见表 3。

表 1　原料的主要化学组成（％）

原材料	SiO₂	Al₂O₃	Fe₂O₃	CaO	MgO	SO₃	K₂O	Na₂O	TiO₂	P₂O₅
铁尾矿粉	47.73	14.06	13.33	10.67	8.27	0.01	0.83	2.07	1.21	0.08
水泥	53.45	22.88	7.45	3.71	3.59	2.85	0.23	0.81	0.45	0.11

续表

原材料	SiO₂	Al₂O₃	Fe₂O₃	CaO	MgO	SO₃	K₂O	Na₂O	TiO₂	P₂O₅
粉煤灰	50.75	7.08	4.21	27.89	1.19	0.31	0.99	0.53	0.88	0.18
矿渣粉	34.01	9.85	1.02	41.87	8.11	2.67	0.70	0.39	0.96	0.12

表 2　P · O 42.5 水泥的物理性能

比表面积 (m²/kg)	标准稠度用水量（%）	凝结硬化时间（min）		抗折强度（MPa）			抗压强度（MPa）		
		初凝	终凝	1d	3d	28d	1d	3d	28d
344	27.2	185	248	4.6	8.2	25.6	47.1		

表 3　掺合料的基本性能

掺合料	密度 (g/cm³)	比表面积 (m²/kg)	烧失量 (%)	活性指数（%）	
				7d	28d
铁尾矿粉	2.71	562	1.49	65	67
粉煤灰	2.19	475	2.32	—	79
矿渣粉	2.85	421	2.26	81	103

2.2　实验方案

2.2.1　铁尾矿粉单掺作掺合量对混凝土性能的影响

在固定胶凝材料总量不变的基础上，选择铁尾矿粉取代水泥量分别为 5%、10%、15%、20%、25%，测定混凝土坍落度及抗压强度。混凝土原料配比见表 4。

表 4　混凝土配合比（kg · m⁻³）

序号	水泥	铁尾矿粉	砂	石	水	减水剂
T1	370	0	847	1085	165	6.7
T2	352	18	847	1085	165	6.7
T3	333	37	847	1085	165	6.7
T4	315	55	847	1085	165	6.7
T5	296	74	847	1085	165	6.7
T6	278	92	847	1085	165	6.7

2.2.2　铁尾矿粉-粉煤灰-矿渣粉复掺作掺合料对混凝土性能的影响

在固定总掺合料取代水泥量分别为 20%、30%、40% 的基础上，分别采用 A、B、C、D 四个比例的铁尾矿粉-粉煤灰-矿渣粉复合掺合料，分别表示铁尾矿粉、粉煤灰、矿渣粉的比例为 1:1:1、2:1:1、1:2:1、1:1:2，研究铁尾矿粉-粉煤灰-矿渣粉复合掺合料对混凝土性能的影响。混凝土原料配比见表 5。

表5 混凝土配合比（kg·m⁻³）

序号	比例	水泥	掺合料	铁尾矿粉	粉煤灰	矿渣粉	砂	石	水	减水剂
T1	—	370	—	—	—	—	847	1085	165	6.7
A1	A	296		25	25	24	847	1085	165	6.7
B1	B	296	74	37	18	19	847	1085	165	6.7
C1	C	296	(20%)	18	37	19	847	1085	165	6.7
D1	D	296		18	19	37	847	1085	165	6.7
A2	A	259		37	37	37	847	1085	165	6.7
B2	B	259	111	56	28	27	847	1085	165	6.7
C2	C	259	(30%)	28	56	27	847	1085	165	6.7
D2	D	259		56	28	27	847	1085	165	6.7
A3	A	222		49	49	50	847	1085	165	6.7
B3	B	222	148	74	37	37	847	1085	165	6.7
C3	C	222	(40%)	37	74	37	847	1085	165	6.7
D3	D	222		37	37	74	847	1085	165	6.7

2.3 实验方法

按照《普通混凝土拌合物性能试验方法》（GB/T 50080—2011）测定新拌混凝土的初始坍落度和1h坍落度；根据《普通混凝土力学性能试验方法标准》（GB/T 50081—2002）测定所配混凝土7d、28d、60d的抗压强度；对混凝土试样做孔径分布和SEM分析时，选择将混凝土胶凝材料按照水灰比为0.3制成水泥净浆，采用20 mm×20 mm×20 mm的试模成型，标准水养至7d、28d、60d，破型，用无水乙醇进行终止水化，烘干，进行压汞和SEM测试。

3 结果与讨论

3.1 铁尾矿粉单掺作掺合料对混凝土工作性能的影响

铁尾矿粉单掺作掺合料对混凝土初始坍落度和1h坍落度的影响如图1所示。

由图1可以看出，随着铁尾矿粉掺量的增加，混凝土拌合物的坍落度呈先增大后减小的趋势，当铁尾矿粉掺量为15%时，混凝土拌合物的坍落度达到最大；同时铁尾矿粉具有降低混凝土拌合物1h经时损失的效果。这主要是由于铁尾矿粉比表面积较大，当掺量较少时，能改善混凝土的颗粒级配，减少混凝土中水泥水化产物的生成量，混凝土拌合物工作性能得到改善；当铁尾矿粉掺量超过15%时，混凝土中细颗粒含量增多，且铁尾矿粉的标准稠度需水量较水泥大，导致混凝土拌合物黏稠性增加，坍落度降低。

3.2 铁尾矿粉单掺作掺合料对混凝土力学性能的影响

铁尾矿粉单掺作掺合料对混凝土抗压强度的影响如图2所示。

由图2可以看出，随着铁尾矿粉掺量的增加，混凝土7d、28d、60d抗压强度均逐渐降

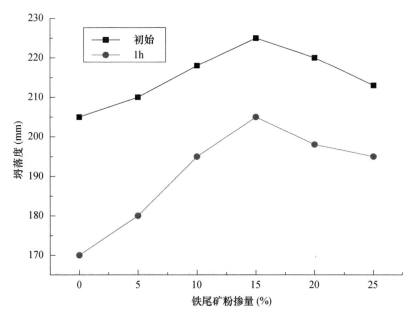

图 1 铁尾矿粉单掺对混凝土工作性能的影响

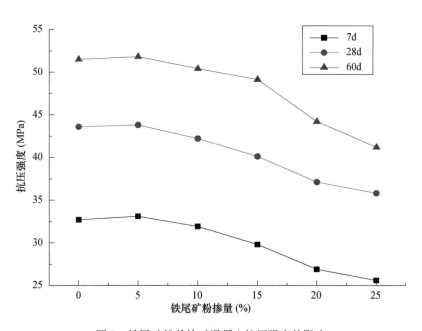

图 2 铁尾矿粉单掺对混凝土抗压强度的影响

低，仅当铁尾矿粉掺量为 5％时，混凝土 7d、28d、60d 抗压强度略有提高，且增幅较小。这是因为在铁尾矿粉掺量较少的情况下，由于铁尾矿粉比表面积较大，微小颗粒含量高，其对混凝土充填密实作用大于因水泥量减少对强度的不利影响，所以在铁尾矿粉掺量为 5％时混凝土抗压强度没有降低反而略有提高。同时铁尾矿粉水化活性发挥慢，诱导期长，其水化后期活性在碱性环境作用下虽逐渐得以发挥，对混凝土后期强度的发展起促进作用，但由于其活性远低于水泥。因此，随着铁尾矿粉掺量的逐渐增加势必会降低混凝土的抗压强度。

3.3 铁尾矿粉-粉煤灰-矿渣粉复掺作掺合料对混凝土工作性能的影响

铁尾矿粉-粉煤灰-矿渣粉复掺作掺合料对混凝土初始坍落度和1h坍落度的影响如图3所示。

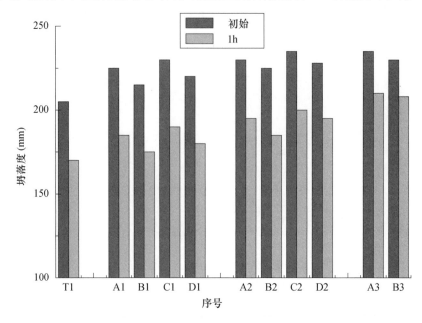

图3 铁尾矿粉-粉煤灰-矿渣粉复掺对混凝土工作性能的影响

由图3可以看出，随着铁尾矿粉-粉煤灰-矿渣粉复合掺合料掺量的增加，混凝土拌合物的初始坍落度及1h坍落度均逐渐增大；相较于单掺铁尾矿粉作掺合料的混凝土拌合物，掺加铁尾矿粉-粉煤灰-矿渣粉复合掺合料有助于改善新拌混凝土的工作性能；在相同的掺量下，掺加A、B、C、D四个比例复合掺合料的混凝土拌合物坍落度大小依次为C＞A＞D＞B。这是因为粉煤灰颗粒球形度好，对混凝土浆体有很好的润滑作用，而铁尾矿粉与矿渣粉中多为不规则颗粒，对混凝土坍落度改善作用小于粉煤灰；与矿渣微粉相比，铁尾矿粉比表面积大，需水量多，随着其掺量的增加会使混凝土拌合物黏稠性增大。因此，三种掺合料对混凝土拌合物坍落度改善作用依次为粉煤灰＞矿渣粉＞铁尾矿粉。

3.4 铁尾矿粉-粉煤灰-矿渣粉复掺作掺合料对混凝土力学性能的影响

铁尾矿粉-粉煤灰-矿渣粉复掺作掺合料对混凝土抗压强度的影响见图4。

由图4可以看出，随着铁尾矿粉-粉煤灰-矿渣粉复合掺合料总掺量的增加，混凝土7d、28d、60d抗压强度呈现不同程度的降低；在总掺量为20％时，掺加铁尾矿粉-粉煤灰-矿渣粉复合掺合料的混凝土7d、28d、60d抗压强度高于单掺铁尾矿粉混凝土的强度；采用A、B、C、D四个比例复合掺合料的混凝土7d、28d、60d抗压强度大小依次为D＞A＞C＞B，即铁尾矿粉、粉煤灰、矿渣粉的最佳比例为1∶1∶2；对于掺加不同掺量复合掺合料的混凝土，掺加30％掺合料的混凝土强度较掺加40％掺合料的混凝土强度有显著提高，且与掺加20％掺合料的混凝土后期强度相近。综上，复合掺合料的最佳掺量为30％。这说明适宜掺量和比例的铁尾矿粉、粉煤灰、矿渣粉复掺有助于提高混凝土的强度，且铁尾矿粉、粉煤灰、矿

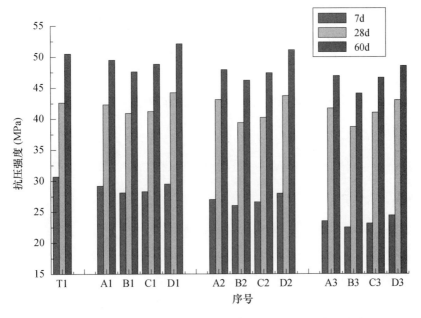

图 4　铁尾矿粉-粉煤灰-矿渣粉复掺对混凝土抗压强度的影响

渣粉对混凝土强度的贡献大小依次为矿渣粉＞粉煤灰＞铁尾矿粉。分析原因在于复合微粉间存在"复合胶凝效应"和"微集料效应"，相互促进水化反应，从而提高了混凝土的强度[10]。

3.5　铁尾矿粉单掺及铁尾矿粉-粉煤灰-矿渣粉复掺作掺合料对混凝土填充密实作用的影响

为了研究铁尾矿粉及铁尾矿粉-粉煤灰-矿渣粉复合掺合料对混凝土的填充密实作用，分别选择不掺铁尾矿粉的水泥净浆空白样 S1、掺 20％铁尾矿粉的水泥净浆试样 S2 及掺铁尾矿粉（5％）-粉煤灰（5％）-矿渣粉（10％）复合掺合料的水泥净浆试样 S3，用压汞仪测定其水化 7d、28d 以及 60d 后试样的孔径分布，具体结果如图 5～图 7 所示。

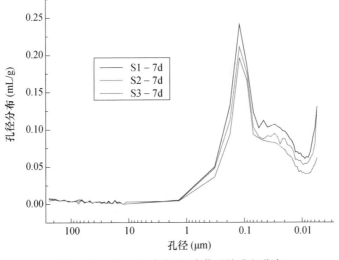

图 5　S1、S2、S3 水化 7d 净浆试块孔径分布

由图5、图6、图7可以看出，水化7d时，掺加20％复合掺合料的试样S2、S3硬化浆体中孔径数量相对于未掺加掺合料的试样S1略低；水化至28d、60d时，掺加掺合料的试样S2、S3硬化浆体中大孔数量明显减少，孔径分布也开始向微细孔方向移动，且试样S3填充密实效果优于试样S2。说明在水化中后期掺合料活性已被充分激发，生成二次水化产物填充毛细孔隙，改善浆体的孔径分布，使得孔向小孔方向发展，提高浆体密实度，宏观表现为试样强度提高。

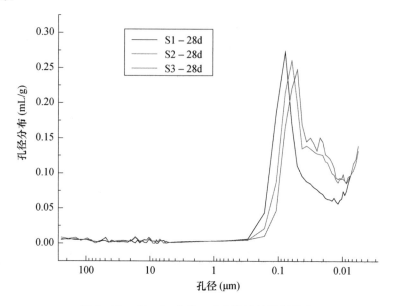

图6 S1、S2、S3水化28d净浆试块孔径分布

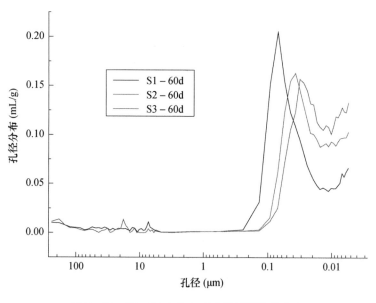

图7 S1、S2、S3水化60d净浆试块孔径分布

3.6　铁尾矿粉单掺及铁尾矿粉-粉煤灰-矿渣粉复掺作掺合料对混凝土硬化浆体结构的影响

为了分析铁尾矿粉单掺及铁尾矿粉-粉煤灰-矿渣粉复掺作掺合料对混凝土硬化浆体结构的影响，分别选择不掺铁尾矿粉的水泥净浆空白样 S1、掺 20％铁尾矿粉的水泥净浆试样 S2 及掺铁尾矿粉（5％）-粉煤灰（5％）-矿渣粉（10％）复合掺合料的水泥净浆试样 S3，分别对其 7d、28d 的水化硬化浆体试样进行 SEM 观察。试样 S1、S2、S3 的 7d、28d 水化硬化浆体的 SEM 照片如图 8、图 9 所示。

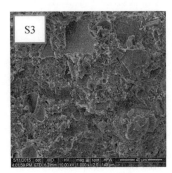

图 8　试样水化 7d 的 SEM 照片

图 9　试样水化 28d 的 SEM 照片

由图 8 和图 9 可以看出，水化 7d 时，未掺加掺合料的空白样 S1 有很明显的水化现象，且含有较多的 C-S-H 凝胶，浆体结构相对较致密，仍然有孔隙分布其中；单掺铁尾矿粉的试样 S2 中 C-S-H 凝胶相对较少，结构较疏松，而掺加铁尾矿粉-粉煤灰-矿渣粉复合掺合料的试样 S3 中 C-S-H 凝胶含量较试样 S2 多，且结构相对致密，主要是由于复合掺合料存在超叠加效应，能很好地填充密实硬化浆体结构。水化至 28d 时，相比空白试样 S1，试样 S2、S3 中掺合料颗粒与周围凝胶产物牢固地连接为一体，水化产物明显增多，硬化浆体结构致密，且试样 S3 较试样 S2 结构更为致密，宏观表现为浆体强度大幅度增加[11]。这与强度测试结果相吻合。

4　结论

（1）随着铁尾矿粉掺量的增加，混凝土 7d、28d、60d 抗压强度均逐渐降低，仅当铁尾矿粉掺量为5％时，混凝土 7d、28d、60d 抗压强度略有提高，且增幅较小；同时混凝土拌合物的坍落度随铁尾矿粉掺量的增加呈先增大后减小趋势，当铁尾矿粉掺量为 15％时，混凝土拌合物的坍落度最大。

（2）铁尾矿粉-粉煤灰-矿渣粉复掺作复合掺合料有助于改善混凝土拌合物的工作性能，提高混凝土的强度；铁尾矿粉、粉煤灰、矿渣粉复掺的最佳比例为 1∶1∶2，且适宜掺量为 30％。

（3）适宜掺量的铁尾矿粉-粉煤灰-矿渣粉掺合料能有效改善浆体的孔径分布，降低浆体结构的孔隙率，增大浆体结构的致密度，提高混凝土的强度。

参考文献

[1] 徐凤平，周兴龙，胡天喜．国内尾矿资源综合利用的现状及建议 [J]．矿业快报，2007，455（3）：4-6.

[2] 闫满志，白丽梅，张云鹏等．我国铁尾矿综合利用现状问题及对策 [J]．矿业快报，2008，471（7）：9-13.

[3] 张锦瑞，王伟之．金属矿山尾矿综合利用与资源化 [M]．北京：冶金工业出版社，2002，6（3）：123-132.

[4] 胡天喜，文书明，陈名洁．我国尾矿综合利用的一些进展 [J]．中国矿业，2006（1）：22-29.

[5] 朱胜元．尾矿综合利用是实现我国矿业可持续发展的重要途径 [J]．铜陵财经专科学校学报，2000（1）：38-40.

[6] 杨青，潘宝峰，何云民．铁矿尾矿砂在公路基层中的应用研究 [J]．交通科技，2009（1）：74-77.

[7] 徐凤平，周兴龙，胡天喜．国内尾矿资源综合利用的现状及建议 [J]．矿业快报，2007（3）：4-6.

[8] 郑永超，倪文，张旭芳等．用细粒铁尾矿制备细骨料混凝土的试验研究 [J]．金属矿山，2009（12）：151-153.

[9] 侯淑云，闫红民．尾矿砂在城市道路中的应用技术研究 [J]．华东公路，2006，157（1）：62-65.

[10] 管宗甫，余远明，王云浩等．钢渣粉煤灰复掺对水泥性能的影响 [J]．硅酸盐通报，2011，30（6）：1362-1366.

[11] 王强，黎梦圆，石梦晓等．水泥-钢渣-矿渣复合胶凝材料的水化特性 [J]．硅酸盐学报，2014，42（5）：629-634.

第五部分
海工高性能混凝土抗腐蚀外加剂研究

第一章 绪 论

1.1 课题研究背景

水泥混凝土是当今世界土木工程中用途最广、用量最大的一种建筑材料。它是由胶凝材料、颗粒状骨料、水、外加剂和掺合料按一定比例配制，经均匀搅拌，密实成型，养护硬化而成的一种人工石材。混凝土具有原料丰富、价格低廉、生产工艺简单的特点，因而使其用量越来越大，同时混凝土还具有抗压强度高、耐久性好、强度等级范围宽等特点。这些特点使其使用范围十分广泛，不仅在各种土木工程中使用，就是造船业、机械工业、海洋的开发、地热工程等，混凝土也是重要的材料。2011 年中国水泥产量已经达到 20 亿 t，占世界水泥总产量的 55%，如果按照每方水泥混凝土使用 300kg 水泥来计算，中国年消耗混凝土量已经达到 50 亿 m^3。

目前混凝土的发展方向涉及四个方面：

① 绿色化。作为矿物掺合料，大掺量或广泛使用粉煤灰、磨细高炉矿渣和其他工业废渣（磨细钢渣粉、磨细砂、磨细石灰石粉等），减少水泥消耗；更多使用再生骨料，如破碎后的混凝土、工业废渣（废砖瓦等），减少资源消耗。尽可能循环利用资源，降低生产单位体积混凝土的 CO_2 排放。

② 高耐久化。混凝土的抗冻性能、耐腐蚀性能、护筋性能、抗裂性能等达到新水平。混凝土增强材料的品种和耐腐蚀性能大幅度提高，其中包括不锈钢钢筋、不锈钢包覆钢筋、镀锌钢筋等。

③ 超高性能混凝土广泛应用。简称 UHPC 或 RPC 的超高性能混凝土具备超高强度（150～250MPa）和超高耐久性，能够建造许多高耐久轻巧结构，为一般高强钢筋混凝土结构或钢结构所不能为。目前，其配制技术已经趋于成熟，预计将会得到越来越广泛的应用。

④ 自密实混凝土广泛应用。由于自密实混凝土能够大幅度提高生产效率，浇筑高钢筋密集性结构，并且不产生振捣噪声，肯定会越来越广泛地被采用。

随着现代混凝土问世初期建造的一些建筑物开始出现的诸多问题，混凝土耐久性问题已经不可避免的凸显出来。而钢筋作为一种能够很好地弥补混凝土韧性不足等弱点的材料，已经大量地应用于混凝土结构中，它对外界环境较强的敏感性也决定了一般的钢筋混凝土结构不能具有良好的耐久性[1]。

硅酸盐水泥混凝土用于海洋工程的历史可以追溯至 1894 年，钢筋混凝土在海洋工程中的应用历史也有 100 多年。在混凝土和钢筋混凝土应用于海洋工程的 100 多年中，人们发现有一部分构筑物一直使用到现在还状况良好，而另一部分构筑物却在使用不久后就破坏了，特别是西方发达国家自二战结束后开始大规模建设的海洋混凝土工程，在 20 世纪 70 年代末发现大量混凝土结构破坏，由此海洋工程混凝土结构耐久性问题越来越受到各界重视[2]。

1986 年清宫等检查了日本 103 座混凝土海港码头状况，发现凡是有 20 年历史的，都有相当大的顺筋锈裂，需要修补。

日本目前每年仅用于房屋结构维修的费用即达 400 亿日元以上，日本引以自豪的"新干线"使用不到 10 年就出现大面积混凝土开裂、剥蚀现象[3]。

夏普（Sharp）等调查了澳大利亚 62 座海岸混凝土结构，查明耐久性的许多问题是与浪溅区的钢筋异常严重的侵蚀有关，特别是昆士兰使用 20 年以上的混凝土桩帽。

美国 1984 年报道[4]，仅就桥梁而言，57.5 万座钢筋混凝土桥，有一半以上出现钢筋腐蚀破坏，40％承载力不足，必须进行修复与加固处理，当年的修复费为 54 亿美元；钢筋混凝土腐蚀破坏的修复费，一年大约 2500 亿美元，其中桥梁修复费为 1550 亿美元，是这些桥初建费用的 4 倍。

2006 年 9 月 30 日在加拿大蒙特利尔北部拉瓦尔地区的 Boulevard de la Concorde 立交桥，由于钢筋锈蚀导致一段混凝土梁整体坠落事故，造成严重人员伤亡，如图 1-1 所示。

图 1-1　钢筋锈蚀而破坏混凝土结构

我国在 20 世纪 50 年代兴建的大坝有许多已经成为陷入危境的"病坝"：截止 1997 年年底，驰名中外的安徽佛子岭、梅山、响洪甸三座老坝混凝土修补共需要 1 亿多元，1985 年，当时的水电部调查报告表明：我国水工混凝土的冻融破坏在"三北"地区的工程中占 100％，这些大型混凝土坝自从运行半年后就开始维修，运行 33 年后，上、下游面及尾水闸墩破损明显，表面露出钢筋，冻害严重。港口码头工程，特别是接触海水工程，其受冻破坏现象更为严重，破坏的结构主要是防波堤、胸墙、码头、栈桥等，如天津新港的防波堤，采用普通混凝土的部分，经过约十几年的运行，就被冻融破坏以至不能发挥作用[5]。

国内海洋工程混凝土结构破坏案例也比比皆是。童保全[6]1984 年调查浙江沿海使用 7～10 年左右的 22 座钢筋混凝土水闸，钢筋侵蚀实例中混凝土顺筋胀裂、剥落甚至钢筋锈断的构件占 56％，如图 1-2 所示。

根据南京水利科学研究院资料[7]，华南、华东海港码头和浙东沿海水闸的钢筋混凝土结构，处于浪溅区的梁板底部，由于钢筋过早锈蚀，发生顺筋开裂、剥落，问题相当严重，相当普遍，而且开裂、剥落后，破坏日益加剧。

邵宏等人[8]对浙江省内一些海港工程各个部位耐久性情况进行了调查，发现轨道梁、纵梁、边梁、横梁存在不同程度的侵蚀破坏，并且横梁侵蚀破坏相当严重。1995 年对浙江某沿海城市的 22 座使用二十余年的海港工程调查发现：损坏严重不能使用的占 8.7％；构件

图 1-2　海洋环境下混凝土中钢筋的锈蚀

损坏严重需要大修的占 43.2％；局部损坏的占 43.2％；基本完好的仅占 8.7％。

对香港的不同建成时间码头混凝土进行的调查结果表明[9]，处于浪溅区和潮差区的梁板底部和墩柱的上部混凝土破坏最严重，处于盐雾/喷溅区混凝土也劣化严重。码头在建成两三年内，钢筋部位的氯离子浓度就可能达到引发锈蚀的临界浓度，引起钢筋锈蚀。

杭州湾跨海大桥明确提出桥梁设计寿命为 100 年，这在国内尚属首次。由于当时国内没有对于桥梁结构耐久性设计为 100 年的相应标准及规定，成立专题小组对杭州湾大桥耐久性设计做了深入研究和探讨。调查表明，杭州湾地区混凝土结构腐蚀的主要原因是氯离子的侵入导致钢筋锈蚀。

国内外的工程调查以及研究结果表明，海洋环境是最为恶劣的侵蚀环境之一。在海洋环境下混凝土结构的侵蚀状况比其他环境下严重得多，而影响混凝土结构耐久性的诸多原因中，钢筋锈蚀是其中的主要原因[2]。

21 世纪是海洋的世纪，海洋技术和原子能、宇航科技一起被称为当代世界三大尖端科技革命的重要内容。我国海域辽阔，海岸线长达 18000 多千米，跨越了几乎所有的气候带区。随着海洋开发、军民港口建设、沿海核电、石油钻井和化工、沿海风力发电站、海底隧道、跨海大桥等大型工程的建设，人们对海工混凝土的耐久性变得特别关切。海水含盐量一般在 3.2％～3.7％，其中 NaCl 占 77.8％，$MgCl_2$ 占 10.9％，$MgSO_4$ 占 4.7％，$NaSO_4$ 占 3.6％，K_2SO_4 占 2.5％。海水 pH 值在 8.1～8.3 之间。随着经济的发展，我国海洋资源的开发和海洋权益的保护日益引起人们的重视，钻井平台、跨海大桥以及海军港口等民用和军用混凝土结构建筑物越来越多。而且海洋工程混凝土建筑一般均为大型或者超大型的永久性建筑，其投资和施工难度都是非常之大。一旦出现钢筋混凝土被侵蚀而引起的耐久性问题，后果不堪设想。可以说，提高海工建筑物的抗侵蚀性能，研发出经济有效的抗侵蚀外加剂这一课题已成为 21 世纪土木工程界争相研究的一大热点。

在这一背景下，高性能混凝土和混凝土抗侵蚀外加剂先后走入人们的视野。1990 年 5 月美国国家标准与技术研究院（NIST）与美国混凝土协会（ACI）召开会议，首先提出高性能混凝土（HPC）这个名词，认为 HPC 是同时具有某些性能的匀质混凝土，必须采用严格的施工工艺与优质原材料，配制成便于浇捣、不离析、力学性能稳定、早期强度高，并具有韧性和体积稳定性的混凝土；特别适合于高层建筑、桥梁以及暴露在恶劣环境下的建筑物[10]。以美国 Mehta 和加拿大的 Aictin 为代表的学者们认为高性能混凝土应该是高耐久性，而不仅仅是高强度。以东京大学冈村甫为代表的日本学者认为高流态、免振自密实混凝土就是高性能混凝土。我国吴中伟院士认为：HPC 是一种新型的高技术混凝土，是在大幅度提高常规混凝土性能的基础上，采用现代混凝土技术，选用优质原材料，在妥善的质量控制下制成的；除采用优质水泥、水和骨料以外，必须采用低水胶比和掺加足够数量的矿物细掺料与高效外加剂，HPC 应同时保证下列性能：耐久性、工作性、各种力学性能、适用性、体积稳定性和经济合理性。现在人们一致认为高性能混凝土的核心要求就是高耐久性，这也是 HPC 区别于普通混凝土的显著特点[11]。

就处于海洋环境下的钢筋混凝土结构而言，使其产生耐久性问题的主要因素包括氯离子渗透、碳化、盐类侵蚀、冻融破坏等。美国著名专家 Mehta 通过多年的试验总结得出：钢筋锈蚀是影响耐久性的第一因素，而在众多侵蚀因素中，氯盐是导致钢筋侵蚀的主导因素[12]。

基于以上分析，本课题拟以防止氯离子渗透至钢筋表面，引起钢筋锈蚀从而使混凝土结构出现破坏为主线，兼顾其他引起混凝土结构耐久性问题的因素，致力于研发一种经济、高效的海洋工程混凝土抗腐蚀外加剂，并分析其作用机理，考察其在钢筋混凝土中的实际应用效果。

对海洋工程混凝土抗腐蚀外加剂进行研究，目的是为了进一步提高海洋工程混凝土结构耐久性，从而延长其使用寿命，这正是混凝土可持续发展的出路。建筑物的使用寿命得到延长，既能减少修补或拆除的浪费，又能避免大量建筑垃圾的产生，提高资源和能源的利用率，缓解人类对原本就紧张的资金和能源需求所形成的巨大压力，符合可持续发展战略。

1.2 国内外研究现状

1.2.1 混凝土抗侵蚀技术研究现状

国内外针对提高混凝土抗侵蚀性能的措施主要有三种方法：① 针对侵蚀介质种类和侵蚀类型选取合适的胶凝材料。例如，对于硫酸根离子的侵蚀可选取抗硫酸盐水泥，对于酸性环境可以加入一定量的水玻璃。但是对于海洋工程混凝土而言，所处的环境中存在诸多影响混凝土侵蚀的因素，因此要选取到一种效果很好的胶凝材料并不容易。② 降低混凝土中易被侵蚀物质的含量。例如降低水泥中 C_3A 的含量，或者添加粉煤灰、矿粉等矿物掺合料来降低 $Ca(OH)_2$ 的含量，但是由于混凝土中水化铝酸盐和 $Ca(OH)_2$ 必然存在，所以这只能作为一种提高混凝土抗侵蚀性能的辅助手段。③ 提高混凝土的密实度、改善混凝土内部孔结构和降低混凝土的孔隙率。混凝土内部的侵蚀主要是外部侵蚀介质通过混凝土内部孔隙造成的或者是内部水化产物通过内部孔隙溶析出去，所以内部孔隙是侵蚀的快速通道。基于这一考虑，在混凝土内部添加极细的微小物质（如硅粉）等方法在实际生产中已经得到广泛运用。当然在混凝土外表面反复多次涂覆保护层和浸入型涂料也有很好的效果，但这显著增加了很多工程建设投资和维护费用。

为提高沿海水工建筑物的耐久性，广东省水利厅于 1999 年开始委托华南理工大学建筑学院进行抗氯盐高性能混凝土的研究，历经 5 年的实验室及真实海洋环境的试验，研制出大掺量矿渣微粉抗氯盐高性能混凝土，并运用于多项工程中，并在广东沿海水利工程中推广应用[13]。

Chalee[14]等人以掺加粉煤灰后的海工混凝土为研究对象，通过大量试验发现：粉煤灰掺量为35%～50%、水灰比为0.65的混凝土试块在为期四年的海水暴露试验中，其抗侵蚀能力相当于水灰比为0.45的纯水泥混凝土试块；用粉煤灰取代35%～50%的硅酸盐水泥后，抗压强度为30MPa的海工混凝土保护层深度可减少30～50mm。

Hooton[15]等通过快速养护试验，研究了复合矿物掺合料抵抗氯离子渗透的性能，养护方式包括自然养护、加温至65℃养护和蒸汽养护。分别测定了在不同养护条件下掺加硅粉和复掺硅粉、矿粉试件的18h、7d、28d、56d的强度和氯离子扩散系数。结果表明在65℃加温养护的条件下，掺加硅粉、矿粉和硅粉复掺的情况下，其早期强度高，抗氯离子渗透能力也最好。加入矿物掺合料以改善混凝土的微观结构，从而提高混凝土的耐久性已成为国内外公认的一种行之有效的措施之一。

在混凝土中加入聚合物以改进其抗渗透性能也是国内外专家研究的热点之一。在海洋环境等复杂的侵蚀环境中，通过在混凝土表面涂覆某种聚合物阻止氧气、水、侵蚀性气体或离子的进入以提高钢筋混凝土结构的耐久性的方法早有研究[16]。在海洋环境下，也可通过加入纤维增强聚合物FRP（Fiber Reinforced Polymer）以提高混凝土耐久性能[17]，这主要是通过提高混凝土抗裂性能来实现。

对水泥净浆和砂浆的氯离子固化能力与等温固化吸附的研究发现，氯离子在普通硅酸盐水泥净浆和砂浆中固化能力主要取决于C-S-H凝胶，而与水灰比和骨料特性无关[18]。

马保国[19]认为不同种类与掺量、以不同组合方式掺入的矿物掺合料对水泥混凝土氯离子渗透性的影响效果存在着差异，矿物掺合料从两方面改善了混凝土的抗氯离子渗透性能：一是由于其功能效应，使HPC内部形成了小孔径、低孔隙率、优化的水泥石-骨料过渡区的特殊微观结构，提高了混凝土对Cl^-的扩散阻碍能力；二是由于其对Cl^-的初始固化（物理吸附）和二次水化产物的化学固化与物理化学吸附，使HPC对Cl^-有较大的固化能力，提高了HPC的抗氯离子渗透能力。对于海洋工程混凝土，一般要求高性能混凝土氯离子渗透电量在1000C以下，在不掺加任何矿物掺合料情况下，纯硅酸盐混凝土不能满足海洋混凝土低氯离子渗透的要求。他还得出单独使用硅灰时，掺量范围为5%～10%，单独使用粉煤灰时，掺量不宜超过30%，单独使用矿粉时掺量宜在40%～60%为佳的结论[20]。叶建雄等人[21]认为：单掺矿物掺合料（磨细粉煤灰、矿渣微粉、硅灰）可以改善混凝土抗氯离子渗透能力，且改善效果硅灰最佳，其次为磨细粉煤灰，矿渣微粉最差。屠柳青等人[22]研究了粉煤灰、矿粉、硅灰三种矿物掺合料的掺量和养护龄期对水泥浆体氯离子结合能力的影响，认为随着矿物掺合料掺量的增大，粉煤灰净浆的氯离子结合能力呈上升趋势，矿粉净浆的氯离子结合能力则是先上升后下降，在掺量达到40%时，其结合氯离子的能力最强；而硅灰净浆的氯离子结合能力则降低。随着养护龄期的延长，净浆的总结合能力和化学结合能力均下降，物理吸附能力则增强。

渗入混凝土中的Cl^-在混凝土中有三种存在形式：一种是与水泥中C_3A水化产物水化铝酸盐相及其衍生物反应生成低溶性单氯铝酸钙$CaOAl_2O_3CaCl_2 \cdot 10H_2O$，即所谓Friede盐[23]，称为$Cl^-$的化学结合；另一种是被吸附到水泥水化产物中或未水化的矿物组分中，称作Cl^-的物理吸附；第三种是Cl^-以游离的形式存在于混凝土的孔溶液中。粉煤灰作为掺合料等量取代部分水泥，能够增强对氯离子的化学结合能力与物理吸附能力[24]。参加水化的粉煤灰生成了更多可以与 Cl^- 产生化学反应的水化铝酸盐相及其衍生物，并通过改善混凝土孔结构与孔隙率来提高物理吸附能力，另外未水化的粉煤灰颗粒由于其自身的特点，也能吸附部分 Cl^-，从而降低了混凝土中游离 Cl^- 的浓度，延缓了钢筋被锈蚀的时间。

大掺量磨细矿渣微粉混凝土在抗氯盐腐蚀方面比粉煤灰更具优异性；与纯水泥混凝土相比，大掺量磨细矿渣微粉混凝土内氯离子渗透深度约小 5 倍，这说明大掺量磨细矿渣微粉能显著遏止氯离子的侵入；大掺量磨细矿渣微粉具有较强的固化氯离子的作用，它能使混凝土不会因周围环境氯离子浓度的变化而使氯离子渗透深度发生显著变化[25]。

Hou 等人[26]通过外加剂试验，在不同的掺量下，硅粉，乳胶，甲基纤维素和短碳纤维加入到浸泡在 $Ca(OH)_2$ 和 NaCl 溶液的钢筋混凝土中，通过测量腐蚀电位和腐蚀电流发现：硅粉掺量为水泥重量的 15% 后，降低了混凝土吸水率，是最有效的抗腐蚀外加剂；乳胶掺量占水泥重量的 20% 后，降低了混凝土吸水率和增加了电阻率，从而提高了混凝土抗腐蚀能力；甲基纤维素掺量占水泥重量的 0.4%，仅略有改善混凝土抗腐蚀能力；碳纤维掺量占水泥重量 0.5% 时由于减少了电阻，混凝土抗腐蚀能力下降，然而为消除负面影响可以补偿加入硅粉或乳胶来降低混凝土吸水率。

Boğa 等人[27]通过对混凝土单位重量、超声脉冲速度、动态弹性模量、劈裂强度、抗压强度、氯离子渗透性试验及钢筋混凝土试件加速腐蚀试验等得出结论：可以通过使用 15% 粉煤灰比例取代水泥生产相当耐用的防腐蚀混凝土。

Illinois 大学的研究人员[28]已开发出一种当它需要时自动被激活的防腐蚀系统。它由多孔纤维与亚硝酸钙和涂有盐敏感的填充物质组成。化学条件允许时，释放缓蚀剂，防腐蚀系统启动以保护部分钢筋腐蚀的危险。该系统表现良好，在实验室制作的标本，它推迟了腐蚀发生时间至少三周并使总腐蚀量减少超过一半。使用 20% 的甘蔗渣灰作为混凝土掺合料，比其他掺合料作为水泥的替代品更好，混凝土结构的耐久性更好[29]。

Tsivilis 等人的研究表明[30]，含有 20% 的石灰石制成的石灰石硅酸盐水泥，显示有对钢筋锈蚀的最佳保障。此外，随着石灰石粉增加，可以减少碳化深度和砂浆的总孔隙度。

羟烷基胺，氨基酸根离子，无机酸及衍生物，水溶性脂肪族和羧酸可以作为钢筋混凝土的阻锈剂[31]。含有碱基的改性聚醚、Dioic 酸和聚乙烯甲硅烷也可以作为钢筋混凝土的阻锈剂[32]；US Patent 7261923B2 指出[33]，提供耐腐蚀和耐潮湿的 dioic 酸金属盐，其组成可能包括了分散剂有效的组分，例如异丙醇，乙醇，二甲苯，应用程序是直接向施工后材料的表面喷刷，有效地减少腐蚀建筑材料，包括无筋混凝土或钢筋混凝土，减少水分向施工后产生的裂纹或裂缝渗透；美国专利[34]描述了基于 dialkali 盐溶液和 Ol dioic 酸添加剂单独或复合与其他混凝土外加剂共同作用来做抗腐蚀外加剂。当与缓蚀剂相结合时，使用矿物掺合料可以大大提高钢筋混凝土的耐久性[35]。

WR. Grace 公司在 1967 年把亚硝酸钙作为混凝土外加剂使用在日本获得专利。1982 年，钢筋混凝土（防锈剂）已形成一个新 JIS 6205 标准。作为防锈剂，除亚硝酸盐、铬酸盐、磷酸盐、硅酸盐、木质素磺酸钙、苯甲酸外，胺类已在复杂状态下开始研究。据说铬酸效果明显优于其他，但因为它是重金属目前还没有使用。目前，作为防锈剂组分的亚硝酸钙是占据大部分，还有一些是胺类。使用有机硅烷或烷基硅烷系列的化学品，喷涂或者喷洒在钢筋混凝土表面（使用量在 $50 \sim 200 g/m^2$）可以防止钢筋锈蚀，保护钢筋混凝土不受腐蚀[36]。混凝土的腐蚀保护涂层材料可以使用甲酸、甲酸钠、甲酸钙或者它们的混合物，对混凝土所处的环境没有污染[37]。日本专利[38]介绍，可使用聚合物砂浆来修补盐化环境下的钢筋混凝土，其中苯乙烯-丁二烯胶乳聚合物砂浆含有氯离子吸附剂和沸石硅灰等材料，氯离子吸附剂为日本化学工业有限公司生产的"Sorukatto"，碱金属离子吸附剂为日本化学工业有限公司生产的"Arukatto"。采用硫酸钡和亚硝酸盐特别是亚硝酸钙的组合来作为钢筋混凝土防腐蚀外加剂[39]，亚硝酸钙的水溶液（最好在 20%～40% 浓度）在混凝土中掺量最好为 2%～3%；钡盐也就是精细硫酸钡粉，掺量为水泥重量的 2%～3%。有专利介绍[40]，氨基醇盐，特别是氨基醇及有机酸和盐，一乙醇胺、二乙醇胺、三乙醇胺、N，N-二甲基乙醇胺、N-乙基乙醇胺、N，N-二乙基乙醇胺、N-甲基二乙醇胺羟乙基 2-N-甲基乙醇及乙二胺并与它们有机酸的盐类复合组成阻锈剂；另外还对烷氧基含磷酸酯作为钢筋阻锈剂进行了重点介绍。2，4，7，9-四甲基-5-癸炔-4，7-二醇也可以作为钢筋阻锈剂[41]，特别是下面的从分子结构上具有三键的非离子型表面活性剂，它是乙炔二醇系化合物：

$$CH_3-\underset{\underset{H}{|}}{\overset{\overset{CH_3}{|}}{C}}-CH_2-\underset{\underset{OH}{|}}{\overset{\overset{CH_3}{|}}{C}}-C\equiv C-\underset{\underset{OH}{|}}{\overset{\overset{CH_3}{|}}{C}}-CH_2-\underset{\underset{H}{|}}{\overset{\overset{CH_3}{|}}{C}}-CH_3$$

以及聚氧乙烯月桂基醚：

$$\underset{R_2}{\overset{R_1}{\diagdown}}CH-O(CH_2CH_2O)_nH$$

在钢筋锈蚀无机抑制剂和有机抑制剂中，最有效的无机抑制剂为亚硝酸钙，有机抑制剂包括叔胺、醇胺、氨基羧酸盐、单和聚羧酸以及氨基醇的混合物，其中特别强调了聚羧酸对钢筋锈蚀的抑制作用[42]。Andrzej Śliwka 等[43]认为，通过 $(CH_3)_2NCH_2CH_2OH$ 二甲醚复合钢筋锈蚀抑制剂的优良扩散性能，可以到达 20mm 深度以上的钢筋表面起着良好的钢筋阻锈效果。Arundinacea（印度竹提取物）可以完全取代目前市面上的乙醇胺 C_2H_7NO 和亚硝酸钙，作为钢筋混凝土的防锈蚀抑制剂[44]。Arundinacea 和乙醇胺 C_2H_7NO 都可以增加混凝土的后期强度，而亚硝酸钙对混凝土后期强度（180d）有所降低。

Tommaselli 等人[45]认为钼酸钠在 0.013% 掺量时，钢筋混凝土的锈蚀率较亚硝酸钠掺量为 0.04% 时高。Söylev[46]也介绍了几种常用的抑制剂如：胺和链烷醇胺（AMAs），亚硝酸钙（CN）和单氟磷酸钠（MFP）的抑制剂。Chaussadent 等人[47]介绍了单氟磷酸钠（MFP）作为混凝土迁移型抑制剂在使用上的一些关键问题和方法。由于缓蚀效果良好并与混凝土性能的兼容性，亚硝酸钙的使用已广泛应用于北美和亚洲[48]。亚硝酸钙为主的缓蚀剂在氯化物侵蚀的砂浆中钢筋的腐蚀速率显著降低，在氯离子渗透性的快速检测时含有缓蚀剂的混凝土试件产生较高的电通量；缓蚀剂用量的增加导致混凝土凝结时间提前；此外，缓蚀剂增加早期抗压强度，但在长期（900d）时混凝土强度会减少到 28d 的强度水平。Mechmeche 等人[49]使用含有氨基醇的混合缓蚀剂，对它在钢筋混凝土中的有效机理开展了研究。Forsyth 等人[50]研究了迁移型钢筋混凝土锈蚀抑制剂，经过试验后认为乙醇胺或氨基乙醇（DMEA）和二环己胺亚硝酸盐（DICHAN）都是良好的钢筋混凝土锈蚀抑制剂。

相关学者[51]研究后认为，掺加缓蚀剂（亚硝酸钠、磷酸三钠、硼砂）后钢筋抵抗氯离子腐蚀的临界值可提高 2～3 倍。在实践中，钢筋混凝土结构锈蚀抑制剂可以包括：亚硝酸钠、亚硝酸盐、硝酸钙、硼酸钠、重铬酸钠及重铬酸钾等。亚硝酸钠在两年后将不再有保护作用，而亚硝酸钙盐和硝酸钙的溶解度只有30％左右，可以更有效地防止钢筋腐蚀[52]。有研究证实，硝酸钙类阳极腐蚀抑制剂是非常稳定和耐用的，有时比亚硝酸钠和亚硝酸钙的有效抑制性能更好[53]。三乙醇胺能提高海水混凝土的护筋性能，一方面是由于三乙醇胺可以依靠其分子中的吸附基团而吸附到钢筋表面形成吸附膜，另一方面是三乙醇胺的非极性基团，在金属表面还可以形成一层疏水性保护膜阻碍电荷和物质的迁移，降低金属腐蚀速率[54]。Soylev[55]研究发现，氨基醇类的化合物可通过-NH$_2$和-OH基团取代金属表面的氯离子与金属原子配位，在金属表面而形成连续的薄膜，抑制钢筋发生电化学腐蚀，从而降低钢筋锈蚀。

在混凝土中掺入20％的偏高龄土和1.5％三乙醇胺后，海水混凝土的护筋性明显提高，钢筋失重率明显降低，标准养护420d后钢筋无任何腐蚀[56]。

作为国家战略工程——杭州湾跨海大桥，是长江三角洲地区上海市与浙江省之间的紧密通道，也是中国桥梁建筑史上第一座真正意义的外海大桥。该桥在施工过程中采取的混凝土抗侵蚀措施主要有：使用高性能混凝土，提高混凝土密实度，适当加大保护层深度，混凝土表面涂刷防腐涂料等。胶州湾海底隧道是中国自行建造的第二条海底隧道，其设计服役寿命为100年，使用功能为城市道路交通。隧道全长7.8 km，设计时速80km/h，其中路域段3850m，海域段3950m，是我国在建的第二条海底隧道，该工程使用的高性能混凝土采用聚羧酸高效减水剂和亚硝酸钙阻锈剂同时添加，实地实验结果显示效果良好。

1.2.2 钢筋抗锈蚀技术研究现状

氯盐是钢筋锈蚀的主导因素。防止混凝土中钢筋锈蚀的措施中最根本、最经济合理、最有效的方法就是提高水泥基材料的抗渗透性，延长氯离子到达混凝土结构中钢筋表面的时间。

目前研究较为成熟、应用较为普遍的钢筋抗侵蚀方法主要有：使用钢筋阻锈剂，改善钢筋材质、涂层钢筋和电化学保护（阴极保护）[57]。

1.2.2.1 钢筋阻锈剂

提高混凝土自我防护能力是保证海工建筑物有良好耐久性最基本、最有效的方法。但是，海洋工程混凝土结构投入使用数十年乃至上百年后，海水中的氯离子等侵蚀性离子不可避免地要渗透到钢筋表面。此时相对于其他措施，适当地使用钢筋阻锈剂这一"附加措施"是阻止钢筋锈蚀和混凝土进一步破坏的最有效方法。实践证明，"基本措施"与相关"附加措施"的有机结合是较好的选择。对于提高海洋工程混凝土的耐久性，在提高混凝土密实性的基础上掺用钢筋阻锈剂，被认为是最简单、经济和效果好的技术措施。钢筋阻锈剂的作用机理在于使钢筋表面形成致密的钝化膜，钝化膜局部破坏时，"修补"作用自动进行。因而能阻止或延缓Cl$^-$对钢筋钝化膜的破坏，被美国混凝土学会（ACI）和钢筋阻锈剂协会（CCIA）确认为最经济、简易和长期有效的防钢筋锈蚀和提高耐久性的措施，并已大量应用于海工混凝土、桥梁等结构。因此，钢筋阻锈剂的研究与应用得到了十分迅速的发展。

统计表明，1993年全世界约有2000万 m³的混凝土使用了钢筋阻锈剂，而1998年，至少有5亿 m³的混凝土使用了钢筋阻锈剂[58]。美国已经成立了"钢筋阻锈剂协会"（CCIA），该协会报告中指明商业钢筋阻锈剂已经使用了20多年，大量应用于海洋工程混凝土、桥梁、停车场等结构，证明在氯盐环境中钢筋阻锈剂是"最有效、经济的防护方法"。作为提高钢筋混凝土结构耐久性的技术措施，美国混凝土学会（ACI）确认，钢筋阻锈剂是长期有效的防护方法之一。目前，国内也已经有了使用钢筋阻锈剂的大量工程实例，国外产品也已经进入国内市场，出现良好发展势头[59]。

钢筋阻锈剂按作用原理可分为阳极型，阴极型，混合型。

阳极型：典型的化学物质有亚硝酸盐、铬酸盐、钼酸盐等。它们能够在钢铁表面形成"钝化膜"。常用作钢筋阻锈剂成分的是亚硝酸盐。此类阻锈剂的缺点是会产生局部腐蚀和加速腐蚀，此外，亚硝酸的钠盐，可能引起"碱集料反应"和对混凝土性能有不利影响，现已很少作为阻锈剂使用。

阴极型：通过吸附或成膜能够阻止或减缓阳极过程的物质。如锌酸盐、某些磷酸盐以及一些有机化合物如苯胺及其氯烷基和硝基以及氨基构成等。这类物质虽然没有"危险性"，但单独使用时，其效能不如阳极型明显。常用的阴极阻锈剂如：$NaOH$、Na_2CO_3、NH_4OH等无机盐，用量为水泥质量的 $2\%\sim4\%$。

混合型：将阴极型、阳极型、提高电阻型、降低氧的作用等多种物质合理配搭而形成的阻锈剂，如冶金建筑研究总院研制的 RI 系列即属于综合性、混合型钢筋阻锈剂。

钢筋阻锈剂按使用方式和应用对象可分为[60]：① 掺入型（Darex Corrosion Inhibitor 简称 DCI），掺加到混凝土中，主要用于新建工程也可用于修复工程；② 迁移型（MCI），喷涂到混凝土表面，迁移渗透到混凝土内并到达钢筋周围，主要用于老工程的修复，主要有二大类：烷氧基类和胺基类。20 世纪 80 年代，加拿大使用单氟磷酸盐喷涂在混凝土表面，渗透到混凝土中钢筋表面，使钢筋锈蚀得到抑制。瑞士 Sika 公司研制成功表面渗透型钢筋阻锈剂 Forrogard-903，是由多种不同类型的氨基醇与特殊的无机盐组分复合而成的一种液体产品，该种阻锈剂已经进入我国市场，该类迁移型阻锈剂的主要成分是有机物（脂肪酸、胺类、醇胺类、链烯胺有机酸等）和无机酸的盐类，它们具有蒸气压低、渗透强的特点，能够渗透到混凝土内部，这些物质可通过"吸附"、"成膜 $0.01\sim0.1\mu m$"等原理保护钢筋，有些品种还具有使混凝土增加密实性的功能。当前，中国是世界上建筑规模最宏大的国家（占世界水泥用量的 55%），而一些发达国家新建工程很少，目前主要是老工程的修复工作，迁移型阻锈剂便应运而生。国外腐蚀监控、检测技术应用较普遍，当发现混凝土中钢筋开始"脱钝"或氯离子浓度将达到"临界值"的时候，在混凝土表面（非破坏）涂刷迁移型阻锈剂，期望达到阻止、减缓钢筋锈蚀的目的，同时也是省工、省力、节俭的方法。迁移型阻锈剂的效能、检验方法、长期有效性等，仍是各国研究探讨的课题，主要是在渗透深度、药剂挥发与留存时间、作用检验指标等还有一些不尽相同的认识，对不同品种、型号的产品，国外也存在不尽一致的评价结果。

据《科技日报》报道[61]，北京市建筑工程研究院一项新的科研成果"AMCI 迁移型防腐阻锈剂的研制与应用研究"通过专家鉴定。这项新技术有效解决了混凝土钢筋锈蚀破坏这一难题，实现了迁移型防腐阻锈剂的国产化。该成果已在天津塘沽地区的滁河大桥、大秦扩线御河特大桥等工程中得到成功应用，产品性能达到国际先进水平，同时大大降低了产品造价。欧洲标准化委员会最近确认使用迁移型阻锈剂是一种有效的腐蚀控制方法。迁移型阻锈剂是含有各种胺和醇胺类官能团的有机物质，这类阻锈剂具有在混凝土的孔隙中通过气相和液相扩散到钢筋表面形成吸附膜从而产生阻锈作用的特点，不影响钢筋长期耐久性能。

掺入型是研究开发早、技术比较成熟的阻锈剂种类，即将阻锈剂掺加到混凝土中使用，主要用于新建工程（也可用于修复工程）。美国 Grace 公司自 70 年代中期对亚硝酸钙进行的大量研究表明，亚硝酸钙的阻锈效果优于硼酸盐、钼酸盐和磷酸盐等无机阻锈剂，而且对混凝土没有明显的负面影响和引发碱骨料反应的可能性，使其作为主流阻锈产品在美国和日本得到广泛的应用。虽然作用原理复杂并说法不尽一致，但"成膜理论"是主要论点。以亚硝酸盐为例，它在钢筋表面发生阻锈作用的方式为：

$$Fe^{2+} + OH^- + NO_{2-} = NO + \gamma FeOOH \tag{1-1}$$

亚硝酸根（NO^{2-}）促使铁离子（Fe^{2+}）生成具有保护作用的钝化膜（$\gamma FeOOH$）。在氯化物或其他非钝化离子存在的条件下，$\gamma FeOOH$ 是最稳定的。当有氯盐存在时，氯盐离子（Cl^-）的破坏作用与亚硝酸钠的成膜修补作用竞争进行，当"修补"作用大于"破坏"作用时，钢筋锈蚀便会停止。目前世界上，掺入型阻锈剂的组成中，亚硝酸盐占据重要地位。它属于"阳极型"，为克服亚硝酸盐的不利影响，还需要配合其他成分。

美国 Grace 公司开发了以亚硝酸钙为主体再复合其他成分的钢筋阻锈剂品种，即亚钙基产品（Nitrite-Based Inhibitor）。其防腐原理是通过提高混凝土中诱导钢筋开始锈蚀所需氯离子的临界浓度来延迟混凝土中钢筋开始的时间，从而延长钢筋混凝土结构使用年限的目的。在掺量为 $10kg/m^3$ 时，诱导钢筋锈蚀氯离子的临界浓度从 $0.9kg/m^3$ 可提高至约 $3.0kg/m^3$。美国长期工程验证试验表明，在相关钢筋阻锈剂产品中，亚钙基产品是效果最可靠的，相关应用规范也是以亚钙基产品为基础制订的。我国《钢筋阻锈剂使用技术规范》（YB/T 9231—98）也是如此。钢筋混凝土中的氯离子腐蚀，防锈亚硝酸盐的系统机理如图 1-3 和图 1-4 所示。

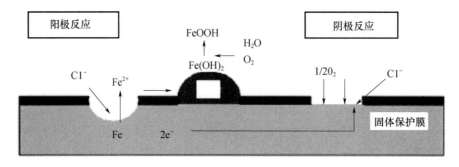

图 1-3　混凝土中钢筋锈蚀生成机理

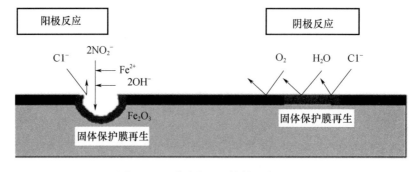

图 1-4　亚硝酸盐阻止铁锈生成机理

我国目前有关单位正在研究开发一种新型阻锈剂（掺入性），二乙烯二胺与硫脲的缩合物 DETA-TU，这种阻锈剂含有硬碱基因（－NH$_2$）又含有软碱基因（－SH），是一种两性碱，它可以牢固地吸附于钢筋表面钝化膜上形成保护膜，又能够在钝化膜破坏后吸附在金属表面起到修补钝化膜的作用，能够明显地提高钢筋表面钝化膜的孔蚀电位，对阴极极化也有抑制作用。

混凝土中掺入钢筋阻锈剂能起到两方面的作用：一方面推迟钢筋开始生锈的时间；另一方面，减缓了钢筋腐蚀发展的速度。混凝土越密实，掺用钢筋阻锈剂后的效果就越好。亚钙基产品延缓了钢筋开始发生腐蚀的时间，并且在腐蚀开始后降低了腐蚀的速率。

Grace 公司提供了统一的、基于 Fick 扩散定律的耐久性评价模型（Dura-Model），用于评价腐蚀防护系统的效能。该模型中，针对单个过程的腐蚀防护和经济性能两个方面都建有评价模式，并提供了工程和商业上对暴露于氯化物的高耐久海工混凝土解决方案。工程性能的评价是基于对维修时间的估计，包括锈蚀诱导时间和扩展时间；模型的第二部分是基于经济性能的评价，它将一个简单的使用周期成本分析应用于各种腐蚀防护投资选择中，从而获得用户满意的使用寿命。

我国已将其纳入的规范包括：《工业建筑防腐蚀设计规范》（GB 50046—95）、《海工混凝土结构技术规范》、《海工混凝土防腐蚀规范》（JTJ 275—2000）、《盐渍土建筑规范》和《公路外加剂规范》等。《混凝土结构耐久性设计与施工指南》也把钢筋阻锈剂作为防腐蚀措施的组成部分纳入其中。关于钢筋阻锈剂的适用范围，国外规定用于腐蚀环境（以氯盐为主）中的钢筋混凝土、预应力混凝土、后张应力灌注砂浆等。

我国相关规范（YB/T 9231—98）对使用钢筋阻锈剂的环境和条件有如下规定：

1）海洋环境：海水侵蚀区、潮汐区、浪溅区及海洋大气区；
2）使用海砂作为混凝土用砂，施工用水含氯盐超出标准要求；
3）采用化冰（雪）盐的钢筋混凝土桥梁等；
4）以氯盐腐蚀为主的工业与民用建筑；
5）已有钢筋混凝土工程的修复；
6）盐渍土、盐碱地工程；
7）采用低碱度水泥或能降低混凝土碱度的掺合料；
8）预埋件或钢制品在混凝土中需要加强防护的部位。

1.2.2.2　改善钢筋材质与涂层钢筋

改善钢筋材质措施中应用较多、技术较为成熟的主要有不锈钢钢筋、耐蚀合金钢筋。不锈钢钢筋正在国外得到发展和应用，其保护性和长期有效性是比较可靠的。欧美等国已提出合理应用不锈钢的设计建议，将普通钢筋和不锈钢钢筋结合用于混凝土结构中，以解决工程初期造价过高的问题。

采用涂层钢筋这一方法可守住混凝土结构内钢筋发生腐蚀的最后一道防线，故这一技术也越来越受到人们的关注。由于国内开展钢筋涂料防护的时间不长，李伟华[62]等详细介绍了国外在工程建筑尤其是海工混凝土结构方面的一些涂料材料和施工方案。

1.2.2.3　电化学保护（阴极保护）

阴极保护是向被保护金属表面通入足够的阴极电流，使其阴极极化以减小或防止金属侵蚀的一种电化学防侵蚀保护技术，可以通过外加电流和牺牲阳极两种方式实施。阴极防护技术应用在水下或地下钢结构防腐已经是成熟且广泛运用的工程技术。但是这一技术运用于钢筋混凝土结构时，混凝土的高电阻使得电流不容易均匀地分布在整个结构上以达到防护的目的。

在目前研究较为成熟、应用较为普遍的钢筋抗侵蚀方法中，改善钢筋材质与涂层钢筋和电化学保护两种技术投入到实际运用的限制较多，成本也较高，实际工程中运用更多的还是通过高效、环保的钢筋阻锈剂来提高钢筋的抗锈蚀能力（表1-1）。

表1-1 几种常见阻锈方法性能比较

项目	机械除锈法	环氧涂层法	阴极保护法	阻锈剂法
施工造价	较高（视人工成本定）	很高	最高（>100美元/m²）	最便宜（<30美元/m²）
施工周期	最长	—	短	最短
施工方便性	麻烦	涂层容易破损	—	简单
阻锈效果	容易加速周边腐蚀	钢筋与混凝土间粘结力变差，一般	好	可以去除氯离子，好
备注	较少采用	新建时采用	技术难度大	推荐

在实际工程应用中相关人员还发现，虽然目前国内外所采用的钢筋防锈蚀技术都运用比较广泛，但是单纯的运用这一技术或多或少地存在成本较高、操作复杂、作用周期不长的问题。只有从增强混凝土自身的抗渗透性出发，以提高混凝土自身对钢筋的保护能力为主，增强钢筋本身的抗侵蚀性为辅，两者有机结合，才能从根本上经济、有效地解决海洋工程混凝土的抗侵蚀问题。

张苑竹等[63]以混凝土材料成本为优化目标，以混凝土耐久性、强度和工作性能为约束条件，建立海洋环境耐久混凝土配合比的优化数学模型，分析了表面氯离子浓度、保护层深度对耐久性混凝土配合比的影响。为辅助现场试验提供了优选思路，为优化结构初始成本提供了定量的依据。

王前等[64]将传统的氯离子扩散系数计算模型进行了转化，给出了一种简单且较为合理的计算方法。朱岩等[65]对不同浓度的硅烷对海工混凝土防腐蚀性能的影响进行了大量的试验研究，探讨了养护条件、酸碱环境等因素对硅烷浸渍混凝土的防腐蚀性能的影响规律。试验结果表明，海工混凝土的吸水率随着试验所用硅烷浓度的升高而降低，氯离子吸收量的降低值也均大于90%，渗透深度达到3mm左右。

Song等[66]对氯离子在海工混凝土结构中渗透转移的影响因素做了比较详细的研究，认为氯离子在结构中的渗透速度主要由水灰比和混凝土内部结构的密实度和过渡区状况决定。

孙振平教授[67]研制的CX-SUN高性能海工混凝土抗侵蚀剂，主要由相容性较好的超塑化组分、结晶组分、纳米尺度微孔填充组分、微膨胀组分和减缩剂组分、憎水组分等多种组分组成，产品集减水、堵塞毛细孔隙、填充微孔和增强体积稳定性、减少开裂、降低毛细管吸水率等功能于一身，掺量6%～10%，主要材料包括减水剂、钙矾石膨胀剂、硬脂酸、硅灰、亚硝酸钙及引气剂。

1.2.3 钢筋混凝土腐蚀的类型

混凝土腐蚀的类型分为：溶出型腐蚀、分解型腐蚀、膨胀型腐蚀。这大多是由于混凝土中存在的 Ca(OH)$_2$ 与海洋介质中的盐类作用而引起的。

混凝土中钢筋腐蚀的条件：钢筋钝化膜的破坏、氧气和水。使钢筋钝化膜破坏的主要因素有：CO$_2$ 的碳化作用，碳化层到达钢筋表面使 pH 降低；侵入混凝土中的氯离子作用使钝化膜破坏；硫酸根离子使混凝土碱度降低，当 pH≤10 时，钝化膜破坏；海工混凝土中大量掺加掺合料，使 Ca(OH)$_2$ 几乎全部耗尽，碱度降低，使钢筋根本不生成钝化膜。钢铁在高碱性环境中（pH＞11.5）可不腐蚀，其根本原因在于阳极钝化，普通混凝土具有高碱度，氯离子渗入混凝土内部到达钢筋表面时，只有达到一定浓度时钢筋才会锈蚀，Housmen 的观点是：$C_{(Cl-)}/C_{(OH-)}$＞0.61，钢筋开始锈蚀，并以此作为临界值（图 1-5）。凡是能导致混凝土碱度降低的内外部因素及人为条件，均不利于对钢筋的保护，在氯盐环境下更是如此[68]。

近年来，随着优质粉煤灰和磨细矿渣粉大量应用到混凝土之中，这些会降低混凝土孔隙液碱度的掺合料对氯离子锈蚀临界浓度的影响也引起了人们的充分关注，Bamforth[69] 等认为加入粉煤灰和矿粉对氯离子临界浓度没有影响，只会使钢筋混凝土界面更密实，使产生腐蚀的空间变小；而 Thomas[70] 则认为粉煤灰和矿粉的加入对氯离子临界浓度有负面的影响，他们对暴露在海洋环境落差区 3～4 年的粉煤灰混凝土的研究表明，氯离子临界浓度随粉煤灰的掺量增加而降低，当粉煤灰掺量按照 0％、15％、30％、50％ 逐渐增加时，以酸溶性表示的氯离子临界浓度从 0.7％、0.65％、0.5％、0.20％ 逐渐降低。对掺加粉煤灰或矿粉等掺合料的混凝土室内和实际海洋试验研究结果表明[71]，氯离子临界浓度没有因掺合料的加入而降低，因此，目前掺合料对氯离子临界浓度的影响还没有明确的结论，需要进一步研究。

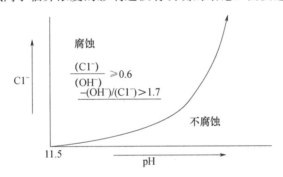

图 1-5　混凝土碱度与氯离子腐蚀与不腐蚀曲线图

表 1-2　胶凝材料组成与 Ca（OH）$_2$ 的关系

胶凝材料组成（％）		水胶比	水泥熟料水化溶出 Ca(OH)$_2$，（g/100g）	掺合料水化可吸收 Ca(OH)$_2$，（g/100g）	水泥浆体剩余 Ca(OH)$_2$，（g/100g）	液相中 CaO，（g/L）
水泥	掺合料					
70	30	0.45	24.22	7.6	16.62	7.38
60	40	0.45	20.76	10.62	10.64	4.50
50	50	0.45	17.30	12.68	4.62	2.05
40	60	0.45	13.84	15.21	-1.37	＜0
30	70	0.45	10.38	17.25	-7.37	＜0

一种观点是尽可能多掺加混凝土掺合料，使混凝土密实，但同时也大量地消耗了

Ca(OH)$_2$。中国建材研究总院游宝坤教授提出：掺合料大大消耗 Ca(OH)$_2$ 使混凝土碱度降低，是否导致混凝土丧失碱性缓冲能力（表 1-2），从而丧失对钢筋防锈作用，这一问题至今尚有争论；另一个观点是为了保持钢筋钝化必须使混凝土具有高的碱度，pH≥12。德国阿亨 RWTH 建筑研究所（IBAC）的 Hardtl 等[72]人拌合了两种组成的高性能混凝土（HPC）：① 45％硅酸盐水泥＋40％粉煤灰＋15％硅灰；② 75％矿渣水泥＋25％硅灰。试验表明：尽管高掺量硅灰的火山灰反应使混凝土碱度下降，但钢筋不产生宏电池锈蚀。原因是水灰比降低和硅灰的火山灰反应使孔结构致密化，导致电解电阻增大。掺硅灰的 HPC 的高度致密的孔结构大大降低了电解电导率和钢筋锈蚀的基本条件，从而不发生钢筋锈蚀。硅灰的大量掺加，不仅使混凝土碱度显著下降，而且导致混凝土体积收缩加大，混凝土需水量的增大问题，还有重要的经济成本问题。

1.2.4 高性能混凝土抗氯离子渗透性测定方法

目前，关于高性能混凝土抗氯离子渗透性测定方法主要有两类：自然渗透法和加速渗透法。

1.2.4.1 自然渗透法

自然渗透法是先将混凝土或砂浆长期浸泡于含氯盐水溶液中，或直接从现场混凝土中取样，再通过切片或钻取芯样，用化学分析的方法得到氯离子浓度与渗透距离的关系，利用 Fick 第二定律根据最小二乘法，拟和求出氯离子扩散系数。这种方法是确定氯离子在混凝土中扩散系数的最常用的方法，通过实测混凝土或者砂浆内部氯离子浓度分布，用扩散方程反推氯离子扩散系数是最有效的途径。氯离子扩散系数 D 可以用下列公式计算得出：

$$D_0 = X^2 \times 10 - 6/4t_0 \{erf^{-1}[1-M(x, t_0)/M_s]\}^2 \tag{1-2}$$

式中　　D_0——氯离子扩散系数（m^2/a）；

X——氯离子扩散深度（mm）；

t_0——结构建成至检测时的时间（a）；

erf——误差函数；

$M(x, t_0)$——检测时 X 深度处的氯离子浓度（kg/m^3）；

M_s——实测混凝土表面氯离子浓度（kg/m^3）。

当不考虑扩散系数的时间依赖性时，取 $D=D_0$。

1.2.4.2 加速渗透法

加速渗透法是先通过施加电场来加速氯离子在混凝土中的迁移，缩短氯离子达到稳态传输过程的时间。

（1）电通量法[73]

电（直流电）加速氯离子扩散试验方法最初由 Whiting 发明，最早是快速氯离子渗透试验方法（RCPT）。该装置的设计原理是溶液中的离子在电场的加速下能够快速渗透。由于这种试验方法持续时间短，具有重复使用性，该试验方法于 1983 年被美国公路运输局定为标准试验方法（即 AASHTOT277），被美国试验与材料协会 ASTM 选定为标准试验方法。

AASHTO T277（ASTM C1202）试验的具体方法为：制备 50mm 厚，100mm 直径的水饱和混凝土试件，两端水槽所用溶液分别为 3.0％NaCl 和 0.3M 的 NaOH，在 60V 的外加电场下持续通电 6 小时，以该时间极内通过混凝土电量的高低来判断混凝土的抗氯离子渗透能力。

尽管该试验方法被选定为标准试验方法，但是，这种测试氯离子渗透的技术仍存在以下几点争论[74]：① 通过试件的电量与孔液中所有的离子相关，而并不只是氯离子；② 测试工作完成于离子达到稳定迁移之前，即离子的扩散并没有达到稳定状态；③ 所加的高电压导致溶液的温度升高，从而影响测试结果；④ 电极腐蚀严重；⑤ 所测结果不能精确定量说明混凝土抗氯离子渗透能力。

（2）渗透系数法

Tang[75-76]，Stanish[77-78]等基于 Nernst-Planck 方程首先从理论上建立了氯离子浓度、电通量、渗透深度、渗透系数之间的关系，进而进行了试验验证。其中，Tang 的试验方法已经被欧盟广泛接受，并推荐为欧盟规范。但该方法并未从根本上解决氯离子渗透试验中存在的问题。

（3）电阻值法

电阻技术是近年来发展起来的、用来评价氯离子在混凝土中渗透能力的另外一种方法。电阻是物质对电的抵抗力，电导率越大则导电性能越强，反之越小。电导率与电阻率相反。Streicher 和 Alexander 认为饱和多孔材料的电导率主要由孔液的电导率确定：

$$F=\sigma/\sigma_0 \tag{1-3}$$

式中，σ 为多孔材料的电导率；σ_0 为孔液的电导率（s/m）。

多孔材料的电导率和扩散系数的影响因素是相同的，即孔径大小及其连通性。因此，也可以用式（1-4）表示。

$$F=D/D_0 \tag{1-4}$$

式中，D 为多孔材料的扩散系数；D_0 为孔液中氯离子的扩散系数（即自由氯离子的扩散系数）。

电阻值的测试方法有两种，包括用直流电和交流电测试。测试混凝土电阻所用的电压通常为 10V 或更低，且测试时间很短，这样可以避免混凝土被加热，这种测试方法的主要困难是确定孔液的电导率。提取孔液的方法有两种：一种是孔溶液榨取法；另外一种是用已知电导率的溶液将待测混凝土预饱和，后者是常用的方法，国内路新瀛[79]等人在这方面作了相关研究。

电阻技术的不足之处在于[80]：① 预饱和技术在干燥过程中由于微裂纹的形成损害混凝土原有的孔结构，从而增加其渗透性。同时也很难使溶液在混凝土内达到均匀分布，即使用真空饱和技术也很难保证高品质的混凝土和较厚的混凝土内部达到完全饱和。② 溶液进入混凝土前后是相同的假设并不正确，主要因为混凝土孔液中包含的离子是多样的（主要是碱性氢氧化物），当混凝土干燥后，这些离子过饱和结晶，当溶液进入混凝土时，这些结晶又会溶于溶液中，从而影响溶液的电导率。③ 离子的迁移很难达到稳定状态。④ 不适用于导电材料。

以上渗透模型的缺陷是均假定渗透系数为常数；忽略了水分子传输对化合物传输的影响；特别是测量周期较长时渗透系数作为时间的函数出现，测量浓度过程中不能得到渗透系数随时间变化的对应值。因此，用该渗透系数不能准确地评价高性能混凝土的耐久性。然而，这些模型对于实际应用还是很有用的，因为可以计算得到渗透系数的相对值，可以用来比较不同混凝土和不同环境中混凝土的渗透性。

1.2.5 海工混凝土侵蚀机理

影响混凝土结构使用寿命的荷载可分为两大类[2]。第一类是物理外力，如疲劳动荷载、风荷载、海浪和水流冲击、地震力及意外事故撞击等等；第二类主要是化学或物理化学作用力，如：侵蚀、碳化、冻融、碱骨料反应等。对处于海洋环境中的混凝土结构而言，危害最严重的就是侵蚀作用。

1.2.5.1 钢筋锈蚀

钢筋的锈蚀过程是一个电化学反应过程。混凝土孔隙中的水分通常以饱和的氢氧化钙溶液形式存在，其中溶液中还含有少量氢氧化钠和氢氧化钾。pH 值约为 12.5。在这样强碱性的环境中，钢筋表面形成钝化膜，它是深度为 $20\sim60\mu m$ 的水化氧化物（$nFe_2O_3 \cdot mH_2O$），起到阻止钢筋进一步侵蚀的作用。

施工质量良好、没有裂缝的钢筋混凝土结构，即使处在海洋环境中，钢筋基本上也能不发生锈蚀。但是，当由于各种原因，钢筋表面的钝化膜受到破坏，成为活化态时，钢筋就容易侵蚀。

呈活化态的钢筋表面所进行的侵蚀反应的电化学机理是：当钢筋表面有水分存在时，发生铁电离的阳极反应和溶解态氧还原的阴极反应，相互以等速度进行。其反应式如式（1-5）所示。

阳极反应

$$Fe—Fe^{2+} + 2e^-$$
$$3Fe + 4H_2O—Fe_3O_4 + 8H^+ + 8e^-$$
$$2Fe + 3H_2O—Fe_2O_3 + 6H^+ + 6e^-$$
$$Fe + H_2O—Fe(OH)_{2-} + 3H^+ + 2e^- \tag{1-5}$$

阴极反应取决于可能得到的氧和钢筋表面附近的 pH 值，最可能发生的反应是：

$$2H_2O + O_2 + 4e^- \rightarrow 4OH^- \tag{1-6}$$

侵蚀过程的全反应是阳极反应和阴极反应的组合，在钢筋表面析出氢氧化亚铁，该化合物被溶解氧化后生成氢氧化铁 $Fe(OH)_3$，并进一步生成了 $nFe_2O_3 \cdot mH_2O$（红锈）。一部分氧化不完全的变成 Fe_3O_4（黑锈），在钢筋表面形成锈层。红锈体积可大到原来体积的四倍，黑锈体积可大到原来的二倍。铁锈体积膨胀，对周围混凝土产生压力，将使混凝土沿钢筋方向开裂，进而使保护层成片脱落，而裂缝及保护层的剥落又进一步导致更剧烈的侵蚀。生锈电化学反应过程如图 1-6 所示。

大量研究表明，钢筋锈蚀有三个必要条件：① 钢筋钝化膜被破坏；② 足够低的电阻率，使得电解液侵蚀电池形成；③ 有足够的水分和氧气通过混凝土保护层到达钢筋表面。只有以上三个条件同时满足时，钢筋才会锈蚀。而钢筋混凝土破坏的先决条件和首要条件就是钢筋钝化膜的破坏。

1.2.5.2 氯离子引起的钢筋锈蚀

一般认为氯离子引起钢筋锈蚀分为四个阶段[81]：

（1）破坏钝化膜：水泥水化的高碱性（pH≥12.6），使钢筋表面产生一层致密的钝化

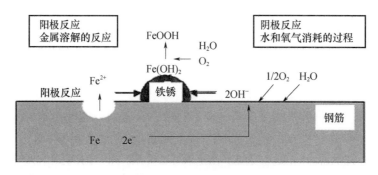

图 1-6　铁锈生成机理

膜，最新研究表明：该钝化膜中包含有 Si-O 键，对钢筋有很强的保护能力。然而钝化膜只有在高碱性环境中才是稳定的。研究与实践表明，当 pH＜11.5 时，钝化膜就开始不稳定（临界值）；当 pH＜9.88 时钝化膜生成困难或已经生成的钝化膜逐渐破坏。Cl⁻ 进入混凝土中并到达钢筋表面。当它吸附于局部钝化膜处时，可使该处的 pH 值迅速降低到 4 以下，于是该处的钝化膜就被破坏。

（2）形成"侵蚀电池"：Cl⁻ 对钢筋表面钝化膜的破坏首先发生在局部（点）。使这些部位露出了铁基体，与尚完好的钝化膜区域之间构成电位差（作为电解质），混凝土内一般有水或潮气存在。铁基体作为阳极而受侵蚀，大面积的钝化膜区作为阴极。侵蚀电池作用的结果，钢筋表面产生点蚀（坑蚀），由于大阴极（钝化膜区）对应于小阳极（钝化膜破坏点），坑蚀发展十分迅速。这就是 Cl⁻ 对钢筋表面产生"坑蚀"为主的原因所在。

（3）Cl⁻ 的去极化作用：阳极反应过程是 $Fe - Fe^{2+} + 2e^{-}$，如果生成的 Fe^{2+} 不能及时搬运走而积累于钢筋表面，则阳极反应就会因此而受阻，Cl⁻ 与 Fe^{2+} 相遇会生成 $FeCl_2$，从而加速阳极过程。通常把加速阳极的过程，称作阳极去极化作用，Cl⁻ 正是发挥了阳极去极化作用的功能。

需要说明的是 $FeCl_2$ 是可溶的。在向混凝土内扩散迁移时遇到 OH⁻，立即生成 $Fe(OH)_2$（沉淀），又进一步氧化成铁的氧化物（通常的铁锈）。由此可见，Cl⁻ 只是起到了"搬运"作用，它不被"消耗"。也就是说，凡是进入混凝土中的 Cl⁻，会周而复始地起破坏作用，这正是氯盐危害的特点之一。

（4）Cl⁻ 的导电作用：侵蚀电池的要素之一是要有离子通路。混凝土中 Cl⁻ 的存在，强化了离子通路并降低了阴、阳极之间的电阻，提高了侵蚀电池的效率，从而加速了电化学侵蚀过程。氯盐中的阳离子也降低阴、阳极之间的电阻。

目前国内外学术界对氯离子引起钢筋锈蚀的机理仍有分歧，但主要有以下三种理论。

① 氧化膜理论：氯离子比其他离子更容易从孔隙或缺陷处穿透钢材的钝化膜或氯离子使氧化膜呈胶体状分散而轻易侵入。

② 吸附理论：氯离子溶解氧化及竞相吸附在金属表面，促进了金属离子的水化而使之溶解。

③ 化合物理论：氯离子与 OH⁻ 争夺由侵蚀产生的金属离子，生成的可溶性氯化铁从阳极区扩散开，破坏 $Fe(OH)_2$ 保护层，从而使侵蚀继续进行。而该化合物在离开电极一段距离后就分解释放出氯离子，进而可以继续从阳极区转移出更多的金属离子。

1.2.6　海工混凝土的体积收缩

混凝土开裂是影响混凝土结构耐久性的重要因素之一。影响混凝土开裂的因素很复杂，当裂缝数量和尺寸达到一定程度时，混凝土会因环境中侵蚀性介质的侵入而逐渐加速劣化。研究者证实[85]，混凝土开裂后，渗透系数提高了几个等级。Gerard[86]等提出，在自然暴露条件下开裂使混凝土抵抗外界离子侵入的能力降低，是影响混凝土耐久性的主要因素之一。结合大量工程调查报告，导致混凝土劣化而降低其耐久性的主要因素依次是钢筋锈蚀、暴露于冻-融循环、碱-硅反应和硫酸盐侵蚀。在这四个主因中，产生膨胀和开裂的机理都与混凝土渗透性和水分迁移存在很大的关系。配制、浇注、振捣和养护合理的混凝土基本不透水，因此在大多数情况下具有很长的服役寿命。但是，由于暴露于环境，混凝土结构会出现裂缝和微裂缝，并逐步扩展。当这些裂缝和微裂缝连通时，混凝土结构将失去其不透水性，容易造成一种或多种劣化过程的影响。Mehta 和 Gerwick[87]给出由钢筋锈蚀引起的混凝土开裂过程的示意图（图 1-7）。理论上，只要混凝土在使用期内不透水，不开裂，就可以使混凝土的使用寿命达百年之久。但实际上由于混凝土裂缝因素受到结构设计、混凝土材料、施工工艺、环境条件等多种因素影响，实际工程上完全避免裂缝很难做到。混凝土的裂缝是由多种因素综合作用的结果，它包括外荷载所产生的拉应力；混凝土硬化时的干燥收缩及自缩而受到约束产生的收缩应力；混凝土内水化热温升及环境温度变化所引起的不均匀温度变形等[88]。

混凝土的裂缝包括微观裂缝和宏观裂缝，从裂缝宽度上讲，裂缝宽度小于 0.05mm 的裂缝为微观裂缝，大于 0.05mm 的裂缝为宏观裂缝。宽度大于 0.2mm 的宏观裂缝自行封闭或者愈合的可能性比较小。处在海洋环境下的混凝土结构，一旦混凝土表面出现裂缝，就会导致氯离子、空气等侵蚀性物质更容易进入到混凝土内部，加速混凝土碳化和钢筋侵蚀的速度，因此，用于海工结构的混凝土一定要保证其具有良好的抗裂性能，尽量减少混凝土裂缝的发生和扩展。

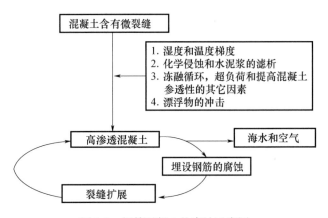

图 1-7　钢筋混凝土的腐蚀示意图

混凝土凝结以后，由于种种原因引起混凝土非荷载作用产生裂缝的最常见因素是混凝土的收缩。通常混凝土的收缩主要有以下几种：

1）化学减缩

化学减缩又称水泥基胶材水化收缩，水泥水化后，固相体积增加，但水泥-水体系的绝对体积减少，体积减缩总量为 7%～9%。它主要与水泥的组成有关，C_3A 含量越大，水泥的收缩越大，水泥中石膏的含量也有影响。另外，矿物掺合料活性越高，细度越细，化学减缩也越大。故海工混凝土尽量使用 C_3A 含量低的水泥来配制，矿粉比表面积也不宜过大。

2）塑性收缩

塑性收缩发生在混凝土硬化前的阶段，主要是由于混凝土养护不及时或不当造成混凝土表面失水而产生的收缩，影响塑性收缩开裂的最主要因素是外部风速大，环境温度高和相对湿度小。最有效的办法是及时覆盖新鲜混凝土，保湿养护。只要施工过程中加强责任心，是完全可以把塑性收缩裂缝减少到最低程度的。

3）温度收缩

温度收缩又称冷缩。混凝土内部温度由于水泥水化温度升高最后又冷却到环境温度时产生的收缩，特别是大体积混凝土要加强混凝土的外保温，是混凝土内外温差尽量不要超过25℃。减少温度收缩的最常见办法是混凝土中掺加粉煤灰和矿粉来尽量减少水泥用量，减少水化热。

4）干燥收缩

干燥收缩是指混凝土停止养护后，在不饱和的空气中失去内部毛细孔和凝胶孔的吸附水而发生的不可逆收缩，混凝土内部失水，造成混凝土干缩增大。故高性能混凝土长期的浇水保湿养护很重要，特别是低水胶比并掺加大量矿物掺合料的混凝土。

5）自收缩

自收缩是由于混凝土内部水化反应造成水分缺乏，自干燥造成自收缩，造成混凝土内部有原始的微裂缝，特别是针对低水胶比的高性能混凝土不容忽视，它与水胶比，掺合料的细度及活性，水泥细度等有关，故海工混凝土所用的水泥细度不宜太细。

6）碳化收缩

碳化收缩主要是由于空气中的 CO_2 与水泥水化后产物 CH 反应生成碳酸钙，称为碳化，碳化伴随有体积的收缩，成为碳化收缩。

吴中伟和廉慧珍认为[89]在高性能混凝土中，混凝土的干缩比其他收缩都重要，干缩与集料的弹性模量和用量有关，掺入优质粉煤灰和磨细矿粉对减少混凝土的干缩有利，掺量越大，干缩越小。高性能混凝土的自收缩在总收缩中所占比例也较大，也必须引起高度重视，自收缩随水胶比的降低而增加，水泥细度大，自收缩增大，C_3A 和 C_4AF 含量高的水泥，自收缩大，掺入优质粉煤灰和磨细矿粉对减少混凝土的自收缩有利，但硅灰由于活性高，掺量越大，自收缩越大。与普通混凝土不同，高性能混凝土的自收缩和干燥收缩几乎相等，水胶比越小，自收缩所占比例就越大。

第二章 混凝土双效复合外加剂试验设计

混凝土双效复合外加剂是由常用的海工高性能混凝土阻锈剂亚硝酸钙和小分子胺盐与矿物掺合料激发剂复合起来的一种新型复合混凝土外加剂，其配方设计必须具备科学性、技术可行性和经济性，为了避免繁重的工作强度，试验首先选择水泥基净浆、水泥基砂浆来进行，后续再进行混凝土试验来验证其效果。

2.1 课题研究思路

大量的试验和研究表明，氯离子渗透引起的钢筋锈蚀是海洋工程混凝土结构抗侵蚀性能不佳，从而产生耐久性问题的最主要原因。

钢筋锈蚀对钢筋混凝土结构性能的影响主要体现在三方面。其一，钢筋锈蚀直接使钢筋截面减小，从而使钢筋的承载力下降，极限延伸率减少；其二，钢筋锈蚀产生铁锈的体积比锈蚀前的体积大得多（一般可达 2～3 倍），体积膨胀压力使钢筋外围混凝土产生拉应力，发生顺筋开裂，使结构耐久性降低；其三，钢筋锈蚀使钢筋与混凝土之间的粘结力下降。

研究发现，氯离子不但能穿透钝化膜使钢筋锈蚀，还能增强侵蚀电流进而加速钢筋锈蚀过程。氯离子可反复地侵蚀钢筋表面而自身并不消耗，锈蚀一般可使钢筋截面每年损失达 1mm，局部坑蚀甚至可达 2～3mm/a[65]。

就海洋混凝土而言，Cl^- 在混凝土中的渗透扩散是由于混凝土内外的 Cl^- 浓度差，使得 Cl^- 不断地由混凝土表面进入混凝土内部，其满足 Fick 第二定律，假定混凝土中的孔隙分布是均匀的，氯离子在混凝土中扩散是一维扩散行为，浓度梯度仅沿着暴露表面到钢筋表面方向变化，Fick 第二定律可以表示为：

$$\partial \frac{\partial C_{cl}}{\partial t} = \frac{\partial}{\partial x}\left(D_{cl}\frac{\partial C_{cl}}{\partial x}\right) \tag{2-1}$$

式中　C_{cl}——氯离子浓度（%），以氯离子占水泥或混凝土重量百分比表示；

　　　t——时间（a）；

　　　x——位置（mm）；

　　　D_{cl}——氯离子扩散系数。

Cl^- 扩散系数 D_{cl} 是随浓度变化的，若以表观扩散系数 D_a 代替 D_{cl} 以考虑所有迁移机制的影响，并修正 Fick 第二定律中的假设不足，则基本模型可以表示为[90]：

$$t = \frac{x_2}{4D_a}erf^{-4}\left(\frac{C_s - C_c}{C_s - C_0}\right) \tag{2-2}$$

式中　t——使用寿命（a）；

　　　x——混凝土保护层深度（mm）；

　　　D_a——氯离子表观扩散系数（m^2/s）；

214

C_s——混凝土表面氯离子浓度（％）；

C_c——临界氯离子浓度（％）；

C_0——混凝土初始氯离子浓度（或本底浓度）（％）。

氯离子扩散系数是反映混凝土耐久性的重要指标。一般通过建立扩散深度和实测浓度的关系，然后根据 Fick 定律拟合氯离子的扩散系数。氯离子的扩散系数不仅和混凝土材料的组成、内部孔结构的数量和特征、水化程度等内在因素有关系，同时也受到外部因素的影响，包括温度、养护龄期、掺合料的种类和数量、诱导钢筋腐蚀的氯离子的类型等。

混凝土保护层为钢筋免于腐蚀提供了一道坚实的屏障。理论上，混凝土保护层深度越大，则外界腐蚀介质达到钢筋表面所需的时间越长，混凝土结构相对耐久性越好。要使水泥砂浆能够有效地抵抗氯离子的侵入，就要想方设法增强其内部基体结构的致密性。

针对以上事实，兼顾到使海洋工程混凝土结构产生耐久性问题的一些其他原因，要在保证结构力学性能的基础上设法提高其抗侵蚀性能，关键有两点：一是改善混凝土自身内部结构，使其尽量密实，改善混凝土本身的抗渗透性能，使氯离子等侵蚀介质不能轻易渗透到混凝土结构内部，难以接触到钢筋表面；二是降低混凝土中易被侵蚀组分的含量，同时保持内部的高碱度环境，保护好钢筋表面的钝化膜，提高钢筋的抗锈蚀性能，使渗透到内部的氯离子等侵蚀介质"无所作为"。这也是本课题进行试验设计的主要依据。

目前的海洋混凝土都是通过使用矿物掺合料、抗锈蚀外加剂以及减水剂来实现上述目标，并且工程应用都已经比较成熟。能否更进一步采取措施来提高海洋混凝土的致密性？由于混凝土掺合料大量取代水泥的用量，会造成海洋混凝土内部电解质碱度的降低，能否另外在外加剂中增加碱性组分提高海洋混凝土中的碱度？如果可以通过额外的这些外加剂来提高海洋混凝土的致密性和碱度，这些额外的外加剂组分和混凝土减水剂（主要是混凝土泵送剂）的适应性如何，能否将来满足海洋混凝土工程的泵送施工要求？其作用机理如何？基于以上考虑，本课题所研究的海洋工程双效混凝土抗腐蚀外加剂主要由两部分复合而成，即抗锈蚀外加剂组分以及掺合料激发剂组分，其具体作用如下：

（1）根据矿物掺合料作用特点，掺合料激发剂可以在水化后期激发矿物掺合料的活性，逐渐生成更多的 C-S-H 凝胶，改善孔结构，增强水泥基材料的致密性。激发剂可以激发矿粉的活性，使粉煤灰、矿粉等量替代水泥，最高可替代水泥 60％ 左右，还可以明显改善混凝土拌合物的工作性能，使坍落度增加，和易性增强，泌水率减少；由于粉煤灰、矿粉激发剂的使用，使混凝土中粉煤灰、矿粉的数量增加，这样更适应大体积混凝土，使混凝土的水化热明显降低和延缓；提高混凝土的耐久性，可有效抑制混凝土中碱集料反应；使用激发剂可高掺粉煤灰，能获得减少污染、增加效益的优良效果；对钢筋无锈蚀作用。

激发剂的掺入改变了整个胶凝体系的水化过程，使得水化产物及孔结构发生了变化，其中掺加激发剂的混凝土前后期 Ca（OH）$_2$ 的含量明显比不掺激发剂的对比样少，水化产物大孔减少，孔结构得到了改善，孔分布更为合理，使得浆体更为密实，从而提高了复合胶凝材料及混凝土的抗冻、抗碳化、抗氯离子渗透等性能。激发剂一般由水玻璃、氢氧化钠、碳酸氢钙、石膏、碳酸钠、烧石膏、烧矾石粉等配比混合而成。刘春生[91]研究了以硫酸钠、硅酸钠和熟石灰组成的矿物掺合料活性复合激发剂，通过正交试验，以矿物掺合料水泥胶砂试验为基础，取硫酸钠掺量、硅酸钠掺量、粉煤灰与矿粉的掺量比及水泥掺量四因素三水平安排试验，结果表明激发剂复掺时对粉煤灰和矿粉的活性影响较明显。刘焕强[92]的试验表明，掺入石灰 10%、石膏 4%、Na_2CO_3 0.5% 和 Na_2SO_4 0.5% 的复合激发剂能使粉煤灰-矿渣超细粉复合体系的活性成分得到较好的激发。

（2）抗锈蚀外加剂中的亚硝酸钙、六甲基四胺和水玻璃等物质主要是用于增强钢筋的抗锈蚀能力和提高混凝土内部的碱度。由于结构内部环境的 Cl^-/OH^- 达到一个特定值时，混凝土内的钢筋才会开始锈蚀。故碱度越高，开始锈蚀所需的氯离子也越多，即提高氯离子的"临界浓度"，从而延长了渗透到钢筋表面的氯离子对钢筋产生锈蚀作用所需的时间。

（3）三聚磷酸钠等物质则能起到一定的缓凝作用，从而提高混凝土的流动性，改善其施工性能。其本身也具有一定的钢筋阻锈作用。

本论文的关键之处在于：尝试研究一种新型海工混凝土双效复合外加剂，把常用的钢筋混凝土阻锈剂和混凝土掺合料（粉煤灰和磨细矿粉）激发剂复合起来，形成一种新型海洋混凝土双效复合外加剂。既要使海洋混凝土更致密，又要使该混凝土长期保持高碱度。煅烧石膏和速溶水玻璃都对混凝土掺合料具有很好的激发活性的作用[93-96]。由于混凝土掺合料大量取代水泥用量，也会造成海洋混凝土内部电解质碱度的降低，而少量速溶水玻璃的加入，可以使混凝土的碱度长期维持，使混凝土内部电解质的 pH 值提高到 11 以上，使钢筋表面有一层稳定的钝化膜可使阳极反应难以进行，从而阻止钢筋的腐蚀。亚硝酸钙、六亚甲基四胺、三聚磷酸钠都是优良的钢筋阻锈剂。TIPA 可以提高混凝土的致密性和诱导矿物掺合料在碱性条件下进一步水化反应，改善孔结构，增强结构致密度。

协同，指紧密联系并相互影响。激发剂为阻锈剂提供"OH^-"和"$-NH_2$"，更好地为"NO_2^-"提供钢筋钝化环境，为"固体保护膜再生"提供有利条件，"OH^-"也可以提高海工高性能混凝土的碱度；而阻锈剂中的胺类和亚硝酸盐可以为掺合料激发剂提供颗粒极性诱导效应，起"催化剂"的作用，促进水泥和矿物掺合料的进一步水化，改善孔结构，提高结构致密度，阻锈剂中的亚硝酸钙还能促进低温和负温下的水泥基材料水化反应，加速混凝土的硬化，并提高混凝土的密实性和抗渗性。钢筋阻锈剂和掺合料激发剂通过协同互相联动，共同作用形成合力，为使混凝土更致密更好地保护钢筋起作用。设想该双效复合外加剂可以显著提高海工混凝土本身的致密性，改善骨料和水泥基胶凝材料界面的微观反应产物结构，大幅度降低混凝土中氯离子的扩散系数，从而延长海工混凝土的使用寿命，有望更进一步提高海工混凝土抗氯离子腐蚀的能力。

本文建立了矿物掺合料在双效复合外加剂作用下的水化模型；建立了海工混凝土中氯离子扩散寿命预测模型，通过该模型分析并根据具体海洋环境计算出海工钢筋混凝土结构寿命，可以看出双效复合外加剂的作用效果。本文还涉及双效复合外加剂掺入后，海工高性能混凝土的自收缩与抗裂性能。

鉴于以上思路，本课题设想研究开发新型海洋工程混凝土抗腐蚀外加剂，具体设计思路如图 2-1 所示。

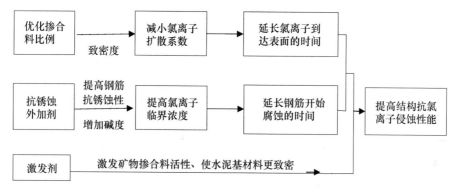

图 2-1　双效复合外加剂设计原理

2.2　试验设计

根据双效海洋混凝土抗腐蚀外加剂组分构想，通过系列试验来优选最佳配方，满足本课题所要达到的技术要求。

2.2.1　试验内容

2.2.1.1　抗腐蚀外加剂优选试验

抗腐蚀外加剂的优选要在合适的混凝土掺合料比例下进行，故首先要优选合适的矿物掺合料比例，然后混凝土中加抗锈蚀外加剂并优选比例，加矿物掺合料激发剂检验混凝土抗氯离子侵蚀性能，最后在混凝土中进一步优选复合混凝土外加剂配方，试验流程如图 2-2 所示。

（1）矿物掺合料配比的优选试验

按照不同的比例复掺或者三掺矿粉、粉煤灰和硅灰，每个矿物掺合料配方成型一组 3 个胶砂试块，通过力学性能试验、吸水量试验、氯离子渗透试验得出矿物掺合料最佳配方。

（2）抗锈蚀外加剂优选试验

根据海工混凝土结构的侵蚀机理，选择若干种功能外加剂，按照不同的比例进行组合，每个组合成型一组试块，先通过力学性能试验和浸烘试验初步优选配方，然后再进行钢筋快速锈蚀试验，验证抗锈蚀外加剂对钢筋本身无锈蚀危害；最后通过水泥净浆流动度损失试验来检验抗锈蚀外加剂对水泥和减水剂之间的适应性，初步确定抗腐蚀外加剂配方。

（3）掺合料和抗锈蚀外加剂复掺性能试验

通过试验观察掺合料和抗锈蚀外加剂的优选配方复掺时试块的力学性能及抗氯离子侵蚀性能，与矿物掺合料以及抗锈蚀外加剂分别单掺时的性能作比较，进一步优化抗锈蚀外加剂配方。

（4）抗腐蚀外加剂性能试验

抗锈蚀外加剂再复合粉煤灰矿粉激发剂，成为一种新型海工混凝土双效复合外加剂，通过试验比较激发剂加入前后，混凝土力学性能及抗氯离子侵蚀性能是否有比较大的提高。

2.2.1.2　微观结构性能分析

比较加入新型双效复合外加剂前后水泥基硬化浆体材料在人工海水养护 60d 后 XRD 反

应产物变化；通过 SEM 试验观察水泥净浆微观结构，结合 SEM 和孔结构数据，从微观角度探讨双效复合外加剂的抗侵蚀性能作用机理。

2.2.1.3　双效复合外加剂效果验证试验

在抗腐蚀外加剂优选试验的基础上，进行混凝土的验证性试验。将矿物掺合料、抗锈蚀外加剂以及激发剂三种物质进行单掺、复掺和三掺，对不同组合配方的混凝土力学性能、与混凝土常规缓凝高效减水剂的适应性、混凝土抗氯离子渗透性能、混凝土碱度进行比较研究。

考虑到钢筋混凝土结构的破坏往往是由于钢筋发生严重的锈蚀导致混凝土结构发生破裂所致，设计若干组混凝土结构内钢筋的锈蚀试验，研究混凝土在人工海水环境下，加入以上试验所得的优选外加剂配方后，结构内钢筋开始出现锈蚀和发生较严重锈蚀（结构将在可预见的时间内发生破坏）的时间。

验证海工高性能混凝土在新型双效复合外加剂作用下的混凝土收缩与抗裂性能，与空白海工高性能混凝土比较开裂指数的变化和自收缩率的变化，通过数据比较得出结论。

通过混凝土性能试验，得出在不同矿物掺合料组分作用下，使用双效复合外加剂与空白比较得出的氯离子表观扩散系数，通过该扩散系数数据比较，可以计算出钢筋混凝土结构在特定海洋环境下的预期使用寿命。

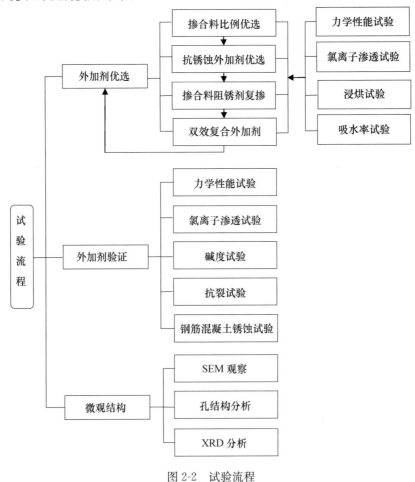

图 2-2　试验流程

2.2.2　试验指标的选用

试验指标是用来衡量试验效果的质量指标，按性质可分为定性指标与定量指标。混凝土碱度可以用定性指标来比较；定量指标是指能用某种仪器或工具准确测量的指标，如水泥基胶砂强度和氯离子浓度，混凝土收缩值等。

2.2.2.1　力学性能指标

必要的力学性能是结构能够安全使用的前提条件，强度指标也可以宏观反映出水泥基胶砂或者混凝土内部的致密程度，本文试验中该性能指标主要包括胶砂试块或混凝土成型后标养 28d、180d 以及标养 28d 后在人工海水中浸泡 60～360d 各个龄期的抗折/抗压强度。

为缩短试验时间，本文试验为模拟海洋环境所配制的盐水溶液中各主要成分的浓度均为天然海水的两倍（模拟极限苛刻条件），见表 2-1。

表 2-1　天然海水和人工海水成分表　(g/1000g)

盐类名称	氯化钠	氯化镁	硫酸镁	硫酸钾/硫酸钠
天然海水	27.21	3.18	1.65	2.12
人工海水	54.42	7.62	3.30	4.24

2.2.2.2　抗氯离子渗透性能指标

混凝土的抗氯离子渗透性反映了混凝土的密实程度以及抵抗外部侵蚀介质向内部渗入的能力。可以通过比较硬化砂浆或者混凝土的吸水量，比较孔结构的分布与孔隙率的大小，比较硬化砂浆或者混凝土从表层到内部单位质量内的氯离子浓度变化梯度来确定抗氯离子渗透性能的好坏。

① 吸水量，吸水量从宏观角度上反映了试块内部结构的密实程度；

② 孔结构分布及孔隙率，孔结构分布及孔隙率能从微观角度说明试块内部结构的密实程度；

③ 氯离子浓度，该指标能直接反映渗透到胶砂或混凝土不同位置处的氯离子浓度大小，因而将其作为衡量试块抗渗透性能的一个重要指标。

2.2.2.3　抗锈蚀性能指标

（1）通过对混凝土试块的碱度测试，比较混凝土内部介质的碱度大小，进而衡量抗锈蚀外加剂对钢筋钝化膜保护作用能力大小。

（2）通过混凝土的浸烘试验，比较各组试块内钢筋的锈蚀失重率，评价不同配方抗钢筋锈蚀的效果。

（3）通过钢筋混凝土结构电化学试验，由于钢筋一旦发生锈蚀，必然产生一定的锈蚀电流及电位差。在混凝土钢筋锈蚀试验中，通过测量不同试块钢筋之间出现电位差的先后顺序及电位差值的大小，既可反映混凝土结构的抗渗透性能，又能衡量钢筋的抗锈蚀能力，从而评价双效复合外加剂的抗侵蚀性能。

2.2.2.4　其他性能指标

（1）抗锈蚀外加剂对钢筋的危害性

根据 GB 8076—2008 相关内容，可用《钢筋锈蚀快速试验方法》（硬化砂浆法）快速判断试验中所用抗锈蚀外加剂对钢筋本身是否有锈蚀危害作用。

（2）流动度损失（坍落度）

根据 GB/T 8077—2000 和 GB/T 2419—94 相关内容，比较水泥基材料净浆流动性损失，工作性能可用其流动度 Flow（mm）表示；混凝土坍落度用 SL（mm）表示。

（3）混凝土的抗裂性能

采用平板式混凝土抗裂性测定仪判断新拌混凝土的抗裂性能。

2.3 试验方法

2.3.1 吸水量试验

参照《砂浆、混凝土防水剂》（JC 474—2008）中相关要求，按抗压强度的成型和养护方法成型基准和受检试件，养护 28d 后取出在 75～80℃下干燥至恒重。置于 20℃水中浸泡 18h，分别记录浸泡前后胶砂试块质量，两者之差即为吸水量。

2.3.2 钢筋锈蚀快速试验

参照《钢筋锈蚀快速试验方法》（GB 8076—2008）（硬化砂浆法），以三个试验电极测量结果的平均值作为钢筋阳极极化电位的测定值，以时间为横坐标，阳极极化电位为纵坐标，绘制电位——时间曲线。用来判断抗锈蚀混凝土外加剂本身是否腐蚀钢筋。

2.3.3 氯离子渗透试验

混凝土中氯离子含量是海洋环境下混凝土结构锈裂损伤评估的重要参数，可用硝酸银滴定法或硫氰酸钾溶液滴定法测定[97]。本文采用硝酸银滴定法来测量在各组试块不同位置所取试样的氯离子浓度，从而评价不同配方外加剂的抗氯离子渗透性能。

2.3.3.1 胶砂试块氯离子渗透试验

（1）成型及养护

将 40mm×40mm×160mm 试块成型并标养 28d 后，将试块表面涂上石蜡（除两端裸露外），泡入人工海水中养护至规定龄期。

（2）取样

到一定时间后取出试块，将其表面的石蜡去除，清除试块表面的污垢、粉刷层等，从最外端起每隔 5mm 将试块切割成薄块，共切 4 块，剔除大颗粒石子，将其捣碎。研磨后使其通过 0.08mm 筛子，然后置于 105℃烘箱中烘干 2h，取出后放入干燥器中冷却至室温备用。

（3）氯离子含量测定

称取 2g（精确至 0.01g）试样，放入三角烧瓶中并加入 20ml 蒸馏水，剧烈摇晃 1～2min，然后浸泡 24h，用定性滤纸过滤，将提取液的 pH 值调整至 7～8。调整 pH 值时用硝酸溶液调酸性，用碳酸氢钠溶液调碱度。然后加 5%铬酸钾指示剂 2～3 滴，用 0.02mol/L 硝酸银溶液滴定，边滴边摇，直到溶液出现不消失的橙红色为止。滴定初期加入少许硝酸银溶液后，提取液由淡黄色转橙红色，如图 2-4（a）、2-4（b）所示；但是晃动试管数秒钟后，橙红色消失，提取液恢复成淡黄色如图 2-4（c）所示；继续加入硝酸银溶液，至出现不可消失的橙红色，滴定结束，如图 2-4（d）所示。氯离子含量按式（2-3）计算：

$$p = \frac{0.03545NV}{mV_2/V_1} \times 100\%\tag{2-3}$$

式中　p——单位质量混凝土中氯离子含量（mol/kg）；

　　　N——硝酸银溶液的浓度（mol/L）；

　　　m——试样质量（g）；

　　　V——滴定完成后所用硝酸银溶液的体积（ml）；

　　　V_1——浸泡试样的水量（ml）；

　　　V_2——每次滴定时提取的滤液量（ml）。

图 2-3　研磨后的样品在水中浸泡 24h

2.3.3.2　混凝土试块氯离子渗透试验

（1）成型及养护

将试块成型并标养 28d 后，将试块表面涂上石蜡（除上表面裸露外），泡入人工配制的海水中。

（2）取样

到一定时间后取出试块，将其表面的石蜡去除，清除试块表面的污垢、粉刷层等，用电钻钻取不同深度的粉末状试样，每隔 5mm 钻取一次，使试样通过 0.08mm 筛子，然后分别置于 105℃烘箱中烘干 2h，取出后放入干燥器中冷却至室温备用。

（3）氯离子含量测定

参见 2.4.3 节 1，胶砂试块氯离子含量测定方法。

本文抗氯离子渗透性试验中的氯离子浓度均为该试样中氯离子的摩尔数和砂浆或混凝土试样的重量百分比表示，即其单位统一为 10^{-2}mol/kg，在混凝土中，相当于 $(2300\sim2400) \times 10^{-5}/35.5$kg/m^3。一般混凝土密度为 $2300\sim2400$kg/m^3。

2.3.4　浸烘循环试验

参照《水运工程混凝土试验规程》（JTJ 270—98）规定的相关要求，比较人工海水浸烘 10 次后试块中钢筋的锈蚀失重率。先将试件养护后，放入烘箱，在（80±2）℃的温度下烘 4d，冷却后放入人工海水中浸泡 24h 后取出，再放入烘箱，在（60±2）℃的温度下烘 13d。

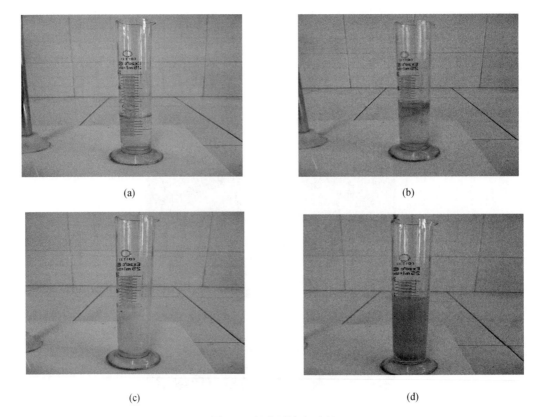

图 2-4　氯离子滴定过程

从开始泡人工海水至烘毕，14d 为一次循环。经过 10 次循环后，沿钢筋劈开试件将钢筋取出。酸洗钢筋，将锈蚀产物洗掉，酸洗时放入两根尺寸相同的同类无锈钢筋作空白校正。将钢筋酸洗后烘干称重。

$$M=\frac{W_0-W}{W_0}\times100\%\qquad(2-4)$$

式中　M——钢筋失重率（％）；

　　　W_0——试验钢筋初始重量（g）；

　　　W——试验后钢筋质量（g）。

2.3.5　混凝土碱度试验

采用 1％的酚酞指示剂来滴定混凝土试块，从而比较不同试块的碱度高低。将混凝土试块破型后，在破型面上滴上浓度 1％的酚酞试液，观察其变色程度即大致判断其碱性强弱。（称取 1g 酚酞，溶于 60ml 无水乙醇中，用蒸馏水稀释至 100ml 即可制得 1％的酚酞指示剂）。

2.3.6　混凝土收缩、抗裂性能试验

参考国家标准《普通混凝土长期性能和耐久性试验方法》（GB/T 50082—2009）进行。

2.3.7　钢筋混凝土结构锈蚀试验

参照 G109-07 Standard Test Method for determining effects of Chemical Admixtures on Corrosion of Embedded Steel Reinforcement in Concrete Exposed to Chloride Environments（氯离子环境中外加剂对混凝土内钢筋侵蚀作用的标准试验方法）中所述试验方法[98]，成型若干组试块，分析比较双效复合外加剂对混凝土抗氯离子渗透性能的影响。成型试块时，在混凝土中插入四根钢筋，左边上下两根为一组，右边上下两根为一组。标养 28d 后将试块从养护室搬出，在每个试块的正上方放置一个无底面的长方体有机玻璃盒，然后从顶面预留的小孔中注入表 2-1 中所示的人工海水，15d 后将海水抽出，将试块干燥 15d，如此不断循环。在每组钢筋之间接入一个阻值为 100Ω 的电阻，从试验开始 14d 起读取上下两根钢筋之间的电位差。根据各组的电位差大小比较钢筋的侵蚀程度。

2.3.8　微观性能试验方法

以水泥基净浆硬化后材料为研究对象进行微观性能试验。从微观角度观察不同试验样品的结构组成及形态；并使用压汞仪测定材料孔结构，观察不同样品的孔径大小及具体分布。加入双效复合外加剂前后，通过对水泥基浆体材料的 XRD 分析，讨论水泥基材料水化产物的变化，从而推测其作用机理。

（1）微观结构及形态分析

JSM5900 扫描电子显微镜，日本电子公司生产。取不同龄期的水泥石样品，破碎后放入无水酒精中浸泡 24h，使其完全脱水停止水化。取 5mm×5mm 上下表面均较为平整的样品经过真空喷金后进行电子扫描微镜（SEM）分析。

（2）孔结构及孔分布分析

GT-60 型压汞仪，美国康塔仪器有限公司生产。水泥石试样养护至规定龄期，冷却后制成 3～5 mm 的小颗粒，用无水乙醇终止水化。测试前取出试样，65℃的烘箱内烘 2 h。注意在制备压汞样品时，不要取表面的材料，不能用力敲击试样，以免造成试件内部微观结构人为的损伤而影响实验结果。利用 GT-60 型压汞测试仪测试水泥石的总孔隙率和孔径分布。

（3）水化产物晶相分析

该设备产自瑞士 BRUKER 公司，型号 D4 ENDEAVOR。水泥石试样到龄期后，破碎，用无水乙醇泡 4h 中止水化，将已终止水化的浆体用研钵研细至能全部通过 200 目方孔筛，样品充分混合均匀，采用 X 射线衍射仪进行物相分析。

第三章 海工混凝土双效复合外加剂的优选

海工复合混凝土外加剂的优选，事关矿物掺合料的适合比例、钢筋阻锈剂组分与比例以及掺合料激发剂组分及比例，课题首先要通过抗氯离子渗透性能对混凝土中的矿物掺合料种类和比例进行评价和筛选，最后确定合适的海工混凝土双效复合外加剂组分及比例。

3.1 矿物掺合料比例优选试验

使用矿物掺合料提高混凝土的耐久性是现代混凝土的显著特点。随着社会进步和沿海大规模基本建设事业的需要，越来越多的海工高性能混凝土被使用。混凝土中掺入矿物掺合料有多种目的，主要包括减少水泥用量、改善新拌混凝土的工作性以及提高硬化混凝土的耐久性。将矿粉、粉煤灰和硅灰等常用矿物掺合料以优化的配比掺入混凝土中，既能大量降低工程成本，又能起到改善新拌混凝土的工作性和提高结构抗氯离子渗透性能的目的。

3.1.1 试验用材料及配比

海螺 42.5 级普通硅酸盐水泥（C），海螺中国水泥厂生产；标准砂（S），厦门艾思欧公司生产；矿粉（KF），南京伊兰特建材有限公司生产的 S95 级矿粉，密度 $2.86g/cm^3$，比表面积 $413m^2/kg$，需水量比 98%，三氧化硫含量 0.28%，活性指数 1.15。；东创 II 级粉煤灰（FA），镇江高资电厂生产，比表面积 $330m^2/kg$，烧失量 4.0%，需水量比 102%，三氧化硫含量 0.35%，活性指数 0.85。；硅灰（GF），奥斯迈特科技公司生产，比表面积 $692m^2/kg$，需水量比 82%，三氧化硫含量 0.12%，活性指数 1.36。氯离子渗透试验采用蒸馏水，氯化钠为分析纯试剂。

兼顾经济节约和保证一定力学性能两方面的要求，在前人已有的试验成果基础上，确定矿物掺合料的总掺量为 40%（内掺，等量取代水泥），试验具体配比见表 3-1。

3.1.2 试验方法

1) 力学试验

成型后将试块置于两种不同环境下：一部分在养护室中标准养护，测试块 28d、180d 的抗折、抗压强度；另一部分是在标准养护 28d 后再放入人工海水中浸泡，测试块 90d、180d、270d 和 360d 的抗折、抗压强度。

表 3-1 矿物掺合料的优选试验配比（%）

分组	C	FA	KF	GF
①	100	0	0	0
②	60	20	20	0
③	60	0	30	10

分组	C	FA	KF	GF
④	60	30	0	10
⑤	60	15	20	5
⑥	60	10	20	10

注：水胶比0.5，胶砂比为0.4.

2）吸水量试验

具体试验方法参照第二章2.3.1节内容。

3）氯离子渗透试验

为验证矿物掺合料各组配比抗氯离子渗透能力的实际效果，将试块成型后放入养护室养护28d，将试块取出并在其表面涂上石蜡（除两端裸露外），泡入人工配制的海水中（图3-1所示），浸泡90d、180d和360d后取出去除表面石蜡，从最外端起每隔5mm将试块切割成4薄块，捣碎后采用硝酸银滴定法测量其氯离子浓度和试块深度的关系。

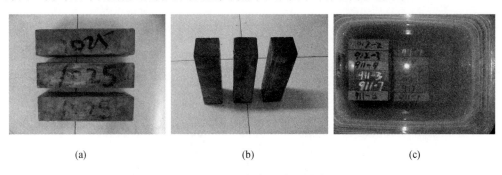

(a)　　　　　　　　　(b)　　　　　　　　　(c)

图3-1　氯离子渗透试验

a，b—表面（除两个端面外）刷石蜡；c—人工海水中养护

3.1.3　实验结果及讨论

3.1.3.1　力学性能

水泥基胶砂的力学性能主要反映在抗折和抗压强度上，通过强度比较可以看出掺合料激发剂作用效果如何，同时强度也和水泥基胶砂块体的密实性有一定的相关性（图3-2、图3-3）。矿物掺合料优选力学试验结果见附表1~附表3。

从图3-2和图3-3可知：标准养护28d后，掺矿物掺合料的②~⑥组的抗折/抗压强度比基准组①明显要低，到180d时①~⑥强度已基本一致；人工海水环境条件下，①组的抗折/抗压强度在180d后增长幅度减弱，270d后甚至下降；掺入矿物掺合料的③~⑥组则保持了强度持续增长；未加GF的②组与掺加硅灰的③~⑥组同龄期相比，抗折/抗压强度明显要低，GF在掺量分别为5%和10%时，同龄期的胶砂试块抗折/抗压强度相差不大；在有矿物掺合料的②~⑥组中，双掺KF和GF的配比力学性能最好，其次是FA、KF和GF三掺，再次是FA、GF复掺，最后是FA、KF复掺的配比。

可见，加入矿物掺合料会对胶砂试样早期力学性能产生不利影响，但随养护龄期的推移，中后期的二次水化反应起作用，中后期强度逐渐增加；当硅灰的掺入量为5%和10%

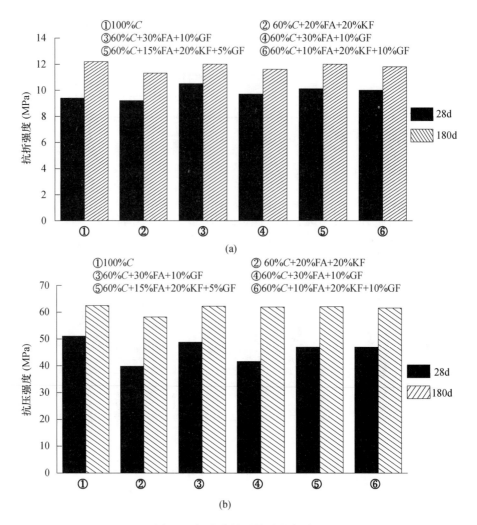

图 3-2　标准养护环境下强度对比

时，总体来看对胶砂试样的强度影响并不明显，考虑到硅灰 GF 成本较高，且其掺量过多会影响到混凝土的施工性能（黏度大、流动度损失大等），故 GF 掺量选择为 5%；粉煤灰、矿粉和硅灰三掺的力学性能与矿粉、硅灰双掺相比虽略有降低，考虑到粉煤灰成本较低，且能够降低混凝土的需水量，故实际工程应用中可以将粉煤灰、矿粉和硅灰进行三掺使用。

3.1.3.2　吸水量

通过对水泥基胶凝材料砂浆吸水率的测定，可以知道结构中孔隙大小的相对变化，通过与基准数值比较能粗略知道其致密程度。

由表 3-2 可知：和基准组①相比，掺加矿物掺合料后，吸水量普遍降低；KF、GF 双掺的配比吸水量最低，其次是 FA、KF、GF 三掺；配比⑤、⑥中硅灰含量在 5% 和 10% 时，它们吸水量几乎接近。

综上所述，掺加矿物掺合料后，胶砂试样内部结构的密实度会显著提高；GF 的加入对试样内部结构密实度最有利，当 GF 掺量分别为 5% 和 10% 时，胶砂试样的密实度相差不大；考虑到 FA 成本较低，且能够显著改善混凝土的工作性能，实际施工中仍可采用 FA、

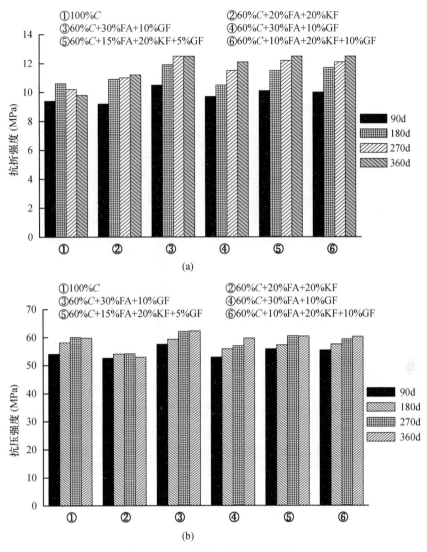

图 3-3　人工海水环境下强度对比

a—抗折强度；b—抗压强度

KF、GF 三掺。硅灰比表面积大，需水量高，除特殊耐冲磨混凝土和特别高的抗渗混凝土要求外，一般不宜有较大的掺量（一般在胶凝材料内掺 5%～10%，等量取代水泥）。从吸水量试验结果来分析，粉煤灰、矿粉和硅灰三掺条件下，硅灰掺量在 5% 是合适的。

表 3-2　吸水量试验评价结果（g）

分组	①			②		
	a	b	c	a	b	c
M1	764.8	760.4	762.5	744.3	742.8	750.5
M2	826.8	824.5	825.8	798.3	798.5	804.7
吸水量	62.0	64.1	63.3	54.0	55.7	54.2
平均吸水量	63.1			54.6		

续表

分组	①			②		
	a	b	c	a	b	c

分组	③			④		
	a	b	c	a	b	c
M1	758.2	759.1	761.0	756.6	754.9	757.3
M2	786.9	787.8	788.5	792.0	790.4	793.4
吸水量	28.7	28.7	27.5	35.4	35.5	36.1
平均吸水量	28.3			35.7		

分组	⑤			⑥		
	a	b	c	a	b	c
M1	767.4	760.2	760.7	758.9	757.2	755.4
M2	801.2	793.6	793.2	789.8	788.5	784.9
吸水量	33.8	33.4	32.5	30.9	31.3	29.5
平均吸水量	33.2			30.6		

注：每组成型三个试块 a、b 和 c，M1 为浸泡前试块质量，M2 为浸泡后试块质量，两者之差即为吸水量。

3.1.3.3 氯离子渗透浓度

将表 3-1 中各组胶砂试样成型标准养护 48h 充分硬化后，小心拆模，在人工海水中浸泡至 90d、180d 和 360d，按照 3.1.2 试验方法取样后，采用硝酸银滴定法进行氯离子渗透深度试验，各组试样在不同深度处的氯离子浓度（数据见附表 4～附表 6 所示），①～⑥组胶砂试样在人工海水中浸泡不同龄期后的氯离子浓度随深度变化的曲线如图 3-4 所示。

分析图 3-4 可知，在人工海水中浸泡后，含矿物掺合料的②～⑥组比基准组①在相同养护龄期和相同深度处的氯离子浓度要低 2～5 倍（表面层除外）；含有矿物掺合料的②～⑥组中的氯离子浓度随养护龄期增长而增加的趋势较缓，其中③、⑤、⑥组表现最佳，说明③、⑤、⑥组抗氯离子渗透性能较好，而且③、⑤、⑥抗氯离子渗透能力接近。

可见，矿物掺合料能明显降低胶砂试样内部的孔径，改善内部孔结构，提高胶砂试样的抗氯离子渗透能力；当 GF 加入量为 5% 时胶砂试样已具有较高的抗氯离子迁移渗透能力，当其加入量为 10% 时对胶砂试样的抗氯离子渗透能力影响不大，从经济技术实用操作的角度出发，硅灰采用 5% 的掺量比较合理。通过以上试验说明，矿物掺合料的优选配方组成为：60% 水泥；15% 粉煤灰；20% 矿粉；5% 硅灰。

3.2 抗锈蚀外加剂的优选

处于海洋环境下的混凝土结构在投入使用若干年后，以氯离子为典型代表的侵蚀介质将不可避免地缓慢迁移渗透至钢筋表面。为了延长海工混凝土结构的使用寿命，其中加入一定数量的抗锈蚀外加剂就成了必需。抗锈蚀外加剂应同时具备两个作用：① 提高混凝土结构内部的碱度，使钢筋表面的钝化膜尽量完好，提高钢筋遭受锈蚀时 Cl^- 的临界浓度；② 增强钢筋本身的抗锈蚀能力。

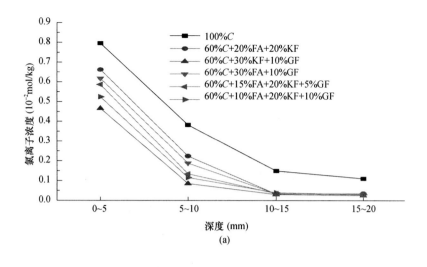

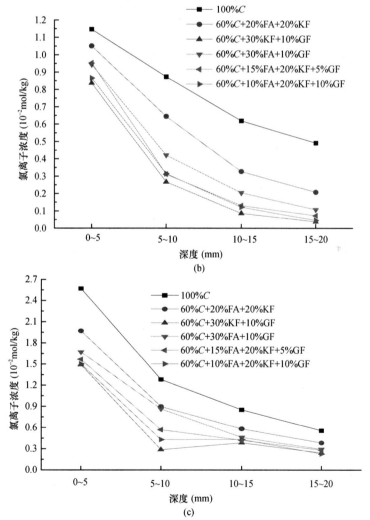

图 3-4　①～⑥组氯离子浓度变化曲线

a—90d；b—180d；c—360d

本节试验主要对抗锈蚀外加剂配方进行优选，从提高混凝土内部结构碱度和增强钢筋抗氯离子锈蚀能力两点出发选择抗锈蚀外加剂，主要考虑亚硝酸钙、三聚磷酸钠、六亚甲基四胺、FS-Ⅱ速溶水玻璃。首先通过力学性能初步确定抗锈蚀外加剂配方，再通过浸烘试验对抗锈蚀外加剂配方进行优选，最后对钢筋快速锈蚀和水泥净浆流动度损失进行评价试验。

3.2.1 试验用材料及配比

以水泥基胶砂和水泥基净浆试样为基础进行研究，所用原材料：42.5级普通硅酸盐水泥（海螺水泥厂），Ⅱ级粉煤灰（镇江高资电厂），分析纯亚硝酸钙、六亚甲基四胺、三聚磷酸钠，FS-Ⅱ速溶水玻璃（工业级，细度模数2.3，浙江嘉善），标准砂；人工海水（组成见第二章表2-1）；蒸馏水。

3.2.2 试验方法

（1）力学性能

测试水泥基胶砂试样在标准养护条件下28d、60d、90d及180d的抗折/抗压强度，分析不同配比的抗锈蚀外加剂对胶砂试样力学性能的影响。力学性能在一定程度上，也反映结构物的致密度。

（2）浸烘循环试验

对不同抗锈蚀外加剂配方的钢筋阻锈性能进行比较，测试采用不同配方的混凝土试样内的钢筋锈蚀失重率。

（3）钢筋快速锈蚀

检测所选抗锈蚀外加剂配方是否对钢筋产生锈蚀危害，用硬化砂浆法进行钢筋快速锈蚀试验。

（4）质量损失法评价阻锈剂效果

参照ASTM G31—72《Standard Practice for Laboratory Immersion Corrosion Testing of Metals》试验进行重量损失比较，判定阻锈剂效果。

（5）水泥净浆流动度损失

研究抗锈蚀外加剂对缓凝高效减水剂的适应性，对水泥基胶材净浆进行1h流动度损失评价。

3.2.3 试验结果及讨论

根据相关文献资料和研究要求，设计出了8个抗锈蚀外加剂KXSW配方，见表3-3。

表3-3 抗锈蚀外加剂KXSW优选试验配方表（%）

分组	亚硝酸钙	FS-Ⅱ	六亚甲基四胺	三聚磷酸钠
①	0	0	0	0
②	1	0.8	0.30	0.10
③	1	0.8	0.30	0.05
④	1	0.8	0.15	0.10
⑤	1	0.8	0.15	0.05
⑥	1	0.4	0.30	0.10

分组	亚硝酸钙	FS-Ⅱ	六亚甲基四胺	三聚磷酸钠
⑦	1	0.4	0.30	0.05
⑧	1	0.4	0.15	0.10
⑨	1	0.4	0.15	0.05

注：水胶比 0.40，胶砂比 0.40，掺合料比例按照 3.1.1 第⑤组，抗锈蚀外加剂为外掺。

3.2.3.1　力学性能

胶砂试样在标准养护条件下的抗折/抗压强度变化情况如图 3-5 所示（数据见附表 7～附表 8）。由图 3-5 可知，相同龄期（28d～180d）的胶砂试样②～⑨的抗折/抗压强度和基准组①相比有不同幅度的下降，⑧、⑨组强度和基准组①最接近。可见，表 3-3 中的抗锈蚀外加剂的掺入会在一定程度上影响水泥基胶砂试样的力学性能，FS-Ⅱ 掺入数量越多，对力学性能的影响越显著。

3.2.3.2　盐水浸烘循环试验

参照 JTJ 270—98《水运工程混凝土试验规程》规定的相关要求，用人工海水浸烘 10 次循环后，各组混凝土试件的评价结果见表 3-4。掺入抗锈蚀外加剂后，钢筋失重率明显降低（约为基准组①的 50% 左右），说明表 3-3 中抗锈蚀外加剂均能起到较好的钢筋阻锈作用。结合力学性能初步优选外加剂配方为⑧和⑨。

表 3-4　浸烘试验结果

分组	①	②	③	④	⑤	⑥	⑦	⑧	⑨
初重（g）	22.203	22.221	21.882	22.183	22.186	22.225	22.224	22.191	22.194
失重量（g）	1.312	0.667	0.654	0.633	0.672	0.661	0.646	0.672	0.691
失重（%）	5.91	3.00	2.99	2.85	3.03	2.97	2.91	3.03	3.11

3.2.3.3　钢筋快速锈蚀评价结果

为检测抗锈蚀外加剂配方⑧和⑨对钢筋是否有危害，按照占总胶凝材料质量 1.6% 的掺量，使用硬化砂浆法进行钢筋快速锈蚀试验，砂浆的水胶比和胶砂比均为 0.5。钢筋快速锈蚀评价结果如图 3-6 所示（试验结果见附表 9）。

电极通电后，阳极钢筋电位迅速向正方向上升，并在 2～4min 内达到析氧电位值，经 20min 电位无明显降低，属钝化曲线，表明其阳极钢筋表面钝化膜完好无损，因此所检测外加剂对钢筋是无害产品。

配方⑨的电位差-时间变化曲线图与配方⑧一致，可知抗锈蚀外加剂配方⑨对钢筋混凝土结构无害（图 3-6）。配方⑧与配方⑨仅仅是三聚磷酸钠数量的差异。三聚磷酸钠本身具有钢筋阻锈剂的作用。

3.2.3.4　质量法评价钢筋阻锈剂

采用直径 6mm，长 100mm 左右的标准钢筋，用砂纸打磨光亮，然后水洗，干燥，用丙酮脱脂，干燥后放入干燥器皿中备用。为了试验的直观和结果准确性，直接进行浸泡 28d 的试验。试验时，将制备好的钢筋试件称重 M_1，放入配制好的溶液中，28d 后观察溶液颜色变化和沉淀物情况、钢筋锈蚀状态，并将钢筋烘干称重 M_2。不同阻锈剂的氯化钠溶液见表

3-5，钢筋阻锈效果见表 3-6。

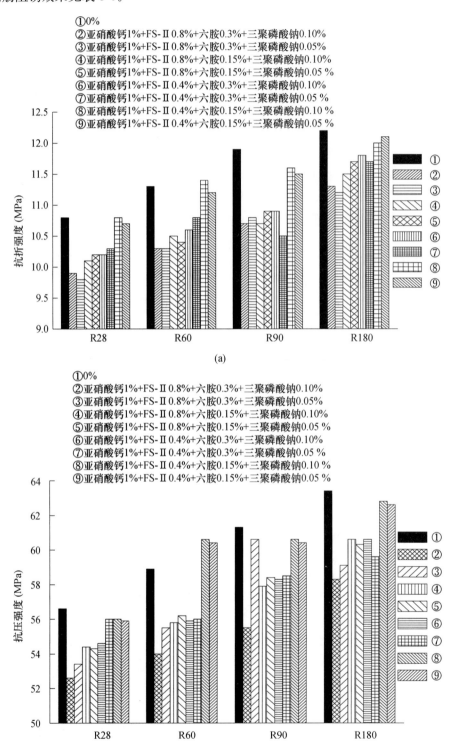

①0%
②亚硝酸钙1%+FS-Ⅱ0.8%+六胺0.3%+三聚磷酸钠0.10%
③亚硝酸钙1%+FS-Ⅱ0.8%+六胺0.3%+三聚磷酸钠0.05%
④亚硝酸钙1%+FS-Ⅱ0.8%+六胺0.15%+三聚磷酸钠0.10%
⑤亚硝酸钙1%+FS-Ⅱ0.8%+六胺0.15%+三聚磷酸钠0.05 %
⑥亚硝酸钙1%+FS-Ⅱ0.4%+六胺0.3%+三聚磷酸钠0.10%
⑦亚硝酸钙1%+FS-Ⅱ0.4%+六胺0.3%+三聚磷酸钠0.05 %
⑧亚硝酸钙1%+FS-Ⅱ0.4%+六胺0.15%+三聚磷酸钠0.10 %
⑨亚硝酸钙1%+FS-Ⅱ0.4%+六胺0.15%+三聚磷酸钠0.05 %

(a)

①0%
②亚硝酸钙1%+FS-Ⅱ0.8%+六胺0.3%+三聚磷酸钠0.10%
③亚硝酸钙1%+FS-Ⅱ0.8%+六胺0.3%+三聚磷酸钠0.05%
④亚硝酸钙1%+FS-Ⅱ0.8%+六胺0.15%+三聚磷酸钠0.10%
⑤亚硝酸钙1%+FS-Ⅱ0.8%+六胺0.15%+三聚磷酸钠0.05 %
⑥亚硝酸钙1%+FS-Ⅱ0.4%+六胺0.3%+三聚磷酸钠0.10%
⑦亚硝酸钙1%+FS-Ⅱ0.4%+六胺0.3%+三聚磷酸钠0.05 %
⑧亚硝酸钙1%+FS-Ⅱ0.4%+六胺0.15%+三聚磷酸钠0.10 %
⑨亚硝酸钙1%+FS-Ⅱ0.4%+六胺0.15%+三聚磷酸钠0.05 %

(b)

图 3-5　标养条件下的抗折/抗压强度变化

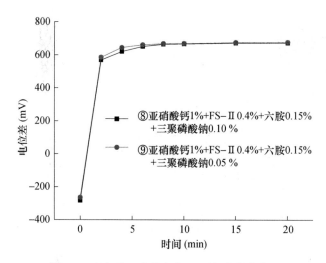

图 3-6　配方⑧、⑨的电位差-时间变化曲线图

表 3-5　不同阻锈剂的氯化钠溶液

样品	自来水（mL）	氯化钠（g）	阻锈剂（g）	备注
空白	500	0	0	
基准	485	15	0	
亚硝酸钙（固体）	485	15	30	
国外某品牌（液体）	485	15	30	
KFSW（固体）	485	15	30	表 3-3 中⑨

表 3-6　不同阻锈剂的氯化钠溶液对钢筋的阻锈作用

样品	M_1（0d）（g）	M_2（28d）（g）	阻锈系数（%）	钢筋表面腐蚀状态，溶液状况
空白	51.34	51.18	99.70	有锈斑，有少量棕黄色沉淀
基准	51.48	51.23	99.51	有明显锈斑，有大量棕黄色沉淀
亚硝酸钙（固体）	51.66	51.58	99.85	有少量锈斑，有少量棕黄色沉淀
国外某品牌（液体）	52.13	52.08	99.90	有轻微锈斑，无沉淀
KFSW（固体）	51.98	51.99	100.02	有致密薄膜无锈斑，无沉淀

由表 3-6 可见，KFSW（表 3-3 中⑨配方）钢筋阻锈剂有较好的阻锈效果，28d 龄期时钢筋可以在此溶液中保持钝化状态。KFSW 配方中的层状水玻璃和胺类可以增加溶液的碱度，抗锈蚀能力显著增强，完全可以和国外产品相媲美。

3.2.3.5　水泥净浆流动度损失

按照表 3-7 分组，⑧、⑨所示抗锈蚀外加剂配方进行水泥基净浆流动度损失试验，本次试验所用常规混凝土外加剂主要有以下两种：聚羧酸高性能减水剂 PCA（浓度 15%）、萘系缓凝高效减水剂 JM9（浓度 30%）。序号 $1^\#$～$3^\#$ 水泥净浆水胶比均为 0.35（105g∶300g），序号 $4^\#$～$6^\#$ 水泥净浆水胶比均为 0.29（87g∶300g），胶凝材料比例均为：水泥∶粉煤灰∶矿粉＝60∶20∶20，其具体组成及试验结果见表 3-7。

由水泥基材料净浆 1h 流动度损失数值结果可知，抗锈蚀外加剂配方⑧、⑨对两种减水剂和水泥基材料净浆的相容性良好，应不会影响海工水泥混凝土的施工性能。

在上述系列试验中，抗锈蚀外加剂配方⑧和⑨的性能较好，根据降低成本的原则，兼顾考虑含硅酸钠 FS-Ⅱ 会影响水泥混凝土的干缩，选择配方⑨为抗锈蚀外加剂优选配方。抗锈蚀外加剂（KXSW）配方具体确定为：亚硝酸钙 50％＋FS-Ⅱ 20％＋六亚甲基四胺 7.5％＋三聚磷酸钠 2.5％＋载体 20％，掺量为总胶凝材料用量的 1.6％。

表 3-7　水泥净浆流动度试验配方表（％）

序号	抗锈蚀外加剂	JM9	PCA	初始流动度（mm）	1h后流动度（mm）
1#	0	2	0	240	210
2#	亚硝酸钙 1％＋FS-Ⅱ 0.4％＋六胺 0.15％＋三聚磷酸钠 0.10 ％	2	0	230	210
3#	亚硝酸钙 1％＋FS-Ⅱ 0.4％＋六胺 0.15％＋三聚磷酸钠 0.05 ％	2	0	220	200
4#	0	0	1.5	240	250
5#	亚硝酸钙 1％＋FS-Ⅱ 0.4％＋六胺 0.15％＋三聚磷酸钠 0.10 ％	0	1.5	230	230
6#	亚硝酸钙 1％＋FS-Ⅱ 0.4％＋六胺 0.15％＋三聚磷酸钠 0.05 ％	0	1.5	220	215

3.3　矿物掺合料和抗锈蚀外加剂复掺试验

3.1 和 3.2 节从力学性能、抗氯离子迁移渗透性能和钢筋抗锈蚀性能等多个角度，分别对矿物掺合料和抗锈蚀外加剂组分和比例进行比较和优选。由于矿物掺合料主要功能是增强结构密实度和增加结构物后期强度，抗锈蚀外加剂主要功能是增强混凝土结构内钢筋的抗锈蚀能力，而目前国内外对海工混凝土结构耐久性的要求越来越高，单独使用矿物掺合料不能使海工混凝土具有令人满意的抗氯离子侵蚀性能。因此，本节主要通过系列试验对单掺掺合料和复掺抗锈蚀外加剂时水泥基胶砂试样的力学性能以及抗氯离子渗透性能进行比较。

3.3.1　试验材料及配比

试验原材料有：海螺 42.5 级普通硅酸盐水泥（C）；标准砂（S）；抗锈蚀外加剂（KX-SW），自制；伊兰特公司产矿粉（KF）S95 级；二级粉煤灰（FA、东创公司产）；硅灰（GF）；蒸馏水。

在水泥胶砂试验中，每个配比成型三组 40mm×40mm×160mm 的试块，具体配比见表 3-6。

3.3.2　试验方法

在确定矿物掺合料比例和抗锈蚀外加剂配方的基础上，本节主要将矿物掺合料和抗锈蚀外加剂复掺进行试验，以水泥基材料胶砂试样为研究对象，对各组配比的抗氯离子侵蚀性能进行研究。选择以下三个试验来衡量胶砂试样的抗氯离子侵蚀性能：力学性能、抗氯离子渗透性能和循环浸烘试验。

力学性能主要包括标准养护 28d、180d 的抗折/抗压强度和标准养护 28d 后再放入人工海水中浸泡至 90d、180d、270d 和 360d 的抗折/抗压强度。

表 3-8　胶砂试验配比（%）

分组	C	FA	KF	GF	KXSW
①	100	0	0	0	0
②	100	0	0	0	1.6
③	60	15	20	5	0
④	60	15	20	5	1.6

注：水胶比为 0.4，胶砂比 0.40，抗锈蚀外加剂为外掺。

抗氯离子渗透性能试验主要包括标准养护 28d 后放入人工海水中浸泡至 90d、180d 和 360d 的氯离子浓度与胶砂深度的关系；循环浸烘试验方法见 2.4.4。

3.3.3　结果与讨论

3.3.3.1　力学性能

标准养护条件下和人工海水环境下胶砂试样抗折/抗压强度见附表 10～附表 12。养护龄期与强度的关系见图 3-7。

由图 3-7 可知，由于配比①不加任何外加剂，其早期（28d）的抗折/抗压强度大于其他三组；含有矿物掺合料的配比③、④和①、②相比，后期强度（90d，180d）有较明显提高；在人工海水环境下，①、②两组强度增加的速度非常缓慢，而③、④两组强度一直保持稳定的增长趋势。

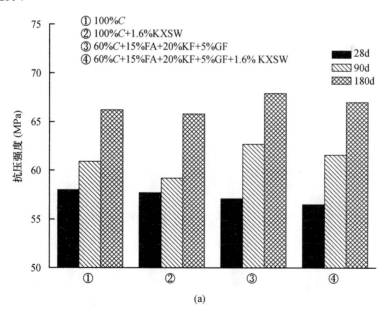

(a)

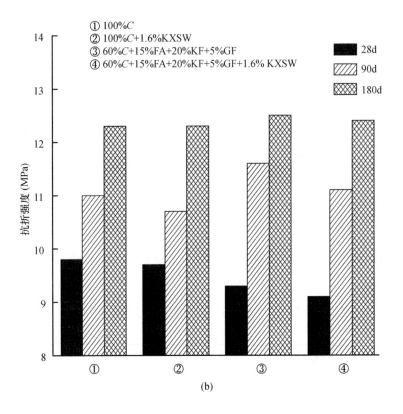

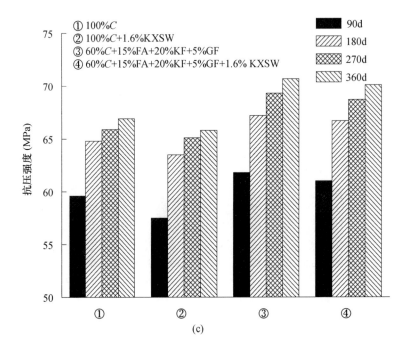

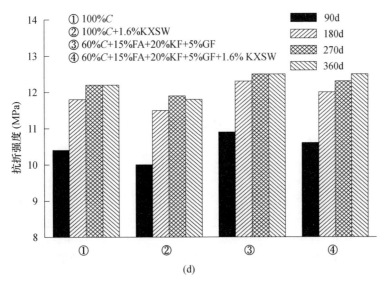

图 3-7 ①～④组抗压/抗折强度对比图

a, b—标准养护环境；c, d—人工海水环境

可见，矿物掺合料会降低胶砂试样早期（28d 之前）力学性能，但随水化反应龄期的逐渐延长（90d 以后），其能显著提高试样致密度，降低侵蚀环境中 Mg^{2+} 等离子对胶砂试样力学性能的不利影响，使胶砂试样具有较好的抗氯离子侵蚀能力；抗锈蚀外加剂的加入对纯水泥胶砂试样力学性能稍有不利影响。一般，粉煤灰在 60d 前参与水化的程度就比较小，大部分矿渣微粉参与水化一般要到 28d 之后，硅灰由于非常细比表面积大活性高，一般在 28d 前就会部分参与水化。

3.3.3.2 氯离子渗透浓度与深度关系

根据表 3-8 所示成型胶砂试样，标准养护 28d 后放入人工海水中浸泡至 90d、180d 和 360d，然后测胶砂试样不同深度处的胶砂内的氯离子浓度，结果如图 3-8 所示（数据见附表 13～附表 15）。

分析图 3-8 可知，③组和基准组①相比，胶砂试样相同深度处的氯离子浓度有了明显的降低；90d 时，③组的抗氯离子渗透能力最强。加入抗锈蚀外加剂后，③组和④组在 180d 后的抗氯离子渗透能力差异就很小。

3.3.3.3 循环浸烘试验

用人工海水浸烘 10 次后各组混凝土试样中的钢筋试验数据见表 3-9。

表 3-9 浸烘试验数据

分组	①	②	③	④
初始重量（g）	22.293	22.226	22.205	22.221
失重量（g）	2.127	0.826	1.298	0.664
失重率（%）	9.54	3.72	5.84	2.99

由表 3-9 可知，加入抗锈蚀外加剂后，试件②中钢筋的抗锈性能和基准组①相比有较大提高，失重率显著降低至基准组的 39%；加入矿物掺合料后，试块③的密实度明显改善，试件内钢筋的失重率降低至基准组的 61%；试块④中钢筋的失重率和②、③相比有所降低

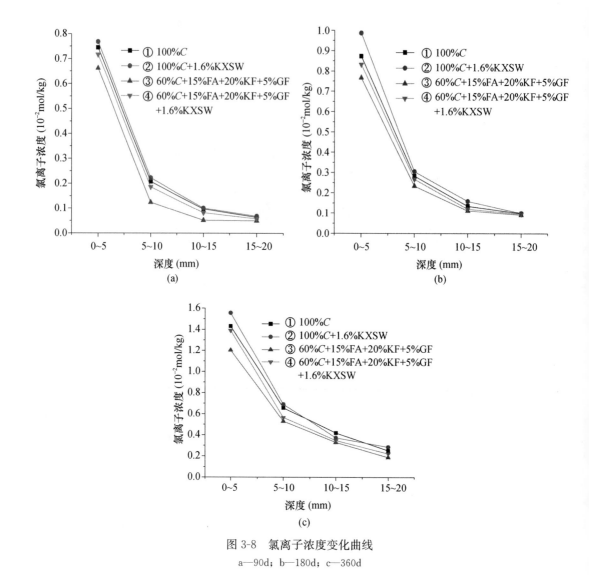

图 3-8　氯离子浓度变化曲线

a—90d；b—180d；c—360d

为基准组的 31%。

由此可知，纯水泥加抗锈蚀外加剂就不能较好地提高试件的抗氯离子渗透性能和阻锈性能，当抗锈蚀外加剂与矿物掺合料双掺时，才能更好地抵抗氯离子对混凝土试件的渗透。

3.4　海工混凝土双效复合外加剂性能试验

通过 3.1～3.3 节试验，设想能否进一步采取措施来提高海工高性能混凝土的致密性？掺合料激发剂如煅烧石膏（600℃，保温 2h）、三异丙醇胺能不能起到较好的激发掺合料的作用，从而进一步提高水泥基胶砂试样的致密性？设想把钢筋阻锈剂、掺合料激发剂协同起来，形成一种新型海工混凝土双效复合外加剂。

3.4.1　试验原材料

试验原材料：海螺 P·O42.5（C）、标准砂（S）、伊兰特矿粉（KF）S95 级、东创二级粉煤灰（FA）、硅粉（GF），煅烧石膏（600℃，保温 2h），水玻璃 $Na_2SiO_3 \cdot 9H_2O$（简写为 Na_2SiO_3），三异丙醇胺（TIPA，85％工业级），蒸馏水。

3.4.2　双效复合外加剂配方优选及力学性能和抗氯离子渗透性能试验

双效复合外加剂配方优选，首先考虑其与常规混凝土外加剂的适应性，然后考查力学性能和抗氯离子渗透性能。最后确定最合适的配方组成。

3.4.2.1　缓凝高效减水剂（泵送剂）与矿物掺合料激发剂的适应性

混凝土外加剂：萘系缓凝高效减水剂 JM9（固含量 30％），掺量 2％，减水率 20％；聚羧酸盐系缓凝高效减水剂 PCA（固含量 15％），1.5％掺量，减水率 25％。

1）浆体材料配比为：$C=150g$，$FA=75g$，$KF=75g$，$w=87g$，JM9 为 2％，结果见表 3-10。

表 3-10　减水剂（泵送剂）与矿物掺合料激发剂的适应性

激发剂种类和掺量（％）	初始流动度（mm）	1h 流动度（mm）	浆体状态描述
空白	250×250	245×245	稍泌水
Na_2SiO_3　0.5	245×245	240×240	无泌水
Na_2SiO_3　1.0	175×175	145×145	无泌水
Na_2SiO_3　2.0	70×70	—	无泌水
$Ca(NO_2)_2$　0.5	250×250	225×225	无泌水
$Ca(NO_2)_2$　1.0	245×245	220×220	无泌水
$Ca(NO_2)_2$　2.0	245×245	200×200	无泌水
煅烧石膏　0.5	240×240	245×245	无泌水
煅烧石膏　1.0	250×250	245×245	无泌水
煅烧石膏　2.0	245×245	245×245	无泌水

2）浆体材料配比为：$C=150g$，$FA=75g$，$KF=75g$，$w=87g$，JM9 2％，见表 3-11。

表 3-11　减水剂（泵送剂）与矿物掺合料激发剂的适应性

激发剂配方 $CaSO_4+Ca(NO_2)_2+Na_2SiO_3$	初始流动度（mm）	1h 流动度（mm）	浆体状态描述
0％+0％+0％	240×240	250×250	稍泌水
0.5％+1％+0.5％	200×204	190×190	无泌水
1％+2％+0.5％	180×180	175×175	无泌水
1％+1％+0.5％	182×183	205×205	无泌水
2％+1％+0.5％	180×180	196×200	无泌水
2％+2％+0.5％	167×162	185×186	无泌水

3）浆体材料配比为：$C=150g$，$F_a=75g$，$KF=75g$，$w=87g$，PCA1.5％，见表 3-12。

表 3-12　减水剂（泵送剂）与矿物掺合料激发剂的适应性

激发剂配方 $CaSO_4 + Ca(NO_2)_2 + Na_2SiO_3$	初始流动度（mm）	1h 流动度（mm）	浆体状态描述
0%＋0%＋0%	245×250	275×275	稍泌水
0.5%＋1%＋0.5%	245×245	220×220	无泌水
1%＋2%＋0.5%	250×250	205×205	无泌水
1%＋1%＋0.5%	250×250	220×220	无泌水
2%＋1%＋0.5%	255×255	220×215	无泌水
2%＋2%＋0.5%	265×265	205×205	无泌水

4）激发剂对矿物掺合料（粉煤灰和矿粉）的激发强度效果如表 3-13。配合比为：$C=270g$，$FA=135g$，$KF=135g$，标准砂 $S=1350g$，$w=238g$。

表 3-13　激发剂对掺合料抗压抗折强度的影响（MPa）

激发剂配方 $CaSO_4 + Ca(NO_2)_2 + Na_2SiO_3$	7d		28d		60d	
	抗压	抗折	抗压	抗折	抗压	抗折
0%＋0%＋0%	20.66	4.80	33.34	7.64	40.95	8.26
0.5%＋1%＋0.5%	21.06	5.38	34.53	7.89	41.32	8.97
1%＋1%＋0.5%	22.88	5.74	33.83	8.31	42.5	9.95
2%＋1%＋0.5%	21.7	5.3	35.72	7.89	41.56	8.18
3%＋1%＋0%	22.46	5.66	38.29	7.97	43.99	9.63

从表 3-10～3-12 可以看出，$Na_2SiO_3 \cdot 9H_2O$ 对水泥基净浆流动性损失影响较大，其适宜有效掺量为胶凝材料用量的 0.5% 及以下；而 $Ca(NO_2)_2$ 和烧石膏在有效掺量 0.5%～2.0% 之间对水泥基净浆流动性损失影响较小。当然，实际工程应用中也可以适当调整常规混凝土外加剂的配方来适应掺合料激发剂，满足工程应用。该激发剂组合对早期强度（60d 前）的贡献比基准强度增加 1～3MPa。

3.4.2.2　新型双效复合外加剂和常规混凝土外加剂的适应性

常规混凝土外加剂（主要是混凝土缓凝减水剂、泵送剂）已成为高性能混凝土的必备组分，必须考察新型双效复合外加剂与常规混凝土外加剂的适应性，试验对双效复合外加剂配方进行优化，参考 3.2 章确定的抗锈蚀外加剂配方，进一步增加激发剂组分（煅烧石膏，TIPA），拟定的新型抗腐蚀外加剂配方见表 3-14，掺量为胶凝材料用量的 3%～5%。

表 3-14　新型双效复合外加剂配方（%）

新型双效复合外加剂配方 1（ACA-1）						
FA 载体	亚硝酸钙	煅烧石膏	FS-Ⅱ	六亚甲基四胺	三聚磷酸钠	TIPA
24	30	20	20	4	1	1
新型双效复合外加剂配方 2（ACA-2）						
FA 载体	亚硝酸钙	煅烧石膏	FS-Ⅱ	六亚甲基四胺	三聚磷酸钠	TIPA
34	30	20	10	4	1	1

由表 3-15 可以看出，使用新型双效复合外加剂配方 ACA-2 的净浆流动度较大，净浆流动性损失合理，便于施工。而速溶水玻璃 FS-Ⅱ 掺加过多不仅会影响混凝土外加剂的适应性，且造成水泥基材料的干缩也较大，故宜尽量降低水玻璃 FS-Ⅱ 的用量。水玻璃 FS-Ⅱ 在新型抗腐蚀外加剂配方中的用量应小于 10%。在有效掺量 0.8%～1.5% 时，亚硝酸钙和煅烧石膏对混凝土外加剂的适应性影响不大。故选取抗腐蚀外加剂配方 ACA-2 作为以下各章节试验的配方（简称 ACA），其掺量为胶凝材料用量的 3%～5%。

表 3-15　新型双效复合外加剂和混凝土外加剂的适应性

分组	W (g)	C (g)	FA (g)	KF (g)	ACA-1 (g)	ACA-2 (g)	外加剂 (g)	初始流动度（mm）	1h 后流动度（mm）
①	105	300	0	0	—	—	JM9，8	210×220	187×190
②	105	150	75	75	—	—	JM9，8	202×210	207×208
③	105	150	75	75	12	—	JM9，8	130×131	125×125
④	105	200	50	50	12	—	JM9，8	130×136	123×114
⑤	87	300	0	0	—	—	PCA4.5	142×140	260×260
⑥	87	150	75	75	—	—	PCA 4.5	210×210	300×300
⑦	87	150	75	75	12	—	PCA 4.5	145×147	180×182
⑧	87	200	50	50	12	—	PCA 4.5	90×90	90×90
⑨	105	150	75	75	—	12	JM9，8	202×202	164×162
⑩	87	150	75	75	—	12	PCA 4.5	210×216	230×236

3.4.2.3　水泥基胶砂试样强度

试验采用水胶比为 0.5，总胶凝材料为 540g，标准砂 1350g，水 270g。双掺粉煤灰与矿粉，各占总胶凝材料 20%，抗腐蚀外加剂 ACA 外掺量分别为 0%，3%，4%，5%。人工海水浸泡，其长期强度见表 3-16。

表 3-16　试样抗折/抗压强度表（MPa）

分组	标养强度 28d	人工海水浸泡				
		R60	R90	R120	R180	R360
①	8.5/37.6	10.1/44.6	10.2/37.3	9.8/36.6	9.5/35.6	10.3/36.8
②	7.8/31.6	10.2/41.1	10.8/38.0	10.7/41.2	9.7/44.8	10.8/47.6
③	8.4/32.9	10.9/43.4	10.8/40.9	10.2/40.5	9.8/45.6	10.9/49.9
④	9.8/41.7	10.1/45.2	11.0/45.2	11.9/48.6	9.9/49.9	11.8/54.7

注：R60，R90，R120，R180，R360 为对应的 60d，90d，120d，180d，360d 养护的抗折/压强度。

由表 3-16 可知，从 90d 开始，①组空白的试样强度在缓慢降低，强度降低的原因是由于水泥胶砂浆体中的 $Ca(OH)_2$ 与人工海水中 Mg^{2+}、K^+ 离子发生离子交换，发生溶出性腐蚀而造成强度下降；而②至④组试样强度与基准试样强度在 90d 后同龄期相比明显提高，360d 时：抗腐蚀外加剂掺量从 3%～5% 时，比空白试件强度提高了 11～18MPa，说明随着时间的推移，90d 后新型抗腐蚀外加剂通过协同作用，逐步发挥激发矿物掺合料的作用，试块致密性提高，发生溶出性离子腐蚀的可能性很小，强度提高。

3.4.2.4 水泥基胶砂试样渗透氯离子浓度与深度的关系

按照氯离子渗透试验方法，采用双效复合外加剂配方 ACA 作为试验的配方，为了具有代表性和经济性，选其掺量为胶凝材料用量的 4%，试验采用水胶比为 0.5，总胶凝材料为 540g，标准砂 1350g，水 270g。粉煤灰与矿粉双掺，各占总胶凝材料 20%，抗腐蚀外加剂 ACA 掺量分别为 0%，4%。见附表 16。氯离子渗透浓度和深度关系曲线如图 3-9 所示，纵坐标为浓度（10^{-2}mol/kg），横坐标为渗透深度（mm）。

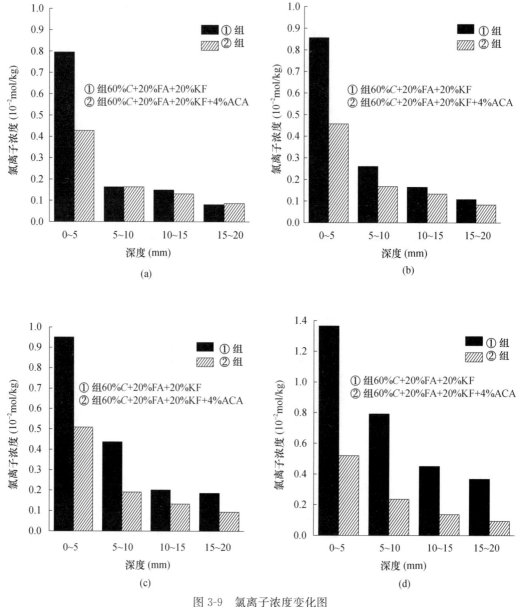

图 3-9　氯离子浓度变化图

a—90d；b—180d；c—270d；d—360d

由图 3-9 可见，随着养护龄期的增长，加入双效复合外加剂 ACA 后相同深度处的氯离子浓度显著下降，而空白组在相同深度处的氯离子浓度一直在增加。说明双效复合外加剂对提高胶砂试样抗氯离子渗透能力起到了较好作用。在胶砂试件的最外层（0~5mm），经过人工海水浸泡养护90~360d，掺加双效复合外加剂ACA后氯离子浓度几乎是基准的50%左右，后期浓度之差还有加大的趋势。

综上可得出以下结论：（1）加入双效复合外加剂后，胶砂试件在人工海水中长期浸泡后后期强度和基准试块相比有明显增加，长期强度180d以上增加值在20%~48%之间，可知该外加剂不仅能使水化反应充分进行，又可以有效提高胶砂试样在人工海水中的抵抗氯离子渗透能力。（2）加入矿粉和粉煤灰既可以减少水泥消耗，又能通过二次水化反应生成更多数量的凝胶，改善水泥基净浆（砂浆）的内部结构；矿粉和粉煤灰填充密实效应使水泥石结构和界面结构更加致密，双效复合外加剂中的激发剂可以促进这些掺合料的进一步中后期水化反应，使结构变得更致密。（3）通过抗氯离子渗透试验，证明双效复合外加剂可促进水泥基砂浆体系的致密性，从而降低胶砂试样内的氯离子浓度，且延缓了氯离子浓度随时间的延长而增加的趋势，增强了试样抗氯离子渗透和海水腐蚀能力。

3.5　本章小结

本章主要评价水泥基胶凝材料（砂浆体）的抗氯离子渗透迁移性能和该胶砂强度增长趋势，由该结果指导海工混凝土抗腐蚀外加剂的设计。

（1）水泥-KF-FA-GF（60%：20%：15%：5%）的胶凝材料组合不仅能提高胶砂试样的力学性能和抗氯离子渗透性能，且能大幅度降低混凝土的成本，用于海工混凝土中经济、实用、有效；

（2）优选出的海工混凝土抗锈蚀外加剂以占胶凝材料1.6%的掺量加入后，能使混凝土内的钢筋具有较好的抗氯离子侵蚀性能；

（3）把煅烧石膏、TIPA和抗锈蚀外加剂复合起来，可以形成一种新型双效海洋混凝土抗腐蚀外加剂ACA，掺量3%~5%，具体配方为：亚硝酸钙30%＋煅烧石膏20%＋FS-Ⅱ10%＋六亚甲基四胺4%＋三聚磷酸钠1%＋TIPA1%＋余量为载体。

第四章 微观结构分析及协同作用机理探讨

水泥基胶凝材料宏观的力学性能以及抗氯离子渗透迁移性能，都与硬化后的水泥基浆体微观结构有关，通过对水泥基浆体的 XRD 试验、SEM 观察以及孔结构分析，可以分析出双效复合外加剂的作用机理，从而更好地指导我们的工程实践活动。双效复合外加剂里面组分很多，含有亚硝酸钙、煅烧石膏、FS-Ⅱ、六亚甲基四胺、三聚磷酸钠及 TIPA 等，某些矿物掺合料激发剂本身也具有阻锈剂的功能，有的钢筋阻锈剂本身也可以激发掺合料的潜在活性，它们之间有怎么样的一种关联，有必要探讨其协同作用机理。

4.1 混凝土微观结构与宏观性能的关系

混凝土（砂浆）是一种多微孔的、在各尺度上多相的非均质复杂体系，而且其相组成随时间而变化并受外在环境（气、水、温度、盐类介质等）的影响，目前对混凝土内部结构和性能的研究仍以微观为主。微观结构对混凝土的宏观行为有重要影响，尽管目前无法对混凝土的微结构进行确切的定量分析以实现对混凝土的材料设计，但已有的研究成果和方法对控制混凝土的宏观行为已经在起着重要指导作用[99]。

4.1.1 水泥石微结构与混凝土强度的关系

按照吴中伟院士中心质假说[100]，在次中心质和次介质的尺度上，中心质的未水化水泥熟料颗粒（H 粒子）、次介质的水泥凝胶（L 粒子）和负中心质的毛细孔共同组成水泥石。从强度角度来看，孔隙率一定时，H/L 粒子比值越大水泥石强度越高；而 H/L 粒子比值达到最佳值后，水泥石强度随 H/L 粒子比值的提高而下降；水胶比越低，H/L 粒子比值的最佳值就越大。H/L 粒子比值存在最佳值的原因是未水化的水泥颗粒周围强度高而致密，水化的水泥凝胶则其胶凝性很强；未水化的水泥熟料颗粒周围的水泥凝胶都是从熟料颗粒表面水化生成的，这种 H 粒子和 L 粒子之间的界面存在有益的中心质效应圈。尽量缩小中心质之间的距离，可以使这种有益的效应得到叠加，强度得以提高；当水胶比为 0.35 时，理论上未水化的水泥占固体组分的 16.2%。海工高性能混凝土水胶比较小，水泥石的孔隙率很低，未水化的水泥粒子也相对较多，因此该高性能混凝土增加了很多产生有利效应的次中心质和大中心质。也就是说，海工高性能混凝土中的 H/L 粒子比值比普通高性能混凝土高得多。所以在一定的 H/L 粒子比值下，强度随孔隙率的减小而提高。

综上所述，尽管海工高性能混凝土中水泥的水化程度相对较低，水泥石中保留很大的 H/L 粒子比值，但混凝土仍可得到高强度，并随着水泥基胶体水化的发展，孔隙率进一步下降，特别是混凝土中含有较多的矿物掺合料时。

4.1.2 水泥石微结构与混凝土耐久性的关系

普通混凝土是一种复杂的多孔材料，是一种渗透体。混凝土渗透性与混凝土耐久性密切相关。渗透性很低的高性能混凝土能抵抗环境侵蚀性介质的侵入，因而可有高耐久性。

高性能混凝土采用较低水胶比，由中心质假说可知，混凝土水胶比越低，孔隙率就越低，而水泥石的渗透性随孔隙率的降低而下降。此外，影响混凝土渗透性的因素除了孔隙率以外，更重要的是孔结构。在相同孔隙率下，封闭孔的渗透系数最低。根据沃贝克（Verbeck）等人的研究[101]，水胶比为 0.35 的水泥石最可几孔径为 4.5nm 和 55nm，大于 100nm 的毛细孔极少；而水胶比大于 0.65 时，最可几孔径要大一个数量级。故采用低水胶比可以改善孔结构，从而提高混凝土的抗渗性能。Mehta 说"渗透性是耐久性的关键"。混凝土的渗透性是由其微观结构决定的，如混凝土的孔隙率，孔径分布以及骨料-水泥基体界面区的矿物组成，一般认为混凝土的毛细孔越大，其强度越低，渗透性越大。氯离子在混凝土中的迁移能力很强，主要有三种方式：扩散，毛细孔吸入及渗透。氯离子在混凝土内部的迁移主要是扩散过程；毛细孔吸入主要发生在混凝土表层的 2～3mm 左右；渗透主要是压力作用下，氯离子伴随水一起进入混凝土中。氯离子本身对海洋高性能混凝土几乎没有什么有害的影响，有影响的是混凝土中的钢筋钝化与锈蚀，从而引起混凝土开裂，严重影响混凝土结构耐久性。

海工高性能混凝土中掺入大量矿物掺合料，其对混凝土抗渗性的有利作用表现在以下三方面：首先，矿物掺合料参与水化反应的产物与其未参与反应的颗粒可填充水泥石中的毛细孔，使混凝土更密实；其次，许多相关学者通过试验表明，随着水化龄期的发展，掺有矿物掺合料的水泥石中有害的大孔减少，无害或少害的小孔或微孔增多，使水泥石孔结构得到改善；最后，掺入一定细度的矿物掺合料，可进一步减小次中心质之间的间距，改善次中心质和次介质的颗粒级配，使水泥混凝土结构更致密。

4.2 试验方法

本章主要涉及三种微观测试方法：电子扫描电镜（SEM）、压汞法（MIP）和 XRD 分析。三个试验均采用水泥基净浆进行试验，试块水胶比为 0.4，制备 40mm×40mm×160mm 的试块，成型 24h 后拆模，放入标准养护室中养护 28d，一部分直接取出进行试验，另一部分放入海水中继续浸泡 60d 后取出。试验开始前，将试块破碎，取中心部位大小约5mm×5mm 的小块，顶面和底面尽量保持一定的平整度，用无水酒精浸泡试块使其停止水化。试验前为方便观察，先将试块镀金。其具体配方见表 4-1。

表 4-1　水泥净浆微观结构试验配方（%）

分组	C	KF	FA	GF	KXSW	激发剂	JM9	流动度（mm）
①	100	0	0	0	0	0	2	230
②	100	0	0	0	1.6	0	2	220
③	60	20	15	5	0	0	2	220
④	60	20	15	5	1.6	0	2	210
⑤	60	20	15	5	1.6	烧石膏1＋TIPA0.04	2	200

4.3 微观测试结果及讨论

水化后的水泥基浆体中四种主要物相的类型、数量和特性，可以用电子显微镜初步判定[102]。

（1）硅酸钙水化物相 C-S-H。C-S-H 胶体的形貌为结晶差的纤维状到网状，大小在 $0.1 \sim 1\mu m$ 之间的细微晶粒组成的无序凝胶。由于它们呈现出胶体的尺度与聚集成丛的倾向，C-S-H 结晶只能用电子显微镜来分辨。在完全水化的水泥浆体里，C-S-H 可占 $50\% \sim 60\%$ 的体积。在费德曼塞雷达（Feldman-Sereda）模型里显现 C-S-H 的结构呈无规则的，或扭绞的层状排列，形成不同形状与尺寸（$0.5 \sim 2.5nm$）的层状空间，并随机分布。

（2）氢氧化钙结晶（也称波特兰石 CH），六角薄板层状占水泥浆体固相体积的 $20\% \sim 25\%$。与 C-S-H 相反，它是具有确定比例的化合物 $Ca(OH)_2$。它是六角棱状的大晶体，形貌各异，通常从难以区分到大片堆叠，受可用空间、水化温度以及体系中存在的不纯物影响。由于氢氧化钙的比表面积较小，它对强度的贡献有限。

（3）硫铝酸钙水化产物，在水化水泥浆体里占固相体积的 $15\% \sim 20\%$，因此在微结构-性能关系中只起较小的作用。浆体水化早期，硫/铝离子比较有利于形成三硫型的水化物 $C_6AS_3H_{32}$，也称"钙矾石"，呈针状棱柱形晶体。在普通的硅酸盐水泥浆体里，"钙矾石"最终会转变成单硫型水化物 C_4ASH_{18}，呈六角形片状晶体。单硫型水化物的存在易使混凝土受到硫酸盐的侵蚀。"钙矾石"和单硫型水化物中都含有少量铁离子，可以代替晶格中的 Al^{3+}。

（4）未水化的水泥颗粒，这取决于未水化水泥颗粒的分布和水化程度，在低水胶比（$\leqslant 0.35$）的水化水泥浆体的微结构中，可以找到一些未水化的熟料颗粒。由于颗粒之间的间隙有限，水化产物都靠近正在水化的熟料颗粒结晶，看上去就像是围绕它形成包覆层。在后期，由于缺乏有效空间，熟料颗粒原位水化就形成非常密实的水化产物，其形貌与熟料颗粒原貌相似。

（5）孔和裂缝，是水泥基浆体重要的组成部分，对水泥浆体的力学和物理性质有重要影响。特别是浆体里面含有原始裂缝、干缩裂缝和打击裂缝。原始裂缝边缘不整齐，有水化物填充；干缩裂缝边缘不整齐，无水化物填充；打击裂缝在受力或制样时产生，裂缝边缘整齐，裂缝中间无水化物填充。孔的形成，与矿物掺合料与混凝土各类外加剂以及水泥品种等有关，浆体中有孔总是不可避免的。

本节在对样品进行 SEM 和 MIP 测定孔结构试验时，主要针对以上物质微观特征的变化情况展开分析比较，阐述不同矿物掺合料和抗锈蚀外加剂复掺影响水泥微观结构，进而讨论其影响宏观性能的机理。

4.3.1 SEM 分析

主要对各组净浆试样取样后标养 28d 以及标养 28d 后再泡入人工海水 60d 后的样品进行比较，SEM 照片如图 4-1～图 4-20 所示（图中箭头所指为较大的孔隙或裂缝，椭圆区域表示未水化颗粒和水化产物以及矿物颗粒结构形貌）。

①组 100％C

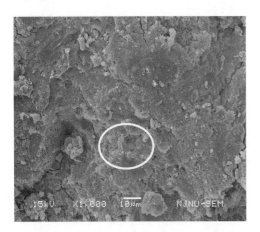

图 4-1　标养 28d，放大倍数 1000 倍

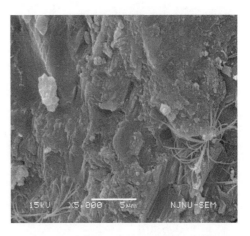

图 4-2　标养 28d，放大倍数 5000 倍

图 4-3　继续在人工海水中养
护 60 天，放大倍数 1000 倍

图 4-4　继续在人工海水中养
护 60 天，放大倍数 5000 倍

从图 4-1 中可以看到，大量 C-S-H 凝胶已形成，结构比较致密（椭圆区）。从图 4-2 中可以看出片状的水化产物 CH 与 C-S-H 凝胶交织在一起，连接较为紧密；从图 4-3 和 4-4 中则可以看出，经过人工海水 60d 的浸泡后，硬化浆体整体微结构变得较为松散，开始出现较多的孔洞和微裂缝。原因可能是纯水泥胶砂试样和人工海水里面的金属阳离子 Mg^{2+}、K^+、Na^+ 等发生离子交换，$Ca(OH)_2$ 溶出性腐蚀造成的内部孔隙增多，试样长期强度下降。

②组：100％C＋1.6％KXSW

从图 4-5～图 4-8 可以看出，加入抗锈蚀外加剂后，组②在标养 28d 后的浆体内部结构不如组①密实，存在一些孔洞和微裂纹（箭头所指，裂纹中无填充物），这是由于抗锈蚀外加剂中少部分速溶水玻璃引起的浆体干缩造成的；人工海水中继续浸泡 60d 后，微观结构的致密性变差，箭头所指处仍然存在较多孔洞和微裂纹。这也说明，单纯的水泥和该抗锈蚀外加剂复掺不是太合适，微观结构上致密性变差。

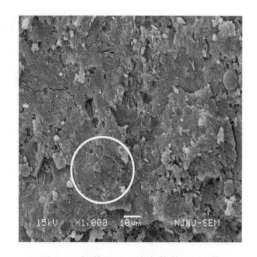

图 4-5　标养 28d，放大倍数 1000 倍

图 4-6　标养 28d，放大倍数 5000 倍

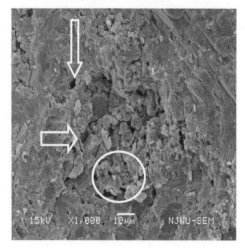

图 4-7　人工海水养护 60d，放大倍数 1000 倍

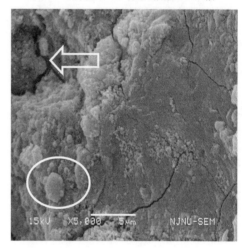

图 4-8　人工海水养护 60d，放大倍数 5000 倍

③组：60％C＋20％KF＋15％FA＋5％GF

图 4-9　标养 28d，放大倍数 1000 倍

图 4-10　标养 28d，放大倍数 5000 倍

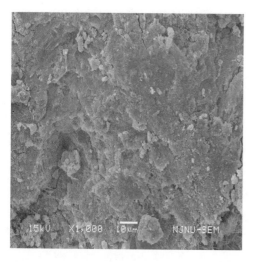

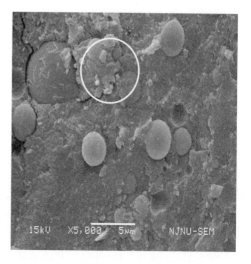

图 4-11　人工海水中养护 60d，放大 1000 倍　　　图 4-12　人工海水养护 60d，放大 5000 倍

从图 4-9 和图 4-11 可以看到，浆体试样在标养 28d 后结构较为致密，但是仍然有大部分的颗粒 FA 和矿粉未发生水化，镶嵌在凝胶表面，椭圆区为水泥基材料浆体（含有矿渣粉水化物）；由图 4-11 和 4-12 则可以看出，经过人工海水 60d 的浸泡后，少部分粉煤灰颗粒开始参与水化，其水化产物和凝胶较为致密，浆体的微观结构也有明显改善，微裂纹也少，部分微裂纹应该是制作样本时的打击裂缝。少部分极其微小的孔，主要是由于减水剂的表面活性剂作用引起，是无害孔。

④组：60％C＋20％KF＋15％FA＋5％GF＋1.6％KXSW

如图 4-13～4-16 所示，组④的微观结构和组②的比较相似，28d 的浆体结构出现一些孔隙（箭头处，干缩引起）；人工海水养护 60d 后，浆体结构变得比较致密。出现一些颗粒状的水化物，应该是矿粉参与水化的生成物。由于 28d＋60d 矿粉参与水化的程度远比粉煤灰高，在抗锈蚀外加剂作用下（部分胺类，OH^-，NO_2^-）水化程度更高，覆盖住浆体里面的粉煤灰颗粒。浆体也有一些无害的微孔。

图 4-13　标养 28d，放大倍数 1000 倍　　　　　图 4-14　标养 28d，放大倍数 5000 倍

图 4-15　海水中养护 60d，放大 1000 倍　　　　图 4-16　海水中养护 60d，放大 5000 倍

⑤组：60％C＋20％KF＋15％FA＋5％GF＋1.6％KXSW＋1％烧石膏＋0.04％TIPA

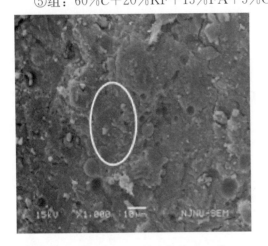

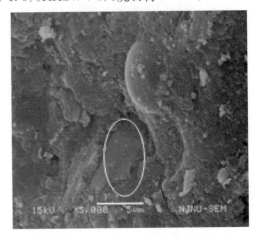

图 4-17　标养 28d，放大倍数 1000 倍　　　　图 4-18　标养 28d，放大倍数 5000 倍

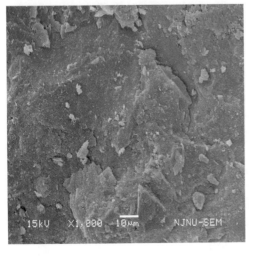

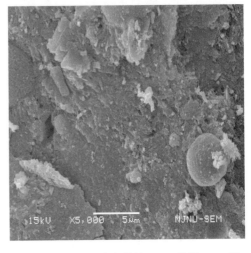

图 4-19　人工海水中养护 60d，倍数 1000 倍　　　　图 4-20　人工海水中养护 60d，倍数 5000 倍

通过图 4-17～4-20 可以看出：在标准养护时，28d 后仍然有较多的矿物颗粒存在于凝胶中，但是矿粉颗粒已经开始水化反应，其反应程度要明显强于组③，并且颗粒和凝胶之间的联系已经比较紧密（椭圆处）。在人工海水中继续浸泡 60d 后，基本没有孔洞和微裂纹出现，水化产物之间连接更为紧密。放大图片可以发现，大部分粉煤灰表面已经比较粗糙，$-NH_2$、NO_2^-、OH^- 和 SO_4^{2-} 通过协同作用显著促进了矿物掺合料的水化进程，使水泥基浆体变得更致密。

由以上分析可得出：矿粉、粉煤灰与硅灰等矿物掺合料可以较好的填充浆体内部结构的孔隙，从而改善水泥浆体的微观结构，能够在水化物数量、组成方面产生有利的影响。抗锈蚀外加剂的加入对单纯水泥浆体的微观结构有一定的不利影响，干缩增大，表现为微裂纹增多。$-NH_2$、NO_2^-、OH^- 和 SO_4^{2-} 通过协同作用互相促进互相影响，使矿物掺合料的活性在中后期显著增强，又让浆体水化反应更为充分，使得水化产物之间噬合更为紧密，从某种程度上可以消除抗锈蚀外加剂干缩造成的不利影响。

4.3.2 压汞试验结果分析

硬化后的水泥基浆体是一种复杂的非均质多相体，它的孔隙主要是由凝胶孔和毛细孔组成，影响混凝土耐久性的最主要因素为有害物质通过毛细孔的传输、部分水泥石内部缺陷和微裂缝。通过压汞试验，可以得到水泥基材料内部的孔结构，包括孔径分布和孔隙率等数据，这对分析水泥基复合材料的渗透性能是非常有益的。

4.3.2.1 矿物掺合料与抗锈蚀外加剂及激发剂作用下的孔结构试验

按照不同比例复掺矿物掺合料和抗锈蚀外加剂的净浆试样分别取样，使用压汞仪进行孔结构试验，具体配比见表 4-1。主要对在标养 28d 以及标养 28d 后再浸泡人工海水 60d 的样品进行比较，所得结果如图 4-21 和图 4-22 所示（数据见附表 17 和附表 18）。

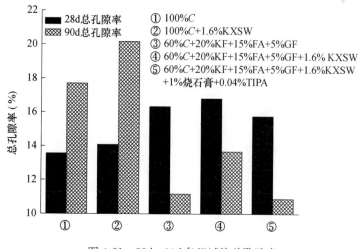

图 4-21 28d、90d 各组试块总孔隙率

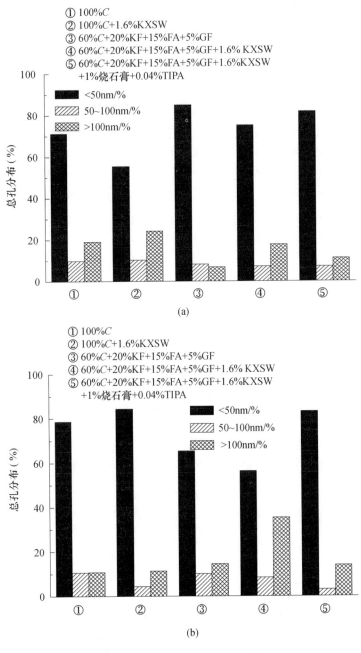

① 100%C
② 100%C+1.6%KXSW
③ 60%C+20%KF+15%FA+5%GF
④ 60%C+20%KF+15%FA+5%GF+1.6% KXSW
⑤ 60%C+20%KF+15%FA+5%GF+1.6%KXSW
　+1%烧石膏+0.04%TIPA

图 4-22　①～⑤组试样孔径分布
a—28d；b—90d

从图 4-21 和图 4-22 分析可知：在标养条件时，未加入任何矿物掺合料的组①、②的 28d 总孔隙率最小，这可能与纯水泥的 28d 水化反应程度较充分有关；在人工海水中浸泡至 90d 时，组①孔隙率急剧增加，这是由于随着时间的推移，人工海水中侵蚀介质 Mg^{2+}、K^+、Na^+、SO_4^{2-} 等开始渗透至浆体内部发生离子交换，发生溶出性腐蚀或者本身缺陷所致；组②孔隙率增加是由于加入抗锈蚀外加剂后，速溶水玻璃引起浆体的干缩造成微裂纹增多；加入了矿物掺合料的组③、④孔隙率降低，这是因为矿物掺合料的充填效应所致；组②和①、④和③相比，孔隙率稍大，孔结构组成稍差，这可能和抗锈蚀外加剂的加入造成的干缩有关；组⑤在组④的基础上增加了激发剂组分，其孔隙率和孔径分布和④相比有较大程度的改善，90d 时：有害孔（＞100nm）的孔径降低了 60%，无害孔（＜50nm）的孔径增加了 32%，总孔隙率降低了 20%。激发剂一方面可以消除抗锈蚀外加剂造成的干缩不利影响，另一方面激发了矿物掺合料的潜在活性，双效复合外加剂中的 $-NH_2$、NO_2^-、OH^- 和 SO_4^{2-} 通过协同作用互相促进互相影响，加快其早期水化速度和中后期水化程度生成更多胶体，从而充填浆体的孔隙和微裂纹，改善了浆体的内部孔结构。

4.3.2.2　硅灰对孔结构的影响

水胶比为 0.40，具体实验配比见表 4-4。制备 40mm×40mm×160mm 的试块，成型 24h 后拆模，放入人工海水中继续浸泡 90d 后取出。用干净布擦干试块表面，破碎制成 3～5mm 的小颗粒，用无水乙醇终止水化。孔结构试验结果见表 4-5。

表 4-4　水泥基胶凝材料浆体配比（g）

组别	水	水泥	粉煤灰	矿粉	硅灰	ACA	JM9	流动度（mm）
w0	160	200	100	100	0	0	8	180
w1	160	400	0	0	0	16	8	150
w2	160	200	100	100	0	16	8	170
w3	160	208	80	80	32	16	12	110
w4	160	208	160	0	32	16	12	120
w5	160	208	0	160	32	16	12	115

表 4-5　水泥基浆体试样 90d 总孔隙率分布（%）

组别	总孔隙率	＜50nm	50～100nm	＞100nm
w0	18.34	60.68	5.86	33.46
w1	16.76	56.26	3.36	40.38
w2	14.73	76.75	0	23.25
w3	17.08	54.29	4.36	41.35
w4	22.07	73.34	7.71	18.95
w5	15.56	54.63	5.60	39.77

由表 4-4 和表 4-5 数据可以看出：w2 组和 w0 组相比，加双效复合外加剂后，有害孔（＞100nm 孔）比率降低了 30%，无害孔（＜50nm）比率增加了 21%，总孔隙率下降了 20%，说明抗腐蚀外加剂通过协同作用显著促进了水泥基浆体的水化，生成物凝胶明显改善了孔结构；w2 组和 w1 组相比，加入粉煤灰和矿粉后，有害孔比率降低 42%，无害孔比率增加了 26%，说明矿物掺合料对改善浆体的孔结构作用非常明显；w2 组和 w4 组相比，孔结构相差不大，加入硅灰后水泥基净浆流动性降低明显，要达到相同的净浆流动度，混凝土减水剂增加倍数明显，说明粉煤灰和矿粉双掺比例适当，完全可以代替粉煤灰和硅灰双掺，而且经济性好；w2 组和 w3 组相比，w3 组的有害孔比率增加了 44%，可能是萘系减水剂增大掺量后，引气造成的孔结构变化。w5 组和 w4 组相比，有害孔比率增加了 52%，说明粉

煤灰对孔结构的改善远比矿粉好得多。

4.3.2.3 混凝土泵送剂与双效复合外加剂复掺后的孔结构比较

把表 3-15 中混凝土泵送剂与双效复合外加剂的适应性部分配比做孔结构试验，试验数据见表 4-6 所示。表 4-6 中 6 组水泥基净浆 90d 后的孔结构数据见表 4-7。

表 4-6　水泥基浆体配合比

分组	W（g）	C（g）	FA（g）	KF（g）	ACA（g）	外加剂（g）	初始流动度（mm）	1h 后流动度（mm）
z1	105	300	0	0	—	JM9，8	210×220	187×190
z2	105	150	75	75	—	JM9，8	202×210	207×208
z3	87	300	0	0	—	PCA4.5	142×140	260×260
z4	87	150	75	75	—	PCA4.5	210×210	300×300
z5	105	150	75	75	12	JM9，8	202×202	164×162
z6	87	150	75	75	12	PCA 4.5	210×216	230×236

表 4-7　水泥基浆体总孔隙率分布（%）

组别	总孔隙率	<50nm	50～100nm	>100nm
z1	16.32	65.40	10.13	14.47
z2	15.34	81.76	1.80	16.44
z3	15.90	71.19	1.34	27.59
z4	24.16	70.95	9.87	19.18
z5	35.12	93.39	1.22	5.39
z6	25.17	88.10	1.43	10.47

由表 4-7 试验数据可知：第 z2 组和第 z1 组相比，加入粉煤灰和矿粉后无害孔（<50nm）的比率增加了 20%；少害孔（50～100nm）降低了 82%，说明矿物掺合料对改善浆体的孔结构起了重要的充填孔隙作用。第 z3 组与第 z4 组比较，孔结构差异不明显，估计是由于羧酸外加剂的引气特性造成的；第 z6 组与第 z4 组相比，第 z5 组与第 z2 组相比，加入双效复合外加剂后，有害孔（>100nm）比率分别降低 45% 和 67%，无害孔比率分别增加了 19% 和 12%，说明双效复合外加剂中的-NH_2、NO_2^-、OH^- 和 SO_4^{2-} 通过协同作用，互相促进互相影响，使矿物掺合料的活性在中后期显著增强，让水泥基浆体水化更为充分，水化产物之间噬合更为紧密，改善了孔结构，减少了有害孔。

4.3.3　XRD 分析

通过对材料进行 X 射线衍射，分析其衍射图谱是常用的获得材料的成分、材料内部原子或分子的结构或形态等信息的研究手段。试验采用水泥基浆体水胶比为 0.4，按照表 4-8 制备水泥基浆体，40mm×40mm×160mm 试模成型，养护 24h 后脱模放入人工海水中浸泡 60d。到期后，两组试体按照相同方法横向切片破碎，用无水乙醇泡 4h 中止水化。将已终止水化的浆用研钵研细至能全部通过 200 目方孔筛，样品充分混合均匀，采用 X 射线衍射仪进行物相分析，试验结果如图 4-23 和图 4-24 所示，具体数据见表 4-8 和表 4-9。

表 4-8 水泥基浆体配方组成 (g)

样品	水	水泥	粉煤灰	矿粉	JM9	抗腐蚀外加剂	XRD 图
1#	160	200	100	100	8	—	QLX-1，QLX-2
2#	160	200	100	100	8	16	QLX-3，QLX-4

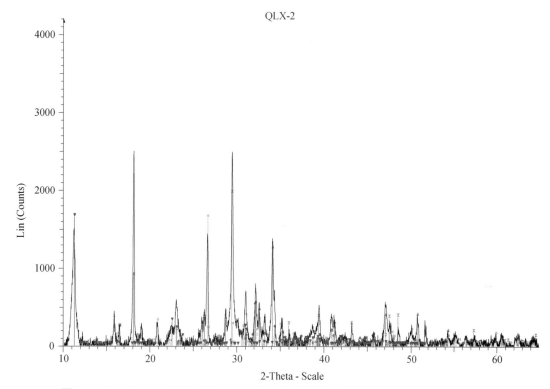

QLX-2 - File: QLX-2.raw - Type: 2Th/Th locked - Start: 10.000 ° - End: 65.007 ° - Step: 0.020 ° - Step time
Operations: Background 2.138,1.000 | Import

01-070-7344 (*) - Quartz - SiO_2 - Y: 39.11 % - d x by: 1. - WL: 1.5406 - Hexagonal - a 4.91458 - b 4.9145

00-033-0302 (*) - Larnite, syn - Ca_2SiO_4 - Y: 12.62 % - d x by: 1. - WL: 1.5406 - Monoclinic - a 9.31000 -

01-074-4144 (*) - Mullite - $Al_{4.52}Si_{1.48}O_{9.74}$ - Y: 7.61 % - d x by: 1. - WL: 1.5406 - Orthorhombic - a 7.5

00-044-1481 (*) - Portlandite, syn - $Ca(OH)_2$ - Y: 29.62 % - d x by: 1. - WL: 1.5406 - Hexagonal - a 3.589

01-072-1888 (I) - Reinhardbraunsite, syn - $Ca_5(SiO_4)_2(OH)_2$ - Y: 6.25 % - d x by: 1. - WL: 1.5406 - Mono

01-078-2051 (I) - Hydrocalumite - $Ca_8Al_4(OH)_{24}(CO_3)Cl_2(H_2O)1.6(H_2O)_8$ - Y: 39.31 % - d x by: 1. - WL:

01-071-3699 (*) - Calcite, syn - $CaCO_3$ - Y: 46.60 % - d x by: 1. - WL: 1.5406 - Rhombo.H.axes - a 4.99

00-041-1451 (*) - Ettringite, syn - $Ca_6Al_2(SO_4)_3(OH)_{12.26}H_2O$ - Y: 11.13 % - d x by: 1. - WL: 1.5406 - H

图 4-23 1 号样品的 XRD 图谱

表 4-9 水泥基浆体 60d 的水化生成物比较（平均值）（%）

样品	$CaCO_3$	SiO_2	$Ca(OH)_2$	$Ca_8Al_4(OH)_{24}(CO_3)Cl_2(H_2O)_{1.6}(H_2O)_8$
1#	25.0	21.0	15.9	19.4
2#	25.3	21.2	16.2	13.3
样品	$CaSiO_4$	$Ca_5(SiO_4)_2(OH)_2$	$Al_{4.52}Si_{1.48}O_{9.74}$	$Ca_6Al_2(SO_4)_3(OH)_{12.26}H_2O$
1#	6.8	3.4	4.1	6.0
2#	6.9	3.4	4.2	10.3

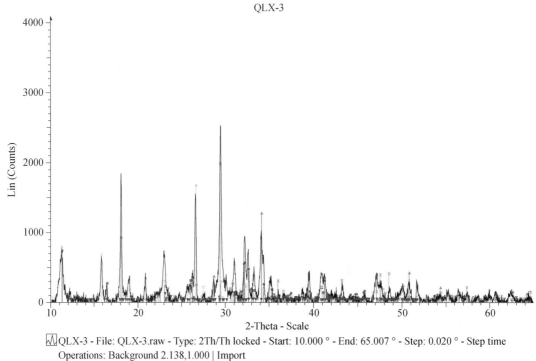

QLX-3

QLX-3 - File: QLX-3.raw - Type: 2Th/Th locked - Start: 10.000 ° - End: 65.007 ° - Step: 0.020 ° - Step time
Operations: Background 2.138,1.000 | Import
01-070-7344 (*) - Quartz - SiO_2 - Y: 40.22 % - d x by: 1. - WL: 1.5406 - Hexagonal - a 4.91458 - b 4.9145
00-033-0302 (*) - Larnite, syn - Ca_2SiO_4 - Y: 12.97 % - d x by: 1. - WL: 1.5406 - Monoclinic - a 9.31000 -
01-074-4144 (*) - Mullite - $A_{14.52}Si_{1.48}O_{9.74}$ - Y: 7.83 % - d x by: 1. - WL: 1.5406 - Orthorhombic - a 7.5
00-044-1481 (*) - Portlandite, syn - $Ca(OH)_2$ - Y: 30.46 % - d x by: 1. - WL: 1.5406 - Hexagonal - a 3.589
01-072-1888 (I) - Reinhardbraunsite, syn - $Ca_5(SiO_4)_2(OH)_2$ - Y: 6.43 % - d x by: 1. - WL: 1.5406 - Mono
01-078-2051 (I) - Hydrocalumite - $Ca_8Al_4(OH)_{24}(CO_3)Cl_2(H_2O)1.6(H_2O)_8$ - Y: 17.07 % - d x by: 1. - WL:
01-071-3699 (*) - Calcite, syn - $CaCO_3$ - Y: 47.92 % - d x by: 1. - WL: 1.5406 - Rhombo.H.axes - a 4.99
00-041-1451 (*) - Ettringite, syn - $Ca_6Al_2(SO_4)_3(OH)_{12.26}H_2O$ - Y: 20.99 % - d x by: 1. - WL: 1.5406 - H

图 4-24　2 号样品的 XRD 图谱

比较两个样品的 XRD 分析，可以发现：水泥基浆体加入双效复合外加剂后，水化反应产物种类没有大的改变；人工海水养护条件下，部分氯离子参与了水泥基材料的水化反应，生成了含氯的 $Ca_8Al_4(OH)_{24}(CO_3)Cl_2(H_2O)_{1.6}(H_2O)_8$，说明粉煤灰和矿粉对氯离子具有较高的吸附固化能力；抗腐蚀外加剂的加入使煅烧石膏和速溶水玻璃等主要激发剂组分更多地参与了水泥基浆体的水化反应，杨新亚等人[103]认为 500℃左右煅烧的硬石膏结构畸变最大，具有最大的溶解度，参与水泥基材料水化的程度高。

$CaSO_4$（煅烧石膏）＋$[AlO_4]^{5-}$（粉煤灰提供）＋OH^-（CH、水玻璃提供）＋H_2O →$Ca_6Al_2(SO_4)_3(OH)_{12.26}H_2O$，比较样品 1 号和 2 号，$Ca_6Al_2(SO_4)_3(OH)_{12.26}H_2O$ 数量增加了 40%，该固相凝胶增多使浆体的有害孔减少，改善了孔结构，使氯离子渗透到浆体的能力显著降低，造成了 $Ca_8Al_4(OH)_{24}(CO_3)Cl_2(H_2O)_{1.6}(H_2O)_8$ 含量降低了 31%，也说明氯离子渗透扩散到水泥基浆体内部的能力降低了 31%。整个水泥基浆体材料水化反应体系非常复杂，部分主要反应如下[104-105]：

（1）$C_3S+H_2O \longrightarrow C\text{-}S\text{-}H+Ca(OH)_2$

(2) $C_2S + H_2O \longrightarrow C\text{-}S\text{-}H + Ca(OH)_2$

(3) $C_3A + CaSO_4 \cdot 2H_2O \longrightarrow AFt$

(4) 水泥 + 石灰石粉 + $H_2O \longrightarrow$ 水化碳铝酸钙

(5) $Ca(OH)_2 + [SiO_4]^{4-} \longrightarrow C\text{-}S\text{-}H$

(6) $Na_2SO_3 + H_2O \longrightarrow Si(OH)_4 + OH^-$

(7) $CaSO_4$（烧石膏）$+ [AlO_4]^{5-} + OH^- + H_2O \longrightarrow Ca_6Al_2(SO_4)_3(OH)_{12.26}H_2O$,

(8) $[AlO_4]^{5-} + Cl^- + H_2O + OH^- + Ca^{2+} + HCO_{3-} \longrightarrow Ca_8Al_4(OH)_{24}(CO_3)Cl_2(H_2O)_{1.6}$ $(H_2O)_8$

(9) $Ca(OH)_2 + Si(OH)_4 \longrightarrow C\text{-}S\text{-}H$

(10) $Na_2SiO_3 + H_2O^- \longrightarrow Na_2SiO_5 + NaOH$

(11) $Na_2SiO_5 + Ca(OH)_2 + H_2O \longrightarrow CaSiO_3 + SiO_2 + Si(OH)_4$
$$\text{（人工石结晶）　　（硅凝胶）}$$

根据第三章表3-16水泥基胶砂强度的对比，180～360d同龄期加入双效复合外加剂后强度比空白增加10～18MPa，4.3.1节中SEM观察和4.3.2节中的孔结构分析，可以说明化学反应（4）、（5）、（7）、（8）、（9）和（11），特别在双效复合外加剂的协同作用下，起到催化剂的作用，在时间≥60d后相同时间内促使矿物掺合料水化生成更多胶体。亚硝酸盐和TIPA复合使用可以发挥超叠加效应，持续激发矿物掺合料的活性，特别是对水泥混凝土后期强度。$Si(OH)_4$，即有机硅凝胶有优异的粘结力，可将$CaSiO_3$和SiO_2结晶粘结在混凝土或者砂浆的毛细管内壁，从而起到堵塞毛细管的作用。

C-S-H通常被笼统地称为水化硅酸钙，它的组成不定，浆体体系中含有少部分的水玻璃遇水分解出的OH^-，更改变了水泥水化生成的水化硅酸钙的含水量[106]，这就解释了水泥基浆体60d的水化生成物$CaSiO_4$和$Ca_5(SiO_4)_2(OH)_2$其实都属于C-S-H凝胶。

4.4　矿物掺合料充填水化模型及双效复合外加剂协同作用机理

氯盐环境下的混凝土中钢筋锈蚀主要是由氯离子的长期渗透、扩散、电化学迁移等作用并到达钢筋表面而形成的，氯离子（Cl^-）渗入后在混凝土中的存在有以下几种形式：① 和水泥水化产物化学结合，如氯离子和硫铝酸钙反应生成低溶性Friedel盐，称作氯离子的化学结合。② 被水泥中的水化产物或矿物掺合料组分吸附，称作氯离子的物理吸附，吸附在混凝土孔隙壁；③ 溶解于混凝土孔隙液中。其中前2种形式的氯离子统称为固化氯离子。因此氯离子主要以"自由离子"与"结合离子"的形式存在于混凝土中，而这两种存在形式对混凝土结构耐久性的影响是不同的，其中，以自由氯离子存在的形式危害最大[2]。提高混凝土抗氯离子渗透性是混凝土结构耐久性的关键。因此，采取切实可靠的方法提高混凝土的致密性是技术关键。

尽管影响氯离子在混凝土中的扩散因素比较多，例如温度，外部应力，混凝土表面外在环境下氯离子浓度大小，还有混凝土的微裂纹等等，但是强化高性能混凝土自身性能对结构整体的保护作用，采用高性能混凝土和适当的钢筋保护层深度仍然是混凝土结构耐久性的第一道根本性的防线，这就要求混凝土必须要有高度的致密性（高抗渗性），减少混凝土中的游离水和混凝土骨料与界面之间的微裂纹和孔隙。高性能混凝土最主要的特点是低水胶比，高效减水剂和矿物掺合料的使用。生产实践中，必须要重视海洋高性能混凝土的施工，严格控制好混凝土施工坍落度，一般在 140～180mm 之间，只要能满足混凝土泵送施工，混凝土坍落度越小越好，严格执行混凝土施工振捣工法，及时养护混凝土，尽可能减少混凝土表面产生的裂缝，保温保湿养护至少 28d 使混凝土矿物掺合料有良好的水化条件以充分反应进而进一步提高混凝土致密性。

当然，混凝土原材料的优选也很重要，针对海工混凝土，合适的普通硅酸盐水泥和减水剂，优质的粉煤灰和磨细矿粉是必需，砂石含泥量和氯离子含量要严格控制（尽量不使用海砂），当然，最后使用双效复合外加剂是更加可靠的办法。氯离子扩散渗透从外到里迁移，而双效复合外加剂的作用是从里到外抵抗氯离子的扩散迁移，钢筋混凝土抗腐蚀外加剂作用机理模型如图 4-25 所示。

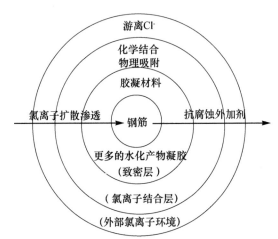

图 4-25　钢筋混凝土抗腐蚀外加剂作用机理模型

4.4.1　氯离子结合层

其中化学结合部分反应为：

$$[AlO_4]^{5-}+Cl^-+H_2O+OH^-+Ca^{2+}+HCO_3^- \Longrightarrow Ca_8Al_4(OH)_{24}(CO_3)Cl_2(H_2O)_{1.6}(H_2O)_8$$

$$AFm+Cl \longrightarrow Friedel\ salt$$

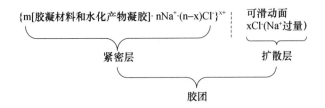

图 4-26　氯离子吸附在胶凝材料上的胶团结构模型

影响水泥基胶凝材料水化产物与氯离子结合的因素，主要有 C-S-H 和 AFm 的数量，以及混凝土孔隙液中氯离子的浓度。大部分的 Cl^- 吸附在 C-S-H 凝胶的表面上，其吸附数量取决于 C-S-H 凝胶的数量。为了解释 C-S-H 凝胶固化 Cl^- 的反应机理，一直被认为是用双电层理论来解释。根据这个模型，C-S-H 凝胶固化 Cl^- 的能力取决于一些参数如：C-S-H 凝胶，温度，孔隙中各种离子的浓度和各自的电荷。C-S-H 凝胶假设是作为带负电荷的胶体粒子组成的，C-S-H 凝胶会选择性吸附混凝土孔隙中的 Na^+，使胶核带正电，带正电的胶核将通过静电作用吸附带负电的阴离子 OH^- 和 Cl^-，而孔溶液中 Cl^- 具有数量优势。胶凝材料和水化产物凝胶胶核、Na^+ 及包括 Cl^- 在内的阴离子组成胶团的"紧密层"，而其余的阴离子则组成胶团的"扩散层"，胶团结构如图 4-26 所示。因此，离子可通过上述物理吸附方式实现其在胶凝体系上的固化。

4.4.2　致密层

在水泥混凝土中掺入矿物掺合料取代水泥后，由于水泥熟料的减少以及粉煤灰和矿渣粉的火山灰反应，使得浆体孔隙液相碱度有所降低，从而减弱了 OH^- 对 Fe^{2+} 的竞争吸附能力。这种吸附能力将随着 Cl^- 积聚量的增加而不断减弱，并使得钢筋在较低的临界氯离子浓度时即可去钝化，这种行为暂称为掺合料的去钝作用。所以，本文抗腐蚀外加剂配方中，含有少部分速溶水玻璃，就是为了提高浆体孔隙液相的碱度，即使在大掺量混凝土掺合料的情况下，混凝土孔隙液的 pH 值还可以保存在 12 以上。水泥水化产物水化硅酸钙、水化硫铝酸钙、氢氧化钙等要在一定的碱性条件下才能稳定存在，碱性过低会影响水泥混凝土的耐久性。

三异丙醇胺、六亚甲基四胺都是常用的钢筋阻锈剂，相关研究发现[107]胺类化合物可通过-NH₂和-OH硬基团取代金属表面的氯离子与金属原子配位在金属表面而形成连续的薄膜，抑制钢筋金属表面发生电化学腐蚀，从而提高钢筋的防腐蚀性能。三聚磷酸钠，既是混凝土的缓凝剂又是钢筋阻锈剂，为混凝土的顺利施工创造了良好条件。煅烧石膏，速溶水玻璃、三异丙醇胺又是通过一系列的化学反应来激发粉煤灰、磨细矿粉和水泥混合材的活性，为后期的"二次反应"和"多次反应"生成更多的胶体来改善孔结构及填充毛细孔，使胶凝材料本身更致密，使胶凝材料和骨料之间的过渡层更致密，从而提高了抗氯离子侵蚀的能力。

4.4.3　胶凝材料粉体 Horsfield 充填模型

Horsfield 充填模型[108]是以球形颗粒为假设，向均一球形颗粒产生的孔隙中连续不断地填充适当大小的小球，将获得非常紧密的填充体，根据其填充顺序，分别称为 1 次球，2 次球，3 次球……和 6 次球，同一次添加的球体直径相同，并且不考虑颗粒间作用力的影响。设半径为 r 的 1 次球以六方最紧密堆积方式堆积，则此时体系孔隙率为 25.94%，然后在球孔隙之间添加可容纳的 2 次球，其半径为 $0.414r$，此时粉体的孔隙率为 20.70%，依次填充。假定水泥颗粒的平均粒径为 d_1（$d_1 = 27.3\mu m$），并视为 1 次球。根据 Horsfield 填充模型，计算各球的平均粒径，并与不同胶凝材料的粒径进行对比，所得结果见表 4-10。

表 4-10 表明，与 Horsfield 填充模型计算结果比较，填充于水泥颗粒间的掺合料中，矿粉的平均粒径与 2 次填充球相当，而粉煤灰颗粒粒径则介于 2 次球与 3 次球之间，硅灰颗粒介于 5 次与 6 次球之间。这说明对于水泥-矿粉-粉煤灰和水泥-矿粉-粉煤灰-硅灰两个复合胶凝材料体系而言，掺入到混凝土中可以使得胶凝材料粉体在拌水前的堆积更为紧密，从而使

得胶凝材料的水化凝结硬化过程中产生的微集料效应，比单一矿物掺合料的微集料作用效果更好。

表 4-10 Horsfield 填充模型计算结果及其与实际胶凝材料粉体粒径对比

Horsfield 填充模型计算结果（水泥为 1 次球）				实际胶凝材料粉体粒径	
序号	半径	孔隙率（%）	直径（μm）	粉体种类	平均粒径（μm）
1	$1r$	25.94	27.3	水泥	27.3
2	$0.414r$	20.70	11.3	矿粉	13.6
3	$0.225r$	19.00	6.14	粉煤灰	8.76
4	$0.177r$	15.80	4.83	硅灰	1.95
5	$0.116r$	14.90	3.17		
6	Min	3.90	Min		

4.4.4 矿物掺合料水化模型

水泥基胶凝材料，在双效复合外加剂的作用下，水化环境更加复杂，对矿物掺合料的水化反应来说，可以用如图 4-27 所示，矿物掺合料颗粒的水化程度 a 与水化深度 h 和粒径 d 的关系如式（4-1）所示。

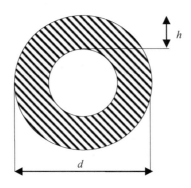

图 4-27 矿物掺合料颗粒的水化模型

$$a = k_1 k_2 k_3 \left[1 - \left(1 - \frac{2h}{d} \right)^2 \right] \tag{4-1}$$

式中，k_1 为矿物掺合料周围的碱性系数；k_2 为矿物掺合料周围的激发剂浓度系数；k_3 为水泥基胶凝材料内部体系水化反应温度影响系数。

k_1 和水泥水化反应的活性 CH 及水玻璃提供的 OH^- 有关。

k_2 和烧石膏中的活性 SO_4^{2-} 以及极性比较强的 $-NH_2$ 以及其他离子 NO_2^- 有关。

对于粉体体系，如果粒径为 d^- 的颗粒的比例为 P_i，则在某一水化深度 h_i 时，体系的总水化程度为下式表示：

$$a = k_1 k_2 k_3 \sum P_i \left[1 - \left(1 - \frac{2h_i}{d} \right)^3 \right] \tag{4-2}$$

式中，P_i 为粒径介于 d_i 和 d_{i+1} 之间的颗粒的比例；a_i 为粒径介于 d_i 和 d_{i+1} 之间的颗粒水化程度；d^- 为粒径介于 d_i 和 d_{i+1} 之间的颗粒平均粒径，$d^- = (d_i + d_{i+1})/2$；h_i 为水化深度。

TIPA 和亚硝酸根离子在掺合料颗粒水化时起极性诱导效应，起"催化剂"的作用，促进水泥和矿物掺合料的进一步水化，改善孔结构，提高结构致密度。TIPA 还可以促进混凝土结构中的部分游离水变成矿物掺合料水化反应时的结合水，减少混凝土结构孔隙率。烧石膏中的活性极强的 SO_4^{2-} 离子，可以和矿粉粉煤灰起水化反应，生成更多 C-S-H 凝胶，充填混凝土中游离水造成的孔隙，提高了混凝土致密度。层状水溶性水玻璃可以为矿物掺合料水化提供碱性环境。

4.4.5 双效复合外加剂协同作用机理

双效复合外加剂之间并不是简单的复合，有的矿物掺合料激发剂本身也是钢筋阻锈剂，有的钢筋阻锈剂本身也可以激发矿物掺合料的活性。

掺合料激发剂有速溶水玻璃、烧石膏、TIPA、六亚甲基四胺。阻锈剂有 Ca（NO_2）$_2$、TIPA、六亚甲基四胺。激发剂为阻锈剂提供"OH^-"和"$-NH_2$"，更好地为"NO_2^-"提供优良环境，为"固体保护膜再生"提供有利条件。在阳极保护膜阻止铁离子的流失，在阴极保护膜形成对氧的屏障，阻碍氧气进入，另外还可以将钢筋表面已有的氯离子置换出来，这些离子对钢筋有很强的吸附能力，其吸附能力超过氧、氯离子和水，可以在钢筋表面形成一层相对较厚的保护膜（$0.01 \sim 0.1 \mu m$）。

阻锈剂中的胺类和亚硝酸盐可以为掺合料激发剂提供颗粒水化时极性诱导效应，起"催化剂"的作用，促进水泥和矿物掺合料的进一步水化，改善孔结构，提高结构致密度。NO_2^- 离子还可以促进低温甚至负温下水泥基掺合料的水化。另外，胺类本身呈碱性，因含有 N 原子，它有一对末用共用电子，很容易与金属离子 Ca^{2+}、Mg^{2+}、Al^{3+}、Fe^{3+} 相成共价键，发生络合，与金属离子形成比较稳定的络合物，这些络合物可以缩短水泥水化中的潜伏期，提高水泥基材料早期强度，重要的是，其组分还可以和 Fe^{3+} 螯合，起"扑捉"效应，阻止部分 Fe^{2+} 向 Fe^{3+} 转化，也就降低了 Fe（OH）$_3$ 红锈产物的数量，故降低了混凝土膨胀开裂的概率。胺类还可以促进水泥水化，混凝土结构中的部分游离水变成水化产物的结合水，降低了毛细孔的数量，提高了混凝土的密实性。具体协同作用机理如图 4-28 所示。

三聚磷酸钠既是混凝土中钢筋的阻锈剂，也是混凝土的缓凝保坍剂，同样也是身兼二职的作用。故双效复合外加剂包含的速溶水玻璃、烧石膏、胺类有机物、三聚磷酸钠、亚硝酸钙等组分，绝不是简单的组合，它们之间存在彼此的联系和互相促进互相支持的作用，为使钢筋混凝土结构更密实更耐久发挥着重要作用。从 3.4.2.3 节中抗压强度的比较，4.3.3 节中 XRD 水化产物的含量分析，4.3.2 压汞孔结构试验分析，3.4.2.4 氯离子相同深度处的含量比较，4.3.1SEM 图比较，可以说，双效复合外加剂通过协同作用起到显著效果，协同作用效果如图 4-29 所示。

当然，双效复合混凝土外加剂就是配合矿物掺合料共同在混凝土中使用，如果没有矿物掺合料，在海工混凝土中使用双效复合混凝土外加剂并不一定能起到应有的良好效果，在海工高性能混凝土中它和矿物掺合料是一种共生的关系。通过矿物掺合料中粉煤灰、矿粉以及硅灰必要的数量与比例，加上双效复合混凝土外加剂的协同作用，在海工高性能混凝土中的应用一定会有良好的抗氯离子侵蚀和保护钢筋钝化的效果。总之，外加良好的混凝土工程施工管理、良好的混凝土保水养护措施、良好的混凝土表面喷涂聚合物或者喷洒混凝土密封固化剂等措施，确保国家重点海洋混凝土工程耐久100年并不是十分困难的事情。

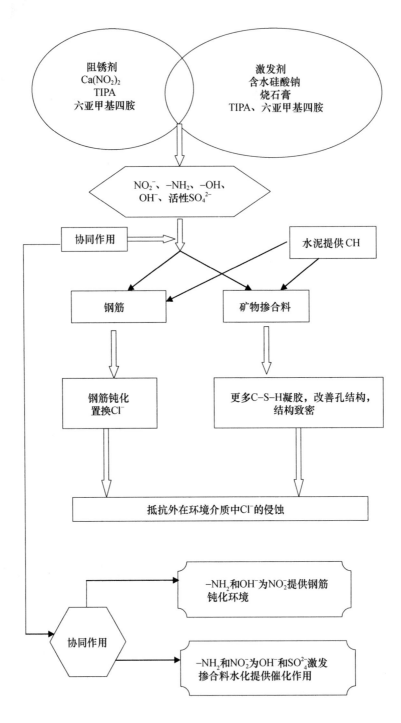

图 4-28　钢筋阻锈剂和激发剂协同作用机理

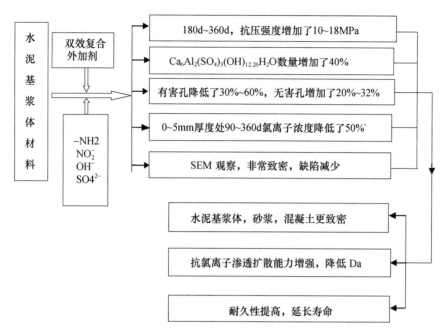

图 4-29　双效复合外加剂协同作用效果

4.5　本章小结

本章通过微观测试方法讨论了矿物掺合料和抗锈蚀外加剂复掺之后水泥净浆的水化产物、抗侵蚀性能、孔隙率的大小以及孔径分布等内部结构微观形貌，并分析了协同反应作用机制。

（1）粉煤灰和矿粉的加入可以显著改善水泥浆体内部的孔结构，浆体再掺入双效复合外加剂后，90d 时，浆体有害孔的数量降低了 30％～67％，浆体的致密性显著提高。

（2）水泥基浆体加入双效复合外加剂后，水化反应产物种类没有改变；人工海水养护条件下，部分氯离子参与了水泥基材料的水化反应，生成了含氯盐 $Ca_8Al_4(OH)_{24}(CO_3)$ $Cl_2(H_2O)_{1.6}(H_2O)_8$，说明粉煤灰和矿粉在抗腐蚀双效外加剂作用下对氯离子具有较高的吸附固化能力。水泥基浆体加入双效复合外加剂后水化产物 $Ca_6Al_2(SO_4)_3(OH)_{12.26}H_2O$ 数量增加了 40％，该固相凝胶使浆体的有害孔减少，改善了孔结构，使氯离子渗透到浆体的能力显著降低，造成了 $Ca_8Al_4(OH)_{24}(CO_3)Cl_2(H_2O)_{1.6}(H_2O)_8$ 含量降低了 31％，说明浆体致密度显著提高。

（3）提出了在双效复合外加剂作用下的矿物掺合料水化模型。

$$a = k_1 k_2 k_3 \left[1 - \left(1 - \frac{2h}{d} \right)^3 \right] \tag{4-3}$$

式中，k_1 为矿物掺合料周围的碱性系数；k_2 为矿物掺合料周围的激发剂浓度系数；k_3 为水泥基胶凝材料内部体系水化反应温度影响系数。

k_1 和水泥水化反应的活性 CH 及水玻璃提供的 OH^- 有关。

k_2 和烧石膏中的活性 SO_4^{2-} 以及极性比较强的 $-NH_2$ 以及其他离子 NO_2^- 有关。

（4）提出了抗锈蚀外加剂和矿物掺合料激发剂的协同作用机理，激发剂为阻锈剂提供"OH^-"和"$-NH_2$"，更好地为"NO_2^-"提供钢筋钝化优良环境，为"固体保护膜再生"提供有利条件。而阻锈剂中的$-NH_2$和NO_2^-为OH^-和SO_4^{2-}激发掺合料水化提供催化作用，胺类可以为掺合料激发剂提供颗粒水化需要的极性诱导效应，促进水泥和矿物掺合料的进一步水化，改善孔结构，提高结构致密度。

第五章 海工抗腐蚀混凝土的性能评价

海工实际工程中使用的大都是（钢筋）混凝土结构，而第 3 章和第 4 章内容是以水泥基胶砂和净浆浆体作为研究对象，优选海工复合混凝土外加剂配方。本章主要是对加入双效复合外加剂后的海工高性能混凝土进行抗氯离子腐蚀性能以及收缩抗裂性能进行评价。

5.1 试验设计

在第 3 章和第 4 章所做试验的基础上，选用 0.5 和 0.4 两个水胶比来进行混凝土试验，检验混凝土力学性能、抗氯离子渗透性能、碱度试验、收缩性能、抗裂性能、抗氯离子腐蚀性能等指标。养护条件分为标准养护和人工海水养护两种方式。

5.1.1 试验方法

力学性能试验主要包括标准养护 28d、180d 的抗折/抗压强度和标准养护 28d 后再放入人工海水中浸泡至 90d、180d、270d 和 360d 的抗折/抗压强度；氯离子渗透试验主要包括测试标准养护 28d 后，再放入人工海水中浸泡至 90d、180d、270d 和 360d 时试块不同位置处的氯离子浓度；碱度试验则是将混凝土试块破型后，喷上少许酚酞试液进行定性比较。海工混凝土的收缩和抗裂试验依照相关国家或行业标准进行。

5.1.2 试验用原料及配比

试验所用的原材料：海螺 42.5 级普通硅酸盐水泥、江砂（细度模数 2.5）、抗锈蚀外加剂（表 3-7 中 KXSW）、伊兰特矿粉（KF）S95 级、东创二级粉煤灰（FA）、硅灰（GF）、花岗岩碎石（5~25mm 连续级配）、激发剂为 600℃煅烧保温 2h 的烧石膏、TIPA（工业级，85% 含量，南京红宝丽集团产），江苏博特公司的聚羧酸高性能减水剂（PCA）；氯离子渗透试验采用蒸馏水，人工海水成分见第二章表 2-1。

本章所述混凝土试验中，除矿物掺合料外，其他外加剂均为外掺。试验具体配方见表 5-1。

表 5-1 混凝土试验配方表（%）

分组	水/胶	FA	KF	GF	水泥（kg）	砂（kg）	碎石（kg）	KXSW	激发剂	PCA
①	0.5	0	0	0	380	770	1080	0	0	1
②	0.5	15	20	5	228	770	1080	0	0	1
③	0.5	0	0	0	380	770	1080	1.6	0	1.5
④	0.5	15	20	5	228	770	1080	1.6	0	1.5
⑤	0.5	15	20	5	228	770	1080	1.6	烧石膏1+TIPA0.04	1.5
⑥	0.4	0	0	0	440	710	1080	0	0	1.5
⑦	0.4	15	20	5	264	710	1080	0	0	1.5
⑧	0.4	0	0	0	440	710	1080	1.6	0	1.8
⑨	0.4	15	20	5	264	710	1080	1.6	0	1.8
⑩	0.4	15	20	5	264	710	1080	1.6	烧石膏1+TIPA0.04	1.8

试块成型前为检测混凝土的工作性能，对 10 组新拌混凝土进行了出料坍落度试验，结果见表 5-2。

表 5-2　新拌混凝土坍落度（mm）

分组	①	②	③	④	⑤	⑥	⑦	⑧	⑨	⑩
坍落度	210	200	205	200	200	225	215	210	210	205
1h 后坍落度	210	170	180	170	165	220	195	170	180	175

可见，新拌混凝土均有较好的工作性能，混凝土和易性良好，完全可以满足混凝土泵送施工的要求。

5.2　试验结果及分析

把表 5-1 中 10 组新拌混凝土分别成型 150×150×150mm 试模，24h 后脱模，进入标准养护室养护 28d，180d 后，一部分混凝土试块破型测得标准养护条件下混凝土的 R28，R180 强度，剩余部分试块泡入人工海水中养护至 90d，180d，360d 后破型，测得人工海水养护条件下的 R90，R180，R360 抗压强度。

5.2.1　力学性能试验及结果分析

图 5-1 和 5-2 分别标准养护和人工海水养护条件下的强度变化情况，混凝土在标准养护和人工海水养护条件下的强度数据见附表 19。

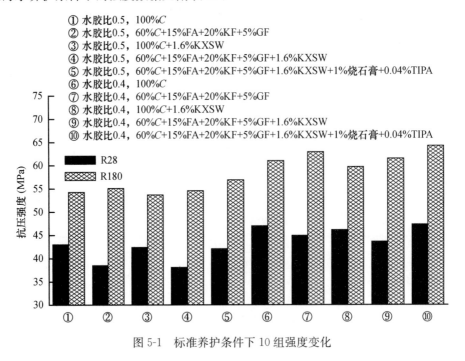

图 5-1　标准养护条件下 10 组强度变化

由图 5-1，5-2 可知，水胶比为 0.5 时，当试块在标准条件养护时，加入了矿物掺合料的组②、组④的 28d 强度比组①、组③低，这和矿物掺合料早期水化反应较慢有关；但是组

②、组④中后期的强度增长很快，并逐渐超过组①、组③；当试块在人工海水环境下养护时，组②、组④同龄期强度则要明显强于组①和组③，并且组②、④试块的强度随着时间的延长而迅速、稳定地增加，这是由于矿物掺合料的加入明显改善了试块的内部孔结构，掺合料后期本身水化起增强作用；而组①、③两组强度增长速度极为缓慢，360d 的强度甚至低于 180d 的强度；③、④组试块分别在①、②组的基础上加入了抗锈蚀外加剂，试块在标准养护下和人工海水环境下的强度和①、②组相比稍微降低一些；配方⑤中加入激发剂后，试块在标准养护下和人工海水下的强度和④相比得到了较大程度的提高。水胶比为 0.4 时各个配方的强度变化情况与水胶比为 0.5 时基本一致。

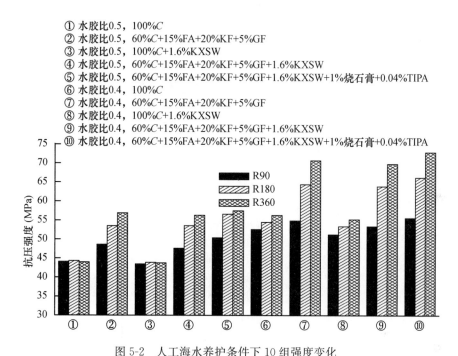

① 水胶比0.5，100%C
② 水胶比0.5，60%C+15%FA+20%KF+5%GF
③ 水胶比0.5，100%C+1.6%KXSW
④ 水胶比0.5，60%C+15%FA+20%KF+5%GF+1.6%KXSW
⑤ 水胶比0.5，60%C+15%FA+20%KF+5%GF+1.6%KXSW+1%烧石膏+0.04%TIPA
⑥ 水胶比0.4，100%C
⑦ 水胶比0.4，60%C+15%FA+20%KF+5%GF
⑧ 水胶比0.4，100%C+1.6%KXSW
⑨ 水胶比0.4，60%C+15%FA+20%KF+5%GF+1.6%KXSW
⑩ 水胶比0.4，60%C+15%FA+20%KF+5%GF+1.6%KXSW+1%烧石膏+0.04%TIPA

图 5-2　人工海水养护条件下 10 组强度变化

评价结果表明，在标准养护条件下，加入矿物掺合料对混凝土早期强度有一定的不利影响，但随着矿物掺合料水化反应的逐渐进行，混凝土后期强度会逐渐增加；处于人工海水环境时，矿物掺合料的加入能够明显改善混凝土的中后期力学性能；抗锈蚀外加剂对混凝土的力学性能会产生一定的不利影响；激发剂和抗锈蚀外加剂共同使用时，可以消除抗锈蚀外加剂造成的不利影响，加快其早期水化速度和后期水化程度，改善混凝土内部结构，减小侵蚀环境对混凝土力学性能的影响，有效提高混凝土的力学性能。海工混凝土的强度试验表明，其结论和水泥基胶砂强度试验结果是一致的，相关性比较好。也表明，用水泥基胶砂强度来研究矿物掺合料的水化和强度增长规律是可行的。

5.2.2　氯离子渗透试验及结果分析

把表 5-1 中 10 组新拌混凝土分别成型 150mm×150mm×150mm 试模，24h 后脱模，进入标准养护室养护 28d 后，每个试压块 5 个面涂石蜡封闭，泡入人工海水中养护至 90d，180d，270d，360d 后取出，在没有石蜡封闭的端面层钻芯取样，每隔 5mm 厚采一次样品。

采取硝酸银滴定法测取每5mm深度的氯离子浓度（10^{-2}mol/kg）。测试结果如图 5-3～图 5-10 所示（数据见附表 20～附表 23）。

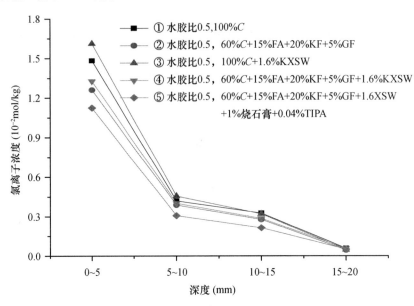

图 5-3　90d 氯离子浓度变化曲线

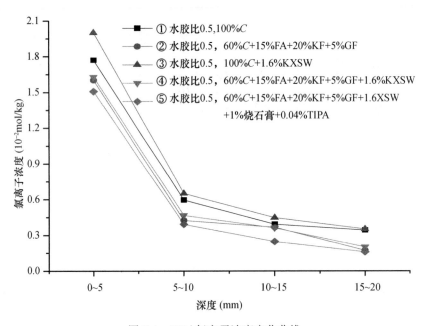

图 5-4　180d 氯离子浓度变化曲线

由图 5-3，图 5-4 分析可知，水胶比为 0.5 时：掺加了矿物掺合料的组②和组④与未加掺合料的组①和③相比，混凝土试块在浸泡不同龄期后，各深度处氯离子的浓度相对要小，这是因为掺合料能够细化试块的孔结构，改善试块内部结构；掺加了抗锈蚀外加剂的组③和组④与未加的组①和组②相比，混凝土试块在浸泡不同龄期后，各深度处氯离子浓度相对要

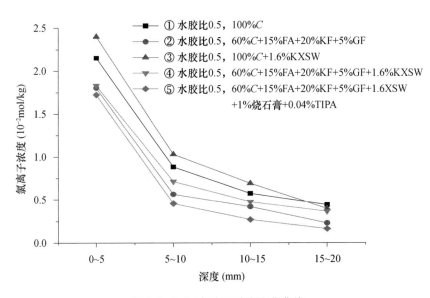

图 5-5 270d 氯离子浓度变化曲线

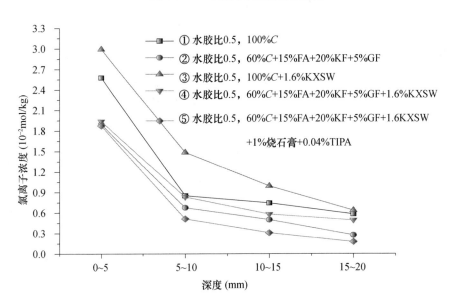

图 5-6 360d 氯离子浓度变化曲线

大，说明抗锈蚀外加剂的加入会对混凝土试块的抗氯离子渗透性能产生一定的不利影响；抗侵蚀外加剂和矿物掺合料激发剂共同使用时，试块在浸泡不同龄期后，各深度处氯离子浓度降低明显，$15\sim20$mm 处的氯离子浓度基本保持 $0.16\sim0.18\times10^{-2}$ mol/kg 之间。水胶比分别为 0.4 和 0.5 时，各个组别不同深度处的氯离子浓度大小基本一致。

可见，矿物掺合料可以改善试块内部孔结构，从而使其抗氯离子渗透性能达到一个较高的水平，抗锈蚀外加剂则对试块的抗氯离子渗透性能产生一定的负面影响，但激发剂能够有效激发矿物掺合料活性，降低抗锈蚀外加剂带来的不利影响，从而显著提高混凝土抗氯离子渗透性能。

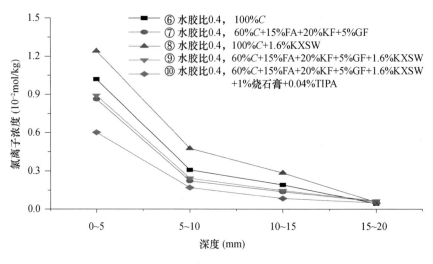

图 5-7　90d 氯离子浓度变化曲线

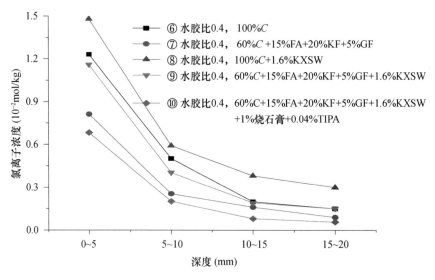

图 5-8　180d 氯离子浓度变化曲线

5.2.3　混凝土表观氯离子扩散系数

混凝土抗 Cl^- 侵蚀性能通常用混凝土的电通量和氯离子扩散系数来定量描述，但由于 ACA 抗腐蚀外加剂里面含有亚硝酸钙，不适合参照 ASTM C1202 来测量电通量。本文参照 NT Build433 方法，将标准养护 28d 的混凝土试件浸泡于质量浓度为 3％的 NaCl 溶液中至 90d 后，用剖面切削机从混凝土表面每 3mm 深度取样，烘干，碾碎，用硝酸银溶液滴定法测试样中的 Cl^- 浓度，作混凝土中 Cl^- 浓度与深度曲线并用 Fick 第二定律进行非线形回归，求得混凝土表观氯离子扩散系数[109]。新拌混凝土的性能见表 5-8 和表 5-10，其中混凝土试件标准养护 7d 后，在人工模拟海水中浸泡 28d、60d、90d、360d 龄期后测得各强度数值，氯离子扩散回归方程及扩散系数计算值见表 5-9。

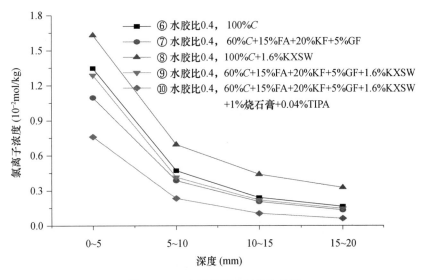

图 5-9　270d 氯离子浓度变化曲线

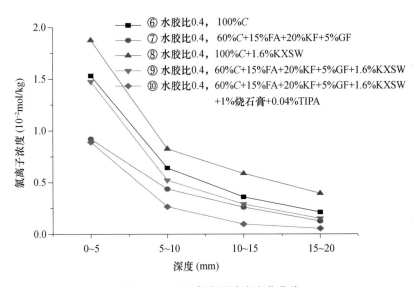

图 5-10　360d 氯离子浓度变化曲线

从表 5-8 和表 5-10 可以看出：人工海水浸泡养护条件下，含有矿物掺合料的混凝土强度随养护时间的增加保持稳定增长，说明 Cl^- 本身对该含有大量掺合料混凝土的抗压强度并无危害，由于湿养护充分，可以更好地发挥掺合料的后期增强效应。粉煤灰和矿粉复掺效果好于单掺某一类型。矿物掺合料复掺可以发挥"超叠加效应"，由于矿物掺合料的微集料效应的复合、形态效应的复合、界面效应的复合、火山灰效应的复合，再加上抗腐蚀外加剂后期激发产生的"凝胶充填效应"，使混凝土内部非常致密，就可以很好地降低混凝土的渗透性。掺加大量矿物掺合料的高性能混凝土，长期（不少于 60d）充分的保水养护是实现后期的"二次反应"和"多次反应"的必要条件，也是提高该类混凝土抗氯离子侵蚀的必要条件。双效复合外加剂通过协同作用可以激发掺合料的活性，也可以改善混凝土的黏聚性，从而改善了水泥基浆体和骨料界面处的粘接状况，减少了泌水现象从而降低了骨料下方水囊形成的孔隙数量，提高了高性能混凝土的强度、致密性和耐久性。

表 5-8　外加剂 PCA 与 ACA 抗腐蚀外加剂的双掺下混凝土的特性

组别	W (kg)	C (kg)	FA (kg)	KF (kg)	S (kg)	G (kg)	外加剂		和易性		
							PCA（%）	ACA（%）	SL 0h（mm）	SL 1h（mm）	泌水/黏聚性
1	156	400	—	—	781	1080	1.5	—	200	180	无/一般
2	156	200	100	100	781	1080	1.5	—	210	200	无/良
3	156	200	100	100	781	1080	1.8	4	210	185	无/优
4	156	150	100	150	781	1080	1.8	4	210	175	无/优
5	156	250	70	80	781	1080	1.8	4	210	180	无/优
6	156	200	200	—	781	1080	1.8	4	220	180	无/优
7	156	200	—	200	781	1080	1.8	4	200	170	无/优

表 5-9　氯离子扩散回归方程及扩散系数

组别	养护时间 t	距表面不同深度处氯离子含量（%）			氯离子扩散量与深度关系的回归方程	氯离子扩散系数（10^{-12} m²/s）
		0～3mm	3～6mm	6～9mm		
1	118d	0.370	0.321	0.282	$C=0.420-0.193x+0.021x^2$	5.21
2	118d	0.175	0.132	0.093	$C=0.215-0.172x+0.036x^2$	1.86
3	118d	0.143	0.113	0.062	$C=0.187-0.191x+0.050x^2$	1.12
4	118d	0.134	0.094	0.065	$C=0.177-0.172x+0.043x^2$	1.18
5	118d	0.148	0.116	0.075	$C=0.192-0.189x+0.048x^2$	1.21
6	118d	0.140	0.095	0.067	$C=0.182-0.181x+0.046x^2$	1.16
7	118d	0.145	0.103	0.063	$C=0.186-0.187x+0.048x^2$	1.14

注：C 为氯离子含量（%），x 为距表面距离（mm）。

根据距表面不同深度处的氯离子含量进行回归分析，可得出 1～7 组混凝土氯离子扩散的回归方程，当 $X=0$ 时，便得到混凝土表面的 C_0 值，有了 C_0 值和距表面不同深度处的 C 值，根据 Fick 第二定律通过查误差函数求得 $erf（u）$，当已知 X 和 t，便可求得氯离子扩散系数 D。

表 5-10　外加剂 PCA 与 ACA 双效复合外加剂的双掺在氯盐环境下混凝土的特性

组别	抗压强度（MPa）					表观氯离子扩散系数（28d+90d）（10^{-12} m²/s）
	7d	28d	60d	90d	360d	
1	44.8	54.8	65.2	68.6	70.5	5.21
2	37.9	51.6	59.3	63.0	73.8	1.86
3	42.8	58.2	70.1	71.7	82.4	1.12
4	41.1	50.1	63.8	68.4	78.2	1.18
5	44.4	57.3	68.9	75.6	80.6	1.21
6	35.9	52.8	62.4	66.3	75.9	1.16
7	49.4	62.2	69.5	72.7	83.9	1.14

混凝土结构耐久性设计规范 GB/T 50476—2008 中规定了掺加较大或大掺量矿物掺合料

混凝土氯离子扩散系数的限定值（表 5-11）。

从表 5-9 和表 5-10 可以看出，尽管氯离子扩散系数测定方法不同（表 5-10 中是混凝土氯离子扩散系数快速测定方法 RCM 法），但是可以肯定大掺量矿物掺合料和海工双效复合外加剂的双掺，显著降低了氯离子扩散系数，为海洋工程混凝土结构耐久性达到百年以上提供了技术支撑。

表 5-11　混凝土抗氯离子侵入性指标

设计使用年限	100 年		50 年	
侵入性指标作用等级	D	E	D	E
28d 龄期氯离子扩散系数 D_{RCM}（$10^{-12}\,m^2/s$）	≤7	≤4	≤10	≤6

据此可以认为，大掺量矿物掺合料高性能混凝土，用 28d 龄期氯离子扩散系数来衡量控制指标，不是太合适，最好用 90d 的数据来限定比较合理，因为大量的矿物掺合料要在混凝土中发挥更大的作用几乎要到 60d 以后。这些矿物掺合料早期（60d 前）仅仅起着充填效应，关键作用在后期，特别是当掺入激发剂时，氯离子扩散系数可以大幅度降低。

5.2.4　碱度试验结果及分析

把表 5-1 中前 5 组混凝土试验块，在人工海水浸泡 360d 后，将①～⑤组试块从中间剖开，均匀喷上 5％酚酞试液，各组试验块变色程度如图 5-11 所示。可以明显看到，加入了抗锈蚀外加剂的试块③、④以及⑤在滴酚酞后和试块①、②相比更红，说明抗锈蚀外加剂能够提高混凝土试块内部的碱度，有利于结构内部钢筋表面钝化膜的稳定，从而提高钢筋的抗氯离子锈蚀性能。

(a) 试块①碱度试验

(b) 试块②碱度试验

(c) 试块③碱度试验

(d) 试块④碱度试验照

(e) 试块⑤碱度试验照

图 5-11　试块碱度试验照片

5.3 海工混凝土双效复合外加剂作用下的收缩和抗裂性能

处在海洋环境下的混凝土结构，裂缝的存在（宏观或微观）必然会导致氯离子、空气等侵蚀性物质更容易进入到混凝土内部，加速混凝土碳化和钢筋侵蚀的速度，因此，用于海工结构的混凝土一定要保证其具有良好的抗裂性能，尽量减少混凝土裂缝的发生和扩展。海工高性能混凝土掺加了双效复合外加剂后，混凝土的自收缩性能如何，混凝土抗裂性能有没有改善，这些都需要试验去验证。

5.3.1 混凝土收缩性能试验

本节试验参考国家标准 GB/T 50082—2009《普通混凝土长期性能和耐久性试验方法》，混凝土收缩性能试件为 100mm×100mm×500mm 棱柱体（图 5-12）。试件成型后带模养护 1d，置于 20±2℃，湿度为 90％的环境下养护至 3d，后再移入 20±2℃，湿度为 60％±5％的环境中继续养护，成型时两端预埋测头，每组成型 3 条试件，测其初始长度。测定代表某一混凝土收缩性能的特征值时，试件应在 3d 龄期时（从搅拌混凝土加水算起）从标准养护室取出并立即移入恒温恒湿间测定其初始长度，此后至少按以下规定的时间间隔测量其变形读数：1d、3d、7d、14d、28d、60d、90d、120d、150d、180d（从移入恒温恒湿间内算起）。测量混凝土在某一具体条件下的相对收缩值时（包括在徐变试验条件下混凝土的收缩变形测定）应按要求的条件安排实验，对非标准养护试件如需移入恒温恒湿间进行试验，应先在该室内预置 4h，再测其初始值，以使它们具有同样的温度基准。测量时并应记下试件的初始干湿状态。

混凝土的收缩率计算公式如下：

$$\xi_{st}=\frac{L_0-L_t}{L_b} \tag{5-1}$$

式中，ξ_{st} 为试验期为 t 时的混凝土收缩率值，t 从测定初始长度算起（d）；L_b 为试件的测量标距，用混凝土收缩仪测定时应等于两测头的距离，即等于混凝土试件的长度（不计测头凸出部分）减去二倍测头埋入深度（mm）；L_0 试件长度的初始读数（mm）；L_t 试件在试验期为 t 时测得的长度读数（mm）。

作为相互比较的混凝土收缩值为不密封试件于 3d 龄期自标准养护室移入恒温恒湿室中放置 180d 所测得的收缩率值。实验结果取一组三个试件的算术平均值，计算精确到 1×10⁻⁶。

根据前文胶砂试验和混凝土试验结果，考虑到海洋工程混凝土的实际情况，本试验所采用的混凝土水胶比在 0.35～0.50 之间，C∶KF∶FA∶GF 掺量为 60％∶20％∶15％∶5％，抗腐蚀外加剂 ACA 掺量为胶凝材料用量的 4％。

试验所用原材料：海螺 42.5 级普通硅酸盐水泥 C、江砂 S、抗腐蚀外加剂（ACA）、矿粉（KF）S95 级、二级粉煤灰（FA）、硅灰（GF）、碎石 G（5～25mm 连续级配）、江苏博特公司聚羧酸高性能减水剂（PCA，浓度在 10％），PCA 掺量在胶凝材料用量的 1.5～2.0％。具体混凝土配比组成见表 5-12，收缩试验的测定结果如图 5-13（数据见附表 24）。

图 5-12　混凝土自收缩试验

表 5-12　混凝土收缩试验配比表（％）

分组	水胶比	KF	FA	GF	W（kg）	C（kg）	S（kg）	G（kg）	ACA	PCA	SL（mm）
1	0.35	20	15	5	165	285	700	1095	0	2.0	210
2	0.35	20	15	5	165	285	700	1095	4	2.0	200
3	0.40	20	15	5	170	255	722	1083	0	1.8	215
4	0.40	20	15	5	170	255	722	1083	4	1.8	200
5	0.50	20	15	5	175	210	790	1065	0	1.5	220
6	0.50	20	15	5	175	210	790	1065	4	1.5	210

注：抗腐蚀外加剂 ACA 和 PCA 减水剂均为外掺加入，SL 为混凝土坍落度。

从图 5-13 可以看出，随水胶比的降低，同龄期混凝土的自收缩增大；相同的配合比，加入海工混凝土双效复合外加剂后，混凝土的自收缩相比空白混凝土试件都有所降低。

5.3.2　海工混凝土开裂性能试验

测试评价混凝土的抗裂性能，不仅要测试混凝土在自由状态下的变形性能，还应测试混凝土在约束状态下的变形性能，后者更接近混凝土在实际工程中的使用状况。

为更有效的研究混凝土在约束状态下的抗开裂性能，本文采用平板式混凝土抗裂性测定仪评价约束状态下混凝土的抗裂性能。其基本原理是在平板试模中采用并行平铺的钢制裂缝发生器，对裂缝实施等效的诱导发生，能在相同的试验条件下使试件快速准确的产生的开裂效果，该仪器采用收缩裂缝指数作为开裂评价指标，对于在施工现场或搅拌站等地方迅速准确得检测对比混凝土的抗裂性能有着重要的指导意义。

试验主要测定试件第一条裂缝出现时裂缝的宽度（即试件初裂宽度）及每条裂缝出现后

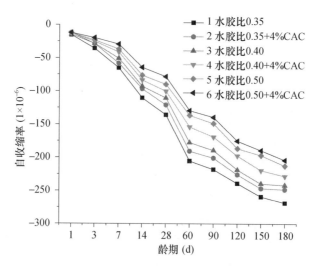

图 5-13　混凝土自收缩试验曲线

在固定间隔时间的宽度以及固定时间和宽度范围内的长度。裂缝宽度和长度测定：试验过程中，连续观察裂缝开展情况，每条裂缝自出现时起间隔 12h、24h、36h、48h、60h 测试其宽度和长度。用读数显微镜（分度值为 0.005mm）观测裂缝的宽度。裂缝的长度以肉眼可见的范围为准，测量方法为：用一根细线沿着裂缝的弯折，在细线上做下记号，然后再用直尺测量所做记号的细线的长度。

Pau[109] 根据裂缝宽度把裂缝分为四级，每一级对应着一个权值 K_i，用每级宽度的裂缝长度分别乘以其相应的权值，再相加起来所得到总和定义为开裂指数，据此来衡量开裂程度。本试验采取类似的方法，按裂缝产生的实际情况对裂缝级别进行划分，并规定相应的权值（表 5-13），开裂指数的计算方法与 Pau 的方法相同，如式（5-2）所示，裂缝宽度和权值的计算结果见表 5-14。平板式混凝土抗裂性测定仪实物照片如图5-14 所示。

表 5-13　裂缝宽度和权值

级别	裂缝宽度 M（mm）	权值 K_i
A	$M \geqslant 3.0$	3.00
B	$3.0 > M \geqslant 2.0$	2.00
C	$2.0 > M \geqslant 1.0$	1.00
D	$1.0 > M \geqslant 0.5$	0.5
E	$0.5 > M$	0.25

$$W = \sum K_i L_i \tag{5-2}$$

式中，W 为开裂指数；K_i 为权值；L_i 为裂缝长度（mm）。

混凝土开裂试验配合比同表 6-1 所示，电风扇风速为 8m/s，室内温度保持在 30℃稳定，相对湿度 60%，混凝土裂缝分布情况及开裂指数试验结果见表 6-4。

从图 5-14 和表 5-13 可以看出，混凝土出料流动度几乎相近似，随着混凝土水胶比的逐渐增大，混凝土中的胶凝材料用量降低，混凝土自收缩的趋势和开裂指数减少；相同的混凝土配合比，加入双效复合外加剂后，会减少混凝土的泌水率，改善骨料和水泥浆体的粘结程度，限制了水泥浆体的自收缩，从而也减少了混凝土的自收缩，降低了混凝土的开裂概率。如果要彻底改善海洋混凝土的抗裂能力，有必要在混凝土中加入抗裂的聚丙烯纤维、钢纤维或者聚酯纤维，并加强混凝土的早期抹面湿养护等措施。

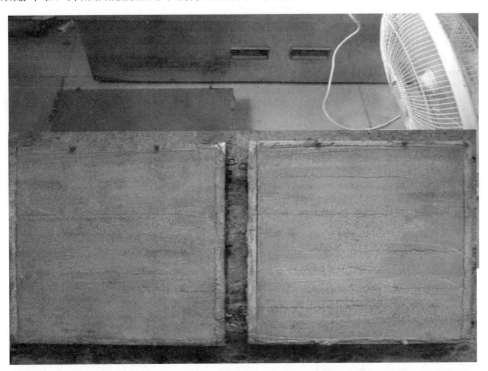

图 5-14　平板式混凝土抗裂性测定仪实物照片

表 5-14　混凝土裂缝分布情况及开裂指数

混凝土分组	不同裂缝范围内的裂缝长度（mm）					开裂指数 W（m^2）
	A	B	C	D	E	
1	0	110.3	45.2	120.8	10.7	328.9
2	0	25.7	40.6	80.4	6.7	133.8
3	0	89.7	58.8	125.6	18.7	305.7
4	0	12.4	56.8	93.1	8.9	130.4
5	0	67.9	36.8	120.4	19.4	237.6
6	0	10.6	56.7	28.4	6.4	83.1

由于混凝土裂缝受到结构设计、混凝土原材料、施工工艺、环境条件等多种因素影响，实际工程中要完全避免裂缝是很困难的，如何通过结构设计、混凝土配合比、施工坍落度控制、温度控制、保水养护、保养维护等一系列措施来最大限度地减少和防止出现混凝土的表面裂缝成为海工混凝土的必然选择，也是提高海工混凝土结构耐久性的重要前提措施。在外加剂领域，已经有各类抗裂膨胀剂，各类工程纤维，各类有机减缩剂等应用到工程实际。

5.4　混凝土结构中钢筋锈蚀试验

钢筋混凝土结构在土木工程中应用范围极广，各种工程结构都可采用钢筋混凝土建造。海工混凝土双效复合外加剂的抗钢筋腐蚀能力必须要通过试验来验证。

5.4.1　试验原料及设计

试验所用原料：海螺 42.5 级普通硅酸盐水泥、江砂、抗腐蚀外加剂 ACA-2、矿粉（KF）S95 级、二级粉煤灰（FA）、碎石（5～25mm 连续级配）、江苏博特公司生产的羧酸系高性能减水剂（PCA，10％浓度），氯离子渗透试验使用蒸馏水。参照美国《氯离子环境中外加剂对混凝土内钢筋侵蚀作用的标准试验方法》（G 109—07）（图 5-15）成型 4 组 $150mm \times 150mm \times 400mm$ 的试块，以评价相同混凝土配比下（水胶比均为 0.39）掺加双效复合外加剂和普通阻锈剂抗氯离子侵蚀钢筋的能力，钢筋混凝土锈蚀试验配比见表 6-5。

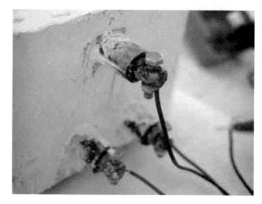

图 5-15　美国 G 109—07 氯离子渗透电化学试验装置图

钢筋混凝土试块标准养护 60d 后移入电化学实验室。将人工海水注入塑料盒内，浸泡试块 28d 后，开始用伏特计读取上下钢筋之间的电位差，之后每 30d 记录一次，其中每 10d 干湿循环浸泡一次。当上下钢筋之间电流连续达到 10uA 及电压稳定在 1mV 以上时，可以确保钢筋出现明显可见的侵蚀，此时停止对试块的测量。本试验所需的器材包括一只精度为 0.01mV 的高阻抗伏特表，一只电阻值为 100Ω（±5%）的电阻。混凝土试块成型后如图 5-16 所示。

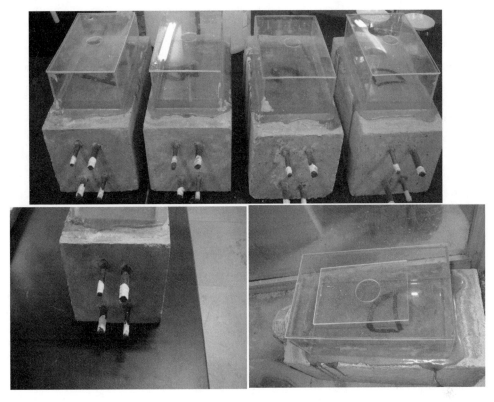

图 5-16 钢筋混凝土锈蚀试验试样

5.4.2 试验结果

参照 2.3.7 节钢筋混凝土电化学锈蚀试验，按照表 5-15 成型混凝土试验样，测试不同龄期下的上下钢筋之间电位差的平均值，试验结果见表 5-16。

表 5-15 钢筋混凝土锈蚀试验配比（kg/m³）

分组	W	C	FA	KF	S	G	阻锈剂掺量	PCA掺量	坍落度（mm）
A	156	200	100	100	781	1080	30%亚硝酸钙，4%	1.8%	190
B	156	200	100	100	781	1080	ACA，3%	2%	185
C	156	200	100	100	781	1080	ACA，4%	2%	170
D	156	200	100	100	781	1080	ACA，5%	2%	160

表 5-16　电位差值表［上下钢筋平均差值（mV）］

分组	28d	60d	90d	120d	150d	180d	210d
A	0	0.15	0.53	0.72	1.12	—	—
B	0	0	0.13	0.30	0.51	0.76	0.98
C	0	0	0.10	0.22	0.43	0.64	0.87
D	0	0	0.05	0.16	0.31	0.53	0.79

由表 5-16 可以看出，与普通钢筋阻锈剂相比，掺加了 ACA 混凝土双效复合外加剂的高性能混凝土具有更好的钢筋阻锈能力。可以说明双效复合外加剂中的 $-NH_2$ 和 OH^- 为 NO_2^- 提供良好的钢筋钝化环境，同时烧石膏中的硫酸根离子和 TIPA 也显著增强了混凝土的致密性。

5.5　本章小结

1）含大量掺合料的海工高性能混凝土，再掺入双效混凝土抗腐蚀外加剂可以进一步提高海工混凝土的致密性，增强混凝土抗氯离子渗透性能，还可以改善混凝土的黏聚性，改善水泥基浆体和骨料界面处的粘接界面噬合状况，减少骨料下方水囊形成的孔隙数量，提高了高性能混凝土的强度、致密性和耐久性。双效复合外加剂可以在中后期激发掺合料产生更多的凝胶，"充填效应"使混凝土内部非常致密，就可以很好地降低混凝土抗氯离子渗透性能。

2）氯盐溶液下的养护环境本身不对海工高性能混凝土强度产生有害的影响。掺入双效混凝土抗腐蚀外加剂的高性能混凝土，需要较长期的保水保湿养护才能更好地促进激发掺合料的活性进而更充分发挥掺合料的作用。除特殊情况（耐冲磨，极高抗渗，极恶劣环境）需要使用硅灰外，一般说来，海工高性能混凝土中水泥与矿物掺合料比例在（50～60）：（50～40）和矿物掺合料本身的比例恰当时（粉煤灰：矿粉＝1：1）可以获得较好的抗氯离子渗透性能。

3）相同的海工高性能混凝土配合比加入双效复合外加剂后，会减少混凝土的泌水现象，改善骨料和水泥浆体的粘结噬合程度，限制了水泥基浆体的自收缩，从而也减少了混凝土的自收缩，混凝土的自收缩率 7d 降低了 15％，28d 降低了 10％，混凝土的开裂指数至少降低了 60％。

4）海工混凝土双效复合外加剂 ACA，能够显著提高钢筋混凝土结构的抗氯离子侵蚀性能，同等条件下混凝土氯离子扩散系数降低了 39％，所以它是一种经济、有效、环保的新型海工混凝土外加剂。

第六章　基于氯离子扩散的海工混凝土寿命预测模型

在混凝土中氯离子的传输机理非常复杂，依据《建筑结构设计统一标准》（GB 50068—2001）和《海港工程混凝土防腐蚀技术规范》（JTJ 275—2000）等规范要求，选择 Fick 第二定律对混凝土寿命进行预测，工程应用和试验研究表明，采用该基本模型理论上是可行的。

6.1　基于混凝土中氯离子扩散的寿命预测模型

根据我国建筑结构设计规范《建筑结构设计统一标准》（GB 50068—2001）中明确规定了建筑结构使用年限，海工混凝土结构设计使用寿命也有明确规定，重要土木基础设施工程设计使用寿命为 100 年；一般性或次要的土木基础设施工程使用寿命为 50 年。所以对海工高性能混凝土结构，特别是掺加了双效复合外加剂后，混凝土使用寿命是否延长了若干年，对今后我国海工高性能混凝土结构的设计与施工，为使混凝土更耐久更可靠地服役具有重要的借鉴意义。最早用于海工混凝土使用寿命预测的基本模型是建立在氯离子侵蚀及 Fick 第二定律基础上的，工程应用和试验研究表明，采用该基本模型理论上是可行的。但由于模型考虑的实际因素过于简单，所预测的使用寿命也过于保守，近年来又发展出更精确的改进模型。

（1）传统 Fick 第二定律预测模型

当混凝土中钢筋周围表面氯离子含量超过临界值时，钢筋就有锈蚀的危险。由 Fick 第二定律可知，

$$C_x = C_0 \left[1 - erf\left(\frac{x}{\sqrt{D_i t}} \right) \right] \tag{6-1}$$

式中，C_x 为氯离子浓度临界值（%）；D 为氯离子扩散系数；x 为钢筋保护层深度（mm）；C_0 为混凝土表面氯离子浓度（%）；erf（u）为误差函数。

将氯离子浓度临界值 C_x、保护层深度 x、混凝土表面氯离子浓度 C_0、氯离子扩散系数 D 代入式（6-1），即可计算得出混凝土内钢筋开始锈蚀的时间 t（a），也就是混凝土的使用寿命。

（2）氯离子吸附修正扩散系数预测模型

氯离子扩散进入混凝土内部后分为两部分，一部分为游离氯离子，另外一部分是水泥矿物和矿物掺合料吸附的氯离子。而参与氯离子在混凝土中的迁移以及钢筋表面的电化学反应的是游离氯离子。因此，Matin-Peres 等提出了 Fick 第二定律修正——对氯离子扩散系数的修正：

$$D_{c*} = \frac{D_c}{1 + \dfrac{\partial C_b}{\partial C_f'}} \tag{6-2}$$

式中，D_{c*} 为有效氯离子扩散系数；D_c 为总氯离子扩散系数或氯离子表观扩散系数；C_b 为吸

附氯离子的浓度（％）；C_f'为混凝土中游离氯离子的浓度（以混凝土中的质量百分比计，％）。

（3）时间衰减修正扩散系数预测模型

Bamforth[110]研究发现，氯离子扩散系数随时间而降低，Gowripalan 等将 Fick 第二定律修正为：

$$C_x = C_{sn}\left(1 - erf\left[\sqrt[2]{D_{ca(tm)}\left(\frac{t}{t_m}\right)^n}_t\right]\right) \qquad (6-3)$$

式中，C_x为混凝土；x 为深度处的氯离子浓度（％）；C_{sn}为混凝土表面氯离子浓度（％）；$D_{ca(tm)}$为 t_m 时刻氯离子扩散系数。

（4）基于 Fick 第二定律的可靠度预测模型

可靠度分析提供了估计构件破坏概率的手段，利用可靠度方法建立混凝土使用寿命预测模型的研究不少，Prezzi 等在假定混凝土为均质、各向同性材料且在混凝土与扩散介质之间无化学反应发生的基础上，求解 Fick 第二定律可得：

$$C(x, t) = C_0 + (C_s - C_0)\, erf\left(\frac{x}{\sqrt[2]{D*t}}\right) \qquad (6-4)$$

式中，C_s为混凝土表面的介质浓度（常数）；C_0为混凝土中介质的初始浓度（％）；$C(x, t)$ 为海水或外界溶液扩散至混凝土中 x 处的浓度（％）。

假设扩散系数为随机函数，则极限状态函数为：

$$g(D) = C_T - C(d) \qquad (6-5)$$

C_T——C_0，C_s条件下的氯离子浓度的临界值（％）；$C(d)$——t 时间距离 x 处的混凝土中氯离子浓度（％）；

如果 $g(D) > 0$，则说明混凝土构件处于安全状态，反之则说明构件处于不安全的状态。由此，其破坏概率为：

$$P_f = P(C > C_T) = \varphi\left[-\ln\frac{(D - \lambda_D)}{\xi_D}\right] \qquad (6-6)$$

式中，λ_D、ξ_D为对数分布参数，可通过试验后求解 Fick 定律得到；$\varphi(x)$ 为标准正态分布；D 为扩散系数。

（5）氯离子侵蚀经验预测模型

1986 年，Somerville[111]等总结出了防止外界氯离子对混凝土材料侵蚀的"4C"设计步骤，即混凝土组分保护层深度施工密实度和养护条件。而 Clear 则发展了计算诱蚀开始的时间模型：

$$t = \frac{129 \times C^{1.22}}{W_{Cl}^{0.42} \times \dfrac{m_w}{m_c}} \qquad (6-7)$$

式中，t 为混凝土使用寿命（a）；C 为混凝土保护层深度（mm）；m_w/m_c 为混凝土水胶比；w_{cl}为 Cl^- 的质量分数（％）。

式（6-7）表明，混凝土结构使用寿命与钢筋保护层深度、水胶比及 Cl^- 的质量分数的大小有关。

玛格等提出了一个预测现存结构使用寿命的工程模型，该模型建立在 Fick 第二定律和大量试验结果的基础上，见式（6-8）。

$$t = t_0 \left(\frac{C}{\xi - t_0 D_{p0}} \right)^{\frac{2}{1-a}} \tag{6-8}$$

式中，t 为混凝土使用寿命（a）；t_0 为混凝土成熟度龄期（a）；D_{p0} 为混凝土成熟度龄期潜在的氯离子扩散系数（m^2/s）；a 为与材料和环境有关的参数；C 为混凝土保护层深度（mm）；ξ 为氯离子浓度的函数。

根据试验结果可计算出 a、ξ、D_{p0}，从而得到 t。

6.2　根据预测模型计算钢筋混凝土使用寿命

在海洋环境下，混凝土结构的使用寿命一般以预测氯离子在混凝土中的迁移速率或者钢筋锈蚀诱发期为基础。本课题仅考虑氯离子扩散对钢筋混凝土寿命的影响，以氯离子达到钢筋表面引起钢筋腐蚀的临界氯离子浓度来判定钢筋混凝土的使用寿命。根据 Fick 第二定律导出公式：

$$\frac{C(x, t)}{C_0} = 1 - erf \left(\frac{x}{2\sqrt{Dt}} \right) \tag{6-9}$$

若以表观扩散系数 D_a 代替 D 以考虑所有迁移机制的影响，并修正 Fick 第二定律中假设的不足，则基本模型可以表示为：

$$t = x^2 / 4D_a erf^{-1} (C_s - C_c / C_s - C_0) \tag{6-10}$$

式中，t 为混凝土使用寿命（a）；x 为混凝土保护层深度（mm）；D_a 为氯离子表观扩散系数（m^2/s）；C_s 为混凝土表面氯离子浓度（％）；C_c 为临界氯离子浓度（％）；C_0 为混凝土初始氯离子浓度或本底浓度（％）。

（1）混凝土表面氯离子浓度 C_s

结合工程实际调查结果，海岸浪溅区和水位变动区的混凝土表面氯离子浓度大约在 $0.6\% \sim 0.9\%$，而大气区混凝土表面氯离子浓度基本在 0.45% 以下。氯离子浓度（％）为占混凝土质量比。

（2）氯离子临界浓度 C_c

对于海工混凝土使用寿命预测或者耐久性设计而言，氯离子临界浓度 C_c 取值为 $0.07\% \sim 0.18\%$（占混凝土质量比），对水位变动区和浪溅区应该取低值，对水下区和大气区可以适当取高值。日本 JSCE 标准中混凝土表面氯离子浓度（占混凝土质量比）见表 6-1[112]。

表 6-1　日本 JSCE 标准中混凝土表面氯离子浓度 [占混凝土质量的比值（％）]

浪溅区	离海岸距离（km）				
	岸线附近	0.1	0.25	0.5	1.0
0.65	0.45	0.225	0.15	0.1	0.075

（3）混凝土氯离子表观扩散系数 D_a

混凝土氯离子表观扩散系数可以通过试验来确定，试验数据见表 5-9。在海洋浪溅区和水位变动区，混凝土钢筋保护层深度 x 取 75mm，混凝土初始氯离子浓度 C_0 取 0，C_s 取 0.9%，C_c 取 0.07%，把数据代入式（6-10），得出表 6-2 中钢筋混凝土的使用寿命。根据误差函数计算：$erf(0.922) = 0.807734$；$erf^{-1}(0.922) = 1.2380313$。

从 6-2 表可以看出，在相同的最极端条件下（海洋浪溅区和水位变动区），海洋浪溅区和水位变动区的钢筋混凝土寿命：相同水胶比，单纯加矿粉和粉煤灰的混凝土比空白样（不加掺合料的混凝土）寿命延长了 3 倍；海洋混凝土双效复合外加剂和矿物掺合料双掺后，钢筋混凝土寿命比常用高性能混凝土又延长了近 20 年。如果在浪溅区和水位变动区，混凝土表面氯离子浓度达到极端状态下（0.9%），对于等级在 C40 级的海工高性能混凝土，如果要使混凝土寿命达到百年，必须采取综合性技术措施，如混凝土中加入聚丙烯纤维耐冲磨，加入 5% 的硅灰，保护层深度再适当增加，混凝土表面喷涂聚合物保护层等等措施。

表 6-2　钢筋混凝土在浪溅区或水位变动区的使用寿命

	W (kg)	C (kg)	FA (kg)	KF (kg)	S (kg)	G (kg)	外加剂		表观氯离子扩散系数 (28d＋90d)($10^{-12}\text{m}^2/\text{s}$)	寿命 (a)
							PCA (%)	ACA (%)		
1	156	400	—	—	781	1080	1.5	—	5.21	11
2	156	200	100	100	781	1080	1.5	—	1.86	30
3	156	200	100	100	781	1080	1.8	4	1.12	50
4	156	150	100	150	781	1080	1.8	4	1.18	47
5	156	250	70	80	781	1080	1.8	4	1.21	46
6	156	200	200	—	781	1080	1.8	4	1.16	48
7	156	200	—	200	781	1080	1.8	4	1.14	48

对于岸线附近工程，混凝土表面氯离子浓度 C_s 取 0.45%，如果临界氯离子浓度 C_c 取 0.07%，混凝土钢筋保护层深度 x 取 45mm（根据 GB/T 50476—2008、GB 50010—2010、JTGD 62—2004、JTJ 275—2000 和铁建设 [2005] 157 号《混凝土结构耐久性设计暂行规定》要求，D、E 区最小混凝土保护层深度为 45 mm），混凝土初始氯离子浓度 C_0 取 0，把数据代入式（6-10）得出表 6-3 中钢筋混凝土的使用寿命。根据误差函数计算：erf（0.844）＝0.7674；erf^{-1}（0.844）＝1.3031。

从表 6-3 可以看出，在岸线附近的等级 C40 海工高性能混凝土，加入了 50% 的矿物掺合料后，高性能钢筋混凝土比单纯水泥钢筋混凝土寿命延长了 40 年，在此基础上加入新型双效复合混凝土外加剂后，寿命可以再延长 40 年左右，即最终可达 100 年。

表 6-3　钢筋混凝土岸线附近工程的使用寿命

	W (kg)	C (kg)	FA (kg)	KF (kg)	S (kg)	G (kg)	外加剂		表观氯离子扩散系数 (28d＋90d)($10^{-12}\text{m}^2/\text{s}$)	寿命 (a)
							PCA (%)	ACA (%)		
1	156	400	—	—	781	1080	1.5	—	5.21	24
2	156	200	100	100	781	1080	1.5	—	1.86	66
3	156	200	100	100	781	1080	1.8	4	1.12	110
4	156	150	100	150	781	1080	1.8	4	1.18	104
5	156	250	70	80	781	1080	1.8	4	1.21	102
6	156	200	200	—	781	1080	1.8	4	1.16	106
7	156	200	—	200	781	1080	1.8	4	1.14	108

6.3　基本模型的修正

海工混凝土性能和外部环境对氯离子在混凝土中迁移的影响，可以转化为氯离子表观扩散系数随这些因素的变化关系。在对基本模型进行进一步修正时，要考虑时间，矿物掺合料对氯离子的吸附作用、海洋混凝土抗腐蚀外加剂以及环境温度等对氯离子表观扩散系数的影响。

6.3.1　时间和抗腐蚀外加剂对混凝土中氯离子扩散系数的修正

氯离子在混凝土中的扩散系数并不是恒定的，随时间的延长，氯盐扩散系数在混凝土中逐渐降低。原因在于随时间延长，水泥水化和胶凝材料在抗腐蚀外加剂作用下，二次水化和多次水化反应使得混凝土中孔隙率进一步降低，从而降低混凝土的渗透性；海水中的钙离子、镁离子和钾钠离子等由于发生离子交换及沉淀，会堵塞混凝土中孔隙，减缓了氯离子的迁移速度。

$$D_e\ (t)\ =D_0\ (t/t_0)^a \tag{6-11}$$

式中，D_0 为 t_0 时刻的表观氯离子扩散系数；D_e 为氯离子随时间和抗腐蚀外加剂作用下的修正扩散系数。

设时间和抗腐蚀外加剂对氯离子表观扩散系数的影响系数为 K_1，则有：

$$K_1=\ (t_1/t_2)^a \tag{6-12}$$

式中，a 为 $\lg D_a$ 和 $\lg t$ 的关系曲线的斜率。

6.3.2　胶凝材料吸附作用对氯离子扩散系数的修正

混凝土中氯离子至少包括两个部分，混凝土孔隙液中的自由氯离子和物理或化学结合吸附或者参与反应的结合氯离子浓度。由于吸附作用致使参与渗透的自由氯离子数量减少，氯离子在混凝土中的传输速度减慢，还可以减少钢筋表面的氯离子浓度。

$$D_e=\frac{D_a}{1+\dfrac{a}{W_e}} \tag{6-13}$$

$$K_2=\frac{1}{1+a} \tag{6-14}$$

式中，$a=A/w_e$，A 为线形回归系数。

6.3.3　环境温度对混凝土氯离子扩散系数的修正

国内外就环境温度对于氯离子迁移的影响有广泛的共同认识，一般说来，随温度的升高，扩散系数增加。研究表明，40℃时的氯离子扩散系数是10℃时的3～4倍。因此，温度的影响用线性修正系数 D_a 来确定。设环境温度对 D_a 的影响系数为 K_3，则

$$K_3=\zeta \tag{6-15}$$

式中，ζ 为修正系数。

6.3.4　综合修正

基本模型可以修正为：

$$t = \frac{x^2}{2D_e}\left[erf^{-1}\left(\frac{C_s - C_c}{C_s - C_0}\right)\right]^{-1} \tag{6-16}$$

$$D_e = K_1 K_2 K_3 D_a$$

式中，K_1、K_2、K_3为修正系数；t为混凝土使用寿命（a）；x为混凝土保护层深度（mm）；D_a为氯离子表观扩散系数；C_s为混凝土表面氯离子浓度（%）；C_c为临界氯离子浓度（%）；C_0为混凝土初始氯离子浓度或本底浓度（%）。

6.3.5 修正后基本模型计算钢筋混凝土使用寿命

时间和抗腐蚀外加剂对氯离子表观扩散系数的影响系数为K_1，由于加入抗腐蚀外加剂，矿物掺合料多次参与水化反应，使水泥基材料浆体更致密，K_1取值应≤1.0；胶凝材料吸附作用对氯离子扩散系数的修正系数为K_2；环境温度对于氯离子渗透迁移的影响系数为K_3。

氯离子扩散系数与混凝土组分（水泥与掺合料等）、水胶比、养护、温度等因素密切相关，其修正系数也很难具体确定，只能根据具体工程实际情况来具体分析，修正系数数据才能具体确定，这里只能举例说明。取$K_1 = 0.85$，$K_2 = 0.85$，$K_3 = 1.10$。

则
$$D_e = K_1 K_2 K_3 D_a = 0.79475 D_a$$

在海洋浪溅区和水位变动区，混凝土钢筋保护层深度x取75mm，混凝土初始氯离子浓度C_0取0，C_s取0.9%，C_c取0.07%，根据误差函数计算：$erf(0.922) = 0.807734$；$erf^{-1}(0.922) = 1.2380313$。把数据代入公式（6-16）得出表6-4中钢筋混凝土的使用寿命。

表6-4 钢筋混凝土在浪溅区或水位变动区的使用寿命（修正后）

	W (kg)	C (kg)	FA (kg)	KF (kg)	S (kg)	G (kg)	外加剂		表观氯离子扩散系数 (28d+90d) (10^{-12}m²/s)	寿命 (a)
							PCA (%)	ACA (%)		
1	156	400	—	—	781	1080	1.5	—	5.21	17
2	156	200	100	100	781	1080	1.5	—	1.86	48
3	156	200	100	100	781	1080	1.8	4	1.12	81
4	156	150	100	150	781	1080	1.8	4	1.18	76
5	156	250	70	80	781	1080	1.8	4	1.21	75
6	156	200	200	—	781	1080	1.8	4	1.16	78
7	156	200	—	200	781	1080	1.8	4	1.14	79

比较表6-2和6-4，修正后的在浪溅区或水位变动区的普通海洋高性能钢筋混凝土结构使用寿命延长了18年，而该钢筋混凝土加入了双效复合外加剂之后，使用寿命相比较又延长了31年，而单纯水泥的钢筋混凝土结构仅仅只有17年，从修正后的结构寿命增加值来看，修正模型的选择是合理的，也说明海洋高性能混凝土必须要掺入大量的矿物掺合料，而双效复合外加剂的掺入可以显著地提高海工高性能混凝土结构的使用寿命。

6.4　本章小结

根据寿命预测模型和氯离子扩散系数修正预测模型，对海工混凝土抗腐蚀外加剂作用下的高性能混凝土进行了寿命计算，预测了使用寿命并进行了比较。

（1）同水胶比条件下，加入了大掺量矿物掺合料的高性能混凝土结构比单纯的水泥混凝土结构寿命可延长 20～40 年。

（2）在双效复合外加剂与大掺量矿物掺合料复掺的条件下，比普通大掺量矿物掺合料的高性能混凝土结构寿命又延长了 20～40 年。可见，为了海工高性能混凝土结构更耐久更安全，掺入新型双效复合外加剂十分必要，且效果显著。

第七章　结论与展望

7.1　结论

采用两倍于实际海水浓度的人工海水溶液来模拟实际的海洋环境,通过水泥胶砂和混凝土试样的力学性能及氯离子渗透试验、混凝土抗裂性能研究、钢筋混凝土结构中的钢筋锈蚀电化学试验以及水泥净浆的微观结构分析,系统地完成了矿物掺合料配比优选、得出新型海工混凝土双效复合外加剂配方,形成了一套比较完整的研究体系,论证了该外加剂在提高混凝土结构抗氯离子侵蚀能力方面具有明显效果。通过本文的试验研究,主要得到以下几点结论。

(1) 对于海洋工程混凝土结构,在混凝土成型时加入胶凝材料3%~5%用量的双效复合外加剂,可以细化混凝土内部的孔隙结构和改善界面过渡区,从而提高混凝土的最终强度和抗渗性;另一方面该混凝土可以大量掺加混凝土掺合料(占水泥重量的40%~50%),从而既可以降低水泥用量,又可以提高混凝土抗裂性能。除特殊情况需要使用硅灰外,高性能海工混凝土中水泥与矿物掺合料比例在(50~60):(50~40)和矿物掺合料本身的比例(粉煤灰:矿粉=1:1)恰当时可以获得较好的抗氯离子渗透性能。

(2) 优选的钢筋混凝土双效复合外加剂对提高钢筋混凝土结构耐久性是一种经济有效的外加剂,其配方为:亚硝酸钙30%,煅烧石膏20%,FS-Ⅱ10%,六亚甲基四胺4%,三聚磷酸钠1%,TIPA1%,余量为载体。它对长期处于海水侵蚀环境下混凝土结构内的钢筋能够起到较好的保护作用。

(3) 海工混凝土中加入双效复合外加剂,试验数据表明,海工高性能混凝土的7d自收缩率降低了15%,28d降低了10%,该双效外加剂可以提高混凝土的抗裂性能,混凝土的开裂指数降低了60%~80%,电化学试验表明该抗腐蚀外加剂可以增强混凝土抗氯离子的渗透能力,相同的海工高性能混凝土配合比,加入双效复合外加剂后,28d标养+90d人工海水养护条件下,混凝土氯离子扩散系数降低了39%。

(4) 提出了抗锈蚀外加剂和矿物掺合料激发剂的协同机理,激发剂为阻锈剂提供"OH^-"和"$-NH_2$",更好地为"NO_2^-"提供优良环境,为"固体保护膜再生"提供钢筋钝化的有利条件。而阻锈剂中的胺类—NH_2和亚硝酸盐NO_2^-可以为掺合料激发剂提供颗粒水化需要的极性诱导效应,起"催化剂"的作用,促进水泥和矿物掺合料的进一步水化,改善孔结构,提高结构致密度。胺类本身呈碱性,其组分还可以和Fe^{3+}螯合,起"扑捉"效应,阻止部分Fe^{2+}向Fe^{3+}转化,降低了$Fe(OH)_3$红锈产物的数量,降低了混凝土膨胀开裂的概率。

(5) 建立了矿物掺合料在双效复合外加剂作用下的水化机理模型,

$$a = k_1 k_2 k_3 \left[1 - \left(1 - \frac{2h}{d} \right)^2 \right]$$

式中，k_1 为矿物掺合料周围的碱性系数；k_1 和水泥水化反应的活性 CH 及水玻璃提供的 OH^- 有关。

k_2 为矿物掺合料周围的激发剂浓度系数；k_2 和烧石膏中的活性 SO_4^{2-} 以及极性比较强的 $-NH_2$ 以及 NO_2^- 和其他离子有关。

k_3 为水泥基胶凝材料内部体系水化反应温度影响系数。

（6）根据氯离子在混凝土中扩散的寿命预测模型和寿命预测计算，结果表明：在相同的最极端条件下，在海洋浪溅区和水位变动区的钢筋混凝土寿命：相同水胶比，单纯加矿粉和粉煤灰的混凝土比不加掺合料的混凝土，寿命延长了 20～40 年；海洋混凝土双效复合外加剂和矿物掺合料双掺后，钢筋混凝土寿命比常用的海工高性能混凝土又延长了 20～40 年。

7.2 展望

海洋工程混凝土的抗侵蚀外加剂性能与试验研究是一项长期延续性的工作，本文作者结合所作的试验研究，对抗侵蚀外加剂下一步研究提出以下几点展望。

（1）随着材料科学的发展，越来越多的新型外加剂可应用于混凝土材料中，若这些新材料作为混凝土的新组分，不断进行研究，可发现对混凝土性能有重大影响的新型材料组合；

（2）在研究海洋工程混凝土抗腐蚀外加剂时，除常见的几种矿物掺合料外，可广泛采用磨细石灰石粉，磨细钢渣粉以及高岭土等改善混凝土的微观结构；

（3）研究抗腐蚀外加剂的最终目的是应用于工程实际，提高社会经济效益，本文试验虽然模拟了海洋环境，但毕竟和真实的海洋环境还有一定的差异，下一步应对材料在实际侵蚀环境中的性能进行长期试验研究；

（4）利用一些特殊的养护方法（如半浸烘循环法）或通过提高试验用人工海水的浓度来缩短试验时间目前已经被广泛采用，今后应设法具体量化养护条件或浓度倍数与试验时间缩短之间的关系，从而能够通过试验预测得出结构实际发生破坏前的使用寿命；

（5）进一步开展海工混凝土抗腐蚀外加剂对抗碳化、抗冻融等其他耐久性指标的影响，全面探索抗腐蚀外加剂对混凝土耐久性的影响；

（6）在进行抗腐蚀外加剂研究时，可采用更多先进的研究方法和手段，对材料的抗蚀性能的机理和影响因素等进行深入研究；

（8）海工混凝土抗腐蚀外加剂目前在向全有机化学品方向发展，但是价格太贵，寻找质优价廉的有机物替代品作为钢筋混凝土阻锈剂是发展方向。

附　　录

附表 1　标准养护下胶砂试块抗折/抗压强度（MPa）

分组	抗折强度		抗压强度	
	28d	180d	28d	180d
①	9.1	12.2	51.1	62.4
②	7.9	11.3	39.8	58.2
③	8.7	12.0	48.8	62.2
④	8.2	11.6	41.6	61.9
⑤	8.6	12.0	46.9	62.0
⑥	8.5	11.8	47.0	61.5

附表 2　人工海水环境下胶砂试块抗折强度（MPa）

分组	90d	180d	270d	360d
①	9.4	10.6	10.2	9.8
②	9.2	10.9	11	11.2
③	10.5	11.9	12.5	12.5
④	9.7	10.5	11.5	12.1
⑤	10.1	11.5	12.2	12.5
⑥	10.0	11.7	12.1	12.5

附表 3　人工海水环境下胶砂试块抗压强度（MPa）

分组	90d	180d	270d	360d
①	54	58.1	60	59.8
②	52.6	54	54.1	52.9
③	57.5	59.3	62.1	62.3
④	52.9	55.8	56.9	59.7
⑤	55.8	57.2	60.5	60.4
⑥	55.4	57.5	59.4	60.3

附表 4　90d 氯离子浓度（10^{-2} mol/kg）

分组	①	②	③	④	⑤	⑥
0～5mm	0.796	0.662	0.466	0.617	0.586	0.524
5～10mm	0.382	0.224	0.085	0.188	0.134	0.115
10～15mm	0.149	0.032	0.030	0.034	0.035	0.039
15～20mm	0.110	0.035	0.025	0.031	0.029	0.030

附表5　180d 氯离子浓度（10^{-2} mol/kg）

分组	①	②	③	④	⑤	⑥
0～5mm	1.147	1.051	0.836	0.944	0.953	0.866
5～10mm	0.873	0.645	0.267	0.421	0.311	0.314
10～15mm	0.619	0.327	0.086	0.204	0.131	0.122
15～20mm	0.492	0.208	0.038	0.107	0.073	0.045

附表6　360d 氯离子浓度（10^{-2} mol/kg）

分组	①	②	③	④	⑤	⑥
0～5mm	2.570	1.969	1.490	1.672	1.567	1.502
5～10mm	1.281	0.897	0.287	0.864	0.569	0.429
10～15mm	0.852	0.582	0.383	0.461	0.420	0.430
15～20mm	0.556	0.383	0.241	0.292	0.280	0.228

附表7　抗折强度试验结果（MPa）

分组	R28	R60	R90	R180
①	10.8	11.3	11.9	12.2
②	9.9	10.3	10.7	11.3
③	9.8	10.3	10.8	11.2
④	10.1	10.5	10.7	11.5
⑤	10.2	10.4	10.9	11.7
⑥	10.2	10.6	10.9	11.8
⑦	10.3	10.8	10.5	11.7
⑧	10.8	11.4	11.6	12.0
⑨	10.7	11.2	11.5	12.1

附表8　抗压强度试验结果（MPa）

分组	R28	R60	R90	R180
①	56.6	58.9	61.3	63.4
②	52.6	54.0	55.5	58.3
③	53.4	55.5	57.4	59.1
④	54.4	55.8	57.9	59.9
⑤	54.3	56.2	58.4	60.3
⑥	54.6	55.9	58.3	60.6
⑦	54.8	56.0	58.5	59.6
⑧	56.0	57.9	60.6	62.8
⑨	55.9	58.2	60.4	62.6

附表9 快速锈蚀试验数据（mV）

时间（s）	0	2	4	6	8	10	15	20
⑧	−283	569	621	652	665	668	673	674
⑨	−264	586	645	662	669	670	677	678

附表10 标准养护条件下胶砂试块抗折/抗压强度（MPa）

分组	抗折强度			抗压强度		
	28d	90d	180d	28d	90d	180d
①	9.8	11.0	12.3	58.0	60.9	66.2
②	9.7	10.7	12.3	57.7	59.2	65.8
③	9.3	11.6	12.5	57.1	62.7	67.9
④	9.1	11.1	12.4	56.5	61.6	67.0

附表11 人工海水侵蚀环境下胶砂试块抗折强度（MPa）

分组	90d	180d	270d	360d
①	10.4	11.8	12.2	12.2
②	10.0	11.5	11.9	11.8
③	10.9	12.3	12.5	12.5
④	10.6	12.0	12.3	12.5

附表12 人工海水侵蚀环境下胶砂试块抗压强度（MPa）

分组	90d	180d	270d	360d
①	59.6	64.8	65.9	66.9
②	57.5	63.5	65.1	65.8
③	61.8	67.2	69.3	70.7
④	61.0	66.7	68.7	70.1

附表13 90d氯离子浓度（10^{-2}mol/kg）

分组	①	②	③	④
0～5mm	0.745	0.768	0.662	0.717
5～10mm	0.207	0.222	0.124	0.186
10～15mm	0.097	0.101	0.052	0.082
15～20mm	0.064	0.068	0.050	0.058

附表14 180d氯离子浓度（10^{-2}mol/kg）

分组	①	②	③	④
0～5mm	0.873	0.987	0.766	0.833
5～10mm	0.283	0.305	0.234	0.267
10～15mm	0.135	0.159	0.112	0.121
15～20mm	0.099	0.100	0.091	0.096

附表 15　360d 氯离子浓度（10^{-2} mol/kg）

分组	①	②	③	④
0～5mm	1.431	1.556	1.203	1.391
5～10mm	0.657	0.691	0.529	0.565
10～15mm	0.419	0.373	0.330	0.348
15～20mm	0.252	0.286	0.188	0.223

附表 16　氯离子浓度（10^{-2} mol/kg）

分组	90d				180d			
	0～5mm	5～10mm	10～15mm	15～20mm	0～5mm	5～10mm	10～15mm	15～20mm
①	0.796	0.212	0.149	0.080	0.857	0.261	0.165	0.109
②	0.427	0.164	0.132	0.086	0.458	0.168	0.134	0.083
分组	270d				360d			
	0～5mm	5～10mm	10～15mm	15～20mm	0～5mm	5～10mm	10～15mm	15～20mm
①	0.950	0.437	0.201	0.185	1.365	0.791	0.452	0.367
②	0.509	0.191	0.133	0.093	0.520	0.236	0.137	0.093

附表 17　标养 28d 孔隙分布（%）

分组	总孔隙率	＜50nm	50～100nm	＞100nm
①	13.56	78.63	10.60	10.77
②	14.08	84.29	4.36	11.35
③	16.32	65.40	10.13	14.47
④	16.81	56.26	8.36	35.38
⑤	15.76	83.10	3.01	13.89

附表 18　人工海水中养护至 90d 后压汞试验孔隙分布（%）

分组	总孔隙率	＜50nm	50～100nm	＞100nm
①	17.70	71.15	9.77	19.08
②	20.17	55.45	10.31	24.24
③	11.17	85.00	8.20	6.80
④	13.68	75.11	7.13	17.76
⑤	10.89	81.69	7.10	11.21

附表 19　混凝土试块抗压强度（MPa）

分组	标准养护		人工海水浸泡		
	R28	R180	R90	R180	R360
①	43.0	54.3	44.1	44.3	44.0
②	38.5	55.1	48.6	53.5	56.9
③	42.4	53.7	43.5	43.9	43.8

分组	标准养护		人工海水浸泡		
	R28	R180	R90	R180	R360
④	38.1	54.6	47.6	53.6	56.3
⑤	42.1	56.9	50.4	56.6	57.5
⑥	47.0	61.0	52.6	54.5	56.3
⑦	44.9	62.9	54.9	64.4	70.7
⑧	46.1	59.7	51.2	53.4	55.2
⑨	43.6	61.5	53.4	63.9	69.8
⑩	47.3	64.2	55.6	66.2	72.9

附表20　90d 氯离子浓度（10^{-2}mol/kg）

分组	①	②	③	④	⑤
0～5mm	1.483	1.260	1.611	1.327	1.123
5～10mm	0.419	0.388	0.455	0.400	0.307
10～15mm	0.326	0.277	0.320	0.285	0.213
15～20mm	0.057	0.044	0.046	0.055	0.050
分组	⑥	⑦	⑧	⑨	⑩
0～5mm	1.019	0.863	1.242	0.892	0.602
5～10mm	0.308	0.222	0.476	0.243	0.170
10～15mm	0.191	0.138	0.285	0.147	0.084
15～20mm	0.043	0.058	0.054	0.064	0.049

附表21　180d 氯离子浓度（10^{-2}mol/kg）

分组	①	②	③	④	⑤
0～5mm	1.771	1.602	2.001	1.629	1.508
5～10mm	0.597	0.425	0.652	0.467	0.392
10～15mm	0.392	0.367	0.447	0.361	0.247
15～20mm	0.343	0.172	0.352	0.201	0.160
分组	⑥	⑦	⑧	⑨	⑩
0～5mm	1.231	0.813	1.480	1.159	0.683
5～10mm	0.502	0.254	0.592	0.403	0.201
10～15mm	0.198	0.161	0.381	0.191	0.080
15～20mm	0.150	0.090	0.299	0.150	0.057

附表22　270d 氯离子浓度（10^{-2}mol/kg）

分组	①	②	③	④	⑤
0～5mm	2.153	1.803	2.401	1.830	1.724
5～10mm	0.884	0.565	1.032	0.714	0.457

分组	①	②	③	④	⑤
10～15mm	0.575	0.421	0.692	0.477	0.271
15～20mm	0.443	0.229	0.397	0.365	0.162
分组	⑥	⑦	⑧	⑨	⑩
0～5mm	1.347	1.096	1.632	1.288	0.760
5～10mm	0.471	0.387	0.694	0.415	0.233
10～15mm	0.240	0.205	0.440	0.218	0.104
15～20mm	0.163	0.133	0.327	0.146	0.061

附表 23　360d 氯离子浓度（10^{-2} mol/kg）

分组	①	②	③	④	⑤
0～5mm	2.578	1.897	2.994	1.941	1.875
5～10mm	0.851	0.677	1.486	0.834	0.513
10～15mm	0.744	0.500	0.993	0.580	0.309
15～20mm	0.580	0.274	0.635	0.492	0.175
分组	⑥	⑦	⑧	⑨	⑩
0～5mm	1.531	0.920	1.874	1.475	0.890
5～10mm	0.640	0.435	0.825	0.520	0.265
10～15mm	0.357	0.259	0.586	0.289	0.096
15～20mm	0.211	0.125	0.392	0.150	0.054

附表 24　自收缩率试验数据（1×10^{-6}）

分组	1d	3d	7d	14d	28d	60d	90d	120d	150d	180d
1	−15.4	−35.8	−65.3	−110.2	−135.6	−205.2	−218.1	−238.9	−258.8	−268.5
2	−12.1	−28.6	−58.2	−96.5	−120.9	−190.5	−200.9	−225.8	−246.4	−248.1
3	−14.6	−28.6	−50.6	−92.8	−110.4	−177.6	−189.4	−218.5	−239.4	−241.7
4	−12.7	−25.3	−41.3	−83.5	−100.1	−153.7	−169.4	−197.5	−219.4	−228.1
5	−12.3	−23.5	−36.8	−76.3	−89.8	−136.4	−148.7	−186.6	−196.7	−212.4
6	−12.1	−19.8	−29.4	−64.5	−78.3	−129.4	−139.4	−175.3	−189.3	−203.9

参考文献

［1］易成，谢和平．混凝土抗渗性能研究的现状和进展［J］．混凝土，2003（2）：6-9.

［2］徐强，俞海勇．大型海工混凝土结构耐久性研究与实践［M］．北京：中国建筑工业出版社，2008.

［3］洪乃丰．钢筋腐蚀的经济损失与防护技术［J］．海峡两岸材料腐蚀与防护进展研究——海峡两岸材料腐蚀与防护研讨会文集［C］．厦门：厦门大学出版社．1998（10）：516.

［4］卢木．混凝土耐久性研究现状和研究方向［J］．工业建筑，1997，27（5）：1-6.

［5］赵霄龙．寒冷地区高性能混凝土耐久性及其评价方法研究［D］．哈尔滨：哈尔滨工业大学，2001.

［6］童保全．海港工程结构使用寿命及设计基准期研究［J］．上海交通大学学报，1991，25（5）：114-117.

［7］南京水利科学研究所，交通部第四、二、三航务工程局．我国南方港工、水工混凝土和钢筋混凝土耐久性调查报告［R］．1968.

［8］邵宏，陈妙初．浙江省海港工程混凝土结构耐久性状况分析及施工对策［J］．水运工程，2007（7）：12-16.

［9］交通部四航局科研所，南京水利科学研究所．华南海港钢筋混凝土码头锈蚀破坏调查报告［R］．1981.

［2］徐强，俞海勇．大型海工混凝土结构耐久性研究与实践［M］．北京：中国建筑工业出版社，2008.

［10］Francis Young, David Darwin, Concrete［M］．Chemical Industry Press, 2005.

［11］吴中伟．高性能混凝土［M］．北京：中国建筑工业出版社，2001.

［12］洪定海．混凝土中钢筋的锈蚀与保护（第1版）［M］．北京：中国铁道出版社，1998.

［13］杨医博．抗氯盐高性能混凝土技术手册［M］．北京：中国水利水电出版社/知识产权出版社，2006.

［14］Chalee W., Teekavanit M., Kiattikomol K., et al. Construction and Building Materials, ScienceDirect［J］．2007（21）：965-971.

［15］Manmohan D., and Mehta P. K. Int, Concrete［M］．2002.

［16］Asthana K. K., Aggarwal L. K., Lakhani Rajni.. A Novel Interpenetrating Polymer Network Coating for the Protection of Steel Reinforcement in Concrete［J］．Cement and Concrete Research, 1999（29）：1541-1548.

［17］Houssam A., Toutanji, William Glomez. Durability Characteristics of Concrete Beams Externally Bonded with FRP Composite Sheets［J］．Cement and Concrete Sites, 1997（19）：351-358.

［18］Luping Tang and Lars-Ol of Nillson. Chloride Binding Capacity and Binding Isotherm of OPC Pastes and Mortars［J］．Cement and Concrete Research, 1993, 23：247-253.

［19］胡红梅，马保国．矿物功能材料对混凝土氯离子渗透性的影响［J］．武汉理工大学学报，2004，26（3）：19-22.

［20］马保国，张平均，谭洪波．矿物掺合料对海洋混凝土抗氯离子渗透的研究［J］．石家庄铁道学院学报，2004，17（1）：6-9.

［21］叶建雄，李晓筝，廖佳庆等．矿物掺合料对混凝土氯离子渗透扩散性研究［J］．重庆建筑大学学报，2005，27（3）：89-92.

［22］屠柳青，李遵云，叶至坤．矿物掺合料对水泥浆体氯离子结合性能的影响［J］．混凝土，2009（10）：57-59.

［23］王绍东，黄煜镔，王智．水泥组分对混凝土结合氯离子能力的影响［J］．硅酸盐学报，2000，28（6）：570-574.

［24］马昆林，唐湘辉．粉煤灰对混凝土中氯离子的作用机理研究［J］．粉煤灰综合利用，2007（1）：13-15.

［25］谢祥明，莫海鸿．大掺量矿渣微粉提高混凝土抗氯离子渗透性的研究［J］．水利学报，2005，35（6）：1-5.

［26］Jiangyuan Hou, D. D. L. Chung. Effect of admixtures in concrete on the corrosionresistance of steel reinforced concrete, Corrosion Science［J］．2000，42（9）：1489-1507.

［27］Ahmet Raif Boga, Ilker Bekir Topcu. Influence of fly ash on corrosion resistance and chloride ion permeability of concrete, Construction and Building Materials［J］．2012，31（6）：258-264.

［28］C. M. Dry, M. J. T. Corsaw. A time-release technique for corrosion prevention, Cement and Concrete Research［J］．

1998，28（8）：1133-1140.

［29］Ganesan，K.；Rajagopal，K.；Thangavel，K. Evaluation of bagasse ash as corrosion resisting admixture for carbon steel in concrete Anti-Corrosion Methods and Materials［J］. 2007，54（4）：230-236.

［30］S. Tsivilis，G. Batis，E. Chaniotakis. Properties and behavior of limestone cement concrete and mortar［J］. Cement and Concrete Research，2000，30（10）：1679-1683.

［31］Bobrowski et al. Method for rehabilitative and/or protective corrosion-inhibition of reinforcing steel embedded in a hardened structure by means of surface-applied corrosion-inhibiting compositions［P］. U. S Patent 6402990，2002.

［32］Rhodes；Philip S. Tuerack；JasonS. Izrailev；Leonid. Anti-corrosion additive composition for concrete compositions for use in reinforced concrete structures［P］. US Patent No：7381252B2，2008.

［33］Rhodes，Philip S. Rosenberg，David Wojakowski，John. Corrosion resistant omposition for treatment of hardened concrete structures［P］. US Patent 7261923B2，2007.

［34］EB Humphrey，MS Rhodes，J Humphrey，Anti-corrosion additive for compositions in contact with iron-based substrates［P］. US Patent 0237834A1，2004

［35］Jerzy Zemajtis，Richard E. Weyers，Michael M. Sprinkel，Corrosion Protection Service Life of Low-Permeable Concretes and Low-Permeable Concrete with a Corrosion Inhibitor［M］. Transportation Research Record：Journal of the Transportation Research Board，51-59.

［36］エボニック デグサ ゲーエムベーハー，鉄筋の腐食から鉄筋コンクリートを保護する薬剤、鉄筋コンクリート中の鉄筋における腐食を防止する方法［P］. JP/No/4778189，.

［37］岡村一臣，平澤光春，青木治雄等. コンクリート腐食防止用コーティング材およびコンクリート腐食防止方法［P］. 特開平 10-324583，1998.

［38］立松英信，高田潤，飯島亨. コンクリート構造物の塩害による鉄筋腐食の補修または予防方法［P］，特開平 11－217942，1999.

［39］露木尚光，梅村靖弘. 鉄筋コンクリートの防錆混和剤［P］. 特開 2003－300765，2003.

［40］シーカ・テクノロジー・アーゲー，フランツ・ヴォムバッヒャー，ビート・マラザニ. 強化コンクリートのための腐食防止剤としての、アルコキシ基含有リン - 酸素酸エステル類の使用［P］. 特開：4377403.

［41］株式会社大東により出願された特許コンクリート構造物用浸透性防錆剤、およびコンクリート構造物内部の鋼材を防錆する方法［P］. 特開 2008－196024，2008.

［42］Abdulrahman A. S.，Mohammad Ismailand Mohammad Sakhawat，Corrosion inhibitors for steel reinforcement in concrete：A review［J］. Scientific Research and Essays，2011，6（20）：4152-4162.

［43］Andrzej sliwka，adam zybura. Diffusion of organic substances inhibiting reinforcement corrosion in concrete［J］. Engineering structures and technologies，2011，3（4）：144-149.

［44］Abdulrahman A. S，Mohammad Ismail. Evaluation of corrosion inhibiting admixtures for steel reinforcement in concrete［J］. International Journal of the Physical Sciences 2012，7（1）：139-143.

［45］M. A. G. Tommaselli，N. A. Mariano，S. E. Kuri. Effectiveness of corrosion inhibitors in saturated calcium hydroxide solutions acidified by acid rain components［J］. Construction and Building Materials，2009，23（1）：328-333.

［46］T. A. Söylev，M. G. Richardson. Corrosion inhibitors for steel in concrete：State-of-the-art report［J］. Construction and Building Materials，2008，22（4）：609-622.

［47］Thierry Chaussadent，Véronique Nobel-Pujol，Fabienne Farcas. et al. Effectiveness conditions of sodium monofluorophosphate as a corrosion inhibitor for concrete reinforcements［J］. Cement and Concrete Research，2006，36（3）：556-561.

［48］K. Y. Ann，H. S. Jung，H. S. Kim，S. S. Kim，H. Y. Moon. Effect of calcium nitrite-based corrosion inhibitor in preventing corrosion of embedded steel in concrete［J］. Cement and Concrete Research，2006，36（3）：530-535.

［49］L. Benzina Mechmeche，L. Dhouibi，M. Ben Ouezdou et al. Investigation of the early effectiveness of an amino-alcohol based corrosion inhibitor using simulated pore solutions and mortar specimens［J］. Cement and Concrete Composites，2008，30（3）：167-173.

［50］M. Forsyth，A. Phanasgaonkar and B. W. Cherry . migratory corrosion inhibitors for corrosion control in reinforced concrete [A]. Proceedings of the 9th European Symposium on Corrosion Inhibitors (9 SEIC) [C]. Ann. Univ. Ferrara, N. S., 2000, Sez. V (Suppl. N. 11): 34-38

[51] Вячеслав Бабицкий, Масуд Голшани. Исследовано влияние вида и содержания добавок ингибиторов коррозии стали на защитные свойства бетона по отношению к стальной арматуре и на процессы структурообразования цементного камня [J]. Теория и исследования 2011, 5 (38): 40-44

[52] Ингибиторы коррозии для · бетонапонедельник, [EB/OL].
http: //www. novobeton. ru/beton/ingibitory-korrozii-dlya-betona, 28. 02. 2011.

[53] Harold Dzhastnesa Nitkal-Additives For Concrete [EB/OL] http: //www. aveartsmarket. com/content/nitkal-additives-concrete12/01/2011.

[54] KONSTANTIONS D D, STELLA D K. Crystal growth and characterization of organnic-innorganic hybrid networks and their inhibiting effect on metallic corrosion [J]. Inorganic Chemistry Communications, 2005, 8 (3): 254-258.

[55] SOYLEV T A. Corrosion inhibitors for steel in cincrete: State-of-the-art report [J]. Construction and Building Materials. 2008, 22 (4): 609-622.

[56] 周俊龙, 欧忠文, 江世永等. 掺阻锈剂掺合料海水海砂混凝土护筋性探讨 [J]. 建筑材料学报, 2012, 15 (1): 69-70.

[57] 洪定海. 混凝土中钢筋的腐蚀与保护 [M]. 北京: 中国铁道出版社, 1998.

[58] 洪乃丰. 钢筋阻锈剂的发展与应用 [J]. 工业建筑, 2005 (6): 68-70.

[59] 洪乃丰. 氯盐锈蚀与钢筋阻锈剂 [J]. 混凝土, 2004 (1): 58.

[60] 朱帆. 钢筋阻锈剂的钢筋砼结构中的应用和发展 [J]. 科技信息, 2007 (26): 315.

[61] 我国首次研发出迁移型防腐阻锈剂 [N]. 科技日报, 2008.01.04 (四).

[62] 李伟华, 田惠文, 候保荣. 钢筋混凝土结构的腐蚀与涂层防护 [J]. 现代涂料与涂装, 2008 (3): 31-34.

[63] 张苑竹, 魏新江. 海洋环境耐久混凝土的配合比优化研究 [J]. 混凝土, 2006 (6): 33-34.

[64] Mehta P. Kumar, Paulo J. M. Monteiro 著, 覃维祖, 王栋民, 丁建彤译. 《混凝土微观结构、性能和材料》 [M]. 北京: 中国电力出版社, 2008.

[65] 朱岩, 陈雨, 甘万强. 有机硅烷浸渍高性能海工混凝土防腐蚀性能的研究 [J]. 混凝土, 2007 (10): 77-80.

[66] Ha-Won Song, Chang-Hong Lee, Ki Yong Ann. factors influencing chloride transport in concrete structures exposed to marine environments [J]. Science Direct, 2008 (30): 113-121.

[67] 孙振平. 海工高性能混凝土抗侵蚀外加剂—技术性能、作用机理和应用意义 [EB/OL]. http: //www. china001. com/show _ hdr. php? xname=PPDDMV0&dname=7VVMB41&xpos=86, 2008.

[68] 洪乃丰. 基础设施腐蚀防护和耐久性问与答 [M]. 北京: 化学工业出版社, 2003.

[69] Bamforth, P. B. Specification and design of concrete for the protection of reinforcement in chloride-contaminated environments. [J]. UK Corrosion and Eurocorr 94, UK, 1994.

[70] Thomas, M. D. A. and Innis, F. A. Effect of slag on expansion due to alkali- aggregate reaction in concrete [J]. ACI Materials Journal, 1998, 95 (6): 716-719.

[71] 李岩, 朱雅仙, 方璟. 混凝土中钢筋腐蚀的氯离子临界浓度试验研究 [J]. 水利水运工程学报, 2004 (1): 14-16.

[72] H. 索默 [奥地利], 冯乃谦等译. 高性能混凝土的耐久性 [M]. 北京: 科学出版社, 1998.

[73] ASTM C1202 - 94 Standard Test Method for Electrical Indication of Concrete Ability to Resist Chloride Ion Penetration, 1994.

[74] 刘斯凤. 氯离子扩散测试方法演变和理论研究背景 [J]. 混凝土, 2002 (10): 21-24.

[75] Luping Tang. Concentration dependence of diffusion and migration of chloride ions: Part 1. Theoretical considerations [J]. Cement and Concrete Research, 1999, 29: 1463-1468.

[76] Luping Tang. Concentration dependence of diffusion and migration of chloride ions: Part 2. Experimental evaluations [J]. Cement and Concrete Research, 1999, 29: 1469-1474.

[77] K. Stanisha, R. D. Hooton, M. D. A. Thomas. A novel method for describing chloride ion transport due to an electrical gradient in concrete: Part 1. Theoretical description [J]. Cement and Concrete Research, 2004, 34: 43-59.

［78］ K. Stanisha，R. D. Hooton，M. D. A. Thomas. A novel method for describing chloride ion transport due to an electrical gradient in concrete：Part 2. Experimental study［J］. Cement and Concrete Research，2004，34：51-57.

［79］ P. E. Streicher ，M. G. Alexander. A chloride conduction test for concrete［J］. Cement and Concrete Research，1995，25：1284-1294.

［80］ 李翠玲、路新瀛，张海霞. 确定氯离子在水泥基材料中扩散系数的快速试验方法［J］. 工业建筑，1998 (6)：41-43.

［2］ 徐强，俞海勇. 大型海工混凝土结构耐久性研究与实践［M］. 北京：中国建筑工业出版社，2008.

［81］ Berke N. S.，Shen D. FA.，and Sundberg K. M. Comparison of the Polarization Resistance Technique to the Macrocell Corrosion Technique［J］. Corrosion Rates of Steel in Concrete，ASTM STP 1065，Berke N. S，Chaker V，and Whitney D，1990 (8)：38-51.

［82］ 亢景富. 混凝土硫酸盐侵蚀研究中的几个基本问题［J］. 混凝土，1995，6 (3)：9-18.

［83］ 郭黎明. 混凝土冻融循环破坏研究［J］. 中国科技博览，2011，33：107.

［84］ 杨医博. 抗氯盐高性能混凝土技术手册［M］. 北京：中国水利水电出版社/知识产权出版社，2006.

［85］ Sugiyama T，Bremmer T W. Effects of stress on gas permeability［J］. ACI Materials Journal，1994，93：443-450.

［86］ Gerard B，Marchand J. Influence of Cracking on the Diffausion Properties of Cement-based Materials PartI：Influence of Continuous Cracks on the Steady-state Regime［J］. Cement and Concrete Research，2000，30：37-43.

［87］ Mehta P. K.，B. C. Gerwick，Jr.，Int. Concrete［M］.1982.

［88］ Sidney Mindess，Francis Young J.，David Dawrin. 混凝土［M］. 北京：化学工业出版社，2005.

［89］ 吴中伟，廉慧珍. 高性能混凝土［M］. 北京：中国铁道出版社，1999.

［64］ Mehta P. K，Paulo J. M. Monteiro 著，覃维祖、王栋民，丁建彤译.《混凝土微观结构、性能和材料》［M］. 北京：中国电力出版社，2008.

［90］ 刘春生，杜成彪. 矿粉粉煤灰的活性试验研究［J］. 福建建材，2008 (5)：7-9.

［91］ 刘焕强、胡晓波. 高掺量粉煤灰-矿渣超细粉建筑胶结料生产研究［J］. 粉煤灰综合利用，2004，4：22-25.

［92］ 潘群雄，王路明，徐凤广，等. 煅烧硬石膏激发粉煤灰水泥活性影响因素的探讨［J］. 水泥，1997 (1)：8-10.

［93］ 郭守铭，沈广才. 掺煅烧石膏提高水泥强度［J］. 水泥，1995 (1)：14-18.

［94］ 唐美红，周萍，丁珂. 水玻璃激发矿渣胶凝材料的研究［J］. 粉煤灰，2002，5：22-26.

［95］ 赵永林. 水玻璃激发矿渣超细粉胶凝材料的形成及水化机理的研究［D］. 西安：西安建筑科技大学硕士论文，2007.

［96］ GB/T 15453—1995，工业循环冷却水中氯离子的测定［S］.

［97］ 吴中伟. 高性能混凝土［M］. 北京：中国建筑出版社，1999.

［98］ G109-07《Standard Test Method for determining effects of Chemical Admixtures on Corrosion of Embedded Steel Reinforcement in Concrete Exposed to Chloride Environments》

［99］ Verbeck J. J，helmuth R A. Structures and Physical Properties of Cement paste. In：Proceeding of Fifth International Syposium on the Chemistry of Cement，Tokyo，1968.

［100］ 沈威. 水泥工艺学［M］. 武汉：武汉理工大学出版社，2005.

［101］ 杨新亚，杨淑珍，陈文怡. 煅烧硬石膏的溶解活性与结构研究［J］. 武汉工业大学学报，2000，22 (2)：21-24.

［102］ 林宗寿，武秋月. 水灰石混合材在水泥中的应用研究［J］. 河南建材，2008 (3)：34-35.

［103］ 罗朝巍，范基骏，孙中华等. 协同水化制备水硬性材料及其水化产物的研究［J］. 应用化工，2009，38 (3)：406-408.

［104］ 钟白茜，杨南如，冈田能彦. 水玻璃对硅酸盐水泥水化的影响［J］. 上海建材学院学报，1994，7 (2)：103-105.

［105］ LIU Wen-jun，WANG Jun-qiang. Analysis of chloride ion diffusion in reinforced concrete structures［J］. Concrete，2007，4：20-22.

［106］ SOYLEV T A. Corrosion inhibitors for steel in concrete：State -of-the -art report［J］. Construction and Building Materials，2008，22 (4)：609-622.

［2］ 徐强，俞海勇. 大型海工混凝土结构耐久性研究与实践［M］. 北京：中国建筑工业出版社，2008.

［107］Fayed M E，Otten L Handbook of powder science and technology ［M］. New York：Cbaprnan&-Hall. 1997.

［108］Mehta P. K. ，Paulo J. ，Monteiro M. CONCRETE ［M］. 北京：中国电力出版社，2008.

［109］KRAAI PAUL P. Proposed test to determine the cracking potential due to drying shrink age of concrete ［J］. Concrete and Construction，1985（9）：775-778.

［110］P. B. Bamforth. The Derivation of Input Data for Modeling Chloride Ingress from Eight-year UK Coastal Exposure Trials ［J］. Magazine of Concrete Research,，1999，51（2）：87-96.

［111］Somerville. G. The Design life of concrete structures ［J］. The structural Engineer，1986，64A（2）：60-71.

［112］邢锋. 混凝土结构耐久性设计与应用 ［M］. 北京：中国建筑工业出版社，2011.

第六部分
附　　录

绿色建材评价技术导则

Assessment Guidelines for Green Building Materials

（试行）

二零一五年十月

目　　次

1 总　　则

1.0.1 为科学引导和规范管理我国绿色建材评价标识工作，加快绿色建材推广应用、促进绿色建筑发展，制定本导则。

1.0.2 本导则第一版制定了砌体材料、保温材料、预拌混凝土、建筑节能玻璃、陶瓷砖、卫生陶瓷、预拌砂浆等七类建材产品的评价技术要求，适用于上述七类产品的绿色建材评价。今后将逐步扩展其他种类建材产品的评价技术要求，不断修订和完善。

1.0.3 绿色建材评价在符合本导则的要求和各地域特征的同时，还应符合国家相关法律、法规和标准的规定。

2 定　义

2.0.1　绿色建筑　green building

是指在全寿命期内，最大限度地节约资源（节能、节地、节水、节材）、保护环境、减少污染，为人们提供健康、适用和高效的使用空间，与自然和谐共生的建筑。

2.0.2　绿色建材　green building material

是指在全生命周期内可减少对天然资源消耗和减轻对生态环境影响，具有"节能、减排、安全、便利和可循环"特征的建材产品。

2.0.3　保温材料　heat insulating material

用于提高建筑围护结构保温性能的建筑材料和产品，包括有机保温、无机保温建筑材料。

2.0.4　砌体材料　masonry material

由烧结或非烧结生产工艺制成的实（空）心或多孔直角六面体块状建筑材料和产品，包括除复合砌块外的所有砌体材料。

2.0.5　预拌混凝土　premixed concrete

由水泥、骨料、水以及根据需要掺入的外加剂、矿物掺合料等组分按一定比例，在搅拌站（楼）生产的、通过运输设备送至使用地点的、交货时为拌合物的混凝土建筑材料，包括常规品和特质品。

2.0.6　建筑节能玻璃　building energy-saving glass

由普通平板玻璃经过深加工后，用于建筑透明围护结构用的玻璃制品，包括吸热玻璃、热反射玻璃、低辐射玻璃、中空玻璃、真空玻璃等。

2.0.7　陶瓷砖　ceramic tile

由黏土和其他无机非金属材料经成形、高温烧成等生产工艺制成的实心或空心板状建筑用陶瓷制品，包含建筑陶瓷砖、陶瓷板、陶板、瓷板等。

2.0.8　卫生陶瓷　sanitary pottery

由黏土或其他无机物质经混炼、成形、高温烧制而成的用作卫生设施的陶瓷制品，包括便器、水箱、洗面器等。

2.0.9　预拌砂浆　premixed mortar

由水泥、砂、水、粉煤灰及其他矿物掺合料和根据需要添加的保水增稠材料、外加剂组分按一定比例，在集中搅拌站（厂）计量、拌制后，用搅拌运输车运至使用地点，放入专用容器储存，并在规定时间内使用完毕的砂浆拌合物，包括普通砂浆、特种砂浆、石膏砂浆等。

3 术　语

3.0.1　废水 waste water

预拌混凝土生产过程中，清洗生产设备和运输设备时产生的含有水泥、粉煤灰、矿粉、外加剂、砂等组分的可以回收利用的悬浊液。

3.0.2　污水 effluent

预拌混凝土企业在生产与生活活动中排放的不能够回收利用的水的总称。

3.0.3　报废混凝土 scrapped concrete

预拌混凝土生产、运输、检验过程中收集下来，已经无法直接调制后降低设计等级使用的剩余混凝土拌合物和硬化体。

3.0.4　光热比 light to solar gain ratio

玻璃的可见光透射比与太阳能总透射比的比值。

3.0.5　一般显色指数 general color rendering index

光源对国际照明委员会（CIE）规定的第1～8种标准颜色样品显色指数的平均值。

3.0.6　低质原料 low quality raw material

铁、钛和锰等着色元素含量较高，以及各种工业尾矿、废渣、废料等用作陶瓷生产的原料。

3.0.7　灰料 ash material

指在预拌砂浆各工段，通过收尘、清扫所收集的材料。

3.0.8　环境产品声明（EPD） environmental product declaration

提供基于预设参数的量化环境数据的环境声明，必要时包括附加环境信息。

3.0.9　单位产品能耗 energy consumption per unit product

在统计期内生产每单位产品消耗的能源，折算成标准煤。

3.0.10　单位产品碳排放 carbon emission per unit product

在统计期内生产每单位产品排放的温室气体量，折算成二氧化碳。

3.0.11　碳足迹 carbon footprint

用以量化过程、过程系统或产品系统温室气体排放的参数，以表现它们对气候变化的贡献。

4 基本规定

4.0.1 评价指标体系分为控制项、评分项和加分项。参评产品及其企业必须全部满足控制项要求。评分项总分为 100 分，加分项总分为 5 分，总得分按照式 4.0.1-1 和式 4.0.1-2 计算。

$$Q_{总} = Q_{评} + Q_{加} \tag{4.0.1-1}$$

$$Q_{评} = \Sigma w_i Q_i \tag{4.0.1-2}$$

式中　$Q_{总}$——总分；

　　　$Q_{评}$——评分项得分；

　　　$Q_{加}$——加分项得分；

　　　w_i——评分项各指标权重；

　　　Q_i——评分项各指标得分。

4.0.2 控制项主要包括大气污染物、污水、噪声排放，工作场所环境、安全生产和管理体系等方面的要求。评分项是从节能、减排、安全、便利和可循环五个方面对建材产品全生命周期评价。加分项是重点考虑建材生产工艺和设备的先进性、环境影响水平、技术创新和性能等。

4.0.3 评分项指标节能是指单位产品能耗、原材料运输能耗、管理体系等要求；减排是指生产厂区污染物排放、产品认证或环境产品声明（EPD）、碳足迹等要求；安全是指影响安全生产标准化和产品性能的指标；便利是指施工性能、应用区域适用性和经济性等要求；可循环是指生产、使用过程中废弃物回收和再利用的性能指标。

4.0.4 控制项的评定结果为满足或不满足；评分项和加分项的评定结果为获得分值或不得分。

4.0.5 绿色建材等级由评价总得分确定，低到高分为"★"、"★★"和"★★★"三个等级。等级划分见表 4.0.5。

表 4.0.5　绿色建材等级划分

等级	★	★★	★★★
分值（$Q_{总}$）区间	$60 \leqslant Q_{总} < 70$	$70 \leqslant Q_{总} < 85$	$Q_{总} \geqslant 85$

5 砌体材料

5.1 控制项

5.1.1 生产企业应符合表5.1.1的要求，且不得以耕地黏土为主要原材料。

表5.1.1 生产基本要求

项目	要求
大气污染物排放	《大气污染物综合排放标准》GB 16297，三级；或满足地方排放标准的最低要求
污水排放	《污水综合排放标准》GB 8978
噪声排放	《工业企业厂界环境噪声排放标准》GB 12348
工作场所环境	《工作场所有害因素职业接触限值 化学有害因素》GBZ 2.1 《工作场所有害因素职业接触限值 物理有害因素》GBZ 2.2
安全生产	《企业安全生产标准化基本规范》AQ/T 9006，三级
管理体系	完备的质量、环境和职业健康安全管理体系

注：大气污染物、污水、噪声排放应符合环境影响评价验收批复的要求。

5.1.2 具备详细、可行的应用技术文件。

5.1.3 基本性能应满足现行国家、行业标准要求。

5.1.4 放射性应满足《建筑材料放射性核素限量》GB 6566 的要求。

5.2 评分项

5.2.1 评分项各指标权重见表5.2.1。

表5.2.1 评分项各指标权重

指标	权重	具体条文		权重
节能	0.23	5.2.2	单位产品生产能耗或碳排放	0.10
		5.2.3	原材料运输能耗	0.05
		5.2.4	单位产品淡水消耗	0.05
		5.2.5	能源管理体系认证	0.03
减排	0.10	5.2.6	厂区大气污染物和污水排放	0.05
		5.2.7	产品认证或评价、环境产品声明（EPD）、碳足迹报告	0.05

指标	权重	具体条文	权重
安全	0.32	5.2.8 安全生产标准化水平	0.02
		5.2.9 干燥收缩率、吸水率	0.10
		5.2.10 抗冻性	0.10
		5.2.11 抗压强度、块体密度	0.10
便利	0.20	5.2.12 易施工性	0.05
		5.2.13 尺寸精度	0.05
		5.2.14 适用性与经济性	0.10
可循环	0.15	5.2.15 回收和再利用	0.05
		5.2.16 废弃物利用	0.10

Ⅰ 节　能

5.2.2 单位产品能耗按照表 5.2.2 评分。

表 5.2.2　单位产品能耗评分规则

类别	评分规则	
	60 分	100 分
加气混凝土	$18\text{kgce/m}^3 < E \leqslant 20\text{kgce/m}^3$	$E \leqslant 18\text{kgce/m}^3$
灰砂砖	$17\text{kgce/m}^3 < E \leqslant 18.4\text{kgce/m}^3$	$E \leqslant 17\text{kgce/m}^3$
烧结类	符合 GB 30526 准入值的规定	符合 GB 30526 先进值的规定
水泥制品	三年能耗持续改进或提交碳排放报告，由专家评分	

5.2.3 原材料运输能耗评分为以下两条得分之和，但总分不超过 100 分：

　　1　累计运输半径不大于 200km 的原材料重量比例不小于 60% 但小于 70%，得 40 分；不小于 70% 但小于 80%，得 60 分；不小于 80% 但小于 90%，得 80 分；不小于 90%，得 100 分；

　　2　200km 以外的原材料采用铁路、轮船运输的重量比例不小于 70% 但小于 80%，得 20 分；不小于 80% 但小于 90%，得 40 分；不小于 90%，得 60 分。

5.2.4 单位产品淡水消耗评分规则如下：

　　1　不大于 400kg/m^3 但大于 350kg/m^3，得 20 分；

　　2　不大于 350kg/m^3 但大于 300kg/m^3，得 40 分；

　　3　不大于 300kg/m^3 但大于 200kg/m^3，得 60 分；

　　4　不大于 200kg/m^3 但大于 100kg/m^3，得 80 分；

　　5　不大于 100kg/m^3，得 100 分。

5.2.5 通过 GB/T 23331 能源管理体系认证，得 100 分。

Ⅱ 减 排

5.2.6 厂区大气污染物、污水排放评分为以下两条之和:

1 符合《大气污染物综合排放标准》GB 16297 表 2 规定的二级或地方排放标准的最高要求,得 50 分;

2 符合《污水综合排放标准》GB 8978 规定的一级,得 50 分。

5.2.7 通过产品认证或评价,提交环境产品声明(EPD)、碳足迹报告。评分为以下各条得分之和:

1 通过产品认证或评价,总分 40 分,由专家评分;

2 提交环境产品声明(EPD)报告,总分 30 分,由专家评分;

3 提交产品碳足迹报告,总分 30 分,由专家评分。

Ⅲ 安 全

5.2.8 安全生产标准化水平符合《企业安全生产标准化基本规范》AQ/T 9006 规定的二级,得 80 分;符合一级,得 100 分。

5.2.9 非烧结类砌体材料的干燥收缩指标和烧结类砌体材料的吸水率指标按照表 5.2.9 评分。

表 5.2.9 非烧结类砌体材料的干燥收缩指标和烧结类砌体材料的吸水率评分表

非烧结类砌体材料干燥收缩指标	烧结类砌体材料的吸水率	分值
不大于 0.70mm/m 但大于 0.60mm/m	不大于 25% 但大于 20%	60 分
不大于 0.60mm/m 但大于 0.40mm/m	不大于 20% 但大于 15%	80 分
不大于 0.40mm/m	不大于 15%	100 分

5.2.10 抗冻性指标(按照相应产品标准进行冻融试验)评分规则如下:

表 5.2.10 抗冻性指标要求评分表

项目	要求	分值	
		非烧结	烧结类
抗压强度损失率	不大于 15% 但大于 10%	30 分	—
	不大于 10% 但大于 5%	40 分	—
	不大于 5%	50 分	—
质量损失率	不大于 4.5% 但大于 3%	30 分	60 分
	不大于 3% 但大于 2%	40 分	80 分
	不大于 2%	50 分	100 分

注:烧结类产品如标准中规定以外观来判断抗冻性,符合标准要求的得 100 分。

5.2.11 抗压强度和非承重类产品的块体密度按照表 5.2.11 评分。

表 5.2.11　抗压强度与块体密度评分表

项目	要求	分值	
		承重类	非承重类
实测强度与设计强度的比值	不小于 1.0 但小于 1.05	40 分	20 分
	不小于 1.05 但小于 1.10	60 分	30 分
	不小于 1.10 但小于 1.15	80 分	40 分
	不小于 1.15	100 分	50 分
设计密度与实测密度的比值	不小于 1.0 但小于 1.05	—	20 分
	不小于 1.05 但小于 1.10	—	30 分
	不小于 1.10 但小于 1.15	—	40 分
	不小于 1.15	—	50 分

Ⅳ 便　利

5.2.12　施工性评分为以下两条得分之和：

　　1　标准化设计，符合建筑模数要求，总分 50 分，由专家评分；

　　2　根据建筑要求尺寸订制预制，减少现场切割，总分 50 分，由专家评分。

5.2.13　尺寸偏差低于相应产品标准要求的允许偏差指标值 25％以上，得 100 分。

5.2.14　适用性与经济性评分为以下两条之和：

　　1　与应用区域经济发展水平、环境、产业配套等相匹配，总分 50 分，由专家评分；

　　2　与应用区域法律法规、标准规范等相匹配，总分 50 分，由专家评分。

Ⅴ 可循环

5.2.15　回收和再利用评分规则如下：

　　1　可再生利用，但需要经过复杂的拆除、回收和加工过程，得 30 分；

　　2　可再生利用，只需要经过简单的拆除、回收和加工过程，得 60 分；

　　3　拆卸后即可回收利用，简单方便，无需二次加工，得 100 分。

5.2.16　废弃物利用评分规则如下：

　　1　不小于 30％但小于 40％，得 40 分；

　　2　不小于 40％但小于 50％，得 60 分；

　　3　不小于 50％但小于 60％，得 80 分；

　　4　不小于 60％但小于 80％，得 90 分；

　　5　不小于 80％，得 100 分。

6 保温材料

6.1 控制项

6.1.1 生产企业应符合表 6.1.1 的要求。

表 6.1.1 生产基本要求

项目	要求
大气污染物排放	《大气污染物综合排放标准》GB 16297，三级； 或满足地方排放标准的最低要求
污水排放	《污水综合排放标准》GB 8978
噪声排放	《工业企业厂界环境噪声排放标准》GB 12348
工作场所环境	《工作场所有害因素职业接触限值 化学有害因素》GBZ 2.1 《工作场所有害因素职业接触限值 物理有害因素》GBZ 2.2
安全生产	《企业安全生产标准化基本规范》AQ/T 9006，三级
管理体系	完备的质量、环境和职业健康安全管理体系

注：大气污染物、污水、噪声排放应符合环境影响评价批复的要求。

6.1.2 生产企业应具备详细、可行的应用技术文件。

6.1.3 基本性能应满足现行国家、行业标准要求。

6.1.4 燃烧性能应不低于现行国家标准《建筑材料及制品燃烧性能分级》GB 8624 规定的 B_2 级的要求。

6.1.5 满足耐久、安全、易修复的使用功能。

6.2 评分项

6.2.1 评分项各指标权重见表 6.2.1。

表 6.2.1 评分项各指标权重

指标	权重	具体条文	权重
节能	0.34	6.2.2 单位产品生产能耗或碳排放	0.10
		6.2.3 原材料运输能耗	0.05
		6.2.4 导热系数	0.16
		6.2.5 能源管理体系认证	0.03

指标	权重	具体条文	权重
减排	0.15	6.2.6 厂区大气污染物和污水排放	0.05
		6.2.7 不使用氟氯烃发泡剂和六溴环十二烷阻燃剂	0.05
		6.2.8 产品认证或评价、环境产品声明（EPD）、碳足迹报告	0.05
安全	0.23	6.2.9 安全生产标准化水平	0.02
		6.2.10 燃烧性能	0.15
		6.2.11 结构连接安全性	0.06
便利	0.20	6.2.12 施工性	0.10
		6.2.13 施工过程的环境影响	0.05
		6.2.14 适用性与经济性	0.05
可循环	0.08	6.2.15 回收再利用	0.03
		6.2.16 无机保温材料固体废弃物利用	0.05

注：有机保温材料 6.2.16 条的权重叠加到 6.2.15 条中。

Ⅰ 节 能

6.2.2 单位产品生产能耗评分规则如下：

1 岩棉、矿渣棉单位产品能耗符合《岩棉、矿渣棉及其制品单位产品能源消耗限额》GB 30183 准入值的规定，得 80 分；符合先进值的规定，得 100 分；

2 其他保温材料生产企业近三年单位产品能耗水平持续改进或提供单位产品碳排放报告，总分 100 分，由专家评分。

6.2.3 原材料运输能耗评分为以下两条得分之和，但总分不超过 100 分：

1 累计运输半径不大于 500km 的原材料重量比例不小于 60% 但小于 70%，得 40 分；不小于 70% 但小于 80%，得 60 分；不小于 80% 但小于 90%，得 80 分；不小于 90%，得 100 分；

2 500km 以外的原材料采用铁路、轮船运输的重量比例不小于 70% 但小于 80%，得 20 分；不小于 80% 但小于 90%，得 40 分；不小于 90%，得 60 分。

6.2.4 导热系数按照表 6.2.4 进行评分。

表 6.2.4 导热系数评分表

导热系数 λ，W/（m·K）	分值
$0.060 < \lambda \leqslant 0.065$	10 分
$0.055 < \lambda \leqslant 0.060$	20 分
$0.050 < \lambda \leqslant 0.055$	30 分
$0.045 < \lambda \leqslant 0.050$	40 分
$0.040 < \lambda \leqslant 0.045$	50 分
$0.035 < \lambda \leqslant 0.040$	60 分

导热系数 λ，W/（m·K）	分值
0.030<λ≤0.035	70 分
0.025<λ≤0.030	80 分
0.020<λ≤0.025	90 分
λ≤0.020	100 分

6.2.5　通过 GB/T 23331 能源管理体系认证，得 100 分。

Ⅱ　减　　排

6.2.6　厂区大气污染物和污水排放评分为以下两条得分之和：

1　符合《大气污染物综合排放标准》GB 16297 表 2 规定的二级或地方排放标准的最高要求，得 50 分；

2　符合《污水综合排放标准》GB 8978 规定的一级，得 50 分。

6.2.7　生产不使用氟氯烃发泡剂，得 50 分；不使用六溴环十二烷阻燃剂，得 50 分。

6.2.8　通过产品认证或评价，提交环境产品声明（EPD）、碳足迹报告。评分为以下各条得分之和：

1　通过产品认证或评价，总分 40 分，由专家评分；

2　提交环境产品声明（EPD）报告，总分 30 分，由专家评分；

3　提交产品碳足迹报告，总分 30 分，由专家评分。

Ⅲ　安　　全

6.2.9　安全生产标准化水平符合《企业安全生产标准化基本规范》AQ/T 9006 规定的二级，得 80 分；符合一级，得 100 分。

6.2.10　燃烧性能按所达到的最高防火等级评分：

1　符合 B_1 级的要求，得 60 分；

2　符合 A 级的要求，得 100 分。

6.2.11　确保自身强度和结构连接安全，得 100 分。

Ⅳ　便　　利

6.2.12　施工性评分为以下各条得分之和：

1　保温材料尺寸稳定性不大于 1% 但大于 0.5%，得 20 分；不大于 0.5%，得 30 分；

2　保温材料进行模块化设计或产品尺寸成套化配置，减少现场切割，总分 40 分，由专家评分；

3　可预制装配化施工或保温装饰一体化施工，总分 30 分，由专家评分。

6.2.13　施工过程中的环境影响评分为以下两条之和：

1　施工过程无粉尘、微纤污染，总分 50 分，由专家评分；

2　施工过程无有机溶剂污染，总分 50 分，由专家评分。

6.2.14 适用性与经济性评分为以下两条之和：

    1 与应用区域经济发展水平、环境、产业配套等相匹配，总分 50 分，由专家评分；

    2 与应用区域法律法规、标准规范等相匹配，总分 50 分，由专家评分。

Ⅴ　可循环

6.2.15 回收和再利用评分规则如下：

    1 可再生利用，但需要经过复杂的拆除、回收和加工过程，得 30 分；

    2 可再生利用，只需要经过简单的拆除、回收和加工过程，得 60 分；

    3 拆卸后即可回收利用，简单方便，无需二次加工，得 100 分。

6.2.16 固体废弃物在产品所用原材料中的重量比例达到 5%，得 30 分；达到 10%，得 50 分；达到 15%，得 70 分；达到 25%，得 100 分。

7 预拌混凝土

7.1 控制项

7.1.1 生产企业应符合表 7.1.1 的要求。

表 7.1.1 生产基本要求

项目	要求
大气污染物排放	《大气污染物综合排放标准》GB 16297，三级； 或满足地方排放标准的最低要求
污水排放	《污水综合排放标准》GB 8978
噪声排放	符合《工业企业厂界环境噪声排放标准》GB 12348
工作场所环境	《工作场所有害因素职业接触限值 化学有害因素》GBZ 2.1 《工作场所有害因素职业接触限值 物理有害因素》GBZ 2.2
安全生产	《企业安全生产标准化基本规范》AQ/T 9006，三级
管理体系	完备的质量、环境和职业健康安全管理体系

注：大气污染物、污水、噪声排放应符合环境影响评价批复的要求。

7.1.2 企业生产和管理应满足《预拌混凝土绿色生产及管理技术规程》JGJ/T 328 的要求或当地预拌混凝土绿色生产管理的相关规定。

7.1.3 生产企业应具备详细、可行的应用技术文件。

7.1.4 基本性能应满足现行国家标准《预拌混凝土》GB/T 14902 要求。

7.2 评分项

7.2.1 评分项各指标权重见表 7.2.1。

表 7.2.1 评分项各指标权重

指标	权重	具体条文	权重
节能	0.26	7.2.2 原材料运输能耗	0.05
		7.2.3 单位产品能耗或碳排放	0.06
		7.2.4 强度等级	0.10
		7.2.5 能源、测量管理体系认证	0.05
减排	0.13	7.2.6 厂区大气污染物、污水排放	0.08
		7.2.7 产品认证或评价、环境产品声明（EPD）、碳足迹报告	0.05

指标	权重	具体条文	权重
安全	0.27	7.2.8 标准差	0.10
		7.2.9 抗渗等级、抗氯离子渗透等级、抗碳化等级、抗冻等级	0.15
		7.2.10 安全生产标准化水平	0.02
便利	0.10	7.2.11 施工性能、自密实混凝土	0.05
		7.2.12 适用性与经济性	0.05
可循环	0.24	7.2.13 报废混凝土产生率	0.06
		7.2.14 报废混凝土回收利用率	0.06
		7.2.15 固体废弃物综合利用比例	0.06
		7.2.16 工业废水回收利用比例	0.06

Ⅰ 节 能

7.2.2 原材料运输能耗评分为以下两条得分之和，但总分不超过 100 分：

1 累计运输半径不大于 200km 的原材料重量比例不小于 60% 但小于 70%，得 40 分；不小于 70% 但小于 80%，得 60 分；不小于 80% 但小于 90%，得 80 分；不小于 90%，得 100 分；

2 200km 以外的原材料采用铁路、轮船运输的重量比例不小于 70% 但小于 80%，得 20 分；不小于 80% 但小于 90%，得 40 分；不小于 90%，得 60 分。

7.2.3 近三年单位产品能耗水平或单位产品碳排放量持续改进，总分 100 分，由专家评分。

7.2.4 强度等级应与设计强度等级一致，得 100 分。

7.2.5 管理体系评分为以下两条之和：

1 通过 GB/T 23331 能源管理体系认证，得 60 分；

2 通过 GB/T 19022 测量管理体系认证，得 40 分。

Ⅱ 减 排

7.2.6 厂区大气污染物、污水排放评分为以下两条之和：

1 符合《大气污染物综合排放标准》GB 16297 表 2 规定的二级或地方排放标准的最高要求，得 50 分；

2 符合《污水综合排放标准》GB 8978 规定的一级，得 50 分。

7.2.7 通过产品认证或评价，提交环境产品声明（EPD）、碳足迹报告。评分为以下各条得分之和：

1 通过产品认证或评价，总分 40 分，由专家评分；

2 提交环境产品声明（EPD）报告，总分 30 分，由专家评分；

3 提交产品碳足迹报告，总分 30 分，由专家评分。

Ⅲ 安 全

7.2.8 同一配合比，连续 10 个批次产品抗压强度（MPa）的标准偏差评分规则如下：

   1 大于该等级强度标准差上限值 σ_{max} 的 1.0 倍，且小于等于 1.2 倍，得 60 分；

   2 大于该等级强度标准差上限值 σ_{max} 的 0.8 倍，且小于等于 1.0 倍，得 80 分；

   3 小于等于该等级强度标准差上限值评 σ_{max} 的 0.8 倍，得 100 分。

7.2.9 耐久性评分规则如下：

   1 抗渗等级不低于《混凝土耐久性检验评定标准》JGJ/T 193 规定的 P8 级，得 30 分；P10 级，得 40 分；P12 级，得 50 分；

   2 抗氯离子渗透等级符合《混凝土耐久性检验评定标准》JGJ/T 193 规定的 Ⅱ 级，得 10 分；符合 Ⅲ 级，得 20 分；符合 Ⅳ 级及以上，得 30 分；

   3 抗碳化等级符合《混凝土耐久性检验评定标准》JGJ/T 193 规定的 Ⅲ 级，得 5 分；符合 Ⅳ 级及以上，得 10 分；

   4 抗冻等级不低于 F300，得 5 分；不低于 F400，得 10 分。

7.2.10 安全生产标准化水平符合《企业安全生产标准化基本规范》AQ/T 9006 规定的二级，得 80 分；符合一级，得 100 分。

Ⅳ 便 利

7.2.11 预拌混凝土达到自密实混凝土性能，得 100 分。

7.2.12 预拌混凝土的适用性与经济性评分为以下两条之和：

   1 与应用区域经济发展水平、环境、产业配套等相匹配，总分 50 分，由专家评分；

   2 与应用区域法律法规、标准规范等相匹配，总分 50 分，由专家评分。

Ⅴ 可循环

7.2.13 报废混凝土产生率评分规则如下：

   1 不小于 1.0% 但小于 1.5%，得 60 分；

   2 不小于 0.5% 但小于 1.0%，得 80 分；

   3 小于 0.5%，得 100 分。

7.2.14 报废混凝土回收利用率评分规则如下：

   1 不小于 50% 但小于 70%，得 60 分；

   2 不小于 70% 但小于 90%，得 80 分；

   3 不小于 90%，得 100 分。

7.2.15 固体废弃物综合利用比例评分规则如下：

   1 不小于 30% 但小于 50%，得 60 分；

   2 不小于 50% 但小于 70%，得 80 分；

   3 不小于 70%，得 100 分。

7.2.16 废水回收利用比例达到 100%，得 100 分。

8 建筑节能玻璃

8.1 控制项

8.1.1 生产企业应符合表 8.1.1 的要求。

表 8.1.1 生产基本要求

项目		要求
大气污染物排放	平板玻璃	《平板玻璃工业大气污染物排放标准》GB 26453
	其他	《大气污染物综合排放标准》GB 16297，三级；或满足地方排放标准的最低要求
污水排放		《污水综合排放标准》GB 8978
噪声排放		《工业企业厂界环境噪声排放标准》GB 12348
工作场所环境		《工作场所有害因素职业接触限值 化学有害因素》GBZ 2.1 《工作场所有害因素职业接触限值 物理有害因素》GBZ 2.2
安全生产		《企业安全生产标准化基本规范》AQ/T 9006，三级
管理体系		完备的质量、环境和职业健康安全管理体系

注：大气污染物、污水、噪声排放应符合环境影响评价批复的要求。

8.1.2 生产企业应具有详细、合理的应用技术文件。

8.1.3 基本性能应满足现行国家、行业标准要求。

8.2 评分项

8.2.1 评分项各指标权重见表 8.2.1。

表 8.2.1 评分项各指标权重

指标	权重	具体条文	权重
节能	0.53	8.2.2 单位产品能耗	0.10
		8.2.3 原材料运输能耗	0.10
		8.2.4 热工性能	0.30
		8.2.5 能源管理体系认证	0.03
减排	0.15	8.2.6 清洁生产水平	0.05
		8.2.7 产品认证或评价，环境产品声明（EPD）、碳足迹报告	0.10

指标	权重	具体条文	权重
安全	0.22	8.2.8 安全生产标准化水平	0.02
		8.2.9 施工安全性能	0.10
		8.2.10 可见光反射比	0.10
便利	0.10	8.2.11 一般显色指数	0.05
		8.2.12 适用性与经济性	0.05

Ⅰ 节 能

8.2.2 节能玻璃单位产品能耗为以下两条得分之和，总分 100 分：

1 平板玻璃的单位产品能耗符合《平板玻璃单位产品能源消耗限额》GB 21340 的规定限定值，得 40 分；符合先进值，得 60 分；

2 节能玻璃生产企业近三年单位产品能耗水平或单位产品碳排放量持续改进，总分 40 分，由专家评分。

8.2.3 原材料运输能耗评分为以下两条得分之和，但总分不超过 100 分：

1 累计运输半径不大于 500km 的原材料重量比例不小于 60% 但小于 70%，得 40 分；不小于 70% 但小于 80%，得 60 分；不小于 80% 但小于 90%，得 80 分；不小于 90%，得 100 分；

2 500km 以外的原材料采用铁路、轮船运输的重量比例不小于 70% 但小于 80%，得 20 分；不小于 80% 但小于 90%，得 40 分；不小于 90%，得 60 分。

8.2.4 热工性能按表 8.2.4 进行评分：

表 8.2.4 热工性能评分规则

气候区	项目	评分规则		
		60 分	80 分	100 分
严寒	U，$W/(m^2 \cdot K)$	$1.2 < U \leq 1.7$	$1.0 < U \leq 1.2$	$U \leq 1.0$
	可见光透射比 T_v（%）	$40 \leq T_v < 60$		$T_v \geq 60$
寒冷	U，$W/(m^2 \cdot K)$	$1.5 < U \leq 1.8$	$1.2 < U \leq 1.5$	$U \leq 1.2$
	光热比 LSG	$1.2 \leq LSG \leq 1.3$		$LSG > 1.3$
夏热冬冷	U，$W/(m^2 \cdot K)$	$1.7 < U \leq 2.0$	$U \leq 1.7$	
	光热比 LSG	$1.3 < LSG \leq 1.4$		$LSG > 1.4$
夏热冬暖	U，$W/(m^2 \cdot K)$	$1.8 < U \leq 2.0$		$1.5 < U \leq 1.8$
	光热比 LSG	$1.4 < LSG \leq 1.6$	$1.6 < LSG \leq 1.9$	$LSG > 1.9$

8.2.5 通过 GB/T 23331 能源管理体系认证，得 100 分。

Ⅱ 减 排

8.2.6 生产企业清洁生产符合现行行业标准《清洁生产标准 平板玻璃行业》HJ/T 361 规

定，评分规则如下：

    1   达到二级水平，得 60 分；

    2   达到一级水平，得 100 分。

8.2.7 通过产品认证或评价，提交环境产品声明（EPD）、碳足迹报告。评分为以下各条得分之和：

    1   通过产品认证或评价，总分 40 分，由专家评分；

    2   提交环境产品声明（EPD）报告，总分 30 分，由专家评分；

    3   提交产品碳足迹报告，总分 30 分，由专家评分。

Ⅲ 安 全

8.2.8 安全生产标准化水平符合《企业安全生产标准化基本规范》AQ/T 9006 规定的二级，得 80 分；符合一级，得 100 分。

8.2.9 安全性能符合《建筑玻璃应用技术规程》JGJ 113 规定，钢化玻璃同时满足《建筑门窗幕墙用钢化玻璃》JG/T 455 要求，得 100 分。

8.2.10 可见光反射比评分规则如下：

    1   不大于 0.30 但大于 0.16，得 60 分；

    2   不大于 0.16，得 100 分。

Ⅳ 便 利

8.2.11 一般显色指数评分规则如下：

    1   不小于 0.80 但小于 0.90，得 60 分；

    2   不小于 0.90，得 100 分。

8.2.12 适用性与经济性评分为以下两条之和：

    1   与应用区域经济发展水平、环境、产业配套等相匹配，总分 50 分，由专家评分；

    2   与应用区域法律法规、标准规范等相匹配，总分 50 分，由专家评分。

9 陶瓷砖

9.1 控制项

9.1.1 生产企业应符合表 9.1.1 的要求。

表 9.1.1 生产基本要求

项目	要求
污染物排放	《陶瓷工业污染物排放标准》GB 25464
噪声排放	《工业企业厂界环境噪声排放标准》GB 12348
工作场所环境	《工作场所有害因素职业接触限值 化学有害因素》GBZ 2.1 《工作场所有害因素职业接触限值 物理有害因素》GBZ 2.2
安全生产	《建筑卫生陶瓷企业安全生产标准化评定标准》，三级
管理体系	完备的质量、环境和职业健康安全管理体系

注：大气污染物、污水、噪声排放应符合环境影响评价批复的要求。

9.1.2 生产企业应具备详细、合理的应用技术文件。

9.1.3 基本性能应满足现行国家、行业标准要求。

9.1.4 放射性应符合《建筑材料放射性核素限量》GB 6566—2010 中 A 类装修材料的要求。

9.2 评分项

9.2.1 评分项各指标权重见表 9.2.1。

表 9.2.1 评分项各指标权重

指标	权重	具体条文	权重
节能	0.33	9.2.2 单位产品能耗或碳排放	0.15
		9.2.3 原材料运输能耗	0.05
		9.2.4 陶瓷砖厚度	0.10
		9.2.5 能源管理体系认证	0.03
减排	0.15	9.2.6 放射性污染	0.10
		9.2.7 产品认证或评价、环境产品声明（EPD）、碳足迹报告	0.05
安全	0.12	9.2.8 安全生产标准化水平	0.02
		9.2.9 使用安全性能	0.10

指标	权重	具体条文	权重
便利	0.23	9.2.10 单件包装重量	0.05
		9.2.11 建筑模数要求	0.03
		9.2.12 烧成后无需后加工	0.05
		9.2.13 耐污染性	0.05
		9.2.14 适用性与经济性	0.05
可循环	0.17	9.2.15 生产废料回收利用	0.09
		9.2.16 低质原料使用量	0.08

Ⅰ 节 能

9.2.2 单位产品能耗符合现行国家标准《建筑卫生陶瓷单位产品能源消耗限额》GB 21252 的规定。评分规则如下：

　　1 符合准入值的规定，得 60 分；

　　2 符合先进值的规定，得 100 分。

9.2.3 原材料运输能耗评分为以下两条得分之和，但总分不超过 100 分：

　　1 累计运输半径不大于 500km 的原材料重量比例不小于 60％但小于 70％，得 40 分；不小于 70％但小于 80％，得 60 分；不小于 80％但小于 90％，得 80 分；不小于 90％，得 100 分；

　　2 500km 以外的原材料采用铁路、轮船运输的重量比例不小于 70％但小于 80％，得 20 分；不小于 80％但小于 90％，得 40 分；不小于 90％，得 60 分。

9.2.4 在满足使用要求的前提下，陶瓷砖厚度按表 9.2.4 进行评分：

表 9.2.4　陶瓷砖厚度评分规则（单位为毫米）

项目		评分规则		
		60 分	80 分	100 分
空心干挂陶瓷板	名义厚度 H	$24 < H \leqslant 30$	$18 < H \leqslant 24$	$H \leqslant 18$
广场砖	厚度 d	$15 < d \leqslant 17$	$13 < d \leqslant 15$	$d \leqslant 13$
其他产品	厚度 d	$8 < d \leqslant 10$	$5.5 < d \leqslant 8$	$d \leqslant 5.5$

9.2.5 通过 GB/T 23331 能源管理体系认证，得 100 分。

Ⅱ 减 排

9.2.6 内照射指数≤0.9，外照射指数≤1.2，得 100 分。

9.2.7 通过产品认证或评价，提交环境产品声明（EPD）、碳足迹报告。评分为以下各条得分之和：

　　1 通过产品认证或评价，总分 40 分，由专家评分；

　　2 提交环境产品声明（EPD）报告，总分 30 分，由专家评分；

3　提交产品碳足迹报告，总分 30 分，由专家评分。

Ⅲ　安　全

9.2.8　安全生产标准化水平符合《建筑卫生陶瓷企业安全生产标准化评定标准》规定的二级，得 80 分；符合一级，得 100 分。

9.2.9　使用安全性能评分规则如下：

1　地面砖防滑系数（COF）≥0.60，或用于潮湿地面的地面砖摩擦性能（BPN）≥45，得 100 分；

2　墙面砖背面应有背纹，背纹尺寸应符合相应国家标准的规定，总分 100 分，由专家评分。

Ⅳ　便　利

9.2.10　单件包装重量按表 9.2.10 进行评分：

表 9.2.10　单件包装重量评分规则

项目	评分规则		
	60 分	80 分	100 分
单件包装装量 w（kg）	$40<w\leqslant50$	$30<w\leqslant40$	$w\leqslant30$

9.2.11　符合建筑模数的要求，得 100 分。

9.2.12　烧结后无需后加工，得 100 分。

9.2.13　耐污染性评分规则如下：

1　达到 4 级的要求，得 60 分；

2　达到 5 级的要求，得 100 分。

9.2.14　适用性与经济性评分为以下两条之和：

1　与应用区域经济发展水平、环境、产业配套等相匹配，总分 50 分，由专家评分；

2　与应用区域法律法规、标准规范等相匹配，总分 50 分，由专家评分。

Ⅴ　可循环

9.2.15　生产废料回收利用评分为以下各条之和：

1　废瓷利用率≥90%，得 30 分；

2　废坯（含釉坯）利用率≥99%，得 30 分；

3　废釉浆回收利用率≥90%，得 40 分。

9.2.16　低质原料使用量评分规则如下：

1　占配方含量大于 30% 但不大于 40%，得 60 分；

2　占配方含量大于 40% 但不大于 50%，得 80 分；

3　占配方含量大于 50%，得 100 分。

10 卫生陶瓷

10.1 控制项

10.1.1 生产企业应符合表 10.1.1 的要求。

表 10.1.1 生产基本要求

项目	要求
污染物排放	《陶瓷工业污染物排放标准》GB 25464
噪声排放	《工业企业厂界环境噪声排放标准》GB 12348
工作场所环境	《工作场所有害因素职业接触限值 化学有害因素》GBZ 2.1 《工作场所有害因素职业接触限值 物理有害因素》GBZ 2.2
管理体系	完备的质量、环境和职业健康安全管理体系

注：大气污染物、污水、噪声排放应符合环境影响评价批复的要求。

10.1.2 生产企业应具备详细、合理的应用技术文件。

10.1.3 基本性能应满足现行国家、行业标准要求。

10.1.4 放射性应符合《建筑材料放射性核素限量》GB 6566—2010 中 A 类装修材料的要求。

10.1.5 用水效率达到国家现行有关卫生器具用水等级标准规定的 3 级。

10.2 评分项

10.2.1 评分项各指标权重见表 10.2.1。

表 10.2.1 评分项各指标权重

指标	权重	具体条文	权重 坐便器	权重 小便器蹲便器	权重 其他
节能	0.58	10.2.2 单位产品能耗或碳排放	0.10	0.10	0.20
		10.2.3 原材料运输能耗	0.10	0.10	0.15
		10.2.4 卫生陶瓷单件重量	0.05	0.05	0.20
		10.2.5 用水效率	0.25	0.30	—
		10.2.6 洗净功能	0.05	—	—
		10.2.7 能源管理体系认证	0.03	0.03	0.03

指标	权重	具体条文	权重		
			坐便器	小便器蹲便器	其他
减排	0.20	10.2.8 冲水噪声	0.05	—	—
		10.2.9 放射性污染	0.10	0.15	0.15
		10.2.10 产品认证或评价、环境产品声明（EPD）、碳足迹报告	0.05	0.05	0.05
安全	0.02	10.2.11 安全生产标准化水平	0.02	0.02	0.02
便利	0.10	10.2.12 安装、更换和维护	0.05	0.05	0.05
		10.2.13 适用性与经济性	0.05	0.05	0.05
可循环	0.10	10.2.14 生产废料回收利用	0.05	0.05	0.05
		10.2.15 低质原料使用量	0.05	0.05	0.05

Ⅰ 节 能

10.2.2 单位产品能耗符合现行国家标准《建筑卫生陶瓷单位产品能源消耗限额》GB21252 的规定。评分规则如下：

1 符合准入值的规定，得 60 分；

2 符合先进值的规定，得 100 分。

10.2.3 原材料运输能耗评分为以下两条得分之和，但总分不超过 100 分：

1 累计运输半径不大于 500km 的原材料重量比例不小于 60％但小于 70％，得 40 分；不小于 70％但小于 80％，得 60 分；不小于 80％但小于 90％，得 80 分；不小于 90％，得 100 分；

2 500km 以外的原材料采用铁路、轮船运输的重量比例不小于 70％但小于 80％，得 20 分；不小于 80％但小于 90％，得 40 分；不小于 90％，得 60 分。

10.2.4 单件重量符合表 10.2.4 的要求，得 100 分。

表 10.2.4 单件重量要求

产品类别	单件重量（kg）
坐便器（含水箱）	≤40
蹲便器	≤20
小便器	≤15
其他	≤20

10.2.5 用水效率优于国家现行有关卫生器具用水等级标准规定的 3 级，评分规则如下：

1 达到 2 级的要求，得 80 分；

2 达到 1 级的要求，得 100 分。

10.2.6 坐便器洗净功能评分规则如下：

1 每次冲洗后累积残留墨线的总长度不大于 25mm，且每一段残留墨线长度不大于 13mm，得 60 分；

2 每次冲洗后累积残留墨线的总长度不大于 15mm，且每一段残留墨线长度不大于 6mm，得 100 分。

10.2.7 通过 GB/T 23331 能源管理体系认证，得 100 分。

Ⅱ 减 排

10.2.8 坐便器的冲水噪声按表 10.2.8 评分：

表 10.2.8 坐便器冲水噪声要求评分规则

项目	评分规则		
	60 分	80 分	100 分
冲水噪声（dB）	$60 < L_{10} \leqslant 65$	$55 < L_{10} \leqslant 60$	$L_{10} \leqslant 55$
	$50 < L_{50} \leqslant 55$	$45 < L_{50} \leqslant 50$	$L_{50} \leqslant 45$

10.2.9 内照射指数≤0.9，外照射指数≤1.2，得 100 分。

10.2.10 通过产品认证或评价，提交环境产品声明（EPD）、碳足迹报告。评分为以下各条得分之和：

1 通过产品认证或评价，总分 40 分，由专家评分；

2 提交环境产品声明（EPD）报告，总分 30 分，由专家评分；

3 提交产品碳足迹报告，总分 30 分，由专家评分。

Ⅲ 安 全

10.2.11 安全生产标准化水平符合《建筑卫生陶瓷企业安全生产标准化评定标准》规定的二级，得 80 分；符合一级，得 100 分。

Ⅳ 便 利

10.2.12 易于安装、更换和维护，总分 100 分，由专家评分。

10.2.13 适用性与经济性评分为以下两条之和：

1 与应用区域经济发展水平、环境、产业配套等相匹配，总分 50 分，由专家评分；

2 与应用区域法律法规、标准规范等相匹配，总分 50 分，由专家评分。

Ⅴ 可循环

10.2.14 生产废料回收利用评分为以下各条之和：

1 废瓷利用率≥90%，得 30 分；

2 废坯（含釉坯）利用率≥99%，得 30 分；

3 废釉浆回收利用率≥90%，得 40 分。

10.2.15 低质原料使用量评分规则如下：

1 占配方含量大于 30% 但不大于 40%，得 60 分；

2 占配方含量大于 40% 但不大于 50%，得 80 分；

3 占配方含量大于 50%，得 100 分。

11 预拌砂浆

11.1 控制项

11.1.1 预拌砂浆生产企业应符合表 11.1.1 的要求。

表 11.1.1 生产基本要求

项目	要求
大气污染物排放	《大气污染物综合排放标准》GB 16297，三级；或满足地方排放标准的最低要求
污水排放	《污水综合排放标准》GB 8978，二级
噪声排放	符合《工业企业厂界环境噪声排放标准》GB 12348
工作场所环境	《工作场所有害因素职业接触限值 化学有害因素》GBZ 2.1《工作场所有害因素职业接触限值 物理有害因素》GBZ 2.2
安全生产	不得使用含有亚硝酸盐、氯盐、邻苯二甲酸酯类成分的原材料《企业安全生产标准化基本规范》AQ/T 9006，三级
管理体系	完备的质量、环境和职业健康安全管理体系

11.1.2 设备设施选配等全过程管理应满足当地预拌砂浆绿色（清洁化）生产管理的相关规定。

11.1.3 生产企业应具备详细、可行的应用技术文件。

11.1.4 普通砂浆、干混陶瓷砖粘结砂浆的性能应满足现行国家标准《预拌砂浆》（GB/T 25181）的要求；EPS 外墙外保温系统用粘结砂浆、EPS 外墙外保温系统用抹面砂浆的性能应满足现行国家标准《模塑聚苯板薄抹灰外墙保温系统材料》（GB/T 29906）的要求；其他预拌砂浆的性能应符合国家现行有关标准的规定。

11.2 评分项

11.2.1 评分项各指标权重见表 11.2.1。

表 11.2.1 评分项各指标权重

指标	权重	具体条文	权重
节能	0.15	11.2.2 原材料运输能耗	0.05
		11.2.3 单位产品能耗水平或碳排放	0.07
		11.2.4 能源管理体系认证	0.03

指标	权重	具体条文	权重
减排	0.25	11.2.5　大气污染物（不含颗粒物）排放	0.05
		11.2.6　颗粒物排放	0.10
		11.2.7　普通砂浆散装率和特种砂浆袋装率	0.05
		11.2.8　产品认证或评价、环境产品声明（EPD）报告、碳足迹报告	0.05
安全	0.40	11.2.9　强度	0.12
		11.2.10　强度离散系数	0.12
		11.2.11　耐久性能	0.12
		11.2.12　安全生产标准化水平	0.02
		11.2.13　测量管理体系认证	0.02
便利	0.10	11.2.14　施工性能	0.05
		11.2.15　适用性与经济性	0.05
可循环	0.10	11.2.16　固体废弃物综合利用率	0.05
		11.2.17　灰料利用	0.05

Ⅰ　节　　能

11.2.2　原材料运输能耗。评分为以下两条得分之和，但总分不超过 100 分：

1　累计运输半径不大于 500km 的原材料重量比例不小于 60% 但小于 70%，得 40 分；不小于 70% 但小于 80%，得 60 分；不小于 80% 但小于 90%，得 80 分；不小于 90%，得 100 分；

2　500km 以外的原材料采用铁路、轮船运输的重量比例不小于 70% 但小于 80%，得 20 分；不小于 80% 但小于 90%，得 40 分；不小于 90%，得 60 分。

11.2.3　近三年单位产品能耗水平持续改进，评分为以下各条得分之和：

1　有能源分级计量 20 分；

2　能源计量器具具备在线采集、上传等功能 20 分；

3　建立能效管理信息系统 30 分；

4　根据能效管理信息系统分析结果进行持续改进 30 分。

11.2.4　通过 GB/T 23331 能源管理体系认证，得 100 分。

Ⅱ　减　　排

11.2.5　厂区二氧化硫排放符合《大气污染物综合排放标准》（GB 16297）表 2 规定的二级，得 60 分；符合大气污染物综合排放相关的各地方标准规定，得 100 分。

11.2.6　厂区大气颗粒物排放，评分为以下各条之和：

1　有组织排放中，自排气筒排放的颗粒物符合《水泥工业大气污染物排放标准》（GB 4915）的规定，得 40 分；符合各地方标准对当地大气颗粒物排放规定，得 60 分；

2　无组织排放中，大气颗粒污染物符合《水泥工业大气污染物排放标准》（GB 4915）

的规定，得 20 分；符合各地方标准对当地大气颗粒物排放规定，得 40 分。

11.2.7 普通砂浆的散装率，特种砂浆的袋装率。评分规则如下：

　　1 普通砂浆年度散装率达到 70%，得 60 分；达到 80%，得 80 分；达到 90%，得 100 分；

　　2 每吨特种砂浆对包装袋的平均消耗量不小于 40 个，得 0 分；不小于 25 个但小于 40 个，得 60 分；不小于 20 个但小于 25 个，得 80 分；小于 20 个，得 100 分。

11.2.8 通过产品认证或评价，提交环境产品声明（EPD）、碳足迹报告。评分为以下各条得分之和：

　　1 通过产品认证或评价，总分 40 分，由专家评分；

　　2 提交环境产品声明（EPD）报告，总分 30 分，由专家评分；

　　3 提交产品碳足迹报告，总分 30 分，由专家评分。

Ⅲ 安 全

11.2.9 强度评分规则如下：

　　1 普通砂浆抗压强度实测值与设计值的比值大于 2.0，得 50 分；不小于 1.0 但小于 1.15，或不小于 1.5 但小于 2.0，得 75 分；不小于 1.15 但小于 1.5，得 100 分；

　　2 EPS 外墙外保温系统用粘结砂浆、EPS 外墙外保温系统用抹面砂浆的原始拉伸粘结强度的实测值与设计值的比值不小于 1.0 但小于 1.2，得 50 分；不小于 1.8，得 75 分；不小于 1.2 但小于 1.8，得 100 分；

　　3 干混陶瓷砖粘结砂浆的原始拉伸粘结强度的实测值与设计值的比值不小于 1.0 但小于 1.5，得 50 分；不小于 2.5，得 75 分；不小于 1.5 但小于 2.5，得 100 分。

11.2.10 连续 10 个批次产品强度的离散系数评分规则如下：

　　1 不大于 30% 但大于 20%，得 40 分；

　　2 不大于 20% 但大于 10%，得 60 分；

　　3 不大于 10%，得 100 分。

11.2.11 耐久性能评分规则如下：

　　1 普通砂浆冻融循环后抗压强度损失率的设计值与实测值的比值不小于 1.0 但小于 1.5，得 50 分；大于 1.5 但不大于 2.0，得 75 分；大于 2.0，得 100 分；

　　2 EPS 外墙外保温系统用粘结砂浆、EPS 外墙外保温系统用抹面砂浆、干混陶瓷砖粘结砂浆的耐水、耐冻融拉伸粘结强度实测值与设计值的比值不小于 1.0 但小于 1.2，得 50 分；不小于 1.8，得 75 分；不小于 1.2 但小于 1.8，得 100 分。

11.2.12 安全生产标准化水平符合《企业安全生产标准化基本规范》（AQ/T 9006）规定的二级，得 80 分；符合一级，得 100 分。

11.2.13 通过 GB/T 19022 测量管理体系认证，得 100 分。

Ⅳ 便 利

11.2.14 施工便利性评分规则如下：

　　1 普通砂浆保水率的实测值与设计值比值不小于 1.00 但小于 1.05，得 50 分；不小于

1.10，得 75 分；不小于 1.05 但小于 1.10，得 100 分；

  2 EPS 外墙外保温系统用粘结砂浆、EPS 外墙外保温系统用抹面砂浆的可操作时间不小于 1.5h 时，拉伸粘结强度的实测值与设计值的比值不小于 1.0 但小于 1.2，得 50 分；不小于 1.8，得 75 分；不小于 1.2 但小于 1.8，得 100 分；

  3 干混陶瓷砖粘结砂浆分别晾置 20min 后的拉伸粘结强度的实测值与设计值的比值不小于 1.0 但小于 1.2，得 50 分；不小于 1.8，得 75 分；不小于 1.2 但小于 1.8，得 100 分。

11.2.15 适用性与经济性，评分为以下两条之和：

  1 与应用区域经济发展水平、环境、产业配套等相匹配，总分 50 分，由专家评分；

  2 与应用区域法律法规、标准规范等相匹配，总分 50 分，由专家评分。

Ⅴ 可循环

11.2.16 固体废弃物综合利用率评分规则如下：

  1 不小于 30％但小于 40％，得 40 分；

  2 不小于 40％但小于 50％，得 55 分；

  3 不小于 50％但小于 60％，得 70 分；

  4 不小于 60％但小于 70％，得 85 分；

  5 不小于 70％，得 100 分。

11.2.17 消纳生产过程产生的灰料。配备自动回灰设备、计量配料系统，可操作性强，回收利用合理，总分 100 分，由专家评分。

12 其 他

12.0.1 其他建材产品在符合绿色建材定义和基本要求的前提下，可参照本导则的评价方法和技术指标进行评价。

12.0.2 满足本导则评分项要求的进行评分，不满足的不得分。

13 加分项

13.0.1 建筑材料生产过程中采用了先进的生产工艺或生产设备，且环境影响明显低于行业平均水平。总分2分，由专家评分。

13.0.2 建筑材料具有突出的创新性且性能明显优于行业平均水平。总分3分，由专家评分。

关于印发《预拌混凝土绿色生产评价标识管理办法（试行）》的通知

建标〔2016〕15号

各省、自治区、直辖市及计划单列市、新疆生产建设兵团住房城乡建设厅（委）、工业和信息化主管部门：

为贯彻落实《国务院关于化解产能严重过剩矛盾的指导意见》（国发〔2013〕41号）和《绿色建筑行动方案》（国办发〔2013〕1号），推广应用高性能混凝土，促进绿色建材生产应用，根据《住房城乡建设部 工业和信息化部关于推广应用高性能混凝土的若干意见》（建标〔2014〕117号）、《工业和信息化部 住房城乡建设部关于印发<促进绿色建材生产和应用行动方案>的通知》（工信部联原〔2015〕309号），我们组织制定了《预拌混凝土绿色生产评价标识管理办法（试行）》，现印发给你们，请遵照执行。

中华人民共和国住房和城乡建设部
中华人民共和国工业和信息化部
2016年1月13日

预拌混凝土绿色生产评价标识管理办法（试行）

第一章 总 则

第一条 为推广应用高性能混凝土，提高混凝土生产质量和水平，促进绿色建材生产和应用，规范预拌混凝土绿色生产评价标识（以下简称评价标识）工作，制定本办法。

第二条 本办法所称评价标识是指对自愿申请的预拌混凝土搅拌站（楼），按照本办法规定的程序和要求，开展评价、确认等级并进行信息性标识的活动。

第三条 本办法适用于已建成投产的预拌混凝土搅拌站（楼）评价标识。

第四条 评价标识遵循自愿申请原则，并应做到科学、公开、公平、公正。

第五条 标识评价的技术依据应符合《预拌混凝土绿色生产及管理技术规程》JGJ/T 328，标识等级由低至高分为一星级、二星级和三星级。

第二章 组织管理

第六条 住房城乡建设部、工业和信息化部（以下简称两部门）负责全国评价标识的监督管理，指导各地开展评价标识工作。

两部门明确日常管理机构，由该机构承担评价标识日常实施和服务工作，以及两部门委托的具体事项。

第七条 各省级住房城乡建设主管部门、工业和信息化主管部门（以下简称省级部门。两部门和省级部门统称为主管部门）负责监督、管理和组织开展本地区评价标识工作。主要职责是：

（一）明确承担省级评价标识日常管理工作的机构；

（二）对评价标识机构进行管理和监督，并报两部门；

（三）监管本地区评价标识应用；

（四）在两部门建立的统一信息平台上发布本地区评价标识信息等。

第八条 评价标识工作的具体实施由评价标识机构负责。评价标识机构应具备以下条件：

（一）从事混凝土行业研究、开发、推广、应用；

（二）不少于20名熟悉我国混凝土行业生产工艺、标准规范和产业政策的专业技术人员。

其中中级及以上专业技术职称人员比例不得低于60%，高级专业技术职称人员比例不得低于30%；

（三）独立法人资格，相应的办公场所和其他必要办公设施；

（四）组织或参与过国家、行业或地方相关标准编制工作，或从事过相关建材产品的检测、检验或认证工作，在行业内具有权威性、影响力；

（五）内部管理制度健全。

第九条　评价标识机构的主要职责：

（一）负责评价标识的申请受理、申报资料审查、生产现场核查、公示、出具评价报告及颁发证书。评价报告应经评审专家签字并加盖评价标识机构公章；

（二）负责对取得标识企业开展随时抽查和评定性复核；

（三）建立预拌混凝土绿色生产评价标识技术档案，确保档案的完整、真实和有效，并进行归档管理；

（四）提交年度评价标识工作总结和下年度工作计划；

（五）完成主管部门委托的其他工作。

第十条　评价标识机构的评价结果，应组织专家进行评审，并依据专家评审意见形成评价报告。

评审专家不得少于 5 人，其中外单位专家不得低于 2 人。外单位专家应从两部门联合组建的高性能混凝土推广应用技术指导组中聘请。

本单位专家应具备下列条件：

（一）本科以上文化程度，具有混凝土及相关专业高级专业技术职称；

（二）熟悉混凝土及相关专业工作，具有丰富的理论知识和实践经验；

（三）熟悉《预拌混凝土绿色生产及管理技术规程》和预拌混凝土绿色生产评价标识管理相关规定；

（四）具有良好的职业道德，作风正派，有较强的语言文字表达能力和工作协调能力；

（五）没有参与被评审的评价项目；

（六）身体健康，年龄一般不超过 65 岁。

第三章　申请条件及评审程序

第十一条　申请标识的预拌混凝土搅拌站（楼）应当通过所属具有法人资格的企业进行申请，并应具备以下条件：

（一）具有预拌混凝土专业从业资质；

（二）通过竣工验收并投入正常使用；

（三）一年内未发生因其生产的预拌混凝土质量不符合要求而导致的工程质量安全事故；

（四）一年内未发生一般及以上安全生产事故；

（五）申报材料真实、完整并符合相关格式要求。

第十二条　申请企业向评价标识机构提交申报材料。

评价标识机构组织专家对申报材料进行审查，确认其标识等级，并进行生产现场核查。

评价标识机构对通过评审的，进行公示。对公示无异议的，向省级部门出具评审报告，向省级部门申请证书编号，给申请企业颁发标识。

第十三条　省级部门对评价信息予以公布，必要时可进行抽查。

第十四条　省级部门负责将本行政区域内评审结果向社会公开，并报送两部门。

第十五条 标识有效期为 3 年。有效期届满 3 个月前可申请评定性复核，评定性复核程序与初次申请标识程序一致。

第四章　日常监督

第十六条 取得标识企业每年年底前应向评价标识机构提交年度自查报告。

评价标识机构对企业年度自查报告进行复核，必要时进行现场抽查，并将自查报告和复核结果报省级部门。

第十七条 主管部门可根据评价标识监督管理要求以及社会监督等情况，对取得标识的企业开展随机抽查。对于不满足相应星级要求的企业，责令限期整改，整改仍不合格的，应要求评价标识机构降低标识等级或撤销标识，并向社会公布。

第十八条 已取得标识的企业自降低或取消标识等级之日起，一年内不得重新申请标识。

第十九条 相关机构或企业对评审过程或结果有异议的，可向省级部门申诉。省级部门应及时进行调查核实，并在 60 天内将调查核实结果反馈给相关机构或企业。

第二十条 评价标识机构应接受省级部门监督和管理。评价标识机构不得有以下行为：

（一）不按有关标准和管理办法进行申报资料审查和生产现场核查；

（二）泄露申请企业技术和商业秘密；

（三）伪造评审报告或者出具虚假评审报告；

（四）违反法律法规和规章的其他行为。

第五章　标识管理

第二十一条 标识包括标志和证书。由两部门统一制定式样与格式、编号和管理，根据省级部门申请进行发放。

第二十二条 标识不得转让、伪造或冒用。

第二十三条 申请评定性复核时，应将原标志和证书交还主管部门。

第二十四条 预拌混凝土搅拌站（楼）凡有下列情况之一者，暂停使用其标识：

（一）实际生产控制指标与要求指标不一致；

（二）证书或标志的使用不符合规定的要求。

第二十五条 预拌混凝土搅拌站（楼）凡有下列情况之一者，撤销其标识：

（一）发生一般及以上安全或质量事故的，或发生因其生产的预拌混凝土质量不符合要求而导致工程质量安全事故的；

（二）转让标识或超范围使用的；

（三）以虚假材料获得评价标识的；

（四）拒绝相应机构监督检查和抽查的，或拒不执行整改要求的；

（五）其他依法应当撤销的情形。

第二十六条 评价标识结果可作为申报绿色建材评价标识的依据。各地应统筹协调预拌混凝土绿色生产评价标识和绿色建材评价标识工作。

第六章　附　　则

第二十七条　各地可结合实际情况依照本办法，制定本地区预拌混凝土绿色生产评价标识管理实施细则。

第二十八条　本办法自发布之日起施行。

第二十九条　本办法由两部门负责解释，并适时组织修订。

企业简介—山东国元新材料有限公司

山东国元新材料有限公司位于"铁道游击队"的故乡，享有"日进斗金"之称的微山湖畔——枣庄市高新区。公司西临京沪铁路，东靠京福高速公路和高速铁路，地理位置优越，交通运输便捷；是专业生产水泥助磨剂、水泥助磨剂设备、混凝土早强剂、脱模剂、防冻剂及相关产品的知名企业。

公司秉承"科技至上，合理配方、诚信经营，服务到位"的管理理念，不断追求科技创新。长期聘请周宗辉教授、杜鹏博士、李召峰博士等专家学者推动产品研发，为山东国元公司长久发展打下了坚定的人才基础。公司凭借专业的研发团队、现代化的生产工艺、完善的售后服务，具备根据企业需求进行个性化定制配方，帮助水泥企业进行生产工艺诊断的实力。

公司目前主要生产适用于硅酸盐水泥、普通硅酸盐水泥、矿渣硅酸盐水泥、复合硅酸盐水泥、火山灰质硅酸盐水泥等通用水泥的 RBL 型系列水泥助磨剂。公司投放市场的全部产品其各项指标符合中华人民共和国建材标准《水泥助磨剂》（GB/T 26748—2011）的要求，赢得了客户的信赖和良好的服务用户赞誉。公司客户遍布祖国大江南北，已与数十家大型企业建立良好的合作关系。

由公司自主研发的全自动水泥助磨剂设备，计量精度高、操作方便，满足了助磨剂各组分精确计量的要求、保证了产品品质的稳定，避免原材料的人为浪费，同时提高了生产效率、节约人工费用等；实现微机"三级"控制生产，填补了国内助磨剂无定型设备的空白，解决了单一搅料一大难题。设备的研发极大地提高了与国外品牌助磨剂竞争的优势，逐步实现由小到大，由优到精的转变，正稳步走向国际市场。

山东国元愿与广大水泥、混凝土等企业精诚合作，共创建材行业美好未来！

地址：山东省枣庄市高新区神工路 118 号

电话：0632-8069718

传真：0632-8069719

企业简介—日照市天衣新材料有限公司

日照市天衣新材料有限公司是由武汉工程大学和交通部科学研究院为技术依托的武汉天衣集团有限公司的控股子公司，主要从事混凝土抗渗工程、海洋防腐工程研发及产品市场推广工作，是新型科贸研发型企业。

为解决混凝土抗裂这一世界级难题，完成国家"九五"重点攻关计划，武汉工程大学与交通部科学研究院研制了一种新型高性能混凝土外加剂 WHDF 混凝土抗裂减渗剂［WHDF 混凝土增强密实（抗裂）剂］，WHDF 通过促进水泥水化程度，优化水化产物，抑制铝酸三钙早期快速水化，降低早期水化热，使体系凝胶增多，孔隙率下降，骨料界面得以改善，同时明显降低早期水化热，WHDF 系列产品是集抗裂、密实、防水等功能于一身的复合型外加剂，在显著提高混凝土抗裂、抗渗及耐久性能的同时，有效改善混凝土拌和物的和易性及施工性能，产品对钢筋无锈蚀作用。

WHDF 成果获得国家发明专利和多项科技成果奖，2001 年获得湖北省科技进步一等奖，2002 年被评审为国家重点新产品，2006 年被住建部评审为重点推广新产品，2007 年被科技部评审为国家火炬攻关计划。产品先后应用于清江水布垭、高坝洲、小溪口水电站、京沪高铁、宜巴高速、云龙河、四川鱼跳、陕西涧浴河、中船 722 所地下室等几百个水利水电及市政民建工程，经实际工程应用及权威认证单位检测，所有使用 WHDF 的混凝土表面平滑光泽，无收缩性裂缝产生。

武汉天衣集团拥有 6 项发明专利，先后承担了国家及省部级科研项目 8 项，荣获省部级科技进步一等及二等奖各一项、国家级新产品一项、湖北省高校十大优秀转化成果奖一项。集团公司通过了高新企业认证，被授予高新技术企业，与武汉工程大学组建的"混凝土外加剂技术研发中心"被授予省级校企研发中心。

网址：http：//www.whty2005.com

地址：山东省日照市东港区海曲西路 130 号

电话：0633-3961118